本书为国家社会科学基金青年项目

"汉水中游地区新石器时代至秦汉时期的动物考古学研究"

（批准号：19CKG026）研究成果

淅川马岭遗址出土动物遗存

武汉大学历史学院考古系
武汉大学长江文明考古研究院 编著

科学出版社
北京

内 容 简 介

马岭遗址是目前汉水中游地区出土动物遗存最为丰富的遗址之一，后冈一期文化至明清时期的234个单位共出土动物骨骼7560件，其中仰韶时期的遗存最为丰富。本书在全面公布资料的基础上，通过对出土动物的种属、数量比例、测量尺寸、性别与年龄结构、骨骼部位发现率、骨表痕迹与异常等方面的统计和分析，对马岭遗址动物资源开发策略进行了讨论，家养动物的开发逐渐加强，对猪可能采取了小规模的放养管理模式，与汉水中游的其他遗址较为相似。汉水中游地区的家养动物开发与利用方式显示出了与中原地区不同的演进路径，这对全面理解中国境内驯化的发生、传播和扩散具有重要意义。

本书可供从事中国考古学、人类学、生物学研究的学者，以及高等院校相关专业师生阅读、参考。

图书在版编目（CIP）数据

淅川马岭遗址出土动物遗存 / 武汉大学历史学院考古系，武汉大学长江文明考古研究院编著.—北京：科学出版社，2024.3
ISBN 978-7-03-078230-4

Ⅰ.①淅⋯ Ⅱ.①武⋯ ②武⋯ Ⅲ.①动物-骨骼-出土文物-研究-淅川县 Ⅳ.①Q915

中国国家版本馆CIP数据核字（2024）第058120号

责任编辑：王光明 / 责任校对：杨　然
责任印制：肖　兴 / 封面设计：张　放

科学出版社 出版
北京东黄城根北街 16 号
邮政编码：100717
http://www.sciencep.com
北京汇瑞嘉合文化发展有限公司印刷
科学出版社发行　各地新华书店经销
*
2024年3月第　一　版　开本：889×1194　1/16
2024年3月第一次印刷　印张：25 3/4　插页：12
字数：785 000
定价：328.00元
（如有印装质量问题，我社负责调换）

《淅川马岭遗址出土动物遗存》

主 编

刘一婷

文明探源视角下的猪（代序）

余西云

　　马岭遗址位于河南省淅川县盛湾镇贾湾村，丹江从西向东从遗址北侧流过，在东北方向接纳淅水后，从遗址东侧南流。盛水季节，遗址南侧的低洼地也会被河水淹没，整个遗址就像一个伸向河中的半岛。

　　距今7200年前后，后冈一期文化占据了这里，形成一个很普通的村落，留下了丰富的文化遗存。距今6000年前后，分布在晋南豫西一带的西阴文化向外扩张，在汉水中游地区形成了带有后冈一期文化传统的西阴文化，而马岭遗址并没有出现这类文化遗存。只是在西阴文化晚期，才出现了少量来自陕西方向的带有半坡文化传统的西阴文化。之后，这一地区西阴文化蜕变为朱家台文化，在马岭遗址留下了丰富的遗存。距今5000年前后，来自江汉平原北部的屈家岭文化占领这一地区，在马岭遗址也留下比较丰富的遗存，距今4500年前后蜕变为石家河文化。距今4200年前后，从淮河中游一带崛起的煤山文化进入这一地区，也出现在马岭遗址。这就是马岭遗址史前文化变迁的大致过程。

　　刘一婷是袁靖先生指导的博士生，毕业后来武汉大学考古系做博士后，我是她的合作导师。马岭遗址采集了大量动物遗存，就由刘一婷负责整理研究，经过几年的努力，已经完成研究报告。在这个报告的资料整理和写作期间，刘一婷跟我有过多次讨论，每次都给我很多启发，加深了我对文明探源和社会变迁这方面的理解。

　　报告注意到，中原地区在仰韶时代中期（西阴文化时期），家猪的比例占当时人们消费的各类动物总数的80%~90%，并且以年轻个体为主，极少见有老年个体，很可能实行集中圈养。根据对多个遗址的研究，此前家猪的饲料以C3为主，而从这一时期开始，猪饲料以C4为主。猪的驯化和饲养是新石器化的重要组成部分，早期的家猪饲养，应该是以野草作为主要饲料，获取比较容易，成本较低，人们养猪更多应该是作为食物储备，而非主要的肉食来源（主要肉食来源仍应是狩猎或捕捞），所以很多家猪会养多年。用粮食喂养动物，特别是喂养狗这类宠物，应该是很早就出现的现象。到了仰韶时代中期的西阴文化时期，人们开始大规模用粮食喂养家猪，猪的生长速度增快，成为稳定的肉食来源，但养猪成本也大大增加了。家猪在两岁之内，生长速度快，饲料转化效率较高，两岁以后，增长速度变缓，不再具有继续喂养的价值，所以家猪在两岁以内被消费掉，应该是最为合理的。能够采用粮食喂猪，说明当时生产的粮食，在保障人们基本的生存需要之后还有剩余，可以用来转化为肉食，用粮食作为饲料喂养家猪获得可靠的肉食，应该就是集约化农业的重要组成部分。

汉水中游地区与中原地区既有大趋势的相似，也有具体方式上的差异。以马岭遗址为例，在仰韶时代早期的后冈一期文化时期，家猪的数量就已经超过消费动物个体数的一半，但牙齿尺寸变异度高，说明仍在驯化过程中，并且老年个体比例较高，说明仍处在粗放式饲养阶段。马岭遗址西阴文化时期的遗存太少，不太能说明这一时期的家猪饲养情况，但到了仰韶时代晚期的朱家台文化时期，猪尺寸的明显减小、家猪在肉食动物中占比很高，都反映了家猪已经进入精养阶段。

文明社会一般都以集约化农业作为基础，只有出现了集约化农业，才有可能养活大量不专门从事农业生产的社会精英，这个话题在人类学中有充分的讨论。考古学界在文明探源过程中，特别关注犁耕、施肥、与灌溉有关的稻田和水利工程等现象的出现和发展，正是基于这样一些基本的认知。现在看来，家猪等饲养方式的变化也可以作为集约化农业出现的敏感指标，在文明探源中具有重要学术意义。

不同的研究视角，往往体现在不同的材料处理方式上，也往往体现在报告的呈现方式上。刘一婷认为发表动物遗存资料是可以借鉴考古发掘报告体例的。考古发掘报告的体例目前大部分是采取综述、分述相结合的形式，先对遗迹以及陶器、石器等人工遗物进行综述，再按照遗迹单位介绍出土的典型遗物。这样既有发掘者对这个遗址的总体把握，又能让其他研究者对考古材料重新进行分析。动物遗存是考古遗存的一部分，既有自然属性，也有文化属性，可以参照这种体例发表材料。因此，《淅川马岭遗址出土动物遗存》不仅保留了以往常见的综述部分，基于细致的分期，对动物骨骼的数量、年龄与性别、测量尺寸、骨骼部位发现率、骨表痕迹与异常进行详细的综合分析；还新增了分述部分，设置专门的章节，按照遗迹单位对动物骨骼各种信息进行全面介绍，以便于研究者将动物遗存信息与考古背景进行融合研究。另外，她还参考古生物学的发表方式，对各种属的骨骼进行详细的形态描述，并配以图版。此书为动物考古资料的刊布提供了一种新的范式。

这一成果，不仅反映了动物研究与考古学其他遗存研究的深度融合，也反映了作者对动物考古学新的理解。将动物遗存置于情境中进行观察，进行分析，进行介绍，有可能得到更深入、更系统的阐释和认知，这本身就是一种学术创新。

2024年1月18日

目　录

插图目录

插 表 目 录

图版目录

第一章 绪　论

本章将概述马岭遗址所处地理位置、自然环境、发掘及出土动物遗存的情况，介绍马岭遗址出土动物遗存的工作方法与历程，阐述报告编写理念及内容。

第一节　遗址概况

一、地理位置和自然环境

马岭遗址位于河南省南阳市淅川县盛湾镇贾湾村马岭自然村，丹江与淅水交汇处西南的临江台地上，现存面积约20000平方米。中心地理坐标北纬32°55′49″，东经111°28′30″，海拔160~166.3米（图1-1-1）。

淅川县位于河南省的西南部，东部和北部紧邻本省的邓州市、内乡县、西峡县，西北部与陕西省商南县相邻，南部、西南部和湖北省的丹江口市、十堰市郧阳区相接，北部是伏牛山脉，东部为南阳盆地。淅川县境内丘陵起伏，重峦叠嶂，丹江从县西北向东南流入丹江口水库。

淅川县地处亚热带向暖温带过渡地带，属北亚热带大陆性半湿润气候，光、热、水资源比较丰富，年平均气温15.7℃，无霜期230天，降雨量817.3毫米。冬不严寒，夏不酷热，气候温和，四季分明，兼宜南北方植物生长。

二、发掘情况

1957年，河南省文物工作队调查发现马岭遗址[①]。1975年，淅川县文化馆对遗址进行了试掘，发掘面积175平方米，但资料尚未发表[②]。1963年，马岭遗址被定为省级文物保护单位。该

---

① 赵世纲：《河南淅川县的新石器时代遗址》，《考古通讯》1958年第3期。
② 长江水利委员会文物考古队：《南水北调中线工程丹江口水库淹没区文物调查概况》，《江汉考古》1996年第2期。

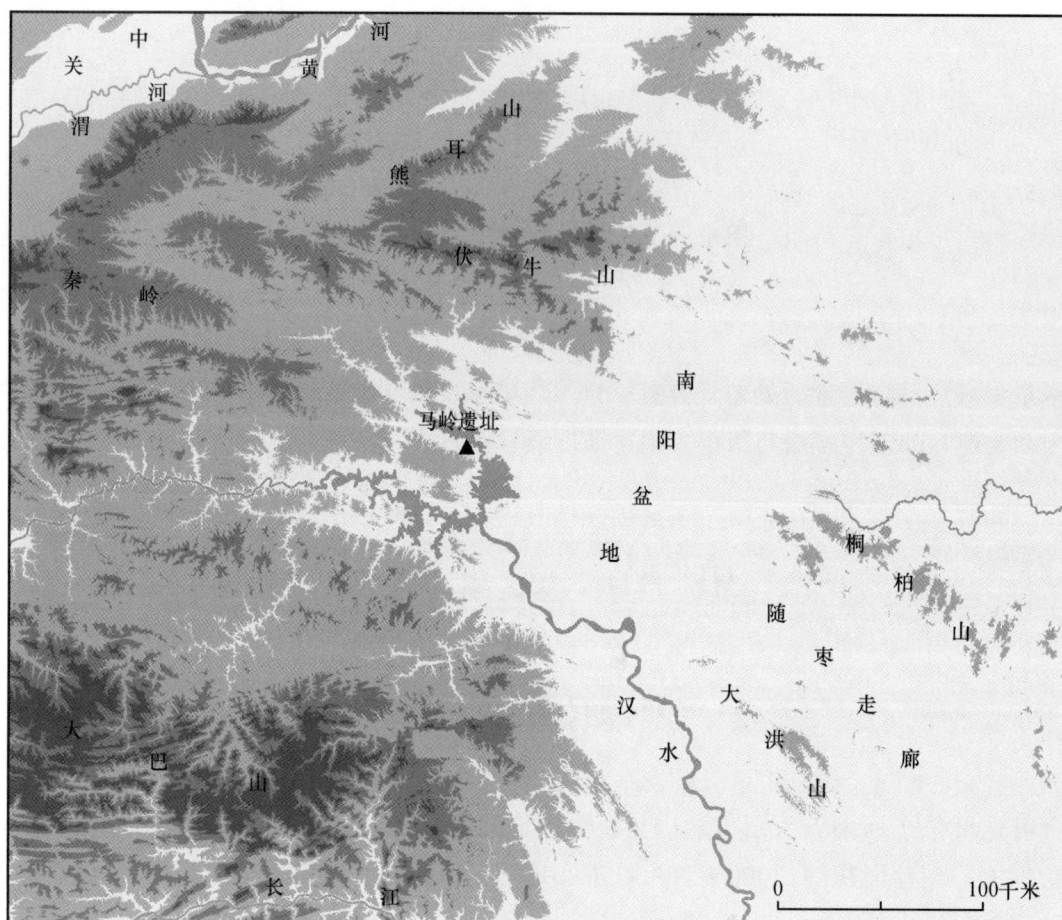

图1-1-1　马岭遗址位置示意图

遗址位于南水北调中线工程丹江库区淹没区，2007～2010年，武汉大学考古系与河南省文物考古研究所合作先后四次对遗址进行了发掘。发掘采取探方法，共布10米×10米探方94个，实际发掘面积共10400平方米。

发现了从后冈一期文化至清代的遗存，发掘了各时期房址、灰坑、墓葬等各类遗迹，出土了丰富的陶器、石器、动物骨骼等遗物。其中以后冈一期及朱家台文化时期的遗存最为丰富，聚落形态保存较为完整。

三、相 对 年 代

遗址的年代序列可以分为后冈一期文化时期、西阴文化时期、朱家台文化时期、屈家岭文化时期、煤山文化时期、商周时期、汉代、宋代、明清时期。其中后冈一期文化和朱家台文化又均可再细分为一、二、三期。

四、骨骼保存和出土概况

骨骼总体保存较好，大多数骨骼风化程度不高，没有长时间暴露，很快就被掩埋，但骨骼表面经常见有黑色的土壤色素沉淀。动物骨骼出土的遗迹类型包括地层、灰坑、灰沟、房址、墓葬。除西阴文化，各个时期均出土动物遗存，以后冈一期文化和朱家台文化最为丰富。

后冈一期文化第一期有34个灰坑出土动物骨骼。

后冈一期文化第二期有2个探方地层、1座房址、49个灰坑、1条灰沟、13座墓葬出土动物骨骼。

后冈一期文化第三期有4个探方地层、23个灰坑、1条灰沟、9座墓葬出土动物骨骼。

后冈一期文化不明确期别的有13个灰坑、2条灰沟、5座墓葬出土动物骨骼。

朱家台文化第一期有10个探方地层、4个灰坑出土动物骨骼。

朱家台文化第二期有2个探方地层、2座房址、9个灰坑、1条灰沟出土动物骨骼。

朱家台文化第三期有5个探方地层、7个灰坑出土动物骨骼。

朱家台文化不明确期别的有1座房址、10个灰坑出土动物骨骼。

屈家岭文化有9个灰坑、1座墓葬出土动物骨骼。

煤山文化有1个探方地层、1座房址、4个灰坑出土动物骨骼。

商周时期有1个灰坑出土动物骨骼。

汉代有2个探方地层、1座房址、3个灰坑出土动物骨骼。

宋代有1座墓葬、明清有2座墓葬出土动物骨骼。

第二节　工作方法与工作历程

一、采集与整理方法

在马岭遗址的4次发掘中，出土了大量动物遗存，均采用手选的方式进行采集，未过筛。

（一）整理步骤

在获取原始资料的基础上，本研究采取的步骤是：按单位对骨骼进行水洗，阴干之后再进行拼对、鉴定种属、部位等，记录骨骼保存状况、表面痕迹、牙齿萌出和磨蚀状况、骨骼的愈合状况，并对骨骼和牙齿进行测量和称重。待鉴定和记录工作完成后，将全部信息分条目输入Excel表格，建立数据库。

（二）种属鉴定

鉴定工作分数次开展，第一次是按照遗迹单位依次进行全面的鉴定，第二次鉴定则着重对相似种属或疑难种属辨析，将相关种属骨骼全部挑选出来仔细比对再确定种属，如对大型牛科、中小型犬科动物的鉴定。第三次鉴定则是在尺寸数据分析后，结合形态对鹿科动物的分类进行了适当调整。

种属鉴定方面，对比了武汉大学生物考古实验室的现生动物骨骼标本库，同时参考《动物骨骼图谱》[①]、《哺乳动物大型管状骨检索表》[②]、《哺乳动物骨骼和牙齿鉴定方法指南》[③]、*Human and Nonhuman Bone Identification*[④]、*Teeth*[⑤]、*Bird Bones from Archaeological Sites*[⑥]、《龟鳖分类图鉴》[⑦]等图谱。在鉴定时，先按部位进行归类，再鉴定到种属。不可鉴定的哺乳动物骨骼标本根据骨壁的厚度，大致分为大、中、小型哺乳动物三类。

在牙齿的记录上，上颌门齿、犬齿、前臼齿、臼齿恒齿分别用I、C、P、M表示，下颌门齿、犬齿、前臼齿、臼齿恒齿分别用i、c、p、m表示，乳齿则在恒齿符号前加d表示，如dp4代表下颌第四乳前臼齿。

（三）保存状况记录

对于可鉴定的长骨，本书是按保存的长度占完整骨骼的比例进行分类的，可分为五种：≤1/4 、1/4 ~ 1/2 、1/2 ~ 3/4 、3/4 ~ 1 、1。同时，本书还对骨骼的宽度、厚度保存状况进行记录，根据其占完整骨骼的比例进行记录，分为四种：完整（无破损）、稍残（占完整骨骼的2/3以上）、残（1/3 ~ 2/3）、碎（1/3以下）。不可鉴定的骨骼，则根据长度分为0 ~ 5厘米、5 ~ 10厘米、10 ~ 15厘米、>15厘米四类[⑧]。

（四）测量标准

测量方法以安格拉·冯登德里施所著的《考古遗址出土动物骨骼测量指南》为准[⑨]。

---

① ［瑞士］伊丽莎白·施密德著，李天元译：《动物骨骼图谱》，中国地质大学出版社，1992年。

② B·格罗莫娃：《哺乳动物大型管状骨检索表》，科学出版社，1960年。

③ 西蒙·赫森著，侯彦峰、马萧林译：《哺乳动物骨骼和牙齿鉴定方法指南》，科学出版社，2012年。

④ France D L. *Human and Nonhuman Bone Identification*. Boca Raton: CRC Press, 2009.

⑤ Hillson S. *Teeth* (*Second Edition*). Cambridge: Cambridge University Press, 2005.

⑥ Serjeantson D, Cohen A. *Bird Bones from Archaeological Sites* (*Revised Edition*). London: Archetype Publications, 1996.

⑦ 周婷：《龟鳖分类图鉴》，中国农业出版社，2004年。

⑧ 吕鹏：《广西邕江流域贝丘遗址的动物考古学研究》，中国社会科学院研究生院博士学位论文，2009年。

⑨ 安格拉·冯登德里施著，马萧林、侯彦峰译：《考古遗址出土动物骨骼测量指南》，科学出版社，2007年。

（五）年龄信息记录与对应

对于牙齿的磨蚀状况记录，猪、牛、鹿均采用Grant的记录方法[1]，与年龄的对应则参考Silver[2]、Grant[3]、Hongo & Meadow[4]、Lemoine & Zeder[5]、Koike[6]的相关研究。

骨骺愈合的状况分为未愈合、愈合中（可观察到骺线）、已愈合，与年龄的对应则参考Silver[7]、Carden[8]的相关研究。

（六）性别判断

猪的性别通过犬齿以及齿孔的形状来判断，雄性个体的犬齿粗壮，无齿根，终身生长，上颌犬齿呈圆形，下颌犬齿截面为三角形。雌性个体犬齿不甚发育，有齿根且收缩封闭，截面呈扁椭圆形。

鹿科动物的性别则通过额骨上角柄的有无以及犬齿的有无来判断。

（七）骨表痕迹和骨骼异常记录

参考Noe-Nygaard[9]等的研究，根据痕迹的宽度、深度以及截面的形态，骨表痕迹分为切割痕、砍痕、砸痕、磨痕、削痕、烧痕、食肉动物咬痕、啮齿动物咬痕，记录其痕迹类型、出现

---

① Grant A. The use of tooth wear as a guide to the domestic animals. In: Wilson B, Grigson C, Payne S. *Ageing and Sexing Animal Bones from Archaeological Sites* (*British Archaeological Reports British Series 109*). Oxford: BAR Publishing, 1982: 91-108.

② Silver I A. The ageing of domestic animals. In: Brothwell D, Higgs E. *Science in Archaeology: A Survey of Progress and Research*. London: Thames and Hudson, 1969: 283-302.

③ Grant A. The use of tooth wear as a guide to the domestic animals. In: Wilson B, Grigson C, Payne S. *Ageing and Sexing Animal Bones from Archaeological Sites* (*British Archaeological Reports British Series 109*). Oxford: BAR Publishing, 1982: 91-108.

④ Hongo H, Meadow R H. Faunal remains from prepottery Neolithic levels at Çayönü, southwestern Turkey: A preliminary report focusing on pigs (Sus sp.). In: Mashkour A M, et al. *Archaeozoology of the Near East Ⅳ A*. Groningen: ARC Publications, 2000: 122-140.

⑤ Lemoine X, Zeder M A, Bishop K J, et al. A new system for computing dentition-based age profiles in Sus scrofa. *Journal of Archaeological Science*, 2014, 47: 179-193.

⑥ Koike H, Ohtaishi N. Prehistoric hunting pressure estimated by the age composition of excavated sika deer (*Cervus nippon*) using the annual layer of tooth cement. *Journal of Archaeological Science*, 1985, 12(6): 443-456.

⑦ Silver I A. The ageing of domestic animals. In: Brothwell D, Higgs E. *Science in Archaeology: A Survey of Progress and Research*. London: Thames and Hudson,1969: 283-302.

⑧ Carden R F. *Putting Flesh on Bones: The Life and Death of the Giant Irish Deer* (*Megaloceros Giganteus, Blumenbach, 1803*). PhD thesis. Dublin: National University of Ireland, 2006.

⑨ Noe-Nygaard N. Man-made trace fossils on bones. *Human Evolution,*1989, 4(6): 461-491.

部位。参考Lyman的分类[①]，对烧痕记录其烧色。参考Behrensmeyer的研究[②]，根据骨骼裂纹的有无、宽度及深度，对骨表的风化级别进行记录。另外还要记录骨骼和牙齿异常，包括骨质增生、骨折、骨侵蚀、龋齿、线性牙釉质发育不全（LEH）和齿槽脓肿等。

二、工作历程

马岭遗址动物骨骼的整理工作由武汉大学教师刘一婷与研究生、本科生承担。

2018年底至2020年底，对马岭出土动物骨骼进行了第一次鉴定工作，参与工作的有刘一婷，研究生李婷、谢紫晨，本科生吴怡。2021年9～12月，进行了第二次鉴定工作，参与工作的有刘一婷、李婷。2022年3～4月，进行了第三次鉴定工作，参与工作的有刘一婷、李婷、本科生梅媛媛和宋骄阳（图版一、图版二）。

报告撰写从2021年3月开始，一直持续到2022年6月。刘一婷负责所有章节的撰写并改定全文。李婷参与了第三章和第四章第五节的数据统计与文字整理工作，本科生雷莎、杜泓宇协助拍摄骨骼标本照片。

第三节　报告编写理念

动物考古学的鉴定与研究报告始见于20世纪30年代的《城子崖》和《安阳殷墟之哺乳动物群》。新中国成立以后报告数量有所增长，80、90年代以来则进入一个飞速发展的阶段，目前已有300余处遗址进行了动物考古学鉴定并发表资料，年代上以新石器时代和商周时期为主，地域上以河南、陕西、山东、湖北为主。鉴定报告的发表形式有期刊论文、发掘报告附录以及专著，以前两种为主，篇幅多为数十页。以专著形式发表并不多见，但近年来有所增加，反映出对动物遗存资料全面公布的趋势。目前发表一个遗址动物遗存鉴定报告的专著有《安阳殷墟之哺乳动物群》《浙江余姚河姆渡新石器遗址动物群》《永顺老司城遗址出土动物遗存》《成都东华门明代蜀王府遗址出土动物遗存研究》等，发表一个区域的动物考古学研究专著有《清江流域古动物遗存研究》《长江三峡动物考古学研究》等。

鉴定报告如何发表，反映的是动物考古学研究理念。动物考古鉴定报告体例历经转变，其实就是研究理念的转变。墓葬出土动物骨骼鉴定报告的体例已有总结[③]，居址出土动物骨骼鉴

① Lyman R L. *Vertebrate Taphonomy*. Cambridge: Cambridge University Press, 1994.

② Behrensmeyer A K. Taphonomic and ecologic information from bone weathering. *Paleobiology,* 1978, 4(2): 150-162.

③ 刘一婷：《商周墓葬用牲研究回顾》，《南方文物》2018年第1期。

定报告的体例也已有学者做过相关梳理①，大致可分为以下三种。

第一种以种属鉴定为重，骨骼形态的描述占据鉴定报告中绝大部分篇幅，并且命名了不少新的种属。将整个遗址的动物骨骼视为一个动物群来研究，其研究目标是遗址中有什么动物，反映了怎样的动物种群特征和环境信息。这种体例多见于动物考古学形成之初的20世纪30~40年代，鉴定工作通常由古生物学家完成。

第二种是除了种属鉴定之外，开始注意到动物遗存与人类活动之间的关系，纳入年龄等信息，以此区分家养与野生动物。这深刻地影响了之后的鉴定报告。但是这种报告对动物骨骼出土背景关注不多，并未按年代、层位对标本进行介绍，而是将整个遗址一并分析。这种体例多见于20世纪50~70年代，主要是由古生物学家和动物学家来完成，动物考古学自身的分析方法正在形成之中。

第三种是包含了种属、年龄、性别、尺寸分析、骨表痕迹、病理现象、骨骼发现率、破碎度、环境复原等各方面内容，并开展了基于年代的定性定量分析，骨骼形态描述的部分则占比非常少或者不见，对家养动物的判断和分析比重远远大于其他种属。这种体例始于20世纪80~90年代，与动物考古学开始注重驯化、生业经济的历时性演变有着密切关系，目前已成为鉴定报告的最主要体例。

上述三种体例的变化反映出动物考古学从古生物研究向考古学研究的转变。随着考古学的发展，对各种资料的发表和分析深度提出了新的要求。尽管目前动物考古鉴定报告已包含了相当多的信息，但研究者在进行相关分析时，有时仍觉得捉襟见肘。首先是动物遗存的数据并未全面发表，不是每块骨头的所有信息都被公布，比如在测量尺寸方面，大多数报告仅见有下颌牙齿的具体数据，而肢骨则仅公布数据的范围、平均值等统计信息，这使得其他动物考古学者很难再次开展细致的研究。其次是未按遗迹单位公布材料，即使是资料公布比较详细的牙齿数据，也极少标注标本出土的遗迹单位，导致基于背景的相关讨论无法开展，也限制了动物考古与考古学的深度融合。

鉴此，本报告将尽可能全面地公布马岭遗址出土动物遗存的资料，并进行初步研究。微观尺度分析、同位素分析、骨角器分析等专题研究尚在进行中，不在本报告中收录。

本报告具体内容分为三部分。

第一部分，挑选各个种属各个部位的典型骨骼标本进行形态描述，并均配以图版，尽量做到种属鉴定的准确，对于不易区分的种属，本报告也将其形态特征列出，以供后来检验。

第二部分，按遗迹单位对动物骨骼的种属、数量、部位、年龄与性别、骨表痕迹与异常进行分述，具体测量数据列为附表，便于研究者进行基于背景的各种分析和研究。

第三部分，基于细致的分期，对动物骨骼的数量、年龄与性别、测量尺寸、骨骼部位发现率、骨表痕迹与异常进行综合分析，以期对马岭遗址动物资源的利用进行解读。以往的一些研究提示我们，在更小的时间刻度下进行分析会有新的认识，因此在不影响样本量的情况下，本

① 罗运兵、袁靖：《中国动物考古学80年》，《中国考古学年鉴2014》，中国社会科学出版社，2015年，第112~140页。

报告的分析大多都是以最小刻度的分期来进行。还需要强调的是，以往多关注家养动物，相较之下，对野生动物的关注不多，但动物资源的利用是一个联动系统，一部分资源的改变，必然引起另一部分资源开发策略的变动，因此我们也将对数量较多的野生动物进行分析，以期对动物资源的利用有更加全面的认识。

第二章　种属鉴定与骨骼形态描述

马岭遗址总共出土种属26种，其中鱼类4种，包括草鱼（*Ctenopharyngodon idellus*）、鲤鱼（*Cyprinus carpio*）、白鲢（*Hypophthalmichthys molitrix*）、黄颡鱼（*Pelteobagrus fulvidraco*）；爬行类2种，包括鳖（Trionychidae sp.）、黄缘闭壳龟（*Cuora flavomarginata*）；鸟类2种，包括雉（*Phasianus* sp.）和鹤（*Grus* sp.）；哺乳动物18种，包括猪（*Sus scrofa*）、水鹿（*Cervus unicolor*）、梅花鹿（*Cervus nippon*）、大角麂（*Muntianus gigas*）、赤麂（*Muntiacus munijak*）、小麂（*Muntiacus reevesi*）、獐（*Hydropotes inermis*）、麝（*Moschus* sp.）、水牛（*Bubalus mephistopheles*）、鬣羚（*Capricornis sumatraensis*）、马（*Equus* sp.）、犀牛（Rhinocerotidae sp.）、黑熊（*Ursus thibetanus*）、狗（*Canis familiaris*）、狐（*Vulpes* sp.）、貉（*Nyctereutes procyonoides*）、猪獾（*Arctonyx collaris*）、猫科（Felidae sp.）。下文将选取各种属的典型骨骼标本进行介绍，列出其测量数据，描述其骨骼特征。

第一节　硬骨鱼纲

一、鲤　　科

（一）草鱼

1. 舌颌骨

1）标本：H959：16-#2692。

2）测量数据：无。

3）描述：左侧，骨骼略呈三角形，保存1/2～3/4。骨骼外侧面上方可见一圆形关节突，在其下有一扁薄嵴棱（图版三，7）。

2. 咽齿骨

1）标本：H959：16-#2667。

2）测量数据：残长61.73毫米，残宽50.64毫米。

3）描述：右侧，咽骨肥厚粗壮，保存较完整。骨骼中部弯曲，背侧4枚咽齿全部脱落，仅剩齿槽，成一列分布；腹侧有3个较大、1个较小的凹窝。头端背侧骨骼上有三道长2.5毫米左右的砍痕（图版三，3）。

（二）鲤鱼

1. 咽齿骨

1）标本：H650-#4427。

2）测量数据：残长42.15毫米，残宽35.06毫米。

3）描述：右侧，保存长度3/4。骨骼中部弯曲，背侧4枚咽齿全部脱落，仅存齿槽，内齿列有大小各异的3枚咽齿，中齿列的1枚咽齿则最大；腹侧窝槽较多。

咽骨弯曲略呈钝角，咽齿分布于咽骨内侧转弯处，保留一颗圆状咽齿；有孔面：骨骼较为平整（图版三，4）。

2. 基鳍骨

1）标本： H1153：21-#3864。

2）测量数据：宽度=9.25毫米。

3）描述：骨骼仅存头端的1/2，呈一扁体尖锥形，中间有一凸嵴（图版三，15）。

（三）白鲢

1. 背鳍第一支鳍骨

1）标本：H1134-#4383。

2）测量数据：宽25.70毫米，厚19.09毫米。

3）描述：骨骼头部和尾部缺失，仅保留中部，整体浑圆膨胀，呈枣核状，骨骼背部表面皱褶深（图版三，11）。

2. 舌颌骨

1）标本：H1118-#4632。

2）测量数据：重量6.80克，关节突长11.37毫米，宽8.37毫米。

3）描述：骨骼呈长条形，仅保留上部。骨骼外侧面有一宽平嵴，上方可见一关节突，与主鳃骨的内凹孔相连接。内侧相对位置亦可见一宽平嵴及关节突（图版三，10）。

3. 肋骨

1）标本：H1118-#4631。

2）测量数据：最大直径11.34毫米。

3）描述：骨骼呈圆棒状，略弯曲，近端残缺，末端收窄呈尖锥状。根据肋骨末端的膨胀特点，鉴定为白鲢肋骨（图版三，8）。

二、鲿　科

黄颡鱼

胸鳍棘

1）标本：H81-#6109。

2）测量数据：关节最大宽6.67毫米。

3）描述：左侧，远端缺失。骨骼整体较纤细，关节面保存较为完整。胸鳍棘后缘锯齿明显，排列整齐。前缘锯齿较小且细密。轴突十分明显，近腹突、远腹突向上延伸（图版三，13）。

第二节　爬　行　纲

一、鳖　科

鳖

1. 背甲

1）标本：H1010：23-#6263～H1010：23-#6731。

2）测量数据：整体残长177.44毫米，残宽186.83毫米。

3）描述：背甲保存较为完好，整体厚重，背甲表面有密集的凹坑，应为大型鳖类背甲。右侧颈板下缘和1肋上缘有1个直径约5毫米的圆形穿孔，靠近背甲中轴线，距中轴线约17毫米；左侧1肋上缘有1个直径约4毫米的半圆形穿孔，距中轴线约22毫米；左右侧穿孔较为对称（图版四，1）。

2. 腹甲

1）标本：H102-#5875。

2）测量数据：残长36.95毫米，残宽26.25毫米，厚3.63毫米。

3）描述：左侧上舌板，残损。腹甲外表面有密集的凹坑，一侧边缘呈"C"形（图版四，3）。

3. 乌喙骨

1）标本：H102：66-#2811。

2）测量数据：残长88.50毫米，残宽50.35毫米，厚度最大可达11.74毫米。

3）描述：左侧，近端和远端残损，保存长度3/4～1。骨骼整体扁薄，呈扇形（图版四，6）。

4. 肱骨

1）标本：H102-#5877。

2）测量数据：Bd=11.03毫米，SD=5.16毫米。

3）描述：右侧，近端残损，保存长度3/4～1。骨骼整体较弯，远端明显膨大，呈扁宽状（图版四，7）。

5. 股骨

1）标本：H1243：26-#4914。

2）测量数据：SD=4.93毫米。

3）描述：左侧，近端和远端关节缺失。骨骼整体略弯曲，近端膨大明显，大转子薄而高，往外侧延伸，远端则略微膨大（图版四，8）。

6. 盆骨

1）标本：H1123：31-#3167、H1123：31-#3168。

2）测量数据：髂骨总长80.41毫米，关节宽32.90毫米，髂骨最小径19.17毫米，坐骨关节宽28.73毫米。

3）描述：左侧，保存髂骨和坐骨，未愈合。髂骨保存较为完整，骨骼整体较扁薄，呈弯曲状，近端处骨表有放射状纹路，坐骨整体扁薄，远端残损（图版四，5）。

二、龟　科

黄缘闭壳龟

1. 背甲

1）标本：M76：2-#6238。

2）测量数据[①]：背甲残长83.28毫米，残宽73.24毫米；颈板长×宽=20.15毫米×26.10毫米；左侧第1缘板=14.15毫米×12.01毫米，左侧第2缘板=13.25毫米×11.35毫米，右侧第3缘板=11.32毫米×11.03毫米，右侧第5缘板=12.03毫米×16.88毫米，左侧第6缘板=13.28毫米×15.74毫米，左侧第7缘板=12.78毫米×13.69毫米；第1椎板=11.62毫米×11.69毫米，第2椎板=9.81毫米×12.78毫米，第3椎板=11.36毫米×12.65毫米，第4椎板=11.92毫米×9.90毫米；右侧第1

---

① 左右侧数据均有的情况下，仅选择一侧进行介绍。

肋板=13.83毫米×25.91毫米，右侧第2肋板=10.49毫米×28.94毫米，右侧第3肋板=9.46毫米×31.77毫米，右侧第4肋板=10.96毫米×31.03毫米，右侧第5肋板=8.93毫米×28.58毫米，左侧第6肋板=9.88毫米×25.28毫米。

3）描述：保存较为完整，存有颈板，左侧第1~6肋板、右侧第1~5肋板，第1~4椎板，左侧第1、2、6、7缘板、右侧第2、3、5缘板。背甲隆起，前缘圆，表面盾纹呈清晰的同心状，背棱明显，侧棱不明显（图版四，2）。

2.腹甲

1）标本：M76：2-#6235。

2）测量数据：腹甲最大长=94.03毫米，最大宽=59.21毫米；右上腹甲=19.25毫米×120.29毫米；内腹板=19.12毫米×18.64毫米；右舌腹板=28.50毫米×27.26毫米；右下腹板=33.33毫米×29.84毫米；右剑腹板=25.06毫米×25.81毫米；右喉板=17.20毫米×9.20毫米；右肱板=19.80毫米×25.28毫米；右胸板=17.88毫米×27.35毫米；右腹板=25.02毫米×29.43毫米；右股板=19.13毫米×28.51毫米；右肛板=21.73毫米×17.77毫米。

3）描述：保存完整，左侧舌腹板上方与上腹板连接处稍残，可见各腹板之间的裂缝（图版四，2），与M76：2-#6238为同一个个体。腹板前缘和后缘均较圆，腹板可分为前后两叶。

3.股骨

1）标本：H81-#6098。

2）测量数据：Bp=9.09毫米，SD=4.34毫米。

3）描述：右侧，保存较为完整，远端关节缺失。骨骼整体略弯曲，近、远端膨大不明显，转子内外侧高度基本一致（图版四，4）。

第三节　鸟　　纲

一、雉　　科

雉

1.肩胛

1）标本：H102-#5708。

2）测量数据：Dic=14.11毫米。

3）描述：右侧近端，关节已愈合，保存长度1/4~1/2。关节盂较圆润，没有凹陷（图版三，14）。

2. 乌喙骨

1）标本：H102-#5707。

2）测量数据：Lm=54.89毫米，BF=11.74毫米。

3）描述：右侧，关节已愈合，保存近乎完整。骨干远端靠近胸骨端处有一个垂直向分布的椭圆形气孔（图版三，6）。

3. 肱骨

1）标本：H102-#5703。

2）测量数据：Bd=17.37毫米，Dd=8.64毫米，SD=8.04毫米。

3）描述：左侧远端，关节已愈合，保存长度3/4～1。远端尺髁及尺上髁下缘渐向下倾斜，二者界限清晰（图版三，2）。

4. 股骨

1）标本：H102-#5700。

2）测量数据：GL=87.15毫米，Lm=82.72毫米，Bp=16.76毫米，Dp=11.52毫米，Bd=15.98毫米，Dd=12.47毫米。

3）描述：左侧，近、远端关节已愈合，保存近乎完整。近端大转子无气窝（图版三，1）。

5. 胫跗骨

1）标本：H102-#5705。

2）测量数据：Dip=20.46毫米。

3）描述：左侧近端，关节已愈合，保存长度3/4～1。裸羽脚突在近端前缘，位于约2/3处，更靠近内侧（图版三，12）。

6. 跗跖骨

1）标本：H102-#5702。

2）测量数据：GL=86.00毫米，Bp=13.60毫米，SD=6.09毫米，Bd=13.32毫米。

3）描述：左侧，关节已愈合，保存完整。下跗骨之下有嵴，圆钝，笔直。有鸡距，可能为雄性（图版三，9）。

二、鹤　　科

鹤

股骨

1）标本：M90-#2070。

2）测量数据：Bd=17.74毫米，Dd=15.45毫米。

3）描述：右侧远端，关节已愈合，保存长度3/4 ~ 1。骨骼整体细长，远端外侧髌面近轴侧有一浅窝（图版三，5）。

第四节　哺　乳　纲

哺乳动物种属包括猪、水鹿、梅花鹿、大角麂、赤麂、小麂、獐、麝、鬣羚、水牛、马、犀牛、黑熊、猪獾、狗、貉、狐、猫科。

鹿科动物种属繁多，因此有必要对其鉴定标准予以说明。鹿科动物的鉴定主要依据形态差异明显的鹿角和犬齿。据此，马岭遗址鹿科动物应该至少包括水鹿、梅花鹿、大角麂、赤麂、小麂、獐、麝。对于鹿类动物肢骨的鉴定，大多依据体型的大小进行分类。根据测量数据的聚集情况以及测量数据与现生标本的比对，马岭的鹿科动物可以大致分成大型鹿科、中型鹿科、中小型鹿科以及小型鹿科（详见第四章第二节）。结合鹿角和犬齿的鉴定结果，大型鹿科对应的是水鹿，中小型鹿科或为赤麂[①]。而小型鹿科的肢骨则应包含小麂、獐、麝三种不同的种属，中型鹿科的尺寸变化很大，可能也包含了不同的种属。

一、猪　　科

猪

1. 头骨

1）标本：H1145：36-#2964 ~ H1145：36-#2968。

2）测量数据：（13）=50.43毫米，（24）=34.67毫米，（34）=58.46毫米，（36）=23.19

---

① 在附表的测量数据中，则列为大型鹿科（水鹿），中小型鹿科（赤麂）。大型牛科中有部分个体可明确鉴定为水牛，但仍有不少个体未有明确鉴定特征，谨慎起见，后文分析和附表也都统称为大型牛科。

毫米，（37）=30.83毫米，（40）=38.26毫米，（41）=100.08毫米，（42）=38.31毫米，（45）=106.14毫米。

3）描述：左右侧的额骨、顶骨、枕骨和右侧的颞骨，额骨和顶骨、颞骨之间未愈合。顶骨和额骨平直；顶骨与枕骨的角度接近直角，枕骨鳞部弯曲凹陷，向下逐渐内收向枕骨大孔；颧骨弯曲向外侧突出。左侧枕骨鳞部上部有一结节发育（图版五，1）。

2. 下颌

1）标本：H799-#3151。

2）测量数据：（3）=71.01毫米，（6）=120.98毫米，（7）=112.53毫米，（7a）=98.71毫米，（8）=63.91毫米，（9a）=32.98毫米，（9）=46.16毫米，（16a）=42.98毫米，（16b）=39.62毫米，（16c）=42.02毫米，p2长×宽=-×5.26毫米，p3长×宽=11.18毫米×6.70毫米，p4长×宽=13.10毫米×8.45毫米，m1长×前宽×后宽=15.70毫米×10.20毫米×11.74毫米，m2长×前宽×后宽=16.90毫米×-×14.50毫米，m3长×宽=30.16毫米×15.80毫米。

3）描述：左侧水平支和上升支，保存3/4～1。除门齿和p1外，其余牙齿均保存较好，臼齿为丘形齿。水平支前部的外侧面有多个大小不一的颏外侧孔。犬齿截面呈椭圆形，齿孔收窄封闭，应为雌性（图版五，2）。

3. 犬齿

1）标本：M188：31-#6221。

2）测量数据：残长138.01毫米，最大宽24毫米。

3）描述：犬齿长且粗壮，呈弯曲状，齿根开放，截面为三角形，为雄性个体。内侧和外侧牙釉质表面遍布明显的、横向平行的LEH（图版五，7）。

4. 寰椎

1）标本：H220-#1。

2）测量数据：GB=19.21毫米，BFcr=45.46毫米，BFcd=55.10毫米，GLF=41.23毫米，H=42.61毫米。

3）描述：保存完好，前、后关节均已愈合。头—尾端短、背—腹侧高，横突展开呈翼状；前关节面内凹、相对较平；后关节面为两个分开椭圆形关节面（图版五，6）。

5. 枢椎

1）标本：H804：10-#4013。

2）测量数据：BFcr=54.13毫米，BPacd=30.46毫米。

3）描述：保存较好，椎体腹侧有残损，前、后关节均已愈合。椎体较短、无脊，齿状突短粗、呈钉状；前关节面呈长椭圆形；横突不甚发达（图版五，9）。

6. 肩胛

1）标本：H220-#82。

2）测量数据：GLP=33.30毫米，BG=23.25毫米，SLC=24.6毫米。

3）描述：右侧，保存长度3/4～1，近端残损。骨骼呈宽三角形，尾侧缘较直，肩胛冈向后卷曲；肩胛颈较短且宽；关节盂已愈合，呈椭圆形，喙突较宽，与关节盂前缘稍分开（图版五，3）。

7. 肱骨

1）标本：H31：1-#5473。

2）测量数据：GL=175.40毫米，Bp= 41.89毫米，SD=16.70毫米，Bd=38.82毫米，GLC=157.26毫米，Dp=56.70毫米。

3）描述：右侧，骨骼保存完整，近端关节未愈合，远端关节已愈合。大结节发达，向内侧延伸，大结节与小结节之间的夹角小，骨体稍扭曲。远端鹰嘴窝无穿孔，滑车与肱骨小头分界不明显，而滑车内有一深沟将关节分为内外两段（图版五，8）。

8. 桡骨

1）标本：　G12①：3-#4173。

2）测量数据：GL=147.90毫米，Bp=32.98毫米，SD=22.51毫米，Bd=38.54毫米，Dp=25.40毫米，Dd=30.99毫米。

3）描述：左侧，骨骼保存完整，近端关节已愈合，远端关节未愈合。骨骼较短，背侧光滑呈弧形，跖侧与尺骨连接的粗隆较宽且延伸整个骨干。近端略呈方形，两条嵴将关节面分成三个关节面，内侧关节面最大，嵴低且光滑。远端稍膨鼓，呈方形，两条弯曲的嵴斜跨关节面（图版五，5）。

9. 尺骨

1）标本：G12-#4126。

2）测量数据：SDO=29.91毫米，DPA=39.56毫米，BPC=21.54毫米。

3）描述：左侧，近端、远端有残损，保存长度3/4～1。骨干整体较粗，鹰嘴长、粗大，喙突小，半月切迹略倾斜（图版五，4）。

10. 掌骨

1）标本：H705-#2424。

2）测量数据：GL=85.68毫米，Bp=16.01毫米，Dp=17.30毫米，Bd=17.42毫米，Dd=18.45毫米，B=13.44毫米。

3）描述：右侧第四掌骨，保存完整，近、远端关节均已愈合。骨干粗壮，轴侧和跖侧面平直，远轴侧—背侧则呈弧形。近端主关节面三角形且呈球状突，掌侧面处有一个舌形关节面延伸（图版六，8）。

11. 盆骨

1）标本：T5532⑤：1-#5129。

2）测量数据：LAR=30.78毫米，SH=25.58毫米，SB=14.30毫米。

3）描述：右侧，保存髂骨、坐骨和髋臼。髋臼已愈合，坐骨结节未愈合。髋臼边缘明显突出，无唇，窝圆而深，髋臼上窝不甚明显。坐骨棘不发达（图版六，1）。

12. 股骨

1）标本：M230-#3621。

2）测量数据：GLC=196.81毫米，Bp=50.03毫米，DC=24.11毫米，SD=18.00毫米，Bd=42.02毫米，Dd=46.10毫米。

3）描述：左侧，保存完好，近、远端关节均已愈合。股骨头呈球形，股骨头颈短，大转子较大，小转子位于骨干中部近内侧、较为明显，二者由一弯曲的转子嵴相连，转子下方的嵴十分发育；远端髌面上的深沟截面呈"V"形，远端内侧骨干有结节发育，腘面位置也有结节发育并形成一条沟（图版六，3）。

13. 胫骨

1）标本：T5532⑤：1-#5134。

2）测量数据：GL=194.09毫米，Bp=46.32毫米，SD=21.30毫米，Bd=30.56毫米，Dd=25.54毫米，Dp=44.44毫米。

3）描述：左侧，骨骼保存较为完整，近端关节仍存有部分骺线，远端关节已愈合。近端骨骼粗，截面呈三角形，胫骨嵴向外卷曲。近端关节的髁间隆起不高，远端关节的嵴和凹陷较浅，前后相对较宽（图版六，2）。

14. 腓骨

1）标本：T5532⑤：1-#5136。

2）测量数据：GL=194.09毫米，Bp=46.32毫米，SD=21.30毫米，Bd=30.56毫米。

3）描述：左侧远端，关节已愈合，保存长度1/4～1/2。骨干十分细长，远端关节近椭圆形，内侧有不规则的关节面（图版六，9）。

15. 距骨

1）标本：H31：1-#5519。

2）测量数据：GLl=40.16毫米，GLm=37.31毫米，Bd=22.82毫米，Dl=21.05毫米，Dm=20.88毫米。

3）描述：左侧，保存完整。近端关节嵴明显，与骨的长轴平行，远端关节嵴也不太发达且倾斜；跖侧关节面为长的椭圆形（图版六，5）。

16. 跟骨

1）标本：H220-#2。

2）测量数据：GL=15.96毫米，GB=21.78毫米。

3）描述：左侧，保存完整，近端关节可见骺线。跟骨体较长，跟骨头突起，载距突的关节面为内凹的圆形，跟骨前突截缘倾斜（图版六，4）。

17. 跖骨

1）标本：H705-#2422。

2）测量数据：GL=91.31毫米，Bp=17.95毫米，Dp=27.31毫米，Bd=21.58毫米，Dd=19.82毫米，B=19.12毫米，LeP=88.98毫米。

3）描述：左侧第三跖骨，保存完整，近、远端关节均已愈合。骨骼粗壮，骨上的嵴较为发育，轴侧和跖侧面平直，远轴侧—背侧则呈弧形。近端主关节面呈扇形，有一明显突起向跖侧延伸，且其顶端还有一小关节面。远端外侧、背侧和跖侧骨干均见有大量瘤状骨质增生，远端掌侧骨干骨皮缺失，有骨侵蚀（图版六，7）。

18. 趾骨

1）标本：H31∶1-#5529。

2）测量数据：Glpe=34.87毫米，Bp=14.65毫米，SD=12.38毫米，Bd=13.45毫米。

3）描述：第一趾骨，保存完好，近、远端关节均已愈合。骨骼整体较为粗短，近端关节被低矮的嵴分为两个大小不等的面，远端为滑车（图版六，6）。

二、大型鹿科

水鹿

1. 角

1）标本：H820②∶3-#5936。

2）测量数据：主轴全长510毫米，角环最大径52.19毫米，角基周长122毫米，眉枝长115.69毫米，第二枝长99.85毫米，眉权到角环的距离为65.51毫米。

3）描述：右侧，保存完整。角环自然脱落，有三叉，表面纹路主要为条状，间杂麻点状突起。角环至主枝1/2处，角截面呈圆形，再往上角则变得扁薄。主枝与眉枝夹角约30°。角环上方约164毫米处有一周膨出较为异常。大小与台湾亚种接近（图版七，1）。

2. 头骨

1）标本：H1138：3-#5436、H1138：3-#5437。

2）测量数据：（25）=138.66毫米，（40）=162毫米。

3）描述：存有左右侧额骨、顶骨、枕骨。角柄断面规则，角自然脱落。左右侧额骨在骨缝处自然断开，枕骨、顶骨在中间裂开、断口齐整，枕骨和顶骨的骨缝清晰可见（图版八，1）。

3. 下颌

1）标本：G12-#2838。

2）测量数据：m3长×宽=28.86毫米×15.62毫米。

3）描述：左侧水平支，保存长度为1/4～1/2。存有m2和m3，m2残损，新月形齿，臼齿颊侧表面有皱褶，齿颈膨出（图版八，3）。

4. 寰椎

1）标本：H1153-#3853。

2）测量数据：GL=87.33毫米，GLF=80.26毫米，GB=112.08毫米，BFcr=76.58毫米，BFcd=80.13毫米，H=58.84毫米。

3）描述：保存完好，前、后关节均已愈合。整体轮廓近正方形，横突展开呈翼状；前关节面深凹、头端腹侧唇上有一缺口；后关节面为一连续的新月形（图版八，4）。

5. 枢椎

1）标本：H1153：21-#3854。

2）测量数据：BFcr=79.81毫米，BFcd=40.27毫米，LCDe=100.56毫米，BPtr=72.66毫米，BPacd=72.85毫米，SBV=49.02毫米。

3）描述：保存长度3/4～1，前、后关节均已愈合。椎体较长、腹侧有较高的脊，齿突长、呈槽状；前关节面为新月形；横突呈翼状，向后延伸（图版八，2）。

6. 肩胛

1）标本：H1195-#3741。

2）测量数据：SLC=42.62毫米，GLP=65.58毫米，LG=50.95毫米，BG=48.31毫米。

3）描述：右侧远端，关节已愈合，保存长度1/4～1/2。肩胛冈平直，关节盂呈椭圆形，喙突位置较高，伸出下钩，圆弧地连接至关节盂（图版八，6）。

7. 肱骨

1）标本：H1078：56-#2700。

2）测量数据：Bd=70.31毫米，BT=62.87毫米，Dd=58.73毫米。

3）描述：右侧远端，关节已愈合，保存长度1/4～1/2。鹰嘴窝很深，关节面有明显的嵴和沟，滑车内侧比外侧更为膨大，肱骨小头收缩明显（图版八，8）。

8. 桡骨

1）标本：G12：1-#3459。

2）测量数据：Bp=64.23毫米，BFp=59.84毫米，Dp=32.94毫米。

3）描述：左侧近端，关节已愈合，保存长度1/2～3/4。近端呈长方形，两条嵴将整个关节面分成三个小的关节面，内侧关节面最大，嵴清晰明显；内侧粗隆平直；外背侧骨干明显凹陷（图版八，5）。

9. 掌骨

1）标本：H705-#2401。

2）测量数据：Bd=42.71毫米，Dd=27.52毫米。

3）描述：左侧远端，关节已愈合，保存长度1/2～3/4。骨干整体较为纤细，背侧圆润，背侧纵沟较浅、止于滋养孔；远端滑车较窄、间隔较小（图版八，7）。

10. 盆骨

1）标本：H1106：55-#3289。

2）测量数据：LA=60.39毫米。

3）描述：右侧，保存髂骨、坐骨和髋臼。髋臼已愈合，有唇，窝圆而深，髋臼上窝非常深（图版九，6）。

11. 股骨

1）标本：H1257：10-#4971。

2）测量数据：Dd=104.06毫米。

3）描述：左侧远端，关节已愈合，保存长度1/4～1/2。髌面高，其上的深沟呈"U"形，外侧高高隆起、明显大于内侧；内侧髁前面的伸肌窝略呈斜三角形较深，腘窝较浅（图版九，1）。

12. 髌骨

1）标本：H1108：66-#2783。

2）测量数据：GL=60.78毫米。

3）描述：右侧，保存完整。整体近似三角形，跖侧有内大外小的两个关节面（图版九，8）。

13. 胫骨

1）标本：H1153：21-#3856。

2）测量数据：Dd=46.78毫米，Bd=56.06毫米。

3）描述：左侧远端，已愈合，保存长度＜1/4，破损处有一周砍痕。远端关节面呈长方形，嵴锐利，内侧滑车窄长而较深，外侧滑车宽短而较浅，其外侧还有一对外踝关节面（图版九，2）。

14. 跖骨

1）标本：H1148：16-#3928。

2）测量数据：关节近端残宽40.50毫米。

3）描述：右侧近端，已愈合，保存长度1/2～3/4，关节有残损。骨干背侧纵沟明显，近端的内外关节有间隔，并不相连（图版九，4）。

15. 跟骨

1）标本：H81-#6043。

2）测量数据：GL=129.89毫米，GB=37.44毫米。

3）描述：右侧，保存完整，近端关节已愈合。跟骨体较扁薄，背侧较为锐利，载距突和耳状关节面均较窄（图版九，7）。

16. 距骨

1）标本：H1007-#3195。

2）测量数据：GLl=61.28毫米，GLm=55.42毫米，Dl=33.96毫米，Dm=31.48毫米，Bd=40.87毫米。

3）描述：左侧，保存完整。远端关节较长，近端关节和远端关节的嵴明显，且与骨的长轴平行（图版九，5）。

17. 中央跗骨和第四跗骨

1）标本：H1075-#3349。

2）测量数据：GB=44.55毫米。

3）描述：右侧，保存完整。近端关节面近似正方形，分为内外两个大的关节面，最外侧还有一个长条形的倾斜关节面，向背侧延伸得较缓、较长（图版九，3）。

18. 趾骨

1）标本：H705-#2406。

2）测量数据： GLpe=58.89毫米，Bp=21.42毫米，SD=19.06毫米，Bd=20.42毫米，Dp=27.24毫米，Dd=18.85毫米。

3）描述：第三趾骨，保存完好，近、远端关节均已愈合。骨骼较为细长，近端关节被低矮的嵴分为两个大小不等的面，远端为滑车（图版八，9）。

三、中型鹿科

（一）梅花鹿

1. 角

1）标本：H1149∶3-#3687。

2）测量数据：角环最大径42.97毫米，角基最大径36.66毫米，角基周长112毫米，眉杈到角环的距离为54.95毫米，眉枝长91.33毫米。

3）描述：存有右侧角环、主枝、眉枝和部分第二枝。主枝与眉枝之间成60°夹角，角表面有明显瘤状突起。非自然脱落，在角环下方被砍断，角环上方外侧的角表有两道砍痕，第二枝被砍断，主枝破裂处被磨成楔状（图版七，2）。

2. 头骨

1）标本：H1218∶22-#4440。

2）测量数据：（26）=32.00毫米，（31）=92.16毫米。

3）描述：存有左右侧额骨、顶骨、枕骨。额骨平直，角柄处被砍断，人字缝清晰可见（图版一〇，5）。

3. 下颌

1）标本：H1145∶36-#2986。

2）测量数据：（7）=89.82毫米，（8）=54.88毫米，（9）=35.05毫米，（12）=78.13毫米，（15a）=35.94毫米，（15b）=30.43毫米，（15c）=24.18毫米，m1长×宽=14.13毫米×10.82毫米，m2长×宽=16.54毫米×11.36毫米，m3长×宽=23.61毫米×11.20毫米。

3）描述：侧水平支，保存长度3/4～1。下颌角膨出，髁突为马鞍状、冠状突长且窄，其末端尖锐且向后弯。存有p4～m3，p2和p3仅剩齿根，新月形齿，臼齿颊侧表面有皱褶，齿颈膨出（图版一〇，1）。

（二）大角鹿

角

1）标本：T6236、T6336⑦-#138。

2）测量数据：角环最大径34.40毫米，角环周长94毫米，角柄最大径27.28毫米，角柄周长80毫米，角柄长102.75毫米。

3）描述：存有左侧额骨、角柄、角环和角。尺寸大，角柄粗壮、嵴发育，内侧有一条凹沟，眼眶后外侧有一很深的凹窝。主枝很短便停止发育、眉枝分叉低，与大角鹿特征相似（图版七，3）。

（三）不明确的中型鹿科

中型鹿科的尺寸变化很大，可能也包含了不同的种属。大角鹿最早在河姆渡遗址被识别出来[①]，但研究者只列出角的特征，对于肢骨如何并未说明。大角鹿的头骨和角环尺寸与梅花鹿较为接近，其体型也应与梅花鹿接近。据此，或可认为中型鹿科可能包含梅花鹿和大角麂。而且在部分肢骨中，我们也确实可以区分出A型和B型两类形态有异的个体。A型与现今的梅花鹿接近，B型则与麂子的特征点更加相似。下文将这些特征列出，以供后来检验。

1. 寰椎

1）标本：G12：23-#3406。

2）测量数据：BFcr=60.18毫米，BFcd=57.82毫米，GLF=62.96毫米。

3）描述：保存完好，前、后关节均已愈合。整体轮廓近正方形，横突展开呈翼状；前关节面深凹、头端腹侧唇上有一缺口；后关节面为一连续的新月形（图版一○，4）。

2. 枢椎

1）标本：H588：1-#4784。

2）测量数据：BFcr=53.71毫米，SBV=35.72毫米。

3）描述：保存较为完整，稍残，前、后关节均已愈合。椎体较长、腹侧有较高的脊，齿突长、呈槽状；前关节面为新月形；横突呈翼状，向后延伸（图版一○，2）。

3. A型肩胛

1）标本：H1175-#3568。

2）测量数据：SLC=23.70毫米，GLP=38.50毫米，LG=29.43毫米，BG=27.12毫米。

3）描述：右侧远端，关节已愈合，保存长度1/2。肩胛冈平直，关节盂呈圆形，喙突伸出下钩、位置较高，弧斜地延伸至关节盂（图版一一，2）。

4. B型肩胛

1）标本：H1138：3-#5438。

2）测量数据：SLC=26.25毫米，GLP=44.60毫米，LG=34.27毫米，BG=30.74毫米。

3）描述：右侧远端，关节已愈合，保存长度3/4～1。肩胛冈平直，关节盂呈圆形，喙突伸出下钩、位置较低，平直地延伸至关节盂（图版一一，1）。

---

①　魏丰、吴维棠、张明华、韩德芬：《浙江余姚河姆渡新石器时代遗址动物群》，海洋出版社，1990年，第63～68页。

5. A型肱骨

1）标本：G12①②③④-#2854。

2）测量数据：Bd=46.23毫米，BT=39.57毫米，Dd=39.77毫米。

3）描述：右侧远端，关节已愈合，保存长度1/4~1/2，滑车局部烧黑。鹰嘴窝很深，关节面有明显的嵴和沟，肱骨小头收缩明显。远端内侧下缘与内侧嵴形成弧的钝角，再倾斜向上连接滑车（图版一一，3）。

6. B型肱骨

1）标本：H651：2-#4291。

2）测量数据：Bd=39.87毫米，BT=36.56毫米，Dd=39.12毫米。

3）描述：左侧，近端残损且关节未愈合，远端关节已愈合，保存长度3/4~1。鹰嘴窝很深，关节面有明显的嵴和沟，肱骨小头收缩明显。远端内侧下缘平直，与内侧嵴成直角（图版一一，4）。

7. 桡骨

1）标本：H1160：4-#4608。

2）测量数据：Dp=21.72毫米。

3）描述：右侧近端，关节已愈合，保存长度小于1/4。近端关节面呈长方形，嵴清晰明显，关节面的内背侧缘有一轻微凹缺、偏方，内侧关节下方较直，内背侧骨干无凹窝（图版一〇，6）。

8. A型尺骨

1）标本：H67-#4516。

2）测量数据：DPA=38.00毫米，BPC=22.45毫米。

3）描述：右侧近端，保存长度<1/4。骨体扁平，鹰嘴较长而直，半月切迹的外侧有明显凹角，关节外侧上缘圆弧（图版一一，9）。

9. B型尺骨

1）标本：H501①-#4720。

2）测量数据：DPA=34.74毫米，BPC=18.29毫米。

3）描述：左侧近端，鹰嘴突未愈合、脱落，保存长度1/4。骨体扁平，鹰嘴较长而直，半月切迹关节的外侧上缘平直（图版一一，10）。

10. A型掌骨

1）标本：H501①-#4729。

2）测量数据：GL=209.82毫米，Bp=26.73毫米，SD=16.10毫米，Bd=27.43毫米，Dd=17.79毫米，Dp=20.78毫米。

3）描述：左侧，近、远端关节均已愈合，保存完整。骨干较纤细，背侧纵沟较浅。背侧面圆弧，掌侧面近中部内凹。近端关节呈不对称"D"形，分为两个内大外小的关节面；掌侧滑车嵴延伸至骨干，背侧沟未延伸（图版——，13）。

11. B型掌骨

1）标本：H1222∶12-#4395。

2）测量数据：Bd=28.35毫米，Dd=20.62毫米。

3）描述：左侧远端，关节已愈合，保存长度1/4～1/2。骨干收窄明显，背侧纵沟较浅；远端背侧沟延伸至尽头（图版——，14）。

12. 盆骨

1）标本：H501①∶1-#4722。

2）测量数据：LA=34.74毫米。

3）描述：左侧，存有髂骨、髋臼和坐骨，坐骨结节未愈合。髋臼圆且深，有唇，髋臼切迹小，髋臼上窝明显（图版—〇，3）。

13. 股骨

1）标本：H1108∶66-#2767。

2）测量数据：Bd=55.06毫米，Dd=70.14毫米。

3）描述：左侧远端，关节已愈合，保存长度1/4。远端髁面高，其上的深沟呈"U"形，内外嵴差异明显，内侧特别膨出；内髁上方凹窝明显，腘窝略呈圆形较浅（图版—〇，7）。

14. 胫骨

1）标本：H817∶16-#3976。

2）测量数据：Bp=55.24毫米，Dp=45.51毫米。

3）描述：左侧，近端关节已愈合，保存长度1/2。骨干整体较纤细，胫骨嵴明显，延伸至骨干1/3处；近端关节的髁间隆起明显（图版—〇，8）。

15. A型跟骨

1）标本：H1126-#3888。

2）测量数据：GL=87.27毫米，GB=29.87毫米。

3）描述：右侧，保存完整，近端关节已愈合。跟骨体较扁薄，背侧较为锐利，载距突和耳状关节面均较窄。载距突在跖侧与跟骨体形成直角（图版——，5）。

16. B型跟骨

1）标本：T5431④：2-#5617。

2）测量数据：GL=101.22毫米，GB=30.41毫米。

3）描述：左侧，保存完整，近端关节已愈合。跟骨体较扁薄，背侧较为锐利，载距突和耳状关节面均较窄。载距突在跖侧向远端倾斜地连接至跟骨体，与其形成一个钝角（图版一一，6）。

17. A型距骨

1）标本：T6335⑤-#2052。

2）测量数据：GLl=46.32毫米，GLm=43.87毫米，Dl=25.43毫米，Dm=25.55毫米，Bd=26.77毫米。

3）描述：左侧，保存完整。远端关节较长，近端关节和远端关节的嵴明显，且与骨的长轴平行；跖侧远端外侧有凹窝，但较浅（图版一一，8）。

18. B型距骨

1）标本：G12-#2831。

2）测量数据：GLl=42.43毫米，GLm=39.13毫米，Dl=22.78毫米，Dm=22.44毫米，Bd=25.76毫米。

3）描述：右侧，保存完整。远端关节较长，近端关节和远端关节的嵴明显，且与骨的长轴平行；跖侧远端外侧凹窝很深（图版一一，7）。

19. A型跖骨

1）标本：H501①：1-#4736。

2）测量数据：Bp=25.43毫米，Dp=27.25毫米，Dd=27.94毫米，SD=15.95毫米，Bd=19.28毫米。

3）描述：右侧，保存完整，近、远端关节均已愈合。骨干较纤细，横截面较窄。背侧纵沟较深，延伸至远端滋养孔停止，跖侧内凹明显；近端外侧关节面向跖侧延伸不够，近跖侧的小关节面为短条形；远端滑车嵴延伸至跖侧骨干（图版一一，12）。

20. B型跖骨

1）标本：G12①：3-#4182。

2）测量数据：GL=217.00毫米，Bp=26.78毫米，SD=16.20毫米，Bd=30.78毫米，Dp=27.62毫米，DD=16.98毫米，Dd=19.8毫米。

3）描述：左侧，保存完整，近、远端关节均已愈合。骨干较纤细，横截面较窄。背侧纵沟较深，延伸至远端滋养孔停止，跖侧内凹明显；近端外侧关节面向跖侧延伸更多，近跖侧的小关节面为长条形；远端滑车嵴未延伸至跖侧骨干（图版一一，11）。

21. 趾骨

1）标本：H501①：1-#4737。

2）测量数据：GLpe=40.31毫米，Bp=14.36毫米，SD=11.61毫米，Bd=10.83毫米。

3）描述：第一趾骨，保存完好，近、远端关节均已愈合。骨干细长，近端关节被低矮的嵴分为两个大小不等的面，远端为滑车（图版一〇，9）。

四、中小型鹿科

赤麂

1. 角

1）标本：H67-#4513。

2）测量数据：角环最大径31.82毫米，角环周长92毫米，角基最大径23.77毫米，角基周长85毫米，角柄最大径18.97毫米，角柄周长60毫米，眉枝长6.96毫米。

3）描述：右侧角柄、角环、主枝和眉枝，非自然脱落，在角柄处砍断。眉枝短小，主枝较直，表面条状纹路很深（图版七，4）。

2. 上颌犬齿

1）标本：H81-#6094。

2）测量数据：残长35.75毫米，宽10.41毫米。

3）描述：右侧，齿根残。犬齿向后下方的外侧弯曲，接齿冠部分较短粗（图版一二，8）。

3. 肱骨

1）标本：G12-#2837。

2）测量数据：Bd=30.78毫米，BT=28.30毫米，Dd=29.21毫米。

3）描述：右侧远端，已愈合，保存长度1/4～1/2。远端内侧滑车膨大，肱骨小头收缩明显；远端内侧下缘平直，与内侧嵴成直角（图版一二，6）。

4. 桡骨

1）标本：H1218：12-#4442。

2）测量数据：Bp=30.02毫米，BFp=26.99毫米，Dp=16.72毫米。

3）描述：右侧近端，关节已愈合，保存长度1/4。骨干整体较为扁薄，骨干粗隆不太宽、略深、位于外侧，近端骨干内背侧处无凹窝；近端关节面呈长方形，近端内侧关节往内侧延伸，外侧关节的背侧和掌侧的高度差异较大，关节内背侧缘较为圆润（图版一二，3）。

5. 尺骨

1）标本：H1218：22-#4443。

2）测量数据：BPC=16.62毫米。

3）描述：右侧近端，保存长度1/4。半月切迹的关节面整体平，无凹窝，关节的外侧缘平直。

6. 掌骨

1）标本：T5631③：13-#5229。

2）测量数据：GL=125.81毫米，Bp=23.29毫米，Dp=16.19毫米，SD=13.88毫米，B=11.22毫米，Bd=23.16毫米，Dd=14.50毫米。

3）描述：右侧，保存完整，近、远端关节均已愈合。近端内外侧关节差异较大，分界更靠近外侧，远端骨干更厚，背侧沟延伸至滑车，跖侧滑车嵴轻微延伸至骨干（图版一二，1）。

7. 盆骨

1）标本：H1232：5-#5165。

2）测量数据：LA=30.01毫米。

3）描述：左侧，存有髂骨、髋臼和坐骨，保存长度1/4~1/2，髋臼残。髋臼上窝非常深（图版一二，4）。

8. 股骨

1）标本：H650-#4409。

2）测量数据：Bd=43.05毫米，Dd=50.20毫米。

3）描述：右侧远端，关节已愈合，保存长度<1/4。远端髌面沟呈"U"形、内外嵴差异不明显，内髁上的窝不明显，腘窝较浅（图版一二，7）。

9. 胫骨

1）标本：H1191：10-#4891。

2）测量数据：Bd=27.79毫米，Dd=22.30毫米。

3）描述：右侧远端，关节已愈合，保存长度1/4。关节面呈长方形，嵴锐利，内侧滑车窄长而较深，外侧滑车宽短而较浅，外踝关节面间隔较宽（图版一二，2）。

10. 趾骨

1）标本：H81-# 6042。

2）测量数据：GLpe=28.29毫米，Bp=12.60毫米，Sd=8.84毫米，Bd=8.95毫米。

3）描述：第二趾骨，保存完好，近、远端关节均已愈合。骨骼整体较细长，背侧骨干较为锐利，近端关节被低矮的嵴分为两个大小不等的面，远端为滑车（图版一二，5）。

五、小型鹿科

（一）小鹿

1. 角

1）标本：H1232：5-#5171。

2）测量数据：残长75.88毫米。

3）描述：仅存主枝，主枝细长，末端尖而弯曲（图版七，5）。

2. 下颌

1）标本：H1153：21-#3846。

2）测量数据：p3长×宽=7.55毫米×4.94毫米，p4长×宽=8.41毫米×5.84毫米，m1长×宽=8.71毫米×6.87毫米，m3长×宽=15.05毫米×7.69毫米。

3）描述：右侧水平支和上升支，保存较为完整。下颌角膨出，髁突为马鞍状、冠状突长且窄，其末端尖锐且向后弯。存有p3、p4、m1、m3，而p2和m2脱落，仅有齿孔。新月形齿，臼齿颊侧表面有皱褶，齿颈膨出。p4形状原始，未发育成新月形，为鹿的特点（图版一三，1）。

（二）獐

上颌犬齿

1）标本：H620：21-#4675。

2）测量数据：残长50.84毫米，宽11.97毫米。

3）描述：右侧，牙齿整体扁薄，较短粗，齿尖稍残。

（三）麝

上颌犬齿

1）标本：T5631③：13-#5224。

2）测量数据：残长53.15毫米，残宽9.41毫米。

3）描述：右侧，牙齿整体细长，齿根稍残（图版一三，6）。

（四）不明确的小型鹿科

小型鹿科的肢骨可能包含了小鹿、獐、麝，由于骨骼较少，形态上很难区分，仅在距骨上发现明显差异，分为A、B二型。

1. 寰椎

1）标本：H81-#6067。

2）测量数据：BFcr=37.25毫米，GLF=30.14毫米。

3）描述：保存长度3/4～1，前、后关节均已愈合。整体轮廓近正方形，横突展开呈翼状；前关节面深凹、头端腹侧唇上有一缺口；后关节面为一连续的新月形（图版一三，3）。

2. 枢椎

1）标本：H102-#5696。

2）测量数据：BFcr=29.30毫米，LCDe=42.14毫米，SBV=16.33毫米。

3）描述：保存较为完整，前、后关节均已愈合。椎体较长、腹侧有较高的脊，齿突长、呈槽状；前关节面为新月形；横突呈翼状，向后延伸（图版一三，2）。

3. 肩胛

1）标本：H705-#2416。

2）测量数据：SLC=11.71毫米，GLP=22.93毫米，LG=17.58毫米，BG=15.73毫米。

3）描述：左侧远端，关节已愈合，保存长度1/4～1/2。肩胛颈较细，关节盂呈圆形，喙突伸出，较平直地连接至关节盂；头侧缘隆起一条嵴，延伸至肩胛颈（图版一三，8）。

4. 肱骨

1）标本：H817：16-#3981。

2）测量数据：BT=19.43毫米，Dd=19.21毫米，Bd=21.75毫米。

3）描述：左侧远端，关节已愈合，保存长度1/4～1/2。鹰嘴窝很深，关节面的嵴和沟明显，肱骨小头收缩明显；远端内侧下缘平直，与内侧嵴成直角（图版一三，5）。

5. 桡骨

1）标本：H1070-#202。

2）测量数据：Bd= 18.64毫米，BFd=18.36毫米，Dp=14.6毫米。

3）描述：左侧远端，关节已愈合，保存长度1/4～1/2。远端背侧骨干两道嵴十分锐利，远端关节面分为桡腕骨和中间腕骨两个关节面，呈倾斜的水滴形，嵴十分锐利（图版一三，4）。

6. 掌骨

1）标本：G12①：3-#4186。

2）测量数据：Dd=10.70毫米，Bd=16.22毫米。

3）描述：右侧远端，关节已愈合，保存长度1/4～1/2。骨干较纤细，背侧面圆弧，掌侧面内凹明显，背侧纵沟较浅、延伸至滑车，滑车嵴未延伸至骨干（图版一三，7）。

7. 股骨

1）标本：H1007：16-#3198。

2）测量数据：Dd=37.40毫米，Bd=29.98毫米。

3）描述：左侧远端，关节已愈合，保存长度1/4～1/2。远端髌面高，其上的深沟呈"U"形，内外侧差异不大；外侧髁大于内侧髁，内侧髁前面的伸肌窝略呈斜三角形较深，腘窝略呈圆形较浅（图版一三，11）。

8. 胫骨

1）标本：H81-#6045。

2）测量数据：Dp=30.31毫米，Bp=32.33毫米。

3）描述：右侧近端，关节已愈合，保存长度1/4～1/2。骨干较为纤细，胫骨嵴锐利且直，肌腱夹角约为90°，近端关节的髁间隆起高度基本一致（图版一三，10）。

9. A型跖骨

1）标本：H1153：21-#3847。

2）测量数据：Dp=14.61毫米，Bp=14.71毫米。

3）描述：左侧近端，关节已愈合，保存长度1/2～3/4，烧黑。骨干较为纤细，横截面较窄；背侧纵沟较深，跖侧内凹明显；近端内外侧关节大小较为一致、分界线居中，靠近跖侧的小关节面居于外侧，且较平（图版一一，16）。

10. B型跖骨

1）标本：H1148：16-#3926。

2）测量数据：Dp=15.98毫米，Bp=16.39毫米。

3）描述：左侧近端，关节已愈合，保存长度1/4～1/2。骨干较为纤细，横截面较窄；背侧纵沟较深，跖侧内凹明显；近端内侧关节稍厚于外侧关节、分界线偏向外侧；近端靠近跖侧的小关节面居中且高起，内侧部分则向内倾斜，因而形成一个尖角（图版一一，15）。

11. 跟骨

1）标本：H1145-#2989。

2）测量数据：GL=49.07毫米，GB=15.59毫米。

3）描述：左侧，保存完整，近端关节已愈合。跟骨体较扁薄，背侧较为锐利，载距突和耳状关节面均较窄，远端关节面与载距突圆弧地相连，相连部分呈圆弧状（图版一三，9）。

12. 趾骨

1）标本：G12-#2947。

2）测量数据：GLpe=28.37毫米，Bp=9.00毫米，SD=6.49毫米，Bd=7.90毫米。

3）描述：第一趾骨，保存完好，近、远端关节均已愈合。骨骼较为细长，近端关节被低矮的嵴分为两个大小不等的面，远端为滑车（图版一三，12）。

六、牛　科

（一）水牛（含圣水牛）

1. 圣水牛角

1）标本：H905-#2586。

2）测量数据：角心基部最大径=102.85毫米，最小径=63.52毫米，角心周长=260毫米，角心外侧残长=320毫米。

3）描述：右侧角心，保存较为完整，仅角尖略有缺失。整体宽扁，截面为扁平三棱形，向后弯曲（图版一四，5）。

2. 水牛头骨

1）标本：G12-#4079。

2）测量数据：最小角间距=65.59毫米，最大角间距=99.44毫米。

3）描述：左右侧额骨、顶骨、枕骨和右侧颞骨、颧骨，骨缝模糊不清。在额骨位置有两个巨大的缺口，为角洞所在的位置，角间距较小（图版一四，1）。

3. 水牛下颌

1）标本：H1125：31-#5963。

2）测量数据：（7）=156.73毫米，（8）=98.49毫米，p2长×宽=14.94毫米×10.19毫米，p3长×宽=19.85毫米×12.53毫米，m1长×宽=24.10毫米×16.72毫米，m2长×宽=28.25毫米×18.78毫米，m3长×宽=43.12毫米×17.99毫米。

3）描述：左侧水平支，保存长度3/4~1。骨体厚重，水平支下缘圆钝。存有p2、p3、m1~m3，而p4仅剩齿孔，新月形齿，釉质厚，齿颈平直（图版一四，4）。

4. 水牛寰椎

1）标本：H1138-#5448。

2）测量数据：GL=107.85毫米，GLF=104.68毫米。

3）描述：仅保存左侧，关节均已愈合。横突外展明显、呈翼状，有结节；前关节面深凹，后关节面平、背侧缘较平（图版一四，3）。

5. 水牛枢椎

1）标本：H114：69-#2657。

2）测量数据：GLF=104.68毫米，GL=107.85毫米，BPacd=70.68毫米，SBV=61.54毫米。

3）描述：保存较为完整，横突缺失，前关节已愈合，后关节未愈合。椎体较长、腹侧有较高的脊，齿突长、呈槽状，且有明显缺口；前关节面为新月形；横突呈翼状，向后延伸（图版一四，6）。

6. 水牛肩胛

1）标本：H588：1-#4925。

2）测量数据：GLP=86.66毫米，SLC=73.61毫米，LG=82.83毫米，BG=64.57毫米。

3）描述：右侧，关节已愈合，保存长度3/4～1。整体呈等腰三角形，前缘和后缘均较直，肩胛颈较粗；关节盂呈椭圆形，外侧缘略向内凹，近头端的内侧缘有缺失；肩胛结节发育（图版一四，2）。

7. 水牛肱骨

1）标本：H1212：18-#4825。

2）测量数据：Bd=96.61毫米，BT=93.20毫米，Dd=100.64毫米。

3）描述：右侧远端，关节已愈合，保存长度1/4～1/2。骨干粗壮，远端内侧面成直角，关节面上的沟和嵴较为圆钝，肱骨小头收缩明显（图版一五，1）。

8. 水牛桡骨

1）标本：H588：1-#4773。

2）测量数据：Bp=109.93毫米，Dp=59.76毫米。

3）描述：右侧近端，关节已愈合，保存长度＜1/4。近端关节面宽大，前缘凹陷为圆弧，内前侧缘圆润（图版一四，8）。

9. 水牛尺骨

1）标本：H1170：8-#4429。

2）测量数据：SDO=76.02毫米，DPA=99.24毫米，BPC=57.25毫米。

3）描述：左侧近端，已愈合，保存长度1/4。鹰嘴肥厚、粗大，鹰嘴突有凹缺，喙突关节面呈较长的椭圆形。半月切迹上方的内侧骨干无凹窝。

10. 水牛掌骨

1）标本：H650-#4402。

2）测量数据：Bp=79.23毫米，Dp=47.09毫米。

3）描述：左侧近端，已愈合，保存长度1/4~1/2。骨干较为粗壮，背侧纵沟较浅，背侧面圆弧，掌侧面近中部内凹。近端关节面呈扁"D"形，内侧关节面宽度大于厚度，关节外侧结节明显，内侧关节面掌侧下方有凹窝（图版一四，7）。

11. 水牛盆骨

1）标本：H905-#2590。

2）测量数据：LA=92.35毫米。

3）描述：左侧，存有髂骨、髋臼和耻骨、坐骨，保存长度1/4~1/2。髋臼已愈合，唇缘肥厚，耻骨关节面独立，切迹很小；髋臼上窝较为明显（图版一四，9）。

12. 水牛股骨

1）标本：H1238-#5573。

2）测量数据：Bp=155.86毫米，Dp=64.06毫米，DC=63.94毫米。

3）描述：左侧近端，关节已愈合，保存长度1/2~3/4。骨骼粗壮，股骨头延伸感强，大结节的前侧下方有凸起（图版一五，2）。

13. 水牛胫骨

1）标本：H817：16-#3971。

2）测量数据：Bd=89.55毫米，Dd=68.63毫米。

3）描述：左侧远端，关节已愈合，保存长度1/4~1/2。跖侧骨干内侧的沟较浅；远端关节面呈长方形，嵴较钝，内踝较短，外侧两个小关节面相连（图版一五，3）。

14. 水牛跖骨

1）标本：H1238-#5575。

2）测量数据：GL=223.69毫米，Bp=62.83毫米，Dp=58.18毫米，Bd=76.40毫米，Dd=43.84毫米。

3）描述：左侧，近、远端均已愈合，裂成数块，可拼合，保存完好。骨骼短粗，背侧沟较宽；近端内侧关节面较长，从背侧一直延续至跖侧，关节中部凹陷十分明显；远端内侧滑车更加平宽（图版一五，5）。

15. 水牛趾骨

1）标本：T6236⑦-#143。

2）测量数据：Bp=42.59毫米，SD=40.30毫米，Bd=42.30毫米，Dd=31.72毫米。

3）描述：第一趾骨，保存较好，近、远端关节均已愈合。骨骼较为粗短，近端关节被低矮的嵴分为两个大小不等的面，跖侧有凹窝；近端跖侧骨干平坦、无突起；远端滑车圆钝（图版一五，4）。

（二）鬣羚

1. 肱骨

1）标本：H1175：10-#3569。

2）测量数据：Bd=62.71毫米，BT=56.24毫米，Dd=51.10毫米。

3）描述：远端关节整体较长，滑车内外侧较为平均。肱骨小头上缘圆弧。相较于矢状沟的下缘，肱骨小头的下缘更靠近近端。矢状嵴与近远端的轴线形成一个夹角，而且倾斜（图版一六，4）。

2. 掌骨

1）标本：H1134：17-#3447。

2）测量数据：GL=179.21毫米，Bp=38.89毫米，Dp=27.87毫米，SD=26.44毫米，DD=19.30毫米，BD=44.01毫米，Dd=25.80毫米。

3）描述：右侧，保存完整，近、远端关节均已愈合。远端背侧骨干较平，滑车整体宽短，且略微向内倾斜，两个滑车分隔较远。外侧滑车远端边缘较平，内外滑车部分与滑车嵴相差小，轻微收缩（图版一六，3）。

3. 胫骨

1）标本：M231-#3652。

2）测量数据：Bd=49.14毫米，Dd=37.63毫米。

3）描述：左侧远端，已愈合，1/4～1/2。跖侧骨干内侧的沟较浅；远端关节面呈长方形，嵴较钝，内踝较短，外侧两个小关节面相连（图版一六，2）。

七、马　　科

马

掌骨

1）标本：M230-#3629。

2）测量数据：Bd=48.35毫米，Dd=38.05毫米。

3）描述：左侧第三掌骨远端，已愈合，保存长度1/2～3/4。整体保存完整。骨干背侧面弧圆，掌侧面较平。远端仅有一个滑车（图版一六，1）。

八、犀 科

犀牛

1. 肱骨

1）标本：G12-#4078。

2）测量数据：GL=449.00毫米，Bp=201.18毫米，Dp=248.94毫米，SD=125.15毫米，Bd=194.46毫米，BT=156.26毫米，Dd=174.74毫米。

3）描述：右侧，保存完整，近端关节未愈合、远端关节已愈合。骨干粗壮，上部扭曲，三角肌粗隆突出，并向后弯曲。近端大结节较大；远端外侧上髁向外侧延伸明显，冠状窝发达，滑车内侧明显大于外侧，滑车外侧与肱骨小头无明显分界，肱骨未明显缩小。肱骨头有一周直径为102.31毫米的圆形凹痕，原因不明。结节间沟有三道宽6毫米、深2毫米、长69～79毫米的较深凹痕（图版一七，3）。

2. 趾骨

1）标本：G12：23-#3440。

2）测量数据：GL=45.74毫米，Bp=50.31毫米，BFp=46.89毫米，Dp=40.07毫米，SD=46.57毫米，Bd=44.49毫米，Dd=24.81毫米。

3）描述：第一趾骨，保存完整，近、远端关节均已愈合。骨干粗短，近端关节面呈椭圆形（图版一七，2）。

3. 腕骨

1）标本：H1008：7-#2525。

2）测量数据：长=75.61毫米，宽=51.30毫米，厚=56.38毫米。

3）描述：左侧桡腕骨，保存完好。骨体大且不规则（图版一七，1）。

九、熊 科

黑熊

1. 犬齿

1）标本：M248-#6215。

2）测量数据：残长93.39毫米，前后最大直径=29.25毫米。

3）描述：齿尖和齿根略有缺失。犬齿齿根十分粗壮，齿冠前、后缘内侧位置有明显的刃状脊（图版一八，8）。

2. 肩胛

1）标本：H1142-#3238。

2）测量数据：GLP=65.25毫米，LG=57.23毫米，BG=38.60毫米。

3）描述：右侧远端，关节已愈合，稍残，保存长度1/4。肩胛颈短而宽，关节盂呈扁圆形；肩峰延伸成一楔状的结节，超出关节盂向远端延伸（图版一八，6）。

3. 肱骨

1）标本：G12-#2815。

2）测量数据：GL=303.08毫米，GLC=296.12毫米，BP=57.54毫米，Dp=65.69毫米，SD=27.68毫米，Bd=85.43毫米，Dd=45.64毫米。

3）描述：左侧，近、远端关节已愈合，保存较好。骨干较长，近端大结节和小结节低，不超过肱骨头；远端骨干3/4处向内侧延伸成片状的嵴，直至远端关节；远端外上髁明显外展，远端关节的长度是宽度的两倍，滑车与肱骨小头的界限不明显（图版一八，1）。

4. 桡骨

1）标本：G12②-#3617。

2）测量数据：Dp=19.88毫米。

3）描述：右侧近端，关节已愈合，保存长度1/2。骨骼较长且细，近端关节面较呈肾形，关节掌侧下方有一较大的结节（图版一八，3）。

5. 尺骨

1）标本：G12-#4113。

2）测量数据：GL=240毫米，DPA=24.80毫米，SDO=29.85毫米，BPC=35.33毫米。

3）描述：右侧，近、远端关节均已愈合，保存较好，远端关节缺失。骨干较长且直；近端呈螺旋状卷曲，鹰嘴短，半月切迹呈桨状向上伸向尺骨突侧面；远端末梢收窄（图版一八，4）。

6. 盆骨

1）标本：H114：69-#2662。

2）测量数据：LAR=45.38毫米。

3）描述：左侧，存髋臼和髂骨，保存长度1/4，髋臼已愈合。髂骨宽扁，髋臼低矮，髋臼窝非常圆，切迹较宽（图版一八，7）。

7. 股骨

1）标本：G12：1-#3453。

2）测量数据：GL=274.85毫米，SD=29.09毫米。

3）描述：右侧，远端未愈合、无关节，近端大转子可见部分骺线，保存长度3/4～1。骨干长且直、截面呈扁圆形；大转子低于股骨头，转间窝比较平坦，大小转子之间无明显的嵴相连（图版一八，5）。

8. 胫骨

1）标本：T6236⑦-#116。

2）测量数据：BD=59.78毫米，Dd=35.55毫米。

3）描述：左侧远端，关节已愈合，保存长度＜1/4。内踝不明显，远端关节面整体呈梯形、外侧关节面的跖侧缘倾斜，关节凹陷较浅，外侧角状突较大（图版一八，2）。

9. 趾骨

1）标本：H705-#2462。

2）测量数据：Dp=13.19毫米，SD=16.80毫米，Bd=17.18毫米，Dd=13.19毫米。

3）描述：第一趾骨，保存完整。近端关节半圆形、内凹，跖侧有两个分隔较远的突起且明显高于背侧；远端关节上缘较平（图版一八，9）。

十、犬　科

（一）狗

1. 头骨

1）标本：M252：52-#3775。

2）测量数据：（9）=87.72毫米，（12）=61.82毫米，（13a）=75.60毫米，（13）=77.71毫米，（16）=15.74毫米，（17）=42.34毫米，（31）=29.20毫米，（32）=41.68毫米，（35）=31.25毫米，（36）=32.29毫米，（37）=28.4毫米，P2长×宽=9.4毫米×3.93毫米，P3长×宽=10.64毫米×4.64毫米，P4长×宽=16.23毫米×8.75毫米，M1长×宽= 10.87毫米×12.91毫米，M2长×宽=8.41毫米×6.47毫米。

3）描述：左右侧上颌、鼻骨、颧骨和顶骨，额骨和上颌间可见骨缝，鼻骨和上颌间可见骨缝，前颌骨和上颌间部分愈合。左侧的I1～C脱落、P1缺失且齿孔封闭，仅存P2～M2；右侧I1～I3、P2～P3、M1～M2脱落，仅存P1、P4。头骨整体保存较完好，前端有残损，矢状嵴呈一线状突起，顶骨与额两侧内凹不明显，额骨较短（图版一九，1）。

2. 下颌

1）标本：M252：52-#3777。

2）测量数据：（1）=113.15毫米，（2）=114.13毫米，（3）=108.20毫米，（4）=99.30毫米，（5）=93.88毫米，（6）=99.24毫米，（18）=46.48毫米，（19）=21.56毫米，（20）=16.05毫米，p3长×宽=9.61毫米×4.7毫米1，p4长×宽=10.8毫米6×5.5毫米5，m1长×宽=19.42毫米×7.92毫米，m2长×宽=7.37毫米×5.85毫米。

3）描述：右侧，保存完好。整体较为扁薄，下颌有角突，冠状突宽短、髁突呈长条形。牙齿存有p1、p3~m2，而i1~i3、p2、m3脱落，仅存齿孔或齿根。尖状齿，m1跟座不甚发育，齿尖磨蚀较重，前尖和原尖位置均被磨平，本质暴露（图版一九，2）。

3. 寰椎

1）标本：M252：52-#3782。

2）测量数据：GL=33.26毫米，BFcr=34.53毫米，BFcd=26.61毫米，GLF=222.66毫米，H=23.65毫米。

3）描述：左侧横突缺失，关节均已愈合。头尾侧较短，横突展开呈翼状；前关节面为内凹的椭圆形、头端腹侧唇的缺口很宽；后关节面为两个分开的椭圆形（图版一九，5）。

4. 枢椎

1）标本：M252：52-#3783。

2）测量数据：BFcr=25.16毫米，BFcd=14.71毫米，H=30.33毫米，LCDe=42.33毫米，LAPa=40.99毫米，BPtr=31.32毫米，BPacd=23.58毫米，SBV=18.99毫米。

3）描述：保存完好，关节均已愈合。椎体长、腹侧脊不甚发育，齿突长、呈钉状；前关节面呈椭圆形；横突呈翼状，向后延伸（图版一九，3）。

5. 肩胛

1）标本：M252：52-#3797。

2）测量数据：GLP=25.17毫米，SLC=19.31毫米，LG=17.86毫米，BG=14.57毫米。

3）描述：右侧远端，关节已愈合，保存长度1/4~1/2。肩胛颈短粗，肩胛冈直、肩峰发育成楔状；关节盂呈椭圆形，喙突发育（图版一九，9）。

6. 肱骨

1）标本：M252：52-#3798。

2）测量数据：GL=130.99毫米，GLC=126.41毫米，Bp=23.21毫米，Dp=31.60毫米，SD=10.45毫米，Bd=25.80毫米，Dd=20.45毫米，BT=18.67毫米。

3）描述：左侧，保存完好，近、远端关节均已愈合。骨干较纤细，近端大结节不甚明显，小结节很小，二者仅略微超过肱骨头；远端有滑车上孔，内上髁明显向内伸展，肱骨小头小、与滑车分界不明显（图版一九，10）。

7. 桡骨

1）标本：M252：52-#3800。

2）测量数据：GL=130.28毫米，Bp=14.61毫米，DP=9.61毫米，SD=10.22毫米，Bd=19.89毫米，Dd=10.63毫米。

3）描述：右侧，保存完好，近、远端关节均已愈合。骨干较纤细，有明显膨出的粗糙面；近端关节呈肾形；远端关节面中凹，呈扁圆形（图版一九，13）。

8. 尺骨

1）标本：M161：29-#3384。

2）测量数据：GL=150.87毫米，DPA=19.23毫米，SDO=17.46毫米，BPC=14.74毫米。

3）描述：右侧，保存完好，近、远端关节均已愈合。骨干细长；鹰嘴短、顶端平直、有沟；半月切迹较窄，喙突明显（图版一九，4）。

9. 掌骨

1）标本：M252：52-#3810。

2）测量数据：Bp=6.32毫米，SD=5.13毫米，Bd=6.14毫米，Dd=7.38毫米。

3）描述：右侧第五掌骨，保存完好，近、远端关节均已愈合。骨干较纤细；近端关节面大致呈三角形（图版一九，12）。

10. 盆骨

1）标本：M252：52-#3807。

2）测量数据：LAR=17.28毫米，SH=15.98毫米，SB=6.37毫米。

3）描述：右侧，存有髂骨和髋臼，髋臼已愈合。髂骨颈宽，髋臼切迹开阔，髋臼低矮、髋臼窝较宽（图版一九，6）。

11. 股骨

1）标本：M252：52-#3803。

2）测量数据：Bd=24.71毫米，Dd=23.32毫米。

3）描述：右侧远端，关节已愈合，保存长度1/4～1/2。远端髁面低矮、较对称，其上的沟宽且浅；髁的近端有小椭圆形的面，髁上窝不明显（图版一九，7）。

12. 胫骨

1）标本：M252：52-#3805。

2）测量数据：GL=144.91毫米，Bp=26.15毫米，DP=24.67毫米，SD=10.38毫米，Bd=18.13毫米，Dd=12.69毫米。

3）描述：左侧，保存完好，近、远端关节均已愈合。骨干较纤细；近端髁间隆起不明显，肌腱沟夹角开口大；胫骨嵴高且薄；远端内侧关节深而直，外侧关节跖侧缘倾斜（图版一九，11）。

13. 腓骨

1）标本：M252：52-#3817。

2）测量数据：Bd=3.81毫米，Dd=7.70毫米。

3）描述：左侧远端，关节已愈合，保存长度1/4～1/2。骨干纤细，远端关节为椭圆形（图版一九，8）。

14. 跖骨

1）标本：M252：52-#3815。

2）测量数据：GL=51.57毫米，Bp=7.70毫米，SD=3.86毫米，Bd=5.75毫米，Dd=6.39毫米。

3）描述：左侧第五跖骨，保存完好，近、远端关节均已愈合。骨干较纤细；近端关节面大致呈不规则形，在外侧有两个突起（图版一九，14）。

（二）狐

1. 下颌

1）标本：H959：16-#2671、H959：16-#2687。

2）测量数据：（7）=62.00毫米，（19）=14.06毫米，（20）=11.59毫米，p2长×宽=8.19毫米×3.45毫米，p3长×宽=8.03毫米×3.35毫米，p4长×宽=9.48毫米×3.87毫米，m1长×宽=14.78毫米×5.67毫米，m2长×宽=7.14毫米×5.35毫米。

3）描述：右侧水平支，保存长度1/4～1/2。牙齿存有c、p2～m2，而p1、m3脱落，仅存齿孔。犬齿细长、向后弯曲；p2～p4主尖较高，p4主尖后的齿尖较为发育，m1的次尖大于内尖，内尖与后尖之间的附尖发育，后尖较弱，跟座较弱（图版二○，3）。

2. 肱骨

1）标本：H959：16-#2695。

2）测量数据：Bp=14.61毫米，Dp=23.10毫米。

3）描述：左侧近端，关节已愈合，保存长度1/4～1/2。肱骨头鼓起，大结节稍高于肱骨头，小结节嵴很明显（图版二○，8）。

3. 掌骨

1）标本：H959：16-#2690。

2）测量数据：GL=42.32毫米，Bp=4.61毫米，Dp=5.74毫米，SD=3.18毫米，Bd=4.89毫米，Dd=5.27毫米。

3）描述：左侧第三掌骨，保存完整，近、远端关节均已愈合。近端关节近矩形，轴侧有突起（图版二〇，5）。

4. 股骨

1）标本：H959：16-#2696。

2）测量数据：DC=10.45毫米。

3）描述：右侧近端，关节已愈合，稍残，保存长度1/4~1/2。骨干细长，股骨头圆，股骨头颈短，大转子低于股骨头，小转子往内侧延伸、略微超出骨干（图版二〇，9）。

（三）貉

1. 下颌

1）标本：H1145：36-#2991。

2）测量数据：（8）=43.43毫米，（9）=40.55毫米，（10）=21.77毫米，（11）=22.43毫米，（12）=18.46毫米，（14）=11.25毫米，（17）=6.94毫米，（19）=12.98毫米，（20）=9.97毫米，p4长×宽=7.90毫米×3.40毫米，m1长×宽=13.13毫米×5.12毫米，m2长×宽=7.35毫米×5.12毫米。

3）描述：右侧水平支和上升支，保存长度3/4~1。牙齿存有p4~m2，而p1~p3、m3脱落，仅存齿孔。水平支下缘平直，下颌角处呈阶梯状，角突发育；髁突呈长的滚筒状。p4主尖高，m1强壮、下后尖十分发育（图版二〇，4）。

2. 桡骨

1）标本：H1194：12-#4874。

2）测量数据：GL=76.04毫米，Bp=8.87毫米，SD=5.55毫米，Bd=11.75毫米，Dp=5.87毫米，Dd=7.27毫米。

3）描述：左侧，保存完整，近、远端关节均已愈合。骨干较细长、截面较扁；桡骨小头不明显，近端关节呈椭圆形；远端骨干向外侧倾斜，关节呈长的椭圆形，桡骨茎突明显（图版二〇，10）。

3. 尺骨

1）标本：H1145：36-#2996。

2）测量数据：DPA=12.38毫米，SDO=9.98毫米，BPC=7.59毫米。

3）描述：左侧近端，鹰嘴突已愈合，保存长度1/4～1/2。鹰嘴向前倾斜、向内扭曲，顶部较平，冠状突向外延伸（图版二〇，11）。

4. 胫骨

1）标本：H1145：36-#3000。

2）测量数据：Bd=11.68毫米，Dd=8.23毫米。

3）描述：右侧远端，关节已愈合，保存长度1/4～1/2。远端内踝较明显，关节略斜、嵴圆钝、跖侧缘呈阶梯状（图版二〇，6）。

十一、鼬　　科

猪獾

1. 头骨

1）标本：H959：16-#2673。

2）测量数据：P4长×宽=8.82毫米×7.52毫米，M1长×宽=15.36毫米×11.04毫米。

3）描述：左右两侧上颌，保存长度1/2～3/4。牙齿存P4～M1，I1～I3、C、P2、P3脱落，仅存齿孔。P2、P3之间的间隙很大（图版二〇，1）。

2. 下颌

1）标本：H959：16-#2674。

2）测量数据：（12）=20.03毫米，（18）=47.48毫米，（19）=16.44毫米，（20）=12.24毫米，m1长×宽=16.56毫米×6.52毫米。

3）描述：保存水平支和上升支。水平支下缘平直，p2和p3之间的间隙较宽。下颌角圆润，上升支的外侧面形成凹窝，冠状突短宽，髁突呈长的滚筒状，髁突下方有结节发育。c、p2～p4、m2脱落，仅存m1。m1嚼面狭长，三尖部分齿尖粗壮，跟座十分发达，呈盆形（图版二〇，2）。

3. 肱骨

1）标本：H102-#5870。

2）测量数据：Bd=33.40毫米，Dd=16.61毫米。

3）描述：左侧远端，已愈合，保存长度1/4。外侧上髁嵴上部形成一个明显叶部，骨干的尾侧呈扁平状。滑车略有倾斜，嵴圆润，肱骨小头与滑车无明显分界。

十二、猫　　科

尺骨

1）标本：H1144：36-#2570。

2）描述：左侧远端，已愈合。骨干与关节处分界线平直，末端收窄呈钩状，其上有两个分离的关节面（图版二〇，7）。

第三章 动物遗存分述

下文将按遗迹单位对动物遗存进行分述，介绍各个种属与部位的数量和比例[①]、年龄、性别、破碎度、骨表痕迹与异常等方面的情况，具体的尺寸信息则参见附表一。

第一节 后冈一期文化第一期

灰 坑

（一）H148

H148出土动物骨骼总共47件。鱼纲1件，为腹鳍骨，重量为0.5克，不可鉴定种属。爬行纲12件，种属为龟，最小个体数（MNI）[②]为1，骨骼重量为27.3克。哺乳纲34件，可鉴定种属的骨骼7件、不可鉴定种属的骨骼27件，种属有猪和水鹿。猪的可鉴定标本数（NISP）为6，占比85.71%；MNI为1，占比50%；骨骼重量为122.3克，占比45.93%。水鹿NISP为1，占比14.29%；MNI为1，占比50%；骨骼重量为144克，占比54.07%。中型哺乳动物骨骼24件，重量为45.1克。小型哺乳动物骨骼3件，重量为1.9克。

这些骨骼在提取时分编为1号和2号，下文分别进行介绍。

1. H148：1

H148：1的动物骨骼总共12件。鱼纲1件，不可鉴定种属。哺乳纲11件，可鉴定种属的骨骼3件、不可鉴定种属的骨骼8件，种属有猪。

---

① 在统计数量比例的时候，按纲分开统计。

② 为避免重复计算，灰坑中某一种属的MNI总数是以整个灰坑为分析单元进行统一运算得出，而非不同编号下该种属的MNI相加得出。

（1）数量与部位

1）鱼纲

鱼的腹鳍骨1件，存3/4～1[1]，重量为0.5克。

2）哺乳纲

①可鉴定种属。

猪：NISP为3，占比100%；MNI为1，占比100%；骨骼重量为9.3克，占比100%。

右下i1齿1件，残；左下i3齿1件，完整；下i齿1件，碎。

②不可鉴定种属。

中型哺乳动物：骨骼8件，重量为16.4克。肢骨1件，5～10厘米，脊椎背部棘突1件，＜1/4，肋骨6件，3件＜5厘米、3件5～10厘米。

（2）骨表痕迹与骨骼异常

风化：0级，骨骼表面比较光滑，无明显风化。

2. H148∶2

H148∶2的动物骨骼总共35件。爬行纲12件，种属有龟。哺乳纲23件，可鉴定种属的骨骼4件、不可鉴定种属的骨骼19件，种属有猪和水鹿。

（1）数量与部位

1）爬行纲

龟：NISP为12，占比100%；MNI为1，占比100%；骨骼重量为27.3克，占比100%。

背甲缘板4件，关节面可拼接，＜1/4，碎；椎板3件，关节面可拼接，＜1/4；肋板5件，其中2件关节面可拼接，＜1/4，碎。

2）哺乳纲

①可鉴定种属。

猪：NISP为3，占比75%；MNI为1，占比50%；骨骼重量为113克，占比43.97%。

右下i2齿1件，完整；寰椎1件已愈合，稍残；左侧肩胛远端1件已愈合，1/4～1/2，稍残。

水鹿：NISP为1，占比25%；MNI为1，占比50%；骨骼重量为144克，占比56.03%。

角柄+角环+主枝1件，角环未脱落，1/4，稍残。

②不可鉴定种属。

中型哺乳动物：骨骼16件，重量28.7克。桡骨骨干1件，1/4，碎；肢骨13件，1件为5～10厘米、其余均＜5厘米；肋骨2件，1件＜5厘米、1件5～10厘米。

小型哺乳动物：骨骼3件，重量1.9克。肱骨骨干1件，1/4，残；脊椎椎弓1件，碎；肋骨头1件，＜5厘米。

---

[1]　为骨骼的保存状况。

（2）年龄

猪：根据骨骺愈合情况，1～1.5岁样本1个，愈合率100%[①]。

（3）性别

水鹿：雄性1个，鹿角带角柄。

（4）骨表痕迹与骨骼异常

砍痕：水鹿角柄断裂处有一周砍痕；眉枝残缺，被砍断；角环上方87毫米处主枝断裂有一周砍痕。

烧痕：2件骨骼烧成灰白色，分别是猪的肩胛和寰椎。

风化：0级，骨骼表面比较光滑，无明显风化。

（二）H439

H439：1出土动物骨骼总共23件，可鉴定种属的骨骼14件、不可鉴定种属的骨骼8件，骨器1件，种属有猪和中型鹿科。

（1）数量与部位

①可鉴定种属。

猪：NISP为6，占比42.86%；MNI为1，占比50%；骨骼重量为320.6克，占比49.43%。

右侧下颌1件，<1/4，碎；寰椎1件已愈合，稍残；左侧肱骨远端1件已愈合，1/4～1/2，残；右侧盆骨髋臼1件已愈合，<1/4，残；左侧盆骨碎块1件，<1/4，碎；右侧股骨远端1件已愈合，<1/4，残。

中型鹿科：NISP为8，占比57.14%；MNI为1，占比50%；骨骼重量为328克，占比50.57%。

左侧肩胛远端1件已愈合，1/4，残；左侧肱骨远端1件已愈合，1/4～1/2，残；右侧肱骨远端1件已愈合，1/4，残；左侧股骨远端1件已愈合，1/4～1/2，残；右侧胫骨远端1件已愈合，<1/4，残；右侧距骨1件，完整；右侧跟骨1件已愈合，完整；右侧跖骨近端1件已愈合，<1/4，碎。

②不可鉴定种属。

大型哺乳动物：骨骼2件。肢骨骨干1件，5～10厘米；骨松质1件，碎。

中型哺乳动物：骨骼6件。犬齿1件，残；尺骨骨干1件，1/4～1/2，残；股骨骨干1件，<1/4，碎；肢骨骨干2件，5～10厘米；肋骨1件，<5厘米。

（2）年龄

猪：下颌6～12月样本1个，占比100%。根据骨骺愈合情况，1～1.5岁样本2个，愈合率100%；3～3.5岁样本1个，愈合率100%。

中型鹿科：根据骨骺愈合情况，0～2岁骨骼愈合样本4个，愈合率100%；2～4岁样本

---

① 1～1.5岁样本1个表示在该年龄区间愈合的样本有1个，愈合100%表示全部个体活过了1～1.5岁。具体的年龄区间划分标准及统计方法可见本书第四章第三节的肢骨愈合状况分析。

1个，愈合率100%；4～5岁样本1个，愈合率100%。

（3）骨表痕迹与骨骼异常

切割痕：1件中型鹿科的肱骨远端尾侧骨表有多道切割痕。

砍痕：1件猪的肱骨骨干处有一道长7.7毫米、宽3.84毫米、深1毫米的砍痕。

风化：0级，骨骼表面比较光滑，无明显风化。

另，H439：1还出土1件骨器，重量为3克，以尺骨为原料，尺骨远端部分被磨成尖。

（三）H501

H501①：1出土哺乳纲动物骨骼总共76件，可鉴定种属的骨骼75件、不可鉴定种属的骨骼1件，种属有猪和中型鹿科。

（1）数量与部位

①可鉴定种属。

猪：NISP为1，占比1.33%；MNI为1，占比50%；骨骼重量为48.1克，占比2.30%。

右侧肱骨远端1件已愈合，＜1/4，残。

中型鹿科：NISP为74，占比98.67%；MNI为1，占比50%；骨骼重量为2040.4克，占比97.70%。

左右侧头骨顶骨1件，左侧头骨眼眶1件，右侧头骨枕髁1件，左上P2、P3、P4、M1、M2、M3各1件，右上P3、P4、M2、M3各1件，整体头骨保存1/2～3/4，碎。

左侧下颌p3、m2、m3、m3后窝和冠状突各1件，1/2～3/4，残；右侧下颌（含p3孔、p4、m2、m3）和下游m1各1件，1/2～3/4，残。

第六节、第七节颈椎各1件，前后关节面未愈合，长1，残；颈椎碎块1件，＜1/4，残；第十三节胸椎1件，前后关节面未愈合，长1，残；胸椎4件，前后关节面未愈合，1件3/4～1，残，3件长1，残；第一至六节腰椎各1件，前后关节面未愈合，长1，残；荐椎1件，前后关节面未愈合，1/4，残。

左、右侧肩胛远端各1件，均已愈合，左3/4～1，残，右＜1/4，残；左侧肱骨1件，近、远端均未愈合，3/4～1；右侧肱骨头1件，近端未愈合，＜1/4，残；左、右侧桡骨远端各1件，均未愈合，左侧3/4～1，右侧1/2，残；左侧尺骨近端1件未愈合，1/4，残；左侧掌骨1件，近、远端均已愈合，保存完整；右侧掌骨远端1件已愈合，3/4～1；左侧第一指骨（外侧）1件，近、远端均已愈合，稍残；右侧第一指骨（内侧）1件，近、远端均已愈合，完整；左侧第二指骨（外侧）1件，近、远端均已愈合，完整；右侧第二指骨（内侧）1件，近、远端均已愈合，完整。

左侧盆骨髂骨翼1件，1/4，残；左侧盆骨髋臼+坐骨1件，髋臼已愈合，1/2～3/4，稍残；右侧盆骨髂骨颈1件，1/4，残；髂骨+髋臼+坐骨1件，髋臼已愈合，1/2～3/4，稍残；左、右侧股骨各1件，近、远端均未愈合，均稍残；左、右侧胫骨各1件，近端未愈合，远端已愈合，均稍残；左、右侧跟骨各1件，均未愈合，3/4～1；左、右侧距骨各1件，完整；左、右侧中央跗骨+第四跗骨各1件，完整；左、右侧跖骨各1件，近、远端均已愈合，稍残；左侧第一趾骨（内侧）1件，近、远端均已愈合，完整；右侧第一趾骨（外侧）1件，近、远端均已愈合，完整；右侧第一指骨（内侧）1件，近、远端均已愈合，完整；左侧第二趾骨（内侧）1件，近、远端均已愈合，完整；肋骨7件，1件3/4～1，残，6件5～10厘米。

②不可鉴定种属。

小型哺乳动物：左侧肱骨远端骨干1件，＜1/4，残，重量为12克。

（2）年龄

猪：根据骨骺愈合情况，1～1.5岁样本1个，愈合率100%。

中型鹿科：根据牙齿萌出和磨蚀情况，2.5～3.5岁样本2个，占比100%。

根据骨骺愈合情况，0～2岁样本8个，愈合率100%；2～4岁样本3个，愈合率66.67%；4～5岁样本6个，愈合率0%；5～6岁样本8个，愈合率50%。

值得注意的是，在Carden的标准中，掌、跖骨远端的愈合年龄为5～6岁，若采取此标准，则该个体应活过5～6岁这个阶段。而根据牙齿及其他骨骼所判断年龄则为2～4岁，二者矛盾。因此马岭遗址中型鹿科的掌、跖骨远端愈合年龄应比Carden标准更早，这有可能是不同鹿或者梅花鹿亚种之间的差异。

综合牙齿萌出和磨蚀情况以及肢骨愈合情况，该中型鹿科的年龄为2.5～3.5岁。

（3）骨表痕迹与骨骼异常

风化：0级，骨骼表面比较光滑，无明显风化。

（4）特殊现象说明

该单位可能埋藏了一只比较完整的中型鹿科，各个部位都有发现，年龄2.5～3.5岁，骨骼保存相对完整。

（四）H588

H588：1出土动物骨骼总共148件。鱼纲16件，不可鉴定种属。哺乳纲132件，可鉴定种属的骨骼62件、不可鉴定种属的骨骼70件，种属有貉、猪、麂、中型鹿科、小型鹿科和大型牛科。

（1）数量与部位

1）鱼纲

骨骼16件，重量为17.5克。基鳍骨、支鳍骨、脊椎各1件，长1，稍残；其他骨骼13件（其中1件为骨针），1件5～10厘米、其余均＜5厘米。

2）哺乳纲

①可鉴定种属。

貉：NISP为1，占比1.61%；MNI为1，占比12.5%；骨骼重量为2.1克，占比0.07%。

左侧桡骨远端1件已愈合，1/4。

猪：NISP为15，占比24.19%；MNI为3，占比37.5%；骨骼重量为263.6克，占比8.4%。

左右侧头骨额骨1件，左侧头骨前颌1件，左侧头骨上颌1件，均<1/4，残；右上游I1齿1件，稍残；上游C齿1件，稍残；左右侧下颌1件，联合处已愈合，<1/4，残；左侧下颌2件，1件<1/4，残，1件1/4~1/2，残；左下游i1齿1件，残；右下游i2齿1件，完整；右侧尺骨近端1件，1/4，残；掌/跖骨近端1件已愈合，1/2，碎；右侧胫骨近端骨干1件，<1/4，残；右侧跟骨1件未愈合，3/4~1，残；跖骨近端1件已愈合，<1/4，残。

麂：NISP为1，占比1.61%；MNI为1，占比12.5%；骨骼重量为26.8克，占比0.85%。

右侧额骨+角柄+角环+角1件，<1/4，残，角环未脱落。

中型鹿科：NISP为7，占比11.29%；MNI为1，占比12.5%；骨骼重量为168.7克，占比5.38%。

右侧头骨髂骨+颧突1件，头骨眼眶+颞突1件，<1/4，残；枢椎1件未愈合，长1，残；右侧掌骨近端1件已愈合，1/4~1/2，残；左侧盆骨坐骨1件，1/4，残；右侧胫骨远端1件已愈合，1/4~1/2，残；左侧距骨1件，完整。

小型鹿科：NISP为4，占比6.45%；MNI为1，占比12.5%；骨骼重量为10.6克，占比0.34%。

右侧肩胛远端1件已愈合，<1/4，碎；右侧掌骨近端1件已愈合，<1/4，残；右侧盆骨髂骨+髋臼1件，<1/4，残；跖骨骨干1件，<1/4，碎。

大型牛科：NISP为34，占比54.84%；MNI为1，占比12.5%；骨骼重量为2665.6克，占比84.96%。

左侧头骨上颌1件，左上游P3、P4和M1各1件，上颌和3件游离的牙齿为同一个体；头骨碎块1件，头长1/4，残；右侧下颌1件，1/2，残；右侧肩胛远端1件已愈合，右侧肩胛骨板1件，肩胛碎块18件，肩胛为同一个体，3/4~1，残；右侧桡骨近端1件已愈合，1/4~1/2，残；左侧掌骨近端1件已愈合，1/2；右侧距骨1件，稍残；右侧跟骨1件已愈合，稍残；右侧中央跗骨+第四跗骨1件，完整；左侧距骨远端1件已愈合，1/4~1/2；右侧距骨近端1件已愈合，1/4~1/2；右侧第三趾骨1件已愈合，完整。

②不可鉴定种属。

大型哺乳动物：股骨骨干1件，<1/4，碎，重量为90.5克。

中型哺乳动物：骨骼64件，重量为233.2克。下颌1件，<1/4，碎；齿列1件，<1/4，碎；齿槽1件，<1/4，碎；肩胛1件，<1/4，碎；胫骨1件，1/4，碎；肢骨32件，27件<5厘米、5件5~10厘米；肋骨7件，<5厘米；胸椎2件，1件长1，残，1件稍残；不明骨骼18件，<5厘米。

小型哺乳动物：骨骼2件，重量为2.2克。肩胛1件，<1/4，碎；胸椎1件，<1/4，残。

哺乳动物：骨骼3件，重量为40.5克。头骨碎块1件，<1/4，碎；骨骼碎块2件，<1/4，碎。

（2）年龄

猪：根据牙齿萌出和磨蚀情况，6~12月1个，占比33.33%；18~24月1个，占比33.33%；24~36月1个，占比33.33%。

根据骨骺愈合情况，2~2.5岁样本1件，愈合率0%。

中型鹿科：根据骨骺愈合情况，0~2岁样本1个，愈合率100%；2~4岁样本1个，愈合率100%。

大型牛科：根据骨骺愈合情况，7~10月样本1个，愈合率100%；1~1.5岁样本1个，愈合率100%；2~3岁样本1个，愈合率100%；3~3.5岁样本1个，愈合率100%。

（3）性别

麂：雄性1个，额骨上带有角柄。

（4）骨表痕迹与骨骼异常

砍砸痕：1件麂角环上方被砍断；1件大型牛科掌骨近端骨干脊侧破碎处有多道长15.21~23.29毫米的砍痕，骨干1/4内侧有多道砍痕，近端掌侧1/4处有多道砍痕，总长度达37.56毫米；1件大型牛科跖骨滑车内侧上方有数道斜向砍痕，1/4骨干破碎处有砍砸痕，跖侧有5个圆形凹坑。

切割痕：1件大型牛科掌骨近端骨干1/4内侧有多道切割痕，掌侧1/4处有多道切割痕，总长度达37.56毫米。

骨赘：1件大型牛科跗骨跖侧与跟骨、距骨相接处有大面积、较厚的骨赘；1件跟骨体跖侧长有大面积、片状、较厚的骨赘，宽59.12毫米、厚17.88毫米，与距骨相接处关节面也长有骨赘。

骨侵蚀：1件大型牛科跗骨跖侧有一处凹坑，骨松质暴露。

风化：0级，骨骼表面比较光滑，无明显风化。

（5）特殊现象说明

该单位出土的大型牛科末梢骨存在较多人工痕迹和异常。

（五）H644

H644出土哺乳纲动物骨骼总共52件，可鉴定种属的骨骼29件、不可鉴定种属的骨骼23件，种属有猪、大型鹿科、中型鹿科和大型牛科。

猪NISP为15，占比51.72%；MNI为2，占比40%；骨骼重量为557.5克，占比56.56%。大型鹿科NISP为7，占比24.14%；MNI为1，占比20%；骨骼重量为106.4克，占比10.8%。中型鹿科NISP为6，占比20.69%；MNI为1，占比20%；骨骼重量为82克，占比8.32%。大型牛科NISP为1，占比3.45%；MNI为1，占比20%；骨骼重量为239.7克，占比24.32%。中型哺乳动物：骨骼21件，重量为77克。小型哺乳动物：骨骼2件，重量为4.7克。

其中38件骨骼在提取时未编号，14件编为①层4号，下文分别进行介绍。

1. H644未编号

H644出土未编号哺乳纲动物骨骼总共38件，可鉴定种属的骨骼17件、不可鉴定种属的骨骼21件，种属有猪、大型鹿科和中型鹿科。

（1）数量与部位

①可鉴定种属。

猪：NISP为7，占比41.18%；MNI为1，占比33.33%；骨骼重量为88.4克，占比36.07%。

左侧头骨上颌2件，碎；左右侧下颌1件，联合处已愈合，＜1/4，残；左下游i1齿1件，残；右下游i3齿1件，完整；下游i齿1件，残；左侧第五跖骨远端1件已愈合，1/2，残。

大型鹿科：NISP为6，占比35.29%；MNI为1，占比33.33%；骨骼重量为81.5克，占比33.25%。

左侧下颌6件，可能为同一个体，5件＜1/4，碎，1件1/4～1/2，残。

中型鹿科：NISP为4，占比23.53%；MNI为1，占比33.33%；骨骼重量为75.2克，占比30.68%。

腰椎1件已愈合，1/2，残；左侧肱骨远端1件已愈合，＜1/4，碎；掌骨骨干1件，＜1/4，碎；左侧胫骨远端1件已愈合，＜1/4，残。

②不可鉴定种属。

中型哺乳动物：骨骼19件，重量为72.5克。肱骨1件，残；肢骨16件，10件＜5厘米、6件5～10厘米；脊椎2件，碎。

小型哺乳动物：骨骼2件，重量为4.7克。肱骨1件，1/2～3/4，稍残；桡骨1件，1/2～3/4，稍残。

（2）年龄

猪：根据骨骺愈合情况，1～1.5岁样本1个，愈合率100%。

中型鹿科：根据骨骺愈合情况，0～2岁样本1个，愈合率100%；2～4岁样本1个，愈合率100%。

（3）性别

猪：雌性1个，下颌犬齿齿孔截面呈椭圆形，收窄封闭。

（4）骨表痕迹与骨骼异常

烧痕：1件猪的头骨烧黑。

风化：0级，骨骼表面比较光滑，无明显风化。

2. H644①：4

H644①：4出土哺乳动物骨骼总共14件，可鉴定种属的骨骼12件、不可鉴定种属的骨骼2件，种属有猪、大型鹿科、中型鹿科和大型牛科。

（1）数量与部位

①可鉴定种属。

猪：NISP为8，占比66.67%；MNI为2，占比40%；骨骼重量为469.1克，占比63.35%。

左侧头骨上颌1件，＜1/4，残；右上游I1齿1件；左侧下颌1件，＜1/4，残；左侧肱骨远端1件已愈合，1/4～1/2，稍残；右侧肱骨近端肱骨头1件，＜1/4，残；右侧肱骨远端2件已愈合，1/4～1/2，稍残；右侧胫骨近端胫骨嵴1件，＜1/4，碎。

大型鹿科：NISP为1，占比8.33%；MNI为1，占比20%；骨骼重量为24.9克，占比3.36%。

左侧下颌1件，1/4，稍残。

中型鹿科：NISP为2，占比16.67%；MNI为1，占比20%；骨骼重量为6.8克，占比0.92%。

左侧下颌2件，可以拼合为一个个体，＜1/4，碎。

大型牛科：NISP为1，占比8.33%；MNI为1，占比20%；骨骼重量为239.7克，占比32.37%。

左侧肩胛冈1件，1/4～1/2，残。

②不可鉴定种属。

中型哺乳动物：骨骼2件，重量为4.5克。肱骨骨干1件，＜1/4，碎；肢骨1件，＜5厘米。

（2）年龄

猪：根据骨骺愈合情况，1～1.5岁样本3个，愈合率100%。

（3）骨表痕迹与骨骼异常

烧痕：3件骨骼烧黑，分别是猪的下颌和2件肱骨、1件大型牛科肩胛部分烧黑；1件猪的胫骨烧灰白。

风化：0级，骨骼表面比较光滑，无明显风化。

（六）H817

H817：16出土哺乳纲动物骨骼总共32件，可鉴定种属的骨骼21件、不可鉴定种属的骨骼11件，种属有狗、猪、小麂、梅花鹿、大型鹿科、中型鹿科、小型鹿科和大型牛科。

（1）数量与部位

①可鉴定种属。

狗：NISP为1，占比4.76%；MNI为1，占比11.11%；骨骼重量为15.6克，占比0.85%。

左侧胫骨1件，近、远端均已愈合，稍残。

猪：NISP为7，占比33.33%；MNI为2，占比22.22%；骨骼重量为185.6克，占比10.17%。

右侧头骨上颌1件，＜1/4，碎；左侧肩胛远端1件已愈合，右侧肩胛远端2件已愈合，均1/4～1/2，稍残；左侧盆骨坐骨1件，坐骨结节未愈合，＜1/4，残；左侧胫骨近端骨干1件，1/4～1/2，碎；左侧跟骨1件未愈合，3/4～1。

小麂：NISP为1，占比4.76%；MNI为1，占比11.11%；骨骼重量为16.7克，占比0.91%。

左侧角柄1件，长1，稍残，角环自然脱落。

梅花鹿：NISP为1，占比4.76%；MNI为1，占比11.11%；骨骼重量为101.1克，占比5.54%。

右侧角柄+角环+主枝1件，＜1/4，稍残，角环未脱落。

大型鹿科：NISP为1，占比4.76%；MNI为1，占比11.11%；骨骼重量为157.9克，占比8.65%。

右侧肱骨远端1件已愈合，1/4～1/2，稍残。

中型鹿科：NISP为4，占比19.05%；MNI为1，占比11.11%；骨骼重量为213克，占比11.67%。

左、右侧胫骨近端1件，均已愈合，左侧1/4~1/2，残，右侧1/4~1/2，稍残；胫骨远端1件已愈合，1/4，残；距骨1件，完整。

小型鹿科：NISP为2，占比9.52%；MNI为1，占比11.11%；骨骼重量为16.8克，占比0.92%。

右侧肱骨远端1件已愈合，1/4~1/2，稍残；炮骨骨干1件，1/4~1/2，碎。

大型牛科：NISP为4，占比19.05%；MNI为1，占比11.11%；骨骼重量为1119.1克，占比61.29%。

左侧肩胛2件，为同一个体，1/4~1/2，残；左侧胫骨远端1件已愈合，1/4~1/2，稍残；左侧距骨1件，完整，胫骨和距骨关节面可连接。

②不可鉴定种属。

中型哺乳动物：骨骼9件，重量为25.6克。肢骨4件，3件<5厘米，碎，1件5~10厘米；肋骨5件，<1/4。

小型哺乳动物：骨骼2件，重量为7.5克。肩胛1件，<1/4，碎；腰椎1件，3/4，稍残。

（2）年龄

狗：根据骨骺愈合情况，1~1.5岁样本2个，愈合率100%。

猪：根据骨骺愈合情况，1~1.5岁样本3个，愈合率100%；2~2.5岁样本1个，愈合率0%。

中型鹿科：根据骨骺愈合情况，2~4岁样本1个，愈合率100%；5~6岁样本2个，愈合率100%。

大型牛科：根据骨骺愈合情况，2~3岁样本1个，愈合率100%。

（3）性别

小麂：雄性1个，鹿角带有角柄。

梅花鹿：雄性1个，鹿角带有角柄。

（4）骨表痕迹与骨骼异常

砍砸痕：1件大型牛科距骨远端内背侧关节上有一道长10.85毫米、宽4毫米、深1毫米的砍痕，1件梅花鹿角环上方27.43毫米处有一周砍砸痕。

切割痕：1件梅花鹿鹿角的后侧方有多道较为锐利的长约8毫米的切割痕。

烧痕：1件梅花鹿的角疑似烧黑。

磨痕：1件小型鹿科炮骨一侧边缘有打磨痕迹，较光滑。

风化：0级，骨骼表面比较光滑，无明显风化。

（七）H934

H934出土哺乳纲动物骨骼总共10件，可鉴定种属的骨骼8件、不可鉴定种属的骨骼2件，种属有猪、中型鹿科和大型牛科。

（1）数量与部位

①可鉴定种属。

猪：NISP为3，占比37.5%；MNI为1，占比33.33%；骨骼重量为113.3克，占比17.15%。

下颌碎块1件，＜1/4，碎；左侧尺骨近端1件，1/4～1/2；左侧股骨远端1件愈合中，1/4～1/2，稍残。

中型鹿科：NISP为1，占比12.5%；MNI为1，占比33.33%；骨骼重量为70.4克，占比10.65%。

右侧肱骨远端1件已愈合，1/4，稍残。

大型牛科：NISP为4，占比50%；MNI为1，占比33.33%；骨骼重量为477.1克，占比72.2%。

盆骨坐骨1件，盆骨碎块2件，均＜1/4，碎；肢骨1件，10～15厘米。

②不可鉴定种属。

小型哺乳动物：肋骨1件，1/2～3/4，重量为1.3克。

哺乳动物：肋骨1件，＜5厘米，重量为2克。

（2）年龄

猪：根据骨骺愈合情况，3～3.5岁样本1个，愈合率100%。

中型鹿科：根据骨骺愈合情况，0～2岁样本1个，愈合率100%。

（3）骨表痕迹与骨骼异常

砍砸痕：1件大型牛科盆骨表面有砍砸痕。

风化：0级，骨骼表面比较光滑，无明显风化。

（八）H979

H979③出土哺乳纲动物骨骼总共57件，可鉴定种属的骨骼1件、不可鉴定种属的骨骼56件，种属有猪。

（1）数量与部位

①可鉴定种属。

猪：NISP为1，占比100%；MNI为1，占比100%；骨骼重量为15.5克，占比100%。

左侧桡骨近端1件已愈合，1/4～1/2，稍残。

②不可鉴定种属。

大型哺乳动物：骨骼56件，重量为158.6克。股骨2件，1件＜1/4，碎，1件1/2～3/4；肢骨54件，53件＜5厘米、1件5～10厘米，碎。

（2）年龄

猪：根据骨骺愈合情况，1～1.5岁样本1个，愈合率100%。

（3）骨表痕迹与骨骼异常

风化：0级，骨骼表面比较光滑，无明显风化。

（九）H999

H999：12出土哺乳纲动物骨骼总共68件，可鉴定种属的骨骼32件、不可鉴定种属的骨骼36件，种属有猪、梅花鹿、中型鹿科和小型鹿科。

（1）数量与部位

①可鉴定种属。

猪：NISP为21，占比65.63%；MNI为2，占比33.33%；骨骼重量为344.2克，占比48.62%。

左右侧上颌1件，＜1/4；左侧下颌1件，＜1/4，碎；右侧下颌4件，均＜1/4，残；下颌碎块1件，＜1/4，碎；牙齿碎块6件；左侧肩胛颈+肩峰1件，＜1/4，残；左侧肱骨远端1件已愈合，1/4，稍残；左、右侧桡骨近端各1件，均已愈合，左侧1/4，残，右侧1/4～1/2，稍残；左侧尺骨近端1件未愈合，1/2，稍残；左侧第五掌骨1件，近端已愈合，远端未愈合，3/4～1；左侧胫骨近端1件未愈合，1/4，稍残；腓骨骨干1件，1/4，稍残。

梅花鹿：NISP为1，占比3.13%；MNI为1，占比16.67%；骨骼重量为116.5克，占比16.45%。

左侧角柄+角环+主枝+眉枝1件，1/4，稍残，角环自然脱落。

中型鹿科：NISP为8，占比25%；MNI为2，占比33.33%；骨骼重量为232.5克，占比32.84%。

左、右侧额骨+角柄各1件，＜1/4，残；额骨眼眶+角柄1件，＜1/4，残；右侧下颌1件，右下游m2齿1件，2件为同一个体，＜1/4，碎；左侧肱骨远端骨干1件，1/4～1/2，残；左侧股骨远端1件已愈合，1/4，稍残；右侧股骨近端1件已愈合，＜1/4，稍残。

小型鹿科：NISP为2，占比6.25%；MNI为1，占比16.67%；骨骼重量为14.8克，占比2.09%。

右侧下颌1件，＜1/4，稍残；右侧盆骨髂骨1件，＜1/4，碎。

②不可鉴定种属。

中型哺乳动物：骨骼34件，重量为203.1克。肢骨26件，18件＜5厘米，碎，8件5～10厘米，碎；胸椎1件，＜1/4，碎；肋骨7件，1件＜5厘米，碎，6件5～10厘米，碎。

小型哺乳动物：肋骨2件，＜5厘米，碎，重量为4克。

（2）年龄

猪：根据牙齿萌出和磨蚀情况，6～12月1个，占比50%；大于36月1个，占比50%。

根据骨骺愈合情况，1～1.5岁样本3个，愈合率100%；2～2.5岁样本1个，愈合率0%；3～3.5岁样本2个，愈合率0%。

中型鹿科：根据牙齿萌出和磨蚀情况，1.5岁1个，占比100%。

根据骨骺愈合情况，4～5岁样本2个，愈合率100%。

（3）性别

猪：雄性1个，下颌犬齿齿孔较宽大，齿根开放。

梅花鹿：雄性1个，鹿角带有角柄。

中型鹿科：雄性3个，鹿角带有角柄。

（4）骨表痕迹与骨骼异常

砍痕：1件梅花鹿鹿角主枝被斜向砍断，2件中型鹿科角柄断裂处有砍痕。

风化：0级，骨骼表面比较光滑，无明显风化。

（十）H1006

H1006出土猪右上游I1齿1件，1/2～3/4，齿尖残；NISP为1；MNI为1；骨骼重量为6.6克；风化0级，骨骼表面比较光滑，无明显风化。

（十一）H1007

H1007：16出土动物骨骼总共108件，可鉴定种属的骨骼45件、不可鉴定种属的骨骼63件，种属有黑熊、猪、大型鹿科、中型鹿科、小型鹿科和大型牛科。

（1）数量与部位

①可鉴定种属。

黑熊：NISP为1，占比2.22%；MNI为1，占比10%；骨骼重量为108.8克，占比3.59%。

右侧股骨远端1件已愈合，<1/4，残。

猪：NISP为29，占比64.44%；MNI为4，占比40%；骨骼重量为1192.2克，占比39.32%。

右侧上颌1件，<1/4；下颌联1件，1/4～1/2；左侧下颌2件，<1/4；右侧下颌1件，1/4～1/2；左、右下游i1齿各1件，左侧1/2～3/4，右侧1/4～1/2；右侧肩胛远端2件均已愈合，<1/4，稍残和1/2～3/4，稍残；肩胛骨板5件，1/4，碎；左侧肱骨远端3件，其中2件已愈合，1件1/4，稍残，1件1/4～1/2，稍残，1件可见部分骺线，1/2，稍残；右侧肱骨远端2件，其中1件已愈合1/4～1/2，稍残，另1件1/4～1/2，残；右侧桡骨近端1件已愈合，1/4～1/2，稍残；桡骨远端1件未愈合，3/4～1；左侧尺骨近端1件，右侧尺骨近端1件已愈合，均1/2～3/4，稍残；左侧盆骨髋臼+坐骨1件，髋臼已愈合，<1/4，稍残；右侧盆骨髂骨+髋臼+耻骨1件，髋臼已愈合，1/4～1/2，残；右侧盆骨髂骨1件，<1/4，稍残；左侧股骨近端1件未愈合，1/4～1/2，稍残；右侧股骨骨干1件，1/4～1/2，残；右侧胫骨骨干1件，1/4～1/2，稍残。

大型鹿科：NISP为8，占比17.78%；MNI为2，占比20%；骨骼重量为595.3克，占比19.64%。

左侧肱骨远端1件已愈合，<1/4，碎；右侧肱骨远端1件已愈合，1/4～1/2，残；左侧桡骨远端1件已愈合，<1/4，残；左侧股骨近端1件已愈合，1/4，残；左侧股骨近端小转子1件已愈合，<1/4，碎；左侧股骨远端1件已愈合，<1/4，残；左侧跟骨1件，1/4～1/2；左侧距骨1件，完整。

中型鹿科：NISP为1，占比2.22%；MNI为1，占比10%；骨骼重量为8.9克，占比0.29%。

左侧掌骨近端1件已愈合，<1/4，碎。

小型鹿科：NISP为3，占比6.67%；MNI为1，占比10%；骨骼重量为49.1克，占比1.62%。

右侧肱骨远端1件已愈合，1/2～3/4，稍残；左侧股骨远端1件已愈合，1/4～1/2，稍残；左侧胫骨远端1件已愈合，1/4～1/2，稍残。

大型牛科：NISP为3，占比6.67%；MNI为1，占比10%；骨骼重量为1077.5克，占比35.54%。

右侧肱骨远端1件已愈合，1/4～1/2，稍残；右侧距骨1件，稍残；肋骨1件，5～10厘米。

②不可鉴定种属。

中型哺乳动物：骨骼62件，重量为487克。股骨骨干1件，＜1/4，碎；肢骨57件，36件＜5厘米，碎，19件5～10厘米，碎，2件10～15厘米，碎；肋骨2件，5～10厘米；颈椎1件，1/4～1/2，残；脊椎1件，＜1/4，碎。

哺乳动物：骨骼1件，＜5厘米，重量为4.2克。

（2）年龄

猪：根据牙齿萌出和磨蚀情况，4～6月1个，占比25%；18～24月1个，占比25%；24～36月1个，占比25%；18～24月/24～36月1个，占比25%。

根据骨骺愈合情况，1～1.5岁样本9个，愈合率100%；3～3.5岁样本3个，愈合率33.33%。

中型鹿科：根据骨骺愈合情况，0～2岁样本1个，愈合率100%。

大型牛科：根据骨骺愈合情况，1～1.5岁样本1个，愈合率100%。

（3）性别

猪：雌性1个，下颌联犬齿齿孔截面呈椭圆形，齿根处收窄。

（4）骨表痕迹与骨骼异常

砍砸痕：1件黑熊股骨远端外侧髁缺失，破碎处疑似有砍砸痕；1件大型牛科距骨背侧中部有若干直径约2毫米的小窝，腹侧中部靠内侧有多处凹窝，可能是砸痕；1件猪胫骨远端骨干破碎处有一道砍痕。

烧痕：7件骨骼烧黑，分别是黑熊股骨远端，猪上颌和胫骨骨干，大型鹿科肱骨远端和跟骨，中型鹿科掌骨近端和小型鹿科肱骨远端。

啮齿动物啃咬痕：1件猪肱骨表面有啮齿动物啃咬痕迹。

风化：1件大型鹿科肱骨风化2级，骨表出现层状剥落，裂纹增大；其余骨骼风化0级，骨骼表面比较光滑，无明显风化。

（十二）H1008

H1008：7出土动物骨骼总共165件，可鉴定种属的骨骼42件、不可鉴定种属的骨骼123件，种属有犀牛、猪、水鹿、大型牛科和偶蹄目。

（1）数量与部位

①可鉴定种属。

犀牛：NISP为3，占比7.14%；MNI为1，占比14.29%；骨骼重量为181.3克，占比8.27%。

桡腕骨1件，完整；腕骨1件，完整；第三趾骨1件已愈合，完整。

猪：NISP为36，占比85.71%；MNI为3，占比42.86%；骨骼重量为818.4克，占比37.32%。

左侧头骨鼻骨、枕髁各1件，均<1/4，碎；左侧下颌水平支、下颌角、下颌碎块各1件，均<1/4，碎；左下游c齿1件；寰椎3件均已愈合，1件1/2，稍残，2件3/4~1，稍残；左侧肩胛远端1件已愈合，1/2~3/4，稍残；左侧肩胛冈1件，<1/4，碎；右侧肩胛远端2件均已愈合，1件1/4~1/2，稍残，1件1/2~3/4，稍残；右侧肩胛冈1件，<1/4，碎；肩胛尾侧缘1件，<1/4，碎；左侧肱骨远端2件均已愈合，1件1/4~1/2，稍残，1件1/2~3/4，稍残；右侧肱骨远端1件已愈合，<1/4，残；右侧桡骨近端1件已愈合，<1/4，碎；右侧桡骨尾侧骨干1件，<1/4，碎；右侧尺骨近端1件已愈合，1/4~1/2，残；右侧尺骨远端1件已愈合，1/4~1/2，稍残；盆骨碎块1件，<1/4，碎；左侧股骨远端1件已愈合，1/4~1/2，稍残；左、右侧胫骨远端各1件，均已愈合，左侧1/2，稍残，右侧<1/4，稍残；左、右侧胫骨近端胫骨嵴各1件，均已愈合，左侧<1/4，碎，右侧<1/4，残；左侧腓骨近端1件，<1/4，碎；左侧腓骨骨干1件，<1/4，残；左侧第三掌近端1件已愈合，1/2，稍残；左侧掌/跖骨远端2件均已愈合，1/2~3/4，稍残；左侧第一指/趾骨1件已愈合；第一指/趾骨近端1件已愈合，完整；左侧第二指/趾骨近端1件已愈合，1/2，稍残。

水鹿：NISP为1，占比2.38%；MNI为1，占比14.29%；骨骼重量为115.4克，占比5.26%。

左侧第二杈以下的主枝1件，1/4~1/2，稍残。

大型牛科：NISP为1，占比2.38%；MNI为1，占比14.29%；骨骼重量为1045.5克，占比47.68%。

右侧股骨远端1件已愈合，1/4~1/2，稍残。

偶蹄目：NISP为1，占比2.38%；MNI为1，占比14.29%；骨骼重量为32.1克，占比1.46%。

第三趾骨1件已愈合，完整。

②不可鉴定种属。

中型哺乳动物：骨骼123件，重量397.2克。肩胛4件，<1/4，碎；肱骨1件，<1/4；胫骨1件，1/4~1/2；肢骨81件，72件<5厘米，碎，9件5~10厘米，碎；肋骨29件，14件<5厘米，碎，14件5~10厘米，残，1件10~15厘米，残；脊椎7件，<1/4，碎。

（2）年龄

猪：根据骨骺愈合情况，1~1.5岁样本8个，愈合率100%；2~2.5岁样本5个，愈合率100%；3~3.5岁样本3个，愈合率100%。

大型牛科：根据骨骺愈合情况，3.5~4岁样本1个，愈合率100%。

（3）骨表痕迹与骨骼异常

砍痕：1件大型牛科股骨远端骨干破碎处外侧残存1/4周宽13.6毫米的砍痕；1件水鹿鹿角主枝断裂处有一周砍痕，上方断裂处有3/4周砍痕。

风化：0级，骨骼表面比较光滑，无明显风化。

（十三）H1010

H1010：46出土动物骨骼总共36件。爬行纲12件，种属有鳖。哺乳纲24件，可鉴定种属的骨骼12件、不可鉴定种属的骨骼12件，种属有猪、小麂、中型鹿科和小型鹿科。

（1）数量与部位

1）爬行纲

鳖：NISP为12，占比100%；MNI为2，占比100%；骨骼重量为244克，占比100%。

左右侧背甲颈板+肋板+椎板1件；肋板3件，其中2件肋板可以拼合到前面的背甲中；肋板缘5件；背甲碎块2件；拼合后背甲长1/2，稍残，其余无法拼合的背甲长<1/4，碎；肩胛1件，1/4，残。

2）哺乳纲

①可鉴定种属。

猪：NISP为7，占比58.33%；MNI为1，占比25%；骨骼重量为105.7克，占比49.16%。

左、右侧头骨顶骨各1件，左侧颞骨1件，茎突1件，均<1/4，碎；下颌联1件已愈合，左侧下颌角1件，均<1/4，碎；左侧肱骨骨干1件，<1/4，残。

小麂：NISP为1，占比8.33%；MNI为1，占比25%；骨骼重量为33.1克，占比15.4%。

右侧角柄+角环+主枝+眉枝1件，3/4～1，稍残，角环未脱落。

中型鹿科：NISP为3，占比25%；MNI为1，占比25%；骨骼重量为68.7克，占比31.95%。

右侧下颌齿列2件，<1/4，碎和1/4～1/2，稍残；炮骨骨干1件，1/4，碎。

小型鹿科：NISP为1，占比8.33%；MNI为1，占比25%；骨骼重量为7.5克，占比3.49%。

右侧桡骨骨干1件，1/4～1/2，稍残。

②不可鉴定种属。

中型哺乳动物：骨骼10件，重量为74.2克。下颌1件，<1/4；肱骨骨干1件，<1/4；肢骨5件，4件<5厘米，碎，1件5～10厘米，碎；肋骨1件，脊椎1件，<5厘米，碎；骨骼碎块1件，<1/4。

哺乳动物：骨骼2件，碎，重量为7克。

（2）年龄

中型鹿科：根据牙齿萌出和磨蚀情况看，6.5岁个体1个，占比100%。

（3）性别

小麂：雄性1个，鹿角带有角柄。

（4）骨表痕迹与骨骼异常

穿孔：1件鳖的背甲右侧颈板下缘和1肋上缘有1个直径约5毫米的圆形穿孔，靠近背甲中轴线，距中轴线约17毫米；左侧1肋上缘有1个直径约4毫米的半圆形穿孔，距中轴线约22毫米；左右侧穿孔较为对称，可能用来悬挂背甲。

风化：0级，骨骼表面比较光滑，无明显风化。

（5）特殊现象说明

该单位至少埋葬了2只鳖，2个个体的尺寸都比较大，其中一个个体保存了比较完整的鳖甲，另一个个体只有1件肋板缘，尺寸更大。

（十四）H1024

H1024：47出土动物骨骼总共4件，可鉴定种属的骨骼3件、不可鉴定种属的骨骼1件，种属有猪、小麂和中小型鹿科。

（1）数量与部位

①可鉴定种属。

猪：NISP为1，占比33.33%；MNI为1，占比33.33%；骨骼重量为14.7克，占比49.16%。

左侧桡骨骨干1件，1/4~1/2，残。

小麂：NISP为1，占比33.33%；MNI为1，占比33.33%；骨骼重量为7.8克，占比26.09%。

角柄+角环+主枝1件，3/4~1，稍残，角环未脱落。

中小型鹿科：NISP为1，占比33.3%；MNI为1，占比33.33%；骨骼重量为7.4克，占比24.75%。

左侧肱骨远端1件，＜1/4，残。

②不可鉴定种属。

哺乳动物：骨松质1件，碎1件，重量为1克。

（2）性别

小麂：雄性1个，鹿角上带有角柄。

（3）骨表痕迹与骨骼异常

风化：0级，骨骼表面比较光滑，无明显风化。

（十五）H1042

H1042②：1出土动物骨骼总共21件，可鉴定种属的骨骼19件、不可鉴定种属的骨骼2件，种属有小型犬科、猪、水鹿、大型鹿科和大型牛科。

（1）数量与部位

①可鉴定种属。

小型犬科：NISP为1，占比5.26%；MNI为1，占比20%；骨骼重量为5.7克，占比0.32%。

右侧股骨近端1件已愈合，1/4~1/2。

猪：NISP为13，占比68.42%；MNI为1，占比20%；骨骼重量为720.6克，占比41.06%。

左右侧头骨顶骨、颞骨、上颌各1件，右侧眼眶1件，右侧枕髁1件，头骨碎块1件，拼合后长3/4，残；下颌联1件已愈合，左侧下颌1件，均为1/4，残；右侧肱骨远端1件已愈合，＜1/4，残；左侧盆骨髋臼+耻骨1件，髋臼已愈合，1/4~1/2，残。

水鹿：NISP为1，占比5.26%；MNI为1，占比20%；骨骼重量为140.1克，占比7.98%。

左侧鹿角主枝+眉枝1件，1/4~1/2，稍残。

大型鹿科：NISP为1，占比5.26%；MNI为1，占比20%；骨骼重量为134.5克，占比7.66%。

左侧盆骨髋臼+坐骨1件，髋臼已愈合，1/4~1/2，稍残。

大型牛科：NISP为3，占比15.79%；MNI为1，占比20%；骨骼重量为754克，占比42.97%。

左侧距骨1件，稍残；左侧跗骨远端1件已愈合，1/4~1/2，残；左侧第一趾骨1件已愈合，完整。

②不可鉴定种属。

大型哺乳动物：骨骼2件，重量为85.3克。盆骨1件，＜1/4，碎；脊椎1件，＜1/4，碎。

（2）年龄

猪：根据牙齿萌出和磨蚀情况，24~36月1个，占比100%。

根据骨骺愈合情况，1~1.5岁样本2个，愈合率100%。

大型牛科：根据骨骺愈合情况，1~1.5岁样本1个，愈合率100%。

（3）性别

猪：雌性1个，下颌犬齿齿孔收窄封闭。

（4）骨表痕迹与骨骼异常

砍痕：1件水鹿的鹿角主枝下方断裂处有一圈砍痕，上方断裂处有一圈斜向砍痕，一面有多道长约6毫米的砍痕，偏主枝处有一道纵向浅沟纵贯主枝；1件大型牛科的跗骨关节处有多道无规则横向砍痕，推测是想将远端关节与骨干分开。

不明痕迹：1件大型牛科的距骨远端腹侧有2个小孔，一个直径约5.11毫米，另一个直径约3.5毫米。

齿根暴露：2件猪左、右侧上颌颊面可见臼齿齿根，原因不明。

风化：0级，骨骼表面比较光滑，无明显风化。

（十六）H1048

H1048出土动物骨骼总共10件。爬行纲1件，种属有龟。哺乳纲9件，可鉴定种属的骨骼1件、不可鉴定种属的骨骼8件，种属有猪。

（1）数量与部位

1）爬行纲

龟：NISP为1，占比100%；MNI为1，占比100%；骨骼重量为8.9克，占比100%。

右侧腹甲剑板1件，＜1/4，稍残。

2）哺乳纲

①可鉴定种属。

猪：NISP为1，占比100%；MNI为1，占比100%；骨骼重量为19.4克，占比100%。

胸椎1件，未愈合，3/4~1，稍残。

②不可鉴定种属。

大型哺乳动物：骨骼2件，重量130.3克。肢骨1件，5～10厘米，碎；脊椎1件，1/2～3/4，残。

中型哺乳动物：骨骼1件，重量为7.1克。肢骨1件，<5厘米，碎。

哺乳动物：骨骼5件，重量为12.5克。肢骨5件，<5厘米，碎。

（2）年龄

猪：根据骨骺愈合情况，4～7岁样本1个，愈合率0%。

（3）骨表痕迹与骨骼异常

磨痕：1件中型哺乳动物肢骨表面光滑，被磨过。

风化：0级，骨骼表面比较光滑，无明显风化。

（十七）H1052

H1052出土动物骨骼总共13件，可鉴定种属的骨骼12件、不可鉴定种属的骨骼1件，种属有猪。

（1）数量与部位

①可鉴定种属。

猪：NISP为12，占比100%；MNI为3，占比100%；骨骼重量为379.4克，占比100%。

左、右侧下颌各1件，分别为1/4，残和1/4～1/2，残；左侧肩胛远端2件已愈合，右侧肩胛远端1件，均<1/4，碎；右侧肱骨远端1件已愈合，1/4，稍残；左侧桡骨近端1件已愈合，1/4～1/2，残；右侧盆骨髂骨4件，1/4～1/2，残；左侧胫骨近端1件已愈合，<1/4，残。

②不可鉴定种属。

中型哺乳动物：肋骨1件，<5厘米，碎，重量为1.9克。

（2）年龄

猪：根据牙齿萌出和愈合情况，12～18月1个，占比50%；18～24月1个，占比50%。

根据骨骺愈合情况，1～1.5岁样本3个，愈合率100%；3～3.5岁样本1个，愈合率100%。

（3）骨表痕迹与骨骼异常

烧痕：5件骨骼烧黑，分别是猪的1件左侧桡骨近端和4件右侧髂骨。

风化：0级，骨骼表面比较光滑，无明显风化。

（十八）H1108

H1108出土动物骨骼总共99件。爬行纲1件，种属有鳖。鸟纲1件，种属有雉。哺乳纲97件，可鉴定种属的骨骼37件、不可鉴定种属的骨骼60件，种属有猪、大角鹿、水鹿、梅花鹿、大型鹿科、中型鹿科、小型鹿科、鹿科和大型牛科。分编为43和66号，43号仅出土2件梅花鹿角和1件水鹿角。

（1）数量与部位

1）爬行纲

鳖：NISP为1，占比100%；MNI为1，占比100%；骨骼重量为17.8克，占比100%。

左侧乌喙骨1件，3/4～1，稍残。

2）鸟纲

雉：NISP为1，占比100%；MNI为1，占比100%；骨骼重量为2.1克，占比100%。

右侧股骨远端1件已愈合，1/2～3/4，残。

3）哺乳纲

①可鉴定种属。

猪：NISP为8，占比21.62%；MNI为1，占比12.5%；骨骼重量为275.8克，占比11.5%。

右侧下颌髁1件，<1/4，碎；左侧肩胛远端1件已愈合，<1/4，稍残；右侧肱骨远端2件，其中1件可见部分骺线，分别为<1/4，残和1/4～1/2，残；左、右侧桡骨近端各1件，均已愈合，分别为1/4～1/2，稍残和3/4～1，残；左侧尺骨近端1件，<1/4，残；左侧盆骨髂骨+髋臼1件，髋臼已愈合，1/4～1/2，稍残。

大角鹿：NISP为3，占比8.11%；MNI为1，占比12.5%；骨骼重量为131克，占比5.46%。

左、右侧额骨+角柄各1件，顶骨1件，可以拼合，为同一个体，1/4～1/2，稍残。

水鹿：NISP为4，占比10.81%；MNI为1，占比12.5%；骨骼重量为125.4克，占比5.23%。

左侧角柄+角环+主枝1件，<1/4，残；主枝1件，<1/4，碎；鹿角碎块2件，<1/4，碎。

梅花鹿：NISP为2，占比5.41%；MNI为1，占比12.5%；骨骼重量为194.1克，占比8.09%。

左侧角环+主枝1件，<1/4，残，角环自然脱落；主枝+杈枝1件（2杈及以上），<1/4，残。

大型鹿科：NISP为2，占比5.41%；MNI为1，占比12.5%；骨骼重量为269.5克，占比11.24%。

左侧股骨远端1件已愈合，1/4～1/2，残；左侧髌骨1件，稍残。

中型鹿科：NISP为6，占比16.22%；MNI为1，占比12.5%；骨骼重量为452.6克，占比18.88%。

左、右侧头骨额骨+角柄各1件，为同一个体左右侧，1/4，稍残；右侧上颌1件，1/4，残；右侧股骨远端1件已愈合，1/4～1/2，稍残；左侧跟骨1件已愈合，完整；跖骨骨干1件，<1/4，碎。

小型鹿科：NISP为6，占比16.22%；MNI为1，占比12.5%；骨骼重量为54.1克，占比2.26%。

左侧桡骨远端1件已愈合，1/4～1/2，稍残；左侧盆骨髂骨+髋臼1件，1/4，残；左侧盆骨髋臼+耻骨1件，均<1/4，碎；左侧胫骨近端1件已愈合，1/2，稍残；跖骨近端1件已愈合，骨干1件，均<1/4，碎。

鹿科：NISP为3，占比8.11%；骨骼重量为22.9克，占比0.96%。

鹿角角尖2件，碎块1件，均<1/4，碎。

大型牛科：NISP为3，占比8.11%；MNI为1，占比12.5%；骨骼重量为872.4克，占比36.38%。

右侧肱骨远端1件已愈合，1/4～1/2，残；右侧盆骨髋臼+耻骨1件，髋臼已愈合，<1/4，

碎；左侧胫骨远端1件已愈合，1/4 ~ 1/2，稍残。

②不可鉴定种属。

大型哺乳动物：肋骨2件，5 ~ 10厘米，碎，重量为687克。

中型哺乳动物：骨骼56件，重量为218.87克。肩胛2件，<1/4；盆骨2件，<1/4；股骨骨干1件，<1/4；胫骨骨干2件，<1/4；肢骨34件，13件<5厘米、21件5 ~ 10厘米；肋骨13件，3件<5厘米、9件5 ~ 10厘米、1件10 ~ 15厘米；骨骼碎块2件，<5厘米。

哺乳动物：肢骨2件，5厘米，残，重量为5.4克。

（2）年龄

猪：根据骨骺愈合情况，1 ~ 1.5岁样本5个，愈合率100%。

中型鹿科：根据骨骺愈合情况，4 ~ 5岁样本1个，愈合率100%。

大型牛科：根据骨骺愈合情况，7 ~ 10月样本1个，愈合率100%；1 ~ 1.5岁样本1个，愈合率100%；2 ~ 3岁样本1个，愈合率100%。

（3）性别

大角鹿：雄性2个（同一个体左右两侧），额骨上带有角柄。

水鹿：雄性1个，鹿角带角柄。

梅花鹿：雄性1个，鹿角带角环。

中型鹿科：雄性2个（同一个体左右两侧），额骨上带有角柄。

（4）骨表痕迹与骨骼异常

砍砸痕：共有12件骨骼有砍砸痕。2件大角鹿左、右侧角柄上方破碎处均有砍痕；1件水鹿角柄处残存一周砍痕，主枝断裂处残存一周砍痕；2件梅花鹿主枝破碎处残存一周砍痕；1件大型鹿科股骨远端内髁破碎处有砍砸痕；2件中型鹿科左、右侧角柄均有一周砍痕；1件小型鹿科桡骨远端关节头侧骨表有半周砍砸痕，未砍断；1件鹿科角角尖断裂处上方有砍痕；1件大型牛科肱骨远端内侧滑车尾侧缺失，与髓腔相通，缺口破碎处隐约可见砍砸痕；1件大型牛科盆骨耻骨联合处有近一周较宽的砍砸痕。

磨痕：2件中型哺乳动物骨骼表面被磨过。

烧痕：1件鳖乌喙骨烧黑。

风化：1件大型牛科肱骨骨表裂纹较大，局部骨皮脱落，风化等级为2 ~ 3级；2件中型鹿科额骨+角柄骨表出现层状脱落，裂纹增大，风化2级；其余骨骼风化0级，骨骼表面比较光滑，无明显风化。

其他痕迹：1件大型牛科胫骨远端关节整体圆润，缺失棱角，可能遭受流水冲刷。

（十九）H1111

H1111：62出土大型牛科左侧肱骨远端1件已愈合，1/4 ~ 1/2，残；MNI为1；重量为562克；年龄大于1 ~ 1.5岁；肱骨内腹侧破碎处较为齐整，或为人工骨表痕迹与骨骼异常；滑车内侧骨皮缺失，原因不明，上面有一道较深的裂纹；内上髁缺口处与骨髓腔相通，可能为敲骨吸髓所致；风化1级，骨表出现裂纹。

（二十）H1123

H1123：31出土动物骨骼总共6件，爬行纲2件，均可鉴定种属，种属有黄斑巨鳖。哺乳纲4件，可鉴定种属的骨骼3件、不可鉴定种属的骨骼1件，种属有猪和中型鹿科动物。

（1）数量与部位

1）爬行纲

黄斑巨鳖：NISP为2，占比100%；MNI为1，占比100%；骨骼重量为52.9克，占比100%。左侧盆骨坐骨和髂骨各1件，为同一个体，拼合后长3/4～1，稍残。

2）哺乳纲

①可鉴定种属。

猪：NISP为2，占比66.67%；MNI为1，占比50%；骨骼重量为133.6克，占比95.57%。右侧肱骨远端1件已愈合，1/2，稍残；右侧股骨骨干1件，1/4～1/2，碎。

中型鹿科：NISP为1，占比33.33%；MNI为1，占比50%；骨骼重量为6.2克，占比4.43%。炮骨骨干1件，＜1/4，碎。

②不可鉴定种属。

中型哺乳动物：肢骨1件，5～10厘米，碎，重量为12克。

（2）年龄

猪：根据骨骺愈合情况，1～1.5岁样本1个，愈合率100%。

（3）骨表痕迹与骨骼异常

磨痕：1件中型哺乳动物的肢骨骨干破碎处被磨过。

风化：0级，骨骼表面比较光滑，无明显风化。

（二十一）H1126

H1126：8出土动物骨骼总共50件。鱼纲1件，不可鉴定种属。哺乳纲49件，可鉴定种属的骨骼34件、不可鉴定种属的骨骼15件，种属有猪、中型鹿科、小型鹿科和鹿科。

（1）数量与部位

1）鱼纲

鱼：右侧前鳃盖骨1件，1/4～1/2，残，重量为1.9克。

2）哺乳纲

①可鉴定种属。

猪：NISP为16，占比47.06%；MNI为2，占比40%；骨骼重量为565.4克，占比58.37%。左侧头骨泪骨、颧骨、上颌和上颌碎块各1件，右侧头骨颧骨、上颌和上颌碎块各1件，基枕部1件，6件＜1/4，残，2件1/4～1/2，残；上游dP4齿1件；左、右侧下颌各1件，下颌碎块1件，均＜1/4，碎；寰椎1件已愈合，3/4～1，残；右侧肱骨远端2件，1件已愈合，1/4～1/2，稍残，1件愈合中，＜1/4，稍残；右侧胫骨近端1件未愈合，1/2～3/4，碎。

中型鹿科：NISP为14，占比41.18%；MNI为2，占比40%；骨骼重量为382.8克，占比39.52%。

枢椎1件，稍残；第7节颈椎1件未愈合，3/4～1，稍残；左侧肩胛远端1件已愈合，1/4～1/2，残；左侧肱骨远端1件已愈合，＜1/4，稍残；右侧桡骨近端1件已愈合，1/2～3/4，残；桡骨外侧骨干1件，1/4～1/2，碎；左侧掌骨近端1件已愈合，1/4～1/2，残；掌骨掌侧骨干1件，＜1/4，碎；左侧股骨近端1件未愈合，＜1/4，残；左侧胫骨近端1件已愈合，＜1/4，残；右侧跟骨2件均已愈合，1件稍残、1件完整；跖骨跖侧骨干2件，＜1/4，碎和1/4～1/2，碎。

小型鹿科：NISP为2，占比5.88%；MNI为1，占比20%；骨骼重量为6.7克，占比0.69%。

颈椎1件，＜1/4，碎；肩胛肩峰1件，＜1/4，碎。

鹿科：NISP为2，占比5.88%；骨骼重量为13.8克，占比1.42%。

鹿角碎块2件，＜1/4，碎。

②不可鉴定种属。

中型哺乳动物：骨骼11件，重量为133.4克。桡骨3件，＜1/4，残，1/2，碎和1/2～3/4，碎；胫骨2件，＜1/4，碎和1/4～1/2，碎；肢骨6件，1件＜5厘米，碎，5件5～10厘米，碎。

小型哺乳动物：骨骼3件，重量为8.8克。胫骨近端骨干1件，1/4～1/2，碎；肢骨1件，＜5厘米，碎；肋骨1件，＜5厘米，碎。

哺乳动物：骨骼碎块1件，＜5厘米，碎，重量为2.2克。

（2）年龄

猪：根据牙齿萌出和磨蚀情况，4～6月1个，占比100%。

根据骨骺愈合情况，1～1.5岁样本2个，愈合率100%；3～3.5岁样本1个，愈合率0%。

中型鹿科：根据骨骺愈合情况，0～2岁样本3个，愈合率100%；4～5岁样本1个，愈合率0%；5～6岁样本1个，愈合率100%。

（3）性别

猪：雄性1个，占比50%，上颌犬齿齿根开放；雌性1个，占比50%；上颌犬齿齿孔扁薄，封闭。

（4）骨表痕迹与骨骼异常

砍砸痕：1件中型鹿科跟骨近端内侧有一道长约16.59毫米、宽3毫米、深1毫米的斜向砸痕；2件鹿角破碎处有砍砸痕；1件中型哺乳动物桡骨近端关节面下方有多道砍砸痕。

烧痕：1件中型鹿科掌骨烧黑。

风化：0级，骨骼表面比较光滑，无明显风化。

其他痕迹：1件中型哺乳动物桡骨近端关节面四周有较为严重的修整骨表痕迹与骨骼异常。

（二十二）H1138

H1138出土动物骨骼总共29件，可鉴定种属的骨骼18件、不可鉴定种属的骨骼11件，种属有黑熊、熊、猪、大型鹿科、中型鹿科和大型牛科。

（1）数量与部位

①可鉴定种属。

黑熊：NISP为1，占比5.56%；MNI为1，占比16.67%；骨骼重量为210.3克，占比8.19%。

右侧尺骨近端1件已愈合，1/2，稍残。

熊：NISP为1，占比5.56%；MNI为1，占比16.67%；骨骼重量为75.6克，占比2.95%。

右侧尺骨远端1件已愈合，1/2～3/4，残。

猪：NISP为5，占比27.78%；MNI为1，占比16.67%；骨骼重量为118.7克，占比4.63%。

右侧上颌1件，<1/4，残；右上游C1件，稍残；右侧肱骨远端1件已愈合，1/4～1/2，残；左侧胫骨近端骨干1件，1/4～1/2，残；右侧第五跖骨1件已愈合，完整。

大型鹿科：NISP为2，占比11.11%；MNI为1，占比16.67%；骨骼重量为1282克，占比49.96%。

左、右侧额骨+角柄1件，角环自然脱落；左、右侧顶骨+枕骨1件，额骨+角柄与顶骨+枕骨可能为同一个体，拼合后头骨长1/2～3/4，稍残。

中型鹿科：NISP为7，占比38.89%；MNI为1，占比16.67%；骨骼重量为192.1克，占比7.49%。

左侧头骨额骨1件、听泡1件、头骨碎块3件，均<1/4，残；右侧肩胛远端1件已愈合，1/2～3/4，残；右侧胫骨远端1件已愈合，1/4～1/2，残。

大型牛科：NISP为2，占比11.11%；MNI为1，占比16.67%；骨骼重量为687.5克，占比26.79%。

寰椎1件，1/2，稍残；右侧盆骨坐骨1件，坐骨结节已愈合，1/4，残。

②不可鉴定种属。

中型哺乳动物：骨骼10件，重量为32.7克。头骨6件，<1/4，碎；肩胛1件，碎；肢骨3件，<5厘米。

小型哺乳动物：肋骨1件，<5厘米，重量为0.6克。

（2）年龄

猪：根据骨骺愈合情况，1～1.5岁样本1个，愈合率100%；2～2.5岁样本1个，愈合率100%。

中型鹿科：根据骨骺愈合情况，0～2岁样本1个，愈合率100%；2～4岁样本1个，愈合率100%。

（3）性别

猪：雄性1个，上颌犬齿粗壮，齿根开放。

大型鹿科：雄性1个，额骨上带有角柄。

中型鹿科：雄性1个，额骨上带有角柄。

（4）骨表痕迹与骨骼异常

风化：0级，骨骼表面比较光滑，无明显风化。

（二十三）H1144

H1144：36出土动物骨骼总共15件，可鉴定种属的骨骼8件、不可鉴定种属的骨骼7件，种属有中小型猫科、猪、小麂、麂、中型鹿科和小型鹿科。

（1）数量与部位

①可鉴定种属。

中小型猫科：NISP为1，占比12.5%；MNI为1，占比16.67%；骨骼重量为3.2克，占比0.75%。

左侧尺骨远端1件已愈合，1/4～1/2，稍残。

猪：NISP为1，占比12.5%；MNI为1，占比16.67%；骨骼重量为113.4克，占比26.45%。

右侧肱骨1件，远端已愈合，近端未愈合，3/4～1。

小麂：NISP为1，占比12.5%；MNI为1，占比16.67%；骨骼重量为5.4克，占比1.26%。

左侧鹿角角尖1件，1/2，稍残。

麂：NISP为1，占比12.5%；MNI为1，占比16.67%；骨骼重量为31.4克，占比7.32%。

左侧角柄+角环1件，1/2，稍残，角环未脱落。

中型鹿科：NISP为3，占比37.5%；MNI为1，占比16.67%；骨骼重量为269.9克，占比62.94%。

左、右侧头骨额骨+顶骨+角柄1件，1/4～1/2，稍残；左侧枕髁1件，＜1/4，碎；跖骨远端1件未愈合，＜1/4，碎。

小型鹿科：NISP为1，占比12.5%；MNI为1，占比16.67%；骨骼重量为5.5克，占比1.28%。

右侧肱骨远端1件已愈合，＜1/4，残。

②不可鉴定种属。

大型哺乳动物：股骨1件，＜1/4，碎，重量为32.3克。

中型哺乳动物：骨骼5件，重量为43.5克。盆骨1件，＜1/4，碎；肢骨2件，＜5厘米，碎和5～10厘米，碎；肋骨2件，5～10厘米。

小型哺乳动物：肢骨1件，＜5厘米，碎，重量为3.4克。

（2）年龄

猪：根据骨骺愈合情况，1～1.5岁样本1个，愈合率100%，3～3.5岁样本1个，愈合率0%。

中型鹿科：根据骨骺愈合情况，5～6岁样本1个，愈合率0%。

（3）性别

麂：雄性1个，鹿角带有角柄。

中型鹿科：雄性1个，额骨上带有角柄。

（4）骨表痕迹与骨骼异常

砍痕：1件鹿角环上方残存1/4周砍痕；1件中型鹿科左右角角柄皆被砍断。

烧黑：3件骨骼被烧黑，分别是小鹿的角尖、中型哺乳动物的肋骨和小型哺乳动物的肢骨。

风化：0级，骨骼表面比较光滑，无明显风化。

其他痕迹：1件中型哺乳动物盆骨骨表有3个不规则凹坑。

（二十四）H1145

H1145：36出土动物骨骼总共164件。鱼纲1件，不可鉴定种属。哺乳纲163件，可鉴定种属的骨骼45件、不可鉴定种属的骨骼118件，种属有狗、貉、猪獾、小型食肉动物、猪、中型鹿科和小型鹿科。

（1）数量与部位

1）鱼纲

鱼：匙骨1件，稍残，重量为0.8克。

2）哺乳纲

①可鉴定种属。

狗：NISP为1，占比2.22%；MNI为1，占比10%，骨骼重量为2.6克，占比0.19%。

右侧肱骨远端1件已愈合，1/4～1/2，稍残。

貉：NISP为14，占比31.11%；MNI为2，占比20%；骨骼重量为44.5克，占比3.3%。

右上游C齿1件；左侧下颌1件，＜1/4；右侧下颌2件，1/2～3/4；右侧下颌角1件，1/4～1/2；右下游c齿1件；寰椎1件，＜1/4；枢椎1件，＜1/4；胸椎1件，＜1/4；左侧尺骨近、远端各1件，均已愈合，1/4～1/2，稍残；右侧尺骨远端1件已愈合；左侧桡骨远端1件已愈合，1/4～1/2，稍残；右侧胫骨远端1件已愈合，1/4～1/2，稍残。

猪獾：NISP为1，占比2.22%；MNI为1，占比10%；骨骼重量为2克，占比0.15%。

右侧头骨1件，＜1/4。

小型食肉动物：NISP为1，占比2.22%；MNI为1，占比10%；骨骼重量为2.8克，占比0.21%。

右侧肱骨远端骨干1件，1/4～1/2，残。

猪：NISP为22，占比48.89%；MNI为3，占比30%；骨骼重量为1058.4克，占比78.38%。

左、右侧额骨、顶骨+枕骨、听泡各1件，右侧颞骨、前颌骨各1件，头骨拼合后长1/2，残；下颌联1件已愈合，1/4～1/2；左侧下颌2件，＜1/4；右下游di2齿1件；左侧肩胛远端1件，右侧肩胛远端1件已愈合，均1/4～1/2，稍残；右侧肱骨远端1件愈合中，1/4～1/2，稍残；左、右侧桡骨近端各1件，均已愈合，左侧1/4，稍残，右侧1/4～1/2，稍残；左侧尺骨近端1件未愈合，1/4～1/2，残；右侧尺骨近端2件未愈合，1/2～3/4，稍残和3/4～1，稍残；左侧盆骨髂骨1件，1/4，稍残；右侧股骨近端1件未愈合，1/4～1/2，稍残；左、右侧跟骨各1件均未愈合，

3/4 ~ 1。

中型鹿科：NISP为2，占比4.44%；MNI为1，占比10%；骨骼重量为194.6克，占比14.41%。左、右侧下颌各1件，3/4 ~ 1，稍残，为同一个体左右两侧。

小型鹿科：NISP为4，占比8.89%；MNI为1，占比10%；骨骼重量为45.4克，占比3.36%。右侧桡骨近端1件已愈合，1/4 ~ 1/2，稍残；左侧盆骨髂骨1件，1/4，稍残；右侧胫骨远端1件已愈合，3/4 ~ 1，稍残；左侧跟骨1件已愈合，完整。

②不可鉴定种属。

中型哺乳动物：肢骨2件，重量为136.3克。肱骨骨干1件，1/4 ~ 1/2，残；胫骨嵴1件，1/4 ~ 1/2，碎。

小型哺乳动物：骨骼7件，重量为37.5克。肱骨1件，1/4，稍残；胸椎1件，＜1/4，碎；脊椎5件，＜1/4，碎。

哺乳动物：骨骼109件，重量为307.7克。肢骨47件，36件＜5厘米，碎，11件5 ~ 10厘米，碎；肋骨62件，31件＜5厘米、27件5 ~ 10厘米、4件10 ~ 15厘米。

（2）年龄

狗：根据骨骺愈合情况，8 ~ 9月样本1个，愈合率100%。

猪：根据牙齿萌出和磨蚀情况，6 ~ 12月1个，占比33.33%；12 ~ 18月1个，占比33.33%；24 ~ 36月1个，占比33.33%。

根据骨骺愈合情况，1 ~ 1.5岁样本4个，愈合率100%；2 ~ 2.5岁样本2个，愈合率0%；3 ~ 3.5岁样本4个，愈合率0%。

中型鹿科：根据牙齿萌出和磨蚀情况，6.5岁个体2件（同一个体左、右两侧），占比100%。

（3）骨表痕迹与骨骼异常

骨赘：1件猪股骨近端小转子处有骨赘。

风化：0级，骨骼表面比较光滑，无明显风化。

（4）特殊现象说明

该单位有一个比较完整的猪头骨。

（二十五）H1162

H1162：6出土动物骨骼总共15件，可鉴定种属的骨骼12件、不可鉴定种属的骨骼3件，种属有猪、中型鹿科和小型鹿科。

（1）数量与部位

①可鉴定种属。

猪：NISP为9，占比75%；MNI为2，占比50%；骨骼重量为207.6克，占比82.19%。

左右侧下颌1副，长约等于1，残；右侧下颌髁突1件，＜1/4，碎；左侧肩胛远端1件已愈合，1/2，残；左侧肩胛冈1件，1/4，残；右侧第四掌近端1件已愈合，1/2 ~ 3/4，残；左侧第五掌1件，远端未愈合，3/4～1；右侧股骨远端骨干1件，＜1/4，残；左侧胫骨近端骨干1件，1/4，残；左侧第四跖近端1件已愈合，1/4，残。

中型鹿科：NISP为2，占比16.67%；MNI为1，占比25%；骨骼重量为38.8克，占比15.36%。

左侧肩胛远端1件已愈合，1/4～1/2，残；掌骨背侧骨干1件，＜1/4，碎。

小型鹿科：NISP为1，占比8.33%；MNI为1，占比25%；骨骼重量为6.2克，占比2.45%。

左侧胫骨远端1件已愈合，＜1/4，残。

②不可鉴定种属。

中型哺乳动物：骨骼3件，重量为24.6克。肱骨1件，＜1/4，碎；肋骨2件，1件＜5厘米、1件5～10厘米。

（2）年龄

猪：根据牙齿萌出和磨蚀情况，4～6月1个，占比100%。

根据骨骺愈合情况，1～1.5岁样本1个，愈合率100%；2～2.5岁样本1个，愈合率0%。

中型鹿科：根据骨骺愈合情况，0～2岁样本1个，愈合率100%。

（3）骨表痕迹与骨骼异常

风化：1件猪的胫骨风化2级，骨表出现层状剥落，裂纹增大；其余骨骼风化0级，骨骼表面比较光滑，无明显风化。

（二十六）H1170

H1170：8出土动物骨骼总共12件，可鉴定种属的骨骼8件、不可鉴定种属的骨骼4件，种属有猪和大型牛科。

（1）数量与部位

①可鉴定种属。

猪：NISP为7，占比87.5%；MNI为1，占比50%；骨骼重量为178.6克，占比31.21%。

右上游I1齿1件，3/4～1；右下游i2齿1件，1/2～3/4；左、右侧下游c齿各1件，稍残；右侧肱骨远端1件已愈合，1/2，稍残；右侧桡骨骨干1件，1/4，残；左侧胫骨远端1件已愈合，1/2～3/4，残。

大型牛科：NISP为1，占比12.5%；MNI为1，占比50%；骨骼重量为393.7克，占比68.79%。

左侧尺骨近端1件已愈合，1/4，稍残。

②不可鉴定种属。

中型哺乳动物：骨骼4件，重量为63.2克。肢骨3件，5～10厘米；颈椎1件，1/2，残。

（2）年龄

猪：根据骨骺愈合情况，1～1.5岁样本1个，愈合率100%；2～2.5岁样本1个，愈合率100%。

大型牛科：根据骨骺愈合情况，3.5～4岁样本1个，愈合率100%。

（3）性别

猪：雌性2个（左、右侧各1件），下颌犬齿截面呈椭圆形，齿根收窄封闭。

（4）骨表痕迹与骨骼异常

烧痕：1件猪的肱骨远端部分烧黑，1件猪的桡骨骨干烧黑。

风化：0级，骨骼表面比较光滑，无明显风化。

（二十七）H1175

H1175：10出土动物骨骼总共22件，均可鉴定种属，种属有猪、鬣羚、中型鹿科和大型牛科。

（1）数量与部位

猪：NISP为2，占比9.09%；MNI为1，占比25%；骨骼重量为171.3克，占比11.38%。

寰椎1件已愈合，稍残；盆骨髂骨+髋臼+坐骨1件，髋臼已愈合1/2～3/4，稍残。

鬣羚：NISP为1，占比4.55%；MNI为1，占比25%；骨骼重量为15.9克，占比1.06%。

右侧肱骨远端1件已愈合，1/4，稍残。

中型鹿科：NISP为1，占比4.55%；MNI为1，占比25%；骨骼重量为33.9克，占比2.25%。

右侧肩胛远端1件已愈合，1/2，残。

大型牛科：NISP为18，占比81.82%；MNI为1，占比25%；骨骼重量为1284克，占比85.31%。

左、右侧头骨颞骨各1件，右侧额骨1件，顶骨1件，头骨碎块13件，均＜1/4，碎；第二指/趾1件已愈合，完整。

（2）年龄

猪：根据骨骺愈合情况，1～1.5岁样本1个，愈合率100%。

中型鹿科：根据骨骺愈合情况，0～2岁样本1个，愈合率100%。

大型牛科：根据骨骺愈合情况，1～1.5岁样本1个，愈合率100%。

（3）骨表痕迹与骨骼异常

风化：1件大型牛科头骨额骨眼眶部位、靠近角的部位有风化，风化2级，骨表出现层状剥落，裂纹增大；其余骨骼风化0级，骨骼表面比较光滑，无明显风化。

（二十八）H1194

H1194：12出土动物骨骼总共17件，可鉴定种属的骨骼15件、不可鉴定种属的骨骼2件，种属有貉、猪獾、猪、水鹿、梅花鹿、大型鹿科、小型鹿科、鹿科和大型牛科。

（1）数量与部位

①可鉴定种属。

貉：NISP为1，占比6.67%；MNI为1，占比11.11%；骨骼重量为3克，占比0.47%。

左侧桡骨1件，近、远端均已愈合，完整。

猪獾：NISP为1，占比6.67%；MNI为1，占比11.11%；骨骼重量为22.8克，占比3.57%。

左右侧下颌1件，联合处已愈合，3/4～1，残。

猪：NISP为6，占比40%；MNI为1，占比11.11%；骨骼重量为145克，占比22.71%。

下颌1件，＜1/4，碎；右侧肱骨近端肱骨头1件愈合中，＜1/4，残；左侧肱骨远端1件未愈合，1/4，残；右侧股骨远端1件，＜1/4，残；右侧胫骨近端骨干1件，1/4，残；右侧胫骨远端1件未愈合，1/4～1/2，残。

水鹿：NISP为2，占比13.33%；MNI为2，占比22.22%；骨骼重量为185.3克，占比29.02%。

左侧鹿角主枝+眉枝+权枝（A1+P1+A2+P2）2件，1/4～1/2，稍残，其中1件鹿角通体没有角皮，全部松质暴露，钙化不够，可能是鹿茸。

梅花鹿：NISP为1，占比6.67%；MNI为1，占比11.11%；骨骼重量为82.8克，占比12.97%。

鹿角主枝1件，＜1/4，残。

大型鹿科：NISP为1，占比6.67%；MNI为1，占比11.11%；骨骼重量为25.8克，占比4.04%。

左侧股骨近端小转子1件已愈合，＜1/4，残。

小型鹿科：NISP为1，占比6.67%；MNI为1，占比11.11%；骨骼重量为14.6克，占比2.29%。

右侧跗骨远端1件已愈合，1/2。

鹿科：NISP为1，占比6.67%；骨骼重量为9.8克，占比1.53%。

鹿角角尖1件，＜1/4，残。

大型牛科：NISP为1，占比6.67%；MNI为1，占比11.11%；骨骼重量为149.5克，占比23.41%。

右侧跗骨远端1件已愈合，＜1/4，残。

②不可鉴定种属。

中型哺乳动物：肢骨2件，5～10厘米，重量为20.1克。

（2）年龄

猪：根据骨骺愈合情况，1～1.5岁样本1个，愈合率0%；2～2.5岁样本1个，愈合率0%；3～3.5岁样本1个，愈合率100%。

大型牛科：根据骨骺愈合情况，2～3岁样本1个，愈合率100%。

（3）骨表痕迹与骨骼异常

砍砸痕：1件猪股骨远端关节缺失，髓腔暴露，骨干破碎处残存砍砸痕，骨干中间的松质缺失，可能为敲骨吸髓所致；1件水鹿鹿角主枝断裂处有一周砍痕；1件梅花鹿主枝一端断裂处残存半周砍痕。

磨痕：1件中型哺乳动物肢骨骨壁内部被磨过。

风化：0级，骨骼表面比较光滑，无明显风化。

（二十九）H1206

H1206：1出土骨器1件，重量为2.8克。利用中型鹿科的炮骨制成，整体呈长方形，将掌/跖侧滋养孔处骨骼磨成片状，中间有一椭圆形穿孔。

（三十）H1212

H1212：18出土哺乳纲动物骨骼总共5件，可鉴定种属的骨骼1件、不可鉴定种属的骨骼4件，种属有大型牛科。

（1）数量与部位

①可鉴定种属。

大型牛科：NISP为1，占比100%；MNI为1，占比100%；骨骼重量为735.7克，占比100%。

右侧肱骨远端1件已愈合，1/4～1/2，稍残。

②不可鉴定种属。

中型哺乳动物：骨骼4件，重量为28.6克。股骨骨干1件，＜1/4，碎；胫骨骨干1件，＜1/4，碎；肋骨2件，0～5厘米和5～10厘米。

（2）年龄

大型牛科：根据骨骺愈合情况，1～1.5岁样本1个，愈合率100%。

（3）骨表痕迹与骨骼异常

烧痕：大型牛科肱骨表面部分烧黑。

风化：0级，骨骼表面比较光滑，无明显风化。

（三十一）H1222

H1222：12出土哺乳纲动物骨骼总共11件，可鉴定种属的骨骼5件、不可鉴定种属的骨骼5件，角器1件，种属有猪、梅花鹿、中型鹿科和小型鹿科。

（1）数量与部位

①可鉴定种属。

猪：NISP为3，占比60%；MNI为2，占比50%；骨骼重量为141.6克，占比81.01%。

右侧肱骨远端1件已愈合，＜1/4，残；左侧股骨远端1件已愈合，＜1/4，残；右侧胫骨近端1件未愈合，1/4～1/2，稍残。

中型鹿科：NISP为1，占比20%；MNI为1，占比25%；骨骼重量为23.2克，占比13.27%。

左侧掌骨远端1件已愈合，1/4，稍残。

小型鹿科：NISP为1，占比20%；MNI为1，占比25%；骨骼重量为10克，占比5.72%。

右侧胫骨远端1件已愈合，1/4～1/2，残。

②不可鉴定种属。

中型哺乳动物：骨骼4件，重量为45克。股骨骨干1件，＜1/4，残；胫骨骨干1件，＜1/4，残；肋骨2件，5~10厘米。

小型哺乳动物：肋骨1件，＜5厘米，重量为2.5克。

（2）年龄

猪：根据骨骺愈合情况，1~1.5岁样本1个，愈合率100%；3~3.5岁样本2个，愈合率50%。

中型鹿科：根据骨骺愈合情况，5~6岁样本1个，愈合率100%。

（3）骨表痕迹与骨骼异常

风化：0级，骨骼表面比较光滑，无明显风化。

另，H1222：12还发现鹿角靴形器1件，重量为19.4克，利用梅花鹿鹿角分杈处制成。角的内部打磨光滑，其中一端也打磨光滑，分杈处有三道长约6毫米、宽2.5毫米、深1毫米的砍砸痕。

（三十二）H1223

H1223：46出土哺乳纲动物骨骼总共8件，可鉴定种属的骨骼7件、不可鉴定种属的骨骼1件，种属有猪、梅花鹿、大型牛科和小型食肉动物。

（1）数量与部位

①可鉴定种属。

猪：NISP为4，占比57.14%；MNI为1，占比25%；骨骼重量为85.4克，占比36.2%。

右侧头骨颞骨1件，＜1/4，碎；左侧桡骨近端1件已愈合，＜1/4，稍残；左侧尺骨骨干1件，＜1/4，残；右侧股骨远端1件未愈合，1/4，稍残。

梅花鹿：NISP为1，占比14.29%；MNI为1，占比25%；骨骼重量为138.8克，占比58.84%。

右侧鹿角角柄+角环+主枝1件，＜1/4，稍残，角环未脱落。

大型牛科：NISP为1，占比14.29%；MNI为1，占比25%；骨骼重量为5.9克，占比2.5%。

右下游i齿1件，稍残。

小型食肉动物：NISP为1，占比14.29%；MNI为1，占比25%；骨骼重量为5.8克，占比2.46%。

肱骨近端1件，1/2。

②不可鉴定种属。

哺乳动物：肢骨1件，5~10厘米，碎，重量为4.8克。

（2）年龄

猪：根据骨骺愈合情况，1~1.5岁样本1个，愈合率100%；3~3.5岁样本1个，愈合率0%。

（3）性别

梅花鹿：雄性1个，鹿角上带有角柄。

（4）骨表痕迹与骨骼异常

砍砸痕：1件梅花鹿角环上方27毫米处主枝断裂，残存一周砍砸痕。

磨痕：1件猪尺骨骨干处被磨过。

风化：0级，骨骼表面比较光滑，无明显风化。

（三十三）H1247

H1247出土鹿角靴形器1件，重量为20.8克。利用梅花鹿鹿角分杈处制成，边缘被磨过。

（三十四）H1248

H1248出土哺乳纲动物骨骼总共20件，可鉴定种属的骨骼16件、不可鉴定种属的骨骼4件，种属有猪、梅花鹿、中型鹿科和大型牛科。

（1）数量与部位

①可鉴定种属。

猪：NISP为10，占比62.5%；MNI为2，占比40%；骨骼重量为355.7克，占比30.49%。

左右侧下颌联1件，联合处已愈合，<1/4，残；左、右侧下颌各1件，<1/4，残；右下m3齿后窝1件，<1/4，碎；右下游m3齿1件，1/2 ~ 3/4；右侧肩胛远端1件已愈合，1/4，稍残；右侧肱骨远端1件已愈合，<1/4，稍残；右侧股骨远端1件未愈合，<1/4，残；右侧胫骨远端1件已愈合，1/2，稍残；左侧跟骨1件已愈合，完整。

梅花鹿：NISP为1，占比6.25%；MNI为1，占比20%；骨骼重量为67.8克，占比5.81%。

鹿角主枝1件，<1/4，稍残。

中型鹿科：NISP为4，占比25%；MNI为1，占比20%；骨骼重量为126.1克，占比10.81%。

左侧肱骨近端1件已愈合，1/4 ~ 1/2，稍残；右侧盆骨髋臼、耻骨、坐骨各1件，耻骨联合面未愈合，2件<1/4，残，1件1/4，残。

大型牛科：NISP为1，占比6.25%；MNI为1，占比20%；骨骼重量为617克，占比52.89%。

左侧盆骨髋臼+耻骨+坐骨1件，髋臼已愈合，1/2 ~ 3/4，稍残。

②不可鉴定种属。

大型哺乳动物：胸椎1件，1/2 ~ 3/4，稍残，重量为269.1克。

中型哺乳动物：肢骨3件，1件<5厘米、2件5 ~ 10厘米，碎，重量为21.4克。

（2）年龄

猪：根据牙齿萌出和磨蚀情况，6 ~ 12月1个，占比100%。

根据骨骺愈合情况，1 ~ 1.5岁样本2个，愈合率100%；2 ~ 2.5岁样本2个，愈合率100%；3 ~ 3.5岁样本1个，愈合率0%。

中型鹿科：根据骨骺愈合情况，4 ~ 5岁样本1个，愈合率100%。

大型牛科：根据骨骺愈合情况，7 ~ 10月样本1个，愈合率100%。

（3）性别

猪：雌性1个，下颌犬齿齿孔收窄封闭。

（4）骨表痕迹与骨骼异常

砍痕：1件梅花鹿主枝断裂处有砍痕。

烧痕：1件中型鹿科肱骨表面部分烧黑。

风化：0级，骨骼表面比较光滑，无明显风化。

第二节　后冈一期文化第二期

一、地　　层

（一）T6033④

T6033④：39出土梅花鹿鹿角角尖1件，＜1/4，残；MNI为1；骨骼重量为22.7克；角尖断裂处残存一周砍痕，风化0级，骨骼表面较光滑，无明显风化。

（二）T6233⑤

T6233⑤出土动物骨骼总共28件。爬行纲1件，种属为鳖。哺乳纲27件，可鉴定种属的骨骼11件、不可鉴定种属的骨骼15件，角器1件，种属有猪、梅花鹿和鹿科。

（1）数量与部位

1）爬行纲

鳖：NISP为1，占比100%；MNI为1，占比100%；骨骼重量为35.4克，占比100%。

背甲缘板1件，＜1/4，残。

2）哺乳纲

①可鉴定种属。

猪：NISP为7，占比63.64%；MNI为1，占比50%；骨骼重量为153.4克，占比86.67%。

左、右侧头骨颞骨各1件，＜1/4，碎；左下游m3齿1件，3/4～1，稍残；右侧肱骨远端骨干1件，＜1/4，碎；右侧桡骨近端1件已愈合，1/4～1/2，稍残；右侧尺骨近端1件，1/2，稍残；右侧股骨远端1件已愈合，＜1/4，残。

鹿科：NISP为3，占比27.27%；MNI为1，占比50%；骨骼重量为21.1克，占比11.92%。

鹿角碎块3件，＜1/4，碎。

鹿科/牛科：NISP为1，占比9.09%；骨骼重量为2.5克，占比1.41%。

牙齿1件，＜1/4，碎。

②不可鉴定种属。

大型哺乳动物：肢骨1件，5~10厘米，碎，重量为16.1克。

中型哺乳动物：骨骼11件，重量为18.9克。头骨2件、脊椎1件、肢骨3件、肋骨1件、不明骨骼4件，均<5厘米，碎。

中小型哺乳动物：胫骨骨干1件，1/4~1/2，稍残，重量为18克。

小型哺乳动物：尺骨近端1件，<1/4，碎，重量为3.4克。

哺乳动物：骨骼1件，碎，重量为9.2克。

（2）年龄

猪：根据骨骺愈合情况，1~1.5岁个体1个，愈合率100%；3~3.5岁个体1个，愈合率100%。

（3）骨表痕迹与骨骼异常

磨痕：1件鳖的背甲缘板内侧边缘较为光滑，可能被磨过。

烧痕：1件大型哺乳动物肢骨可能被烧过。

风化：0级，骨骼表面比较光滑，无明显风化。

另，T6233⑤还发现鹿角靴形器1件，重量为9.1克，利用梅花鹿鹿角分权处制成。角的内部打磨光滑，其中一端也打磨光滑。

二、房　　址

F86

F86：12出土动物骨骼总共3件。鱼纲1件，不可鉴定种属。哺乳纲2件，可鉴定种属的1件，角器1件，种属有猪和鹿科。

（1）数量与部位

1）鱼纲

鱼：支鳍骨1件，完整，重量为1.8克。

2）哺乳纲

猪：NISP为1，占比100%；MNI为1，占比100%；骨骼重量为0.4克，占比100%。游离的前臼齿1件，1/4，碎。

（2）骨表痕迹与骨骼异常

风化：0级，骨骼表面比较光滑，无明显风化。

另，F86：12还发现角器1件，重量为5.2克。利用鹿科动物的鹿角制成，磨成片状，中间较宽，往两端逐渐收窄，呈尖锥尖。

三、灰　　坑

（一）H67

H67出土哺乳纲动物骨骼29件，可鉴定种属的骨骼14件、不可鉴定种属的骨骼15件，种属有猪、赤麂、麂、中型鹿科、小型鹿科和大型牛科。

（1）数量与部位

①可鉴定种属。

猪：NISP为4，占比28.57%；MNI为1，占比16.67%；骨骼重量为114.2克，占比13.83%。

左侧下颌1件，1/4～1/2，残；左侧肩胛远端1件已愈合，1/4～1/2，残；左侧尺骨近端1件未愈合，无关节，1/2～3/4，残；右侧胫骨近端骨干1件，1/2，碎。

赤麂：NISP为1，占比7.14%；MNI为1，占比16.67%；骨骼重量为40.4克，占比4.89%。

右侧角柄+角环+主枝1件，3/4～1，稍残，角环未自然脱落。

麂：NISP为1，占比7.14%；MNI为1，占比16.67%；骨骼重量为10.3克，占比1.25%。

鹿角角尖1件，1/4～1/2，稍残。

中型鹿科：NISP为6，占比42.86%；MNI为1，占比16.67%；骨骼重量为156.9克，占比19%。

右侧下颌2件，1件1/4，残，1件3/4～1，残；右侧下颌冠状突+髁突1件，＜1/4，残；右下游m3齿1件，碎；右侧尺骨近端1件，1/4，残；左侧跟骨1件已愈合，完整。

小型鹿科：NISP为1，占比7.14%；MNI为1，占比16.67%；骨骼重量为9.3克，占比1.13%。

右侧胫骨远端1件已愈合，＜1/4，残。

大型牛科：NISP为1，占比7.14%；MNI为1，占比16.67%；骨骼重量为494.8克，占比59.91%。

左侧股骨远端1件未愈合，无关节，1/4～1/2，残。

②不可鉴定种属。

中型哺乳动物：骨骼14件，重量为151.5克。肩胛2件，保存分别为1/4，残和1/4，碎；盆骨1件，＜1/4，残；股骨骨干1件，1/4～1/2，碎；胫骨骨干1件，1/4，碎；肢骨9件，7件＜5厘米，2件5～10厘米。

小型哺乳动物：肢骨1件，5～10厘米，重量为5.1克。

（2）年龄

猪：根据骨骺愈合情况，1～1.5岁1个，愈合率100%；3～3.5岁1个，愈合率0%。

（3）性别

赤麂：雄性1个，鹿角带角柄。

（4）骨表痕迹与骨骼异常

烧痕：3件骨骼烧黑，分别是猪的下颌、中型鹿科的下颌和大型牛科的股骨；1件中型鹿科的下颌烧黑+部分烧白。

风化：0级，骨骼表面比较光滑，无明显风化。

（二）H405

H405：3出土哺乳纲动物骨骼18件，可鉴定种属的骨骼2件、不可鉴定种属的骨骼16件，种属有中型鹿科。

（1）数量与部位

①可鉴定种属。

中型鹿科：NISP为2，占比100%；MNI为1，占比100%；骨骼重量为51.4克，占比100%。

脊椎椎弓1件，1/4，残；右侧盆骨髋臼1件，＜1/4，残。

②不可鉴定种属。

中型哺乳动物：骨骼16件，重量为77.6克。胫骨1件，＜1/4，残；腓骨1件，＜1/4，残；肢骨13件，7件＜5厘米、5件5～10厘米、1件10～15厘米；肋骨1件，5～10厘米。

（2）骨表痕迹与骨骼异常

砍痕+磨痕：1件中型哺乳动物的肢骨骨骼一侧疑似有砍痕，并磨过。

风化：0级，骨骼表面比较光滑，无明显风化。

（三）H428

H428：1出土哺乳纲动物骨骼8件，可鉴定种属的骨骼1件、不可鉴定种属的骨骼7件，种属有猪。

（1）数量与部位

①可鉴定种属。

猪：NISP为1，占比100%；MNI为1，占比100%；骨骼重量为1克，占比100%。

门齿1件，碎。

②不可鉴定种属。

中型哺乳动物：骨骼7件，重量为38.1克。肱骨1件，1/4，残；桡骨1件，1/4～1/2，残；肢骨5件，3件＜5厘米、2件5～10厘米。

（2）骨表痕迹与骨骼异常

风化：0级，骨骼表面比较光滑，无明显风化。

（四）H429

H429：2出土哺乳纲动物骨骼27件，可鉴定种属的骨骼12件、不可鉴定种属的骨骼15件，种属有熊、猪、水鹿、中型鹿科、中小型鹿科和大型牛科。

（1）数量与部位

①可鉴定种属。

熊：NISP为1，占比8.33%；MNI为1，占比16.67%；骨骼重量为4.2克，占比0.54%。

掌/跖骨远端1件已愈合，1/2，残。

猪：NISP为1，占比8.33%；MNI为1，占比16.67%；骨骼重量为10.1克，占比1.29%。

上游M3 1件，残。

水鹿：NISP为1，占比8.33%；MNI为1，占比16.67%；骨骼重量为100.5克，占比12.87%。

鹿角角环+主枝1件，＜1/4，残，角环自然脱落。

中型鹿科：NISP为1，占比8.33%；MNI为1，占比16.67%；骨骼重量为17.1克，占比2.19%。

右侧掌骨远端1件已愈合，＜1/4，残。

中小型鹿科：NISP为1，占比8.33%；MNI为1，占比16.67%；骨骼重量为3.5克，占比0.45%。

第一指/趾骨1件，近、远端均已愈合，稍残。

大型牛科：NISP为7，占比58.33%；MNI为1，占比16.67%；骨骼重量为645.6克，占比82.66%。

右侧牛角1件，牛角碎块6件，残。

②不可鉴定种属。

中型哺乳动物：肢骨15件，14件＜5厘米、1件5～10厘米，重量为33.1克。

（2）性别

水鹿：雄性1个，鹿角带角环。

（3）骨表痕迹与骨骼异常

砍痕：水鹿鹿角主枝残，可见半圈较为平整的砍痕或锯痕；大型牛科角距离角心68.69毫米处有一道长46.71毫米、宽3.6毫米、深1毫米的砍痕；角的一面靠近中部的位置有一道凹缺，暂不清楚成因。

风化：0级，骨骼表面比较光滑，无明显风化。

（五）H445

H445：2出土哺乳纲动物骨骼21件，可鉴定种属的骨骼5件、不可鉴定种属的骨骼16件，种属有猪、梅花鹿、中型鹿科和大型牛科。

（1）数量与部位

①可鉴定种属。

猪：NISP为2，占比40%；MNI为1，占比25%；骨骼重量为165.1克，占比77.4%。

左右侧下颌1件，联合处已愈合，1/4～1/2，残；掌骨近端1件，1/4～1/2，残。

梅花鹿：NISP为1，占比20%；MNI为1，占比25%；骨骼重量为19.3克，占比9.05%。

鹿角主枝1件，＜1/4，残。

中型鹿科：NISP为1，占比20%；MNI为1，占比25%；骨骼重量为24.2克，占比11.35%。

距骨1件，完整。

大型牛科：NISP为1，占比20%；MNI为1，占比25%；骨骼重量为4.7克，占比2.2%。

门齿1件，残。

②不可鉴定种属。

中型哺乳动物：骨骼14件，重量为75.5克。肱骨1件，＜1/4，碎；桡骨1件，1/4～1/2，残；股骨1件，＜1/4，碎；肢骨8件，4件＜5厘米、4件5～10厘米；肋骨3件，＜5厘米。

哺乳动物：牙齿碎片2件，重量为1.7克。

（2）年龄

猪：根据牙齿萌出和磨蚀情况，18～24月1个，占比100%。

（3）骨表痕迹与骨骼异常

风化：0级，骨骼表面比较光滑，无明显风化。

（六）H620

H620出土哺乳纲动物骨骼39件，可鉴定种属的骨骼29件、不可鉴定种属的骨骼10件，种属有猪、獐、中型鹿科和鹿科。

①可鉴定种属。

猪：NISP为1，为25，占比86.21%；MNI为2，占比50%；骨骼重量为198.4克，占比66%，其中一个个体可能为整猪埋葬。

獐：NISP为1，占比3.45%；MNI为1，占比25%；骨骼重量为4.3克，占比1.43%。

中型鹿科：NISP为2，占比6.9%；MNI为1，占比25%；骨骼重量为89.5克，占比29.77%。

鹿科：NISP为1，占比3.45%；骨骼重量为8.4克，占比2.79%。

②不可鉴定种属。

中型哺乳动物：骨骼9件，重量为44.2克。

小型哺乳动物：骨骼1件，重量为0.6克。

这些骨骼在提取时分编为1号和2号，下文分别进行介绍。

1. H620：1

H620：1出土哺乳纲动物骨骼18件，可鉴定种属的骨骼11件、不可鉴定种属的骨骼7件，种属有猪、獐、中型鹿科和鹿科。

（1）数量与部位

①可鉴定种属。

猪：NISP为7，占比63.64%；MNI为1，占比25%；骨骼重量为99.7克，占比49.38%。

头骨右侧枕髁1件，头骨碎块4件，＜1/4，碎；右下游m3齿1件，稍残；左侧肱骨远端骨干

1件，1/4，残。

獐：NISP为1，占比9.09%；MNI为1，占比25%；骨骼重量为4.3克，占比2.13%。

右侧上颌犬齿1件，齿尖稍残。

中型鹿科：NISP为2，占比18.18%；MNI为1，占比25%；骨骼重量为89.5克，占比44.33%。

掌骨背侧骨干1件，1/2～3/4，残；左侧胫骨近端1件已愈合，＜1/4，残。

鹿科：NISP为1，占比9.09%；MNI为1，占比25%；骨骼重量为8.4克，占比4.16%。

鹿角杈枝1件，＜1/4，碎。

②不可鉴定种属。

中型哺乳动物：骨骼7件，重量为34.8克。肩胛1件，＜1/4，残；胫骨骨干2件，＜1/4，残和＜1/4，碎；肢骨4件，3件＜5厘米、1件5～10厘米。

（2）年龄

猪：根据牙齿萌出和磨蚀情况，18～24月1个，占比100%。

中型鹿科：根据骨骺愈合情况，5～6岁样本1个，愈合率100%。

（3）骨表痕迹与骨骼异常

烧痕：1件鹿科的鹿角内部烧黑；5件猪头骨骨色发黑，骨表部分灰白，可能被烧过。

风化：0级，骨骼表面比较光滑，无明显风化。

2. H620：2

H620：2出土哺乳纲动物骨骼21件，可鉴定种属的骨骼18件、不可鉴定种属的骨骼3件，种属有猪。

（1）数量与部位

①可鉴定种属。

猪：NISP为18，占比100%；MNI为1，占比100%；骨骼重量为98.7克，占比100%。

头骨左、右侧上颌各1件，右侧颧骨、左侧颞骨、左侧听泡、顶骨、枕骨、基枕骨各1件，头骨整体长3/4～1，碎；右侧下颌1件，联合处未愈合，3/4～1，残；胸椎1件，1/4，残；左侧肩胛远端1件已愈合，1/2，残；右侧肱骨1件，近、远端均未愈合，无关节，3/4～1，稍残；左侧尺骨1件，近、远端均未愈合，无关节，3/4～1；左侧股骨1件，近、远端均未愈合，无关节，3/4～1，残；右侧股骨远端1件未愈合，无关节，1/4，残；左侧胫骨近端1件未愈合，无关节，＜1/4，残；右侧胫骨1件，近、远端均未愈合，无关节，3/4～1，稍残；肢骨1件，＜5厘米，碎。

②不可鉴定种属。

中型哺乳动物：肢骨2件，5～10厘米，重量为9.4克。

小型哺乳动物：肋骨1件，＜5厘米，重量为0.6克。

（2）年龄

猪：根据牙齿萌出和磨蚀情况，0～4月1个，占比100%。

根据骨骺愈合情况，1～1.5岁样本2个，愈合率50%；2～2.5岁样本1个，愈合率0%；

3~3.5岁样本4个，愈合率0%。

（3）骨表痕迹与骨骼异常

烧痕：7件骨骼烧黑白，分别是猪的1件肩胛、1件肱骨、1件尺骨、2件股骨和2件胫骨，1件猪的头骨烧黑+部分烧灰白。

风化：0级，骨骼表面比较光滑，无明显风化。

（4）特殊现象说明

H620：1号5件猪头骨根据尺寸和烧痕，可能与H620：2号是同一个体。H620可能埋葬了一只较为完整的猪，包括头骨和肢骨。年龄较小，虽然左侧肩胛远端已愈合，但结合牙齿萌出和磨蚀情况以及其他肢骨愈合情况来看，年龄为0~4月，被烧过。

（七）H650

H650出土动物骨骼总共27件。鱼纲2件，可鉴定种属的骨骼1件、不可鉴定种属的骨骼1件，种属有鲤科。哺乳纲25件，可鉴定种属的骨骼15件、不可鉴定种属的骨骼10件，种属有猪、小麂、麂、大型鹿科、中型鹿科、中小型鹿科、小型鹿科和大型牛科。

（1）数量与部位

1）鱼纲

①可鉴定种属。

鲤科：NISP为1，占比100%；MNI为1，占比100%；骨骼重量为5.8克，占比100%。

右侧咽齿骨1件，3/4~1，稍残。

②不可鉴定种属。

鱼：骨骼1件，碎，重量为0.8克。

2）哺乳纲

①可鉴定种属。

猪：NISP为3，占比20%；MNI为1，占比11.11%；骨骼重量为65.5克，占比9.69%。

肩胛冈1件，<1/4，碎；右侧胫骨近端骨干1件，1/4~1/2，残；左侧距骨1件，完整。

小麂：NISP为1，占比6.67%；MNI为1，占比11.11%；骨骼重量为20.3克，占比3%。

右侧额骨+角柄1件，<1/4，残，角环可能自然脱落。

麂：NISP为1，占比6.67%；MNI为1，占比11.11%；骨骼重量为23.8克，占比3.52%。

左侧鹿角1件，<1/4，残。

大型鹿科：NISP为5，占比33.33%；MNI为2，占比22.22%；骨骼重量为206.3克，占比30.51%。

鹿角1件，<1/4，残；右侧肩胛远端2件均已愈合，<1/4，残和1/4，残；第一指/趾骨1件，近、远端均已愈合，完整；第二指/趾骨1件，近、远端均已愈合，稍残。

中型鹿科：NISP为2，占比13.33%；MNI为1，占比11.11%；骨骼重量为34.5克，占比5.1%。

右侧头骨额骨1件，<1/4，残；掌骨背侧骨干1件，<1/4，碎。

中小型鹿科：NISP为1，占比6.67%；MNI为1，占比11.11%；骨骼重量为43.8克，占比6.48%。

右侧股骨远端1件已愈合，<1/4，残。

小型鹿科：NISP为1，占比6.67%；MNI为1，占比11.11%；骨骼重量为4.5克，占比0.67%。

左侧肩胛远端1件已愈合，<1/4，残。

大型牛科：NISP为1，占比6.67%；MNI为1，占比11.11%；骨骼重量为277.4克，占比41.03%。

左侧掌骨近端1件已愈合，1/4~1/2，残。

②不可鉴定种属。

中型哺乳动物：骨骼10件，重量为205.9克。桡骨骨干1件，1/4~1/2，碎；尺骨远端1件，<1/4，残；股骨骨干1件，1/4，碎；胫骨近端3件，<1/4，碎，<1/4，残和1/4，碎；肢骨4件，5~10厘米。

（2）性别

小麂：雄性1个，额骨上带有角柄。

中型鹿科：雄性1个，额骨上带有角洞。

（3）骨表痕迹与骨骼异常

砍砸痕：1件大型鹿科第一指/趾骨近端关节面下方有一周砍痕，未砍断；1件中型哺乳动物肢骨表面遍布砍痕和砸痕。

风化：0级，骨骼表面比较光滑，无明显风化。

（八）H651

H651∶2出土动物骨骼总共87件。鱼纲1件，不可鉴定种属。哺乳纲86件，可鉴定种属的骨骼55件、不可鉴定种属的骨骼31件，种属有熊、猪、大角鹿和中型鹿科。

（1）数量与部位

1）鱼纲

鱼：脊椎1件，完整，重量为19克。

2）哺乳纲

①可鉴定种属。

熊：NISP为1，占比1.82%；MNI为1，占比14.29%；骨骼重量为88.7克，占比4.62%。

左侧桡骨近端1件已愈合，3/4~1，稍残。

猪：NISP为44，占比80%；MNI为3，占比42.86%；骨骼重量为1409.6克，占比73.48%。

左侧头骨上颌3件，右侧头骨颞骨和顶骨各1件，头骨碎块2件，3件<1/4，碎，4件<1/4，残；左上游C齿1件；左右侧下颌联1件，1/4，残；左侧下颌2件，<1/4，残和1/2，残；左侧下

颌角1件，1/2，残；右下m3后窝1件，1/4，残；右下游c齿2件，1件3/4，碎，1件齿尖稍残；左下游c齿1件，3/4，齿根稍残；第三或第四前臼齿1件，完整；牙齿碎块1件。

左侧肩胛远端2件，1件已愈合、1件未愈合，右侧肩胛远端1件已愈合，均为1/2，残；左侧肱骨远端3件愈合中，分别为1/4~1/2，残，1/2，稍残和1/2，残；左、右侧第三掌骨各1件，近、远端均已愈合，完整。

左侧盆骨髋臼1件已愈合，<1/4，残；右侧盆骨髂骨+髋臼+坐骨1件，髋臼已愈合，3/4~1，残；右侧盆骨髋臼+坐骨1件，髋臼已愈合，<1/4，残；左、右侧股骨远端各1件，左侧愈合中，1/4，稍残；右侧已愈合，1/4~1/2，稍残；左侧胫骨近端骨干1件，1/2，残；右侧胫骨近端1件未愈合，无关节，1/4，残；左侧胫骨远端1件已愈合，1/4，稍残；右侧胫骨远端3件，1件已愈合，1/4~1/2，稍残，1件愈合中，<1/4，残；1件未愈合，1/4~1/2，残；右侧距骨2件，完整；左侧跟骨2件，1件已愈合，1/2~3/4，1件未愈合，3/4~1；右侧跟骨1件未愈合，3/4~1；右侧第三跖骨近端1件已愈合，1/2，远端残；右侧第四跖骨1件，近、远端均已愈合，完整。

大角鹿：NISP为2，占比3.64%；MNI为1，占比14.29%；骨骼重量为89.7克，占比4.68%。

左、右侧额骨+角柄+角环各1件，<1/4，残，角环未脱落，为同一个体左、右两侧。

中型鹿科：NISP为8，占比14.55%；MNI为2，占比28.57%；骨骼重量为330.3克，占比17.22%。

左侧肩胛远端2件均已愈合，均<1/4，残；左侧肩胛冈1件，1/4，残；右侧肱骨远端2件均已愈合，1件<1/4，残，1件1/4~1/2；左侧桡骨近端1件已愈合，1/4~1/2，残；左侧胫骨近端1件已愈合，<1/4，残；左侧距骨1件，完整。

②不可鉴定种属。

中型哺乳动物：骨骼31件，重量为218.4克。肱骨骨干1件，<1/4，碎；胫骨骨干2件，<1/4，碎和<1/4，残；肢骨13件，<5厘米；腰椎4件，1件<1/4，碎，1件3/4~1，残，2件3/4~1，稍残；脊椎3件，<1/4，碎；肋骨8件，5~10厘米。

（2）年龄

猪：根据牙齿萌出和磨蚀情况，6~12月1个，占比50%；大于36月1个，占比50%。

根据骨骺愈合情况，1~1.5岁样本9个，愈合率88.89%；2~2.5岁样本9个，愈合率66.67%；3~3.5岁样本3个，愈合率66.67%。

中型鹿科：根据骨骺愈合情况，0~2岁样本5个，愈合率100%；5~6岁样本1个，愈合率100%。

（3）性别

猪：雄性3个（上颌1件、下颌2件），占比60%，上颌犬齿粗壮，截面较圆，下颌犬齿截面呈三角形，齿根开放；雌性2个，占比40%，1件上颌犬齿齿孔呈椭圆形，较扁薄，1件下颌犬齿截面呈椭圆形。

大角鹿：雄性2个（同一个体左、右侧），额骨上带有角柄。

（4）骨表痕迹与骨骼异常

砍砸痕：1件熊的桡骨远端骨干破碎处有砍砸痕；2件大角鹿角柄中部及额骨处有多道较宽的砍痕，角环上方有一圈砍痕。

烧痕：4件骨骼烧黑，分别是猪的肩胛和跟骨、中型鹿科的肱骨和距骨；2件骨骼部分烧黑，分别是熊的桡骨和中型鹿科的胫骨。

风化：0级，骨骼表面比较光滑，无明显风化。

（九）H700

H700：3出土哺乳动物骨骼总共2件，可鉴定种属的骨骼1件，骨器1件，种属有猪和中型鹿科。

（1）数量与部位

猪：NISP为1，占比100%；MNI为1，占比100%；骨骼重量为2.6克，占比100%。

腓骨骨干1件，1/4～1/2，稍残。

（2）骨表痕迹与骨骼异常

风化：0级，骨骼表面比较光滑，无明显风化。

另，H700：3还发现骨器1件，重量为10.2克。利用中型鹿科炮骨骨干制成，整体呈长条状，两端磨尖。

（十）H804

H804：10出土动物骨骼总共46件。鸟纲2件，可鉴定种属的骨骼1件、不可鉴定种属的骨骼1件，种属有雉。哺乳纲44件，可鉴定种属的骨骼37件、不可鉴定种属的骨骼7件，种属有猪和大型鹿科。

（1）数量与部位

1）鸟纲

①可鉴定种属。

雉：NISP为1，占比100%；MNI为1，占比100%；骨骼重量为1.1克，占比100%。

右侧股骨远端1件已愈合，＜1/4，残。

②不可鉴定种属。

鸟：肱骨远端骨干1件，1/4～1/2，稍残，重量为2.5克。

2）哺乳纲

①可鉴定种属。

猪：NISP为35，占比94.59%；MNI为4，占比80%；骨骼重量为1063.2克，占比88.9%。

左侧头骨上颌2件，1/4～1/2；右侧头骨上颌1件，＜1/4，碎；右侧头骨颞骨1件，头骨顶骨1件，均＜1/4，碎；左侧下颌2件，1/4和1/2；右侧下颌3件，分别为1/4～1/2、1/2和1/2～3/4；左侧下颌髁突和第三臼齿后窝各1件，下颌碎块1件，均＜1/4，碎；游离的第一/二臼齿1件，完整；游离的犬齿1件，残；寰椎1件已愈合，稍残；枢椎2件，1件已愈合，稍残，1件后关节面未愈合，1/2～3/4，残；脊椎3件，均<1/4，碎。

左侧肩胛远端1件已愈合，1/2，稍残；肱骨远端1件未愈合，无关节，1/2～3/4；左侧桡骨近端1件愈合中，<1/4，稍残；右侧桡骨近端1件已愈合，1/4～1/2，稍残。

左侧盆骨髂骨1件，右侧盆骨坐骨1件，1/4，残；左侧股骨近端1件未愈合，无关节1/4～1/2；左侧胫骨近端骨干1件，1/4，碎；左侧胫骨远端1件已愈合，<1/4，稍残；右侧胫骨近端骨干1件，1/4～1/2，碎；左侧胫骨+腓骨1件，近、远端均已愈合，1/2～3/4；腓骨骨干1件，1/4，稍残；右侧跟骨1件未愈合，无关节，3/4～1；第一指/趾骨1件已愈合，稍残。

大型鹿科：NISP为2，占比5.41%；MNI为1，占比20%；骨骼重量为132.7克，占比11.1%。

右侧髌骨1件，残；左侧距骨1件，完整。

②不可鉴定种属。

中型哺乳动物：骨骼6件，重量为52.1克。肱骨骨干1件，残；股骨骨干1件，<1/4，残；胫骨骨干1件，1/4～1/2；肋骨3件，1/4～1/2。

中小型哺乳动物：股骨骨干1件，1/4～1/2，残，重量为5.1克。

（2）年龄

猪：根据牙齿萌出和磨蚀情况，4～6月1个，占比25%；6～12月1个，占比25%；12～18月1个，占比25%；18～24月1个，占比25%；6～12月/12～18月1个，占比25%。

根据骨骺愈合情况，1～1.5岁样本4个，愈合率75%；2～2.5岁样本4个，愈合率75%；3～3.5岁样本2个，愈合率50%。

（3）骨表痕迹与骨骼异常

砍痕：1件猪股骨骨干破碎处有一道长7毫米、宽约5毫米、深约2毫米的砍痕。

烧痕：1件猪的寰椎烧黑。

骨赘：1件猪的胫骨和腓骨长在一起，中间有片状骨赘将其连接；1件大型鹿科的髌骨长有骨赘。

风化：0级，骨骼表面比较光滑，无明显风化。

（十一）H830

H830出土哺乳纲动物骨骼总共13件，可鉴定种属的骨骼8件、不可鉴定种属的骨骼5件，种属有猪、水鹿和大型牛科。

①可鉴定种属。

猪：NISP为1，占比12.5%；MNI为1，占比33.33%；骨骼重量为7.4克，占比0.28%。

水鹿：NISP为5，占比62.5%；MNI为1，占比33.33%；骨骼重量为611.6克，占比23.21%。

大型牛科：NISP为2，占比25%；MNI为1，占比33.33%；骨骼重量为2015.9克，占比76.51%。

②不可鉴定种属。

大型哺乳动物肢骨1件，重量为25.3克。

中型哺乳动物肢骨4件，重量为31.7克。

这些骨骼在提取时分编为①层和②层，下文分别进行介绍。

1. H830①

H830①：1出土哺乳纲动物骨骼6件，可鉴定种属的骨骼2件、不可鉴定种属的骨骼4件，种属有大型牛科。

（1）数量与部位

①可鉴定种属。

大型牛科：NISP为2，占比100%；MNI为1，占比100%；骨骼重量为2015.9克，占比100%。

右侧股骨远端1件愈合中，＜1/4，残；左侧胫骨近端1件已愈合，1/2～3/4，稍残。

②不可鉴定种属。

大型哺乳动物：肢骨1件，5～10厘米，重量为25.3克。

中型哺乳动物：肢骨3件，2件＜5厘米、1件5～10厘米，重量为31.7克。

（2）年龄

大型牛科：根据骨骺愈合情况，3.5～4岁样本2个，愈合率100%。

（3）骨表痕迹与骨骼异常

敲骨吸髓：大型牛科股骨远端外髁上有一道长19.31毫米、较宽的浅痕；外上髁有一道长67.7毫米、宽38.28毫米的椭圆形凹坑；髌面内侧有一长78毫米、宽48毫米的不规则凹坑，或有意为之（敲骨吸髓）。

风化：大型牛科胫骨近端风化2级，骨表裂纹增大，出现层状剥落；其他骨骼风化0级，骨骼表面较光滑，无明显风化。

2. H830②

H830②：3出土哺乳纲动物骨骼7件，可鉴定种属的骨骼6件、不可鉴定种属的骨骼1件，种属有猪和水鹿。

（1）数量与部位

①可鉴定种属。

猪：NISP为1，占比16.67%；MNI为1，占比50%；骨骼重量为7.4克，占比1.2%。

右上游M1/M2齿1件，残。

水鹿：NISP为5，占比83.33%；MNI为1，占比50%；骨骼重量为611.6克，占比98.8%。

右侧角环+主枝（A1）+眉枝（P1）1件，角环自然脱落，右侧主枝（A2）+杈枝（P2）1件，鹿角碎块3件（A3+P3），所有的鹿角都可以拼合，拼合后得到一件完整的鹿角。

②不可鉴定种属。

中型哺乳动物：右侧肱骨远端骨干1件，1/4～1/2，碎，重量为9.8克。

（2）性别

水鹿：雄性1个，鹿角带角环和角柄。

（3）骨表痕迹与骨骼异常

烧痕：1件水鹿鹿角表面有斑驳的黑斑，可能被烧过。

风化：0级，骨骼表面比较光滑，无明显风化。

（十二）H853

H853∶3出土动物骨骼总共59件。鱼纲1件，不可鉴定种属。哺乳纲58件，可鉴定种属的骨骼36件、不可鉴定种属的骨骼22件，种属有猪、梅花鹿、中型鹿科和大型牛科。

（1）数量与部位

1）鱼纲

鱼：鳃盖骨1件，3/4～1，残，重量为3.1克。

2）哺乳纲

①可鉴定种属。

猪：NISP为27，占比75%；MNI为3，占比42.86%；骨骼重量为420.6克，占比34.42%。

左侧头骨眼眶2件，＜1/4，碎；右侧头骨眼眶1件，1/4，碎；左右侧枕骨1件，＜1/4，碎；左侧上颌1件，＜1/4，残；右上游M3齿1件，完整；左侧下颌3件，均为＜1/4，残；右侧下颌3件，＜1/4，残，1/4，残和3/4～1，残；右侧下颌角1件，＜1/4，残；下颌角碎块2件，＜1/4，碎；左、右侧下颌上升支各1件，均＜1/4，残；下颌碎块6件；左下游dp4齿1件，完整；游离的前臼齿1件，残；右侧肱骨远端1件未愈合，1/4～1/2，残；右侧跟骨1件，1/2～3/4。

梅花鹿：NISP为1，占比2.78%；MNI为1，占比14.29%；骨骼重量为44.3克，占比3.62%。

鹿角主枝1件，＜1/4，残。

中型鹿科：NISP为7，占比19.44%；MNI为2，占比28.57%；骨骼重量为275.7克，占比22.56%。

右侧下颌1件，＜1/4，残；右侧肱骨远端1件已愈合，1/4～1/2，残；右侧股骨近端1件愈合中，＜1/4，残；右侧胫骨近端1件未愈合，＜1/4，残；左侧跟骨2件，1件已愈合，完整，1件未愈合，3/4～1；右侧跟骨1件已愈合，完整。

大型牛科：NISP为1，占比2.78%；MNI为1，占比14.29%；骨骼重量为481.5克，占比39.4%。

左侧跖骨远端1件已愈合，1/2，稍残。

②不可鉴定种属。

大型哺乳动物：脊椎1件，1/4，残，重量为103.6克。

中型哺乳动物：骨骼20件，重量为139克。肱骨骨干1件，＜1/4，碎；股骨骨干1件，1/4，残；胫骨骨干2件，＜1/4，碎和1/4，碎；肢骨10件，5件＜5厘米、5件5～10厘米；腰椎1件，＜1/4，残；脊椎1件，＜1/4，碎；肋骨4件，2件＜5厘米、2件5～10厘米。

小型哺乳动物：胸骨1件，稍残，重量为2克。

（2）年龄

猪：根据牙齿萌出和磨蚀情况，4～6月3个，占比75%；18～24月1个，占比25%。

根据骨骺愈合情况，1～1.5岁样本1个，愈合率0%。

中型鹿科：根据骨骺愈合情况，0～2岁样本1个，愈合率100%；4～5岁样本1个，愈合率100%；5～6岁样本1个，愈合率0%。

（3）骨表痕迹与骨骼异常

烧痕：5件骨骼烧黑，分别是猪的头骨、2件下颌、肱骨和中型鹿科的肱骨；2件骨骼部分烧黑，分别是中型鹿科的股骨和大型牛科的跖骨。

其他痕迹：1件鹿科的鹿角一端断裂处有整治痕迹，骨表比较光滑且薄，与鹿角靴形器一端的形状较为接近。

风化：0级，骨骼表面比较光滑，无明显风化。

（十三）H858

H858：8出土梅花鹿鹿角2杈及以上分杈处的主枝+杈枝1件，1/4，稍残；NISP为1；MNI为1；骨骼重量为160.8克。

主枝断裂处残存一周砍痕，断裂处上方15毫米处有一道长9毫米、宽5.8毫米的砍痕，断裂处上方28毫米处有一道长12.8毫米、宽9毫米的砍痕；分杈处有多道较细的切割痕；主枝角尖被去掉一段，剩下部分磨尖；杈枝角尖上有两道砍痕，长5毫米左右，宽1.5～3毫米；风化0级，角表面较光滑，无明显风化。

（十四）H888

H888：51出土哺乳纲动物骨骼总共6件，可鉴定种属的骨骼2件、不可鉴定种属的骨骼4件，种属有猪和大型牛科。

（1）数量与部位

①可鉴定种属。

猪：NISP为1，占比50%；MNI为1，占比50%；骨骼重量为22.6克，占比5.67%。

右侧尺骨近端1件，1/2，稍残。

大型牛科：NISP为1，占比50%；MNI为1，占比50%；骨骼重量为375.8克，占比94.33%。

右侧股骨近端1件，小转子已愈合，1/4～1/2，稍残。

②不可鉴定种属。

中型哺乳动物：骨骼4件，重量为10.1克。肢骨2件，1件＜5厘米，碎，1件5～10厘米，碎；肋骨2件，1件＜5厘米，碎，1件5～10厘米，碎。

（2）骨表痕迹与骨骼异常

砍痕：1件大型牛科股骨近端骨干破碎处有宽约10毫米的砍痕。

烧痕：1件中型哺乳动物的肋骨烧黑。

风化：0级，骨骼表面比较光滑，无明显风化。

（十五）H974

H974：20出土猪右下游i1齿2件，1件1/4～1/2，稍残，1件完整；NISP为2；MNI为2；骨骼重量为6.9克；风化0级，骨骼表面较光滑，无明显风化。

（十六）H986

H986：39出土哺乳纲动物骨骼总共8件，可鉴定种属的骨骼5件、不可鉴定种属的骨骼3件，种属有猪和小型鹿科。

（1）数量与部位

①可鉴定种属。

猪：NISP为4，占比80%；MNI为2，占比66.67%；骨骼重量为213.2克，占比91.46%。

左侧下颌1件，＜1/4；右侧肱骨远端1件已愈合，1/2～3/4，稍残；左侧桡骨1件，近、远端均已愈合，完整；左侧尺骨1件，近、远端均已愈合，稍残；桡、尺骨关节面可以拼合，为同一个体。

小型鹿科：NISP为1，占比20%；MNI为1，占比33.33%；骨骼重量为19.9克，占比8.54%。

左侧胫骨近端1件已愈合，1/4～1/2，残。

②不可鉴定种属。

中型哺乳动物：骨骼3件，重量为23.1克。肱骨骨干1件，1/4～1/2，碎；肢骨1件，5～10厘米；胸椎1件，＜1/4，碎。

（2）年龄

猪：根据牙齿萌出和磨蚀情况，0～4月1个，占比100%。根据骨骺愈合情况，1～1.5岁样本2个，愈合率100%；3～3.5岁个体3个，愈合率100%。

（3）骨表痕迹与骨骼异常

烧痕：3件骨骼烧黑，分别是小型鹿科的胫骨、中型哺乳动物的肱骨和中型哺乳动物的肢骨。

风化：0级，骨骼表面比较光滑，无明显风化。

（十七）H996

H996：3出土鹿角靴形器1件，重量为29.9克。利用梅花鹿右侧鹿角分权处制成，边缘被磨过。

（十八）H1000

H1000：36出土哺乳纲动物骨骼总共121件，可鉴定种属的骨骼110件、不可鉴定种属的骨骼11件，种属有猪獾、猪、大型鹿科、中型鹿科、小型鹿科和鹿科。

（1）数量与部位

①可鉴定种属。

猪獾：NISP为1，占比0.91%；MNI为1，占比7.69%；骨骼重量为6.2克，占比0.35%。

左右侧下颌1件，1/2~3/4。

猪：NISP为98，占比89.09%；MNI为9，占比69.23%；骨骼重量为1536.6克，占比86.04%。

左右侧头骨顶骨+枕骨1件，左、右侧头骨顶骨各1件，左、右侧头骨额骨各1件，左、右侧头骨腭骨各1件，左侧头骨颞骨1件，右侧头骨颞骨3件，左侧头骨颧骨2件，左侧头骨枕骨2件，右侧头骨枕骨1件，右侧头骨枕骨+颞骨1件，左右侧头骨枕髁1件，右侧头骨茎突1件，头骨碎块13件，31件为<1/4，碎，1件为1/4，稍残。

左侧头骨上颌11件，右侧头骨上颌7件，上颌碎块4件，14件<1/4，2件1/4~1/2，2件3/4~1，4件<5厘米，碎；左上游P3齿2件和左上游P4齿1件，右上游P3和P4齿各1件；左上游M1齿1件，左上游M2齿3件，左上游M3齿2件，右上游M3齿3件。

左右侧下颌1件，右侧下颌2件，左侧下颌第三臼齿后窝1件，3件<1/4，1件1/2~3/4；左下游m3齿1件；前臼齿碎块1件，臼齿碎块8件，齿根1件；胸椎2件，<1/4；荐椎1件，<1/4。

左侧肱骨远端2件，其中1件已愈合，<1/4，碎和<1/4，稍残；左侧盆骨髋臼1件已愈合，右侧盆骨髋臼+坐骨1件，左侧盆骨髂骨1件，右侧盆骨髋臼1件，右侧盆骨坐骨1件，3件<1/4，碎，2件<1/4，稍残；右侧股骨远端1件愈合中，<1/4，稍残；右侧股骨骨干1件，<1/4，碎；右侧距骨2件，3/4~1和稍残；第一指/跖骨1件已愈合，完整。

大型鹿科：NISP为1，占比0.91%；MNI为1，占比7.69%；骨骼重量为14.6克，占比0.82%。

右下游m3齿1件，齿根稍残。

中型鹿科：NISP为7，占比6.36%；MNI为1，占比7.69%；骨骼重量为207.3克，占比11.61%。

左、右侧头骨额骨+角柄各1件，可能为同一个体左右侧，<1/4，残；颈椎1件，3/4~1，残；右侧胫骨远端1件，<1/4，碎；左侧跟骨1件，3/4~1，稍残；左侧距骨远端1件，<1/4，碎；炮骨远端1件已愈合，<1/4，碎。

小型鹿科：NISP为2，占比1.82%；MNI为1，占比7.69%；骨骼重量为11.6克，占比0.65%。

左侧股骨远端髌面1件，右侧股骨远端1件已愈合，均<1/4，碎。

鹿科：NISP为1，占比0.91%；骨骼重量为9.6克，占比0.54%。

鹿角1件，<1/4，碎。

②不可鉴定种属。

大型哺乳动物：骨骼3件，重量为74.3克。左侧肱骨近端大结节1件，<1/4，碎；左侧股骨近端1件，1/4~1/2；肢骨1件，<1/4，碎。

中型哺乳动物：骨骼7件，重量为40.7克。左侧胫骨骨干1件，<1/4，碎；左侧跟骨1件，1/4~1/2；肢骨4件，2件<5厘米、2件5~10厘米；枢椎1件，<1/4，碎。

哺乳动物：脊椎1件，碎，重量为11.5克。

（2）年龄

猪：根据牙齿萌出和磨蚀情况，18~24月3个，占比100%。

根据骨骺愈合情况，1~1.5岁样本2个，愈合率100%；2~2.5岁样本1个，愈合率100%；3~3.5岁样本1个，愈合率100%。

中型鹿科：根据骨骺愈合情况，5~6岁样本1个，愈合率100%。

（3）性别

猪：雌性3个，2件上颌犬齿扁薄，齿根封闭；1件下颌犬齿截面呈椭圆形，齿根收窄封闭。

中型鹿科：雄性1个，额骨上带有角柄。

（4）骨表痕迹与骨骼异常

砍砸痕：2件中型鹿科左、右侧角柄上均残存一周砍痕；1件中型鹿科跟骨表面有多处凹坑，为砍砸痕。

磨痕：1件大型哺乳动物肢骨骨壁内侧有磨痕。

风化：2件中型鹿科额骨+角柄风化2级，骨表出现层状脱落，裂纹增大；其余骨骼的风化为0级，骨骼表面比较光滑，无明显风化。

（5）特殊现象说明

该单位出土了较多猪的头骨，从上颌的MNI来看，至少有9个个体，但相比之下，其他肢骨的数量很少，下颌骨的数量也远远无法和头骨匹配，从上颌磨蚀情况来看，年龄比较分散，能够判断性别的均为雌性，可能是有意收藏。

（十九）H1013

H1013出土动物骨骼总共9件。鸟纲1件，不可鉴定种属。哺乳纲8件，可鉴定种属的骨骼1件、不可鉴定种属的骨骼7件，种属有中型鹿科。

1）鸟纲

鸟、肢骨骨干1件，重量为0.4克。

2）哺乳纲

①可鉴定种属。

中型鹿科：NISP为1，占比100%；MNI为1，占比100%；骨骼重量为5.3克，占比100%。

②不可鉴定种属。

中型哺乳动物肢骨3件，重量为5.2克。

哺乳动物肢骨4件，重量为10.2克。

其中4件骨骼在提取时未编号，5件编为69号，下文分别进行介绍。

1. H1013未编号

H1013出土哺乳纲动物骨骼总共4件，可鉴定种属的骨骼1件、不可鉴定种属的骨骼3件，种属有中型鹿科。

（1）数量与部位

①可鉴定种属。

中型鹿科：NISP为1，占比100%；MNI为1，占比100%；骨骼重量为5.3克，占比100%。

第一指/趾骨1件，近、远端均已愈合，保存为1，残。

②不可鉴定种属。

中型哺乳动物：肢骨3件，<5厘米，重量为5.2克。

（2）骨表痕迹与骨骼异常

风化：0级，骨骼表面比较光滑，无明显风化。

2. H1013

H1013：69出土动物骨骼总共5件。鸟纲1件，不可鉴定种属。哺乳纲4件，不可鉴种属。

（1）数量与部位

1）鸟纲

鸟：肢骨骨干1件，<5厘米，碎，重量为0.4克。

2）哺乳纲

哺乳动物：肢骨4件，均<5厘米，碎，重量为10.2克。

（2）骨表痕迹与骨骼异常

风化：0级，骨骼表面比较光滑，无明显风化。

（二十）H1025

H1025：4出土动物骨骼83件。鱼纲2件，可鉴定种属的骨骼1件、不可鉴定种属的骨骼1件，种属有鲤鱼。鸟纲1件，不可鉴定种属。哺乳纲80件，可鉴定种属的骨骼22件、不可鉴定种属的骨骼57件，骨器1件，种属有猪、大型鹿科、中型鹿科和小型鹿科。

（1）数量与部位

1）鱼纲

①可鉴定种属。

鲤鱼：NISP为1，占比100%；MNI为1，占比100%；骨骼重量为0.8克，占比100%。

基鳍骨1件，3/4～1，稍残。

②不可鉴定种属。

鱼：脊椎1件，稍残，重量为1.7克。

2）鸟纲

大型鸟类：肢骨1件，1/4～1/2，稍残，重量为3.8克。

3）哺乳纲

①可鉴定种属。

猪：NISP为19，占比86.36%；MNI为2，占比40%；骨骼重量为595.5克，占比80.64%。

左右侧头骨顶骨1件，1/4，残；上游I1齿1件，稍残；上游M1/M2齿1件，碎；左侧下颌2件，右侧下颌1件，分别为1/4、1/4～1/2和1/2～3/4；左下游i3齿1件，稍残；下游m3齿1件，残；左侧肩胛远端2件未愈合，右侧肩胛冈2件，2件1/4，稍残，1件1/4，残，1件1/4～1/2，稍残；左侧肱骨近端1件未愈合，右侧肱骨远端1件愈合中，右侧肱骨远端1件未愈合，1件1/4，稍残，2件1/2，稍残；左侧尺骨近端1件，1/4～1/2，稍残；右侧盆骨髂骨+髋臼+坐骨1件，髋臼未愈合，3/4，稍残；左侧股骨远端骨干1件，1/4～1/2，残；右侧胫骨远端1件未愈合，3/4，残。

大型鹿科：NISP为1，占比4.55%；MNI为1，占比20%；骨骼重量为105.5克，占比14.29%。

右侧胫骨远端1件已愈合，＜1/4，稍残。

中型鹿科：NISP为1，占比4.55%；MNI为1，占比20%；骨骼重量为9.1克，占比1.23%。

炮骨远端1件已愈合，＜1/4，碎。

小型鹿科：NISP为1，占比4.55%；MNI为1，占比20%；骨骼重量为28.4克，占比3.85%。

左侧胫骨远端1件已愈合，3/4～1，稍残。

②不可鉴定种属。

大型哺乳动物：肋骨1件，1/4～1/2，残，重量为17.8克。

中型哺乳动物：骨骼54件，重量为309.8克。肩胛1件，＜1/4，残；盆骨1件，＜1/4；股骨2件，＜1/4；胫骨1件，＜1/4，残；肢骨7件，1件＜5厘米、3件5～10厘米、3件10～15厘米；颈椎1件，1/2～3/4；胸椎4件，＜1/4，残；脊椎5件，2件＜1/4，残，3件1/4～1/2，残；肋骨32

件，19件<5厘米、10件5~10厘米、2件10~15厘米、1件15~20厘米。

小型哺乳动物：股骨骨干1件，1/2~3/4，重量为13.6克。

哺乳动物：骨骼1件，5~10厘米，重量为20克。

（2）年龄

猪：根据牙齿萌出和磨蚀情况，0~4月1个，占比33.33%；6~12月2个，占比66.67%。

根据骨骺愈合情况，1~1.5岁样本5个，愈合率20%；2~2.5岁样本1个，愈合率0%；3~3.5岁样本1个，愈合率0%。

中型鹿科：根据骨骺愈合情况，5~6岁样本1个，愈合率100%。

（3）骨表痕迹与骨骼异常

砍砸痕：1件猪头骨顶骨表面有砍砸痕；1件大型鹿科胫骨靠近远端骨干破碎处残存一圈砍痕；1件小型哺乳动物股骨骨干一端有砍痕。

锯痕：1件中型哺乳动物一侧疑似有锯痕，切口整齐，并未锯断，留有1毫米厚时掰断。

磨痕：1件大型哺乳动物肋骨表面被磨过；1件中型哺乳动物肢骨一端被磨过；1件哺乳动物骨骼骨表皮部分脱落，有打磨骨表痕迹与骨骼异常，骨体上有多个孔。

啮齿动物咬痕：1件小型哺乳动物股骨骨干一侧有啮齿类动物啃咬痕迹，形成一个宽而浅的凹窝。

烧痕：1件猪的肱骨和1件大型鹿科的胫骨烧黑；1件小型鹿科的胫骨局部烧黑+烧白。

风化：0级，骨骼表面比较光滑，无明显风化。

另，H1025：4还发现骨器1件，重量为15.7克。以猪的胫骨嵴为原料，胫骨嵴被打磨过，靠近胫骨嵴处的骨干被磨成尖。

（二十一）H1041

H1041：64出土哺乳纲动物骨骼总共20件，可鉴定种属的骨骼8件、不可鉴定种属的骨骼12件，种属有猪、中型鹿科和鹿科。

（1）数量与部位

①可鉴定种属。

猪：NISP为6，占比75%；MNI为1，占比50%；骨骼重量为198.3克，占比96.5%。

右上游C齿1件，残；右侧肩胛远端1件已愈合，1/4~1/2，残；右侧肩胛冈1件，1/4，稍残；左侧肱骨远端1件已愈合，1/4~1/2，稍残；左侧肱骨远端滑车1件，<1/4，碎；左侧股骨近端1件未愈合，<1/4，大转子残。

中型鹿科：NISP为1，占比12.5%；MNI为1，占比50%；骨骼重量为4克，占比1.95%。

左上游M齿1件，碎。

鹿科：NISP为1，占比12.5%；骨骼重量为3.2克，占比1.56%。

鹿角角尖1件，<1/4，碎。

②不可鉴定种属。

中型哺乳动物：胫骨骨干1件，<1/4，重量为8.2克。

小型哺乳动物：股骨骨干1件，1/4～1/2，重量为4.6克。

哺乳动物：骨骼10件，重量为38.1克。肢骨9件，8件<5厘米，碎，1件5～10厘米；肋骨1件，5～10厘米。

（2）年龄

猪：根据骨骺愈合情况，1～1.5岁样本2个，愈合率100%；3～3.5岁样本1个，愈合率0%。

（3）性别

猪：雄性1个，犬齿粗壮，截面较圆。

（4）骨表痕迹与骨骼异常

砍痕：1件鹿科的鹿角上疑似有砍痕。

风化：0级，骨骼表面比较光滑，无明显风化。

（二十二）H1046

H1046⑦：6出土动物骨骼总共9件。鸟纲1件，不可鉴定种属。哺乳纲8件，可鉴定种属的骨骼5件、不可鉴定种属的骨骼3件，种属有猪、中型鹿科和小型鹿科。

（1）数量与部位

1）鸟纲

鸟：肢骨骨干1件，<5厘米，重量<0.1克。

2）哺乳纲

①可鉴定种属。

猪：NISP为1，占比20%；MNI为1，占比33.33%；骨骼重量为68.6克，占比57.99%。

左侧肱骨远端1件已愈合，1/2～3/4，稍残。

中型鹿科：NISP为3，占比60%；MNI为1，占比33.33%；骨骼重量为19.3克，占比16.31%。

左、右侧头骨颞骨各1件，左侧头骨顶骨1件，均<1/4，碎。

小型鹿科：NISP为1，占比20%；MNI为1，占比33.33%；骨骼重量为30.4克，占比25.7%。

左侧桡骨近端1件已愈合，1/4～1/2。

②不可鉴定种属。

中型哺乳动物：右侧胫骨近端骨干1件，<1/4，残，重量为27.8克。

哺乳动物：骨骼2件，<5厘米，碎，重量为1.5克。

（2）年龄

猪：根据骨骺愈合情况，1～1.5岁样本1个，愈合率100%。

（3）骨表痕迹与骨骼异常

磨痕：1件中型哺乳动物胫骨两侧磨光。

风化：0级，骨骼表面比较光滑，无明显风化。

（二十三）H1065

H1065：10出土哺乳纲动物骨骼总共50件，可鉴定种属的骨骼40件、不可鉴定种属的骨骼10件，种属有猪和大型牛科。

（1）数量与部位

①可鉴定种属。

猪：NISP为38，占比95%；MNI为3，占比75%；骨骼重量为609.7克，占比85.46%。

左侧头骨上颌5件，右侧头骨上颌4件；左、右侧头骨颧骨各1件；左侧头骨颞骨3件，右侧头骨颞骨2件；左、右侧头骨眼眶各1件；左侧头骨额骨2件；左右侧头骨顶骨2件，右侧头骨顶骨2件；左、右侧头骨听泡各1件；头骨碎块6件；32件头骨均＜1/4；左上游C齿2件，右上游C齿1件，均稍残；右侧下颌水平支1件，1/4～1/2，残；m3后窝1件，＜1/4，碎；右下游i2齿1件，稍残。

大型牛科：NISP为2，占比5%；MNI为1，占比25%；骨骼重量为103.7克，占比14.54%。

右上游M2和M3齿各1件，稍残。

②不可鉴定种属。

大型哺乳动物：肢骨1件，5～10厘米，重量为33.2克。

中型哺乳动物：骨骼9件，重量为66.8克。肱骨近端1件，＜1/4，碎；股骨骨干1件，1/4～1/2，碎；肢骨6件，4件＜5厘米、2件5～10厘米；肋骨1件，＜5厘米。

（2）年龄

猪：根据牙齿萌出和磨蚀情况，12～18月1个，占比100%。

（3）性别

猪：雄性3个（左侧2件、右侧1件），上颌犬齿粗壮，截面较圆，齿根开放。

（4）骨表痕迹与骨骼异常

齿根暴露：1件猪头骨左侧上颌颊面可见P4、M1、M2齿根；1件猪左侧上颌颊面可见M1齿根；1件猪左侧上颌颊面可见P3、P4、M1齿根，原因不明。

骨侵蚀：1件猪头骨顶骨表面有多处不规则凹坑，似有骨侵蚀的现象。

风化：0级，骨骼表面比较光滑，无明显风化。

（5）特殊现象说明

该单位埋葬了大量猪的头骨，从保存的部位推算，至少有3个个体，能够判断性别的个体均为雄性，上颌牙齿磨蚀情况都很相似，应为特殊埋葬坑，专门收集年龄相仿的雄性猪头骨。

（二十四）H1070

H1070出土哺乳纲动物骨骼总共160件，可鉴定种属的骨骼67件、不可鉴定种属的骨骼93件，种属有猪、水鹿、梅花鹿、大角鹿、大型鹿科、中型鹿科、小型鹿科、鹿科和大型牛科。

（1）数量与部位

①可鉴定种属。

猪：NISP为43，占比64.18%；MNI为3，占比25%；骨骼重量为1265克，占比28.17%。

左侧头骨上颌1件，右侧头骨上颌2件；左侧头骨额骨1件，左侧头骨颞骨1件，左侧头骨泪骨1件，右侧头骨枕骨1件，右侧头骨枕髁1件，左右侧头骨顶骨1件，头骨顶骨1件，3件＜1/4，残，7件＜1/4，碎；左右侧下颌2件，左侧下颌4件，右侧下颌4件，7件1/4～1/2，残，3件＜1/4，碎；游离的门齿4件，残；第二前臼齿1件，残；第三前臼齿1件，残；牙齿碎块2件，碎。

左侧肩胛远端1件已愈合，1/4～1/2，残；肩胛骨板1件，1/4，碎；左侧肱骨远端2件已愈合，右侧肱骨远端1件，左、右侧肱骨骨干各1件，1件＜1/4，碎，3件1/2，残，1件1/2，稍残；左侧尺骨近端2件，右侧尺骨近端1件，右侧尺骨近端骨干1件，1件1/4，残，2件尺骨1/4～1/2，残，1件1/2，残。

右侧盆骨髂骨+髋臼1件，髋臼已愈合，1/4～1/2，残；左侧胫骨远端1件已愈合，胫骨骨干1件，均1/4～1/2，稍残；左侧第四跖骨1件，远端未愈合，3/4～1。

水鹿：NISP为1，占比1.49%；MNI为1，占比8.33%；骨骼重量为32.8克，占比0.73%。

鹿角主枝1件，＜1/4，残。

梅花鹿：NISP为3，占比4.48%；MNI为3，占比25%；骨骼重量为492克，占比10.96%。

左侧额骨+角柄+角环2件，＜1/4，残，角环均未脱落；左侧角环+主枝1件，＜1/4，残，角环自然脱落。

大角鹿：NISP为1，占比1.49%；MNI为1，占比8.33%；骨骼重量为33.2克，占比0.74%。

左侧角柄1件，1/4～1/2，残。

大型鹿科：NISP为6，占比8.96%；MNI为1，占比8.33%；骨骼重量为547.5克，占比12.19%。

左侧肩胛远端1件已愈合，＜1/4，稍残；右侧盆骨髂骨+盆骨1件，1/4，残；左侧股骨近端1件已愈合，1/4～1/2，稍残；右侧胫骨嵴1件，1/4～1/2，碎；右侧跟骨1件已愈合，完整；左侧跖骨远端1件已愈合，1/4～1/2，稍残。

中型鹿科：NISP为3，占比4.48%；MNI为1，占比8.33%；骨骼重量为109.5克，占比2.44%。

右侧盆骨髂骨+髋臼1件，＜1/4，碎；右侧股骨远端1件已愈合，1/4，稍残；左侧跖骨近端1件已愈合，1/4～1/2，残。

小型鹿科：NISP为1，占比1.49%；MNI为1，占比8.33%；骨骼重量为9克，占比0.2%。

左侧桡骨远端1件已愈合，1/4～1/2，稍残。

鹿科：NISP为2，占比2.99%；骨骼重量为21.9克，占比0.49%。

鹿角角环1件，＜1/4，碎，角环自然脱落；鹿角角尖1件，＜1/4，残。

大型牛科：NISP为7，占比10.45%；MNI为1，占比8.33%；骨骼重量为1979.7克，占比44.09%。

右侧肱骨近端肱骨头1件已愈合，<1/4，碎；右侧肱骨远端1件已愈合，1/4～1/2，残；左侧股骨远端1件愈合中，右侧股骨远端1件，股骨远端髌面1件，2件<1/4，碎，1件<1/4，残；左侧跟骨1件已愈合，稍残；第二指/趾骨1件已愈合，完整。

②不可鉴定种属。

大型哺乳动物：骨骼4件，重量为149.46克。左侧肱骨远端1件，1/4，碎；右侧股骨近端1件，<1/4，碎；右侧胫骨近端1件，1/4，碎；肢骨1件，<5厘米。

中型哺乳动物：骨骼17件，重量为301.2克。肩胛2件，<1/4，碎；肱骨骨干1件，<1/4，碎；桡骨骨干1件，1/4，残；盆骨髂骨1件，<1/4，碎；胫骨骨干2件，1件1/4～1/2，碎，1件<5厘米，碎；跖骨骨干1件，1/4～1/2，残；肢骨9件，碎。

小型哺乳动物：骨骼33件，重量为152.6克。肩胛1件，<1/4，残；桡骨1件，<1/4，残；掌/跖骨近端1件，<1/4，残；肢骨30件，碎。

哺乳动物：骨骼39件，重量为162克。头骨碎块18件，<5厘米，碎；下颌碎块1件，<5厘米，碎；掌骨碎块1件，<5厘米，碎；肢骨4件，<5厘米，碎；肋骨15件，<5厘米，碎。

（2）年龄

猪：根据牙齿萌出和磨蚀情况，18～24月2个，占比66.67%；24～36月1个，占比33.33%。根据骨骺愈合情况，1～1.5岁样本4个，愈合率100%；2～2.5岁样本2个，愈合率50%。

中型鹿科：根据骨骺愈合情况，0～2岁样本1个，愈合率100%；4～5岁样本1个，愈合率100%。

大型牛科：根据骨骺愈合情况，1～1.5岁样本2个，愈合率100%；3～3.5岁样本1个，愈合率100%；3.5～4岁样本2个，愈合率100%。

（3）性别

猪：雄性4个，占比66.67%，下颌犬齿齿孔开放；雌性2个，占比33.33%，下颌犬齿截面呈椭圆形，齿根收缩。

梅花鹿：雄性3个，2件额骨上带有角柄、1件鹿角保存有角环。

大角鹿：雄性1个，鹿角保存有角柄。

鹿科：雄性1个，鹿角带有角环。

（4）骨表痕迹与骨骼异常

砍砸痕：1件大型鹿科盆骨髂骨表面残存砍砸痕；1件大型鹿科跖骨距离远端关节4～5厘米处有一圈砍痕，为骨废料；1件梅花鹿角环上方18.56毫米断裂处有一圈砍痕；1件梅花鹿眉枝断裂处有一圈砍痕；1件哺乳动物肢骨骨干残存4道砍痕；2件哺乳动物肢骨骨干有长7毫米的砍痕。

切割痕：1件小型哺乳动物桡骨上有一道长约6毫米的切割痕。

烧黑：1件中小型鹿科鹿角局部烧黑；1件中型哺乳动物肱骨有烧痕。

齿根暴露：2件猪上颌颊面可见第一臼齿齿根，原因不明。

风化：1件中型哺乳动物肢骨和1件哺乳动物的骨骼表面裂缝增大，骨皮脱落，风化2级，其余骨骼风化0级，骨表面较光滑，无明显风化。

（二十五）H1075

H1075：46出土哺乳纲动物骨骼总共38件，可鉴定种属的骨骼16件、不可鉴定种属的骨骼22件，种属有熊、猪、大型鹿科和中型鹿科。

（1）数量与部位

①可鉴定种属。

熊：NISP为1，占比6.25%；MNI为1，占比20%；骨骼重量为93.1克，占比12.4%。

股骨骨干1件，1/4～1/2，残。

猪：NISP为3，占比18.75%；MNI为1，占比20%；骨骼重量为88.6克，占比11.8%。

右侧下颌3件，＜1/4，碎。

大型鹿科：NISP为11，占比68.75%；MNI为2，占比40%；骨骼重量为556.6克，占比74.13%。

牙齿碎块1件；左侧肩胛远端2件均已愈合，1/4～1/2，残；左侧盆骨髂骨+髋臼1件，左侧盆骨耻骨+髋臼1件，＜1/4，碎；右侧胫骨远端1件已愈合，＜1/4，稍残；左侧胫骨近端胫骨嵴1件，1/4，碎；右侧跟骨1件已愈合，稍残；右侧中央跗骨1件，完整；左侧跖骨近端1件已愈合，1/4，残；左侧跖骨远端1件已愈合，＜1/4，残。

中型鹿科：NISP为1，占比6.25%；MNI为1，占比20%；骨骼重量为12.5克，占比1.66%。

左侧胫骨远端1件已愈合，＜1/4，碎。

②不可鉴定种属。

大型哺乳动物：骨骼5件，重量为327.4克。盆骨髂骨4件，＜1/4，碎；股骨骨干1件，＜1/4。

中型哺乳动物：骨骼16件，重量为101.1克。下颌1件，1/4，碎；左侧股骨小转子1件，＜1/4，碎；肢骨11件，7件＜5厘米、4件5～10厘米；肋骨3件，5～10厘米。

哺乳动物：骨骼1件，重量为14.5克。

（2）年龄

中型鹿科：根据骨骺愈合情况，2～4岁样本1个，愈合率100%。

（3）骨表痕迹与骨骼异常

砍痕：1件大型鹿科的胫骨近端骨干破碎处残存约一周砍痕，骨表痕迹与骨骼异常较光滑；1件大型鹿科的跖骨远端骨干破碎处残存约1/4周砍痕。

磨痕：1件中型哺乳动物的肋骨较扁薄，呈长方形，两面磨光。

烧痕：3件骨骼烧黑，分别是熊的股骨、猪的下颌和大型鹿科的跖骨。

风化：0级，骨骼表面比较光滑，无明显风化。

（二十六）H1086

H1086出土动物骨骼总共37件。鱼纲1件，种属为白鲢。哺乳纲36件，可鉴定种属的骨骼17件、不可鉴定种属的骨骼19件，种属有猪、中型鹿科、小型鹿科和大型牛科。

（1）数量与部位

1）鱼纲

白鲢：NISP为1，占比100%；MNI为1，占比100%；骨骼重量为8.3克，占比100%。

背鳍第一鳍骨1件，完整。

2）哺乳纲

①可鉴定种属。

猪：NISP为6，占比35.29%；MNI为1，占比25%；骨骼重量为108.6克，占比8.99%。

左侧头骨上颌1件，<1/4，残；右下游m2齿1件，完整；左侧肩胛近端1件，<1/4，残；右侧盆骨髋臼+坐骨1件，髋臼已愈合，1/4～1/2，残；左侧跟骨1件，右侧跟骨1件未愈合，1/2～3/4，残。

中型鹿科：NISP为6，占比35.29%；MNI为1，占比25%；骨骼重量为263.5克，占比21.81%。

右侧头骨额骨+角柄+角环+主枝1件，<1/4，残；右侧头骨眼眶1件，头骨碎块2件，均<1/4，碎；左侧跟骨1件已愈合，稍残；跖骨背侧骨干1件，1/2，残。

小型鹿科：NISP为1，占比5.88%；MNI为1，占比25%；骨骼重量为15.9克，占比1.32%。

右侧股骨远端1件已愈合，<1/4，残。

大型牛科：NISP为4，占比23.53%；MNI为1，占比25%；骨骼重量为820.1克，占比67.88%。

右侧肩胛冈1件，<1/4，残；肩胛骨板1件，<1/4，碎；右侧肱骨远端1件已愈合，<1/4，残；右侧盆骨坐骨1件，坐骨结节已愈合，1/4，稍残。

②不可鉴定种属。

中型哺乳动物：骨骼19件，重量134.3克。肩胛5件，4件<1/4，碎，1件<1/4，残；肱骨骨干1件，1/4，碎；右侧尺骨近端1件，<1/4，碎；肢骨8件，7件<5厘米、1件5～10厘米；肋骨3件，2件<5厘米、1件5～10厘米；脊椎1件，<1/4，碎。

（2）年龄

猪：根据骨骺愈合情况，1～1.5岁样本1个，愈合率100%；2～2.5岁样本1个，愈合率0%。

（3）性别

中型鹿科：雄性1个，额骨上带有角柄。

（4）骨表痕迹与骨骼异常

砍痕：1件中型鹿科头骨角环上方主枝处有一圈砍痕。

烧痕：11件骨骼烧黑，分别是猪的肩胛和跟骨，中型鹿科的3件头骨、跟骨和跖骨，小型鹿科的股骨；大型牛科的盆骨、肩胛和肱骨。

风化：0级，骨骼表面比较光滑，无明显风化。

（二十七）H1106

H1106：55出土哺乳纲动物骨骼57件，可鉴定种属的骨骼29件、不可鉴定种属的骨骼28件，种属有黑熊、熊科、猪、大型鹿科和鹿科。

（1）数量与部位

①可鉴定种属。

黑熊：NISP为1，占比3.45%；MNI为1，占比16.67%；骨骼重量为130.3克，占比6.37%。

右侧尺骨近端1件已愈合，1/2~3/4，稍残。

熊科：NISP为2，占比6.9%；MNI为1，占比16.67%；骨骼重量为176.1克，占比8.6%。

右侧肱骨近端1件已愈合，1/4~1/2，稍残；左右侧盆骨髋臼+耻骨1件，1/4，残。

猪：NISP为19，占比65.52%；MNI为2，占比33.33%；骨骼重量为797.3克，占比38.95%。

左右侧下颌2件，联合处已愈合，左侧下颌2件，右侧下颌1件，右侧下颌髁1件，5件＜1/4，1件1/4；右下游m3齿1件，1/2；左侧肩胛远端1件已愈合，1/4~1/2，残；右侧肱骨远端1件，1/4，残；右侧肱骨骨干1件，＜1/4，碎；肱骨骨干1件，＜1/4，碎；右侧尺骨近端3件，其中1件未愈合，1件＜1/4，残，2件1/2~3/4，稍残；左侧盆骨髂骨+髋臼+坐骨1件，髋臼已愈合，1/2~3/4，稍残；左侧股骨远端2件，1件已愈合，1/2~3/4，稍残；1件未愈合，无关节，1/4~1/2；左侧股骨骨干1件，＜1/4，碎；左侧胫骨骨干1件，1/4，稍残。

大型鹿科：NISP为6，占比20.69%；MNI为2，占比33.33%；骨骼重量为917.1克，占比44.8%。

左侧肱骨骨干1件，＜1/4，碎；左侧盆骨髂骨+髋臼1件，1/4~1/2，残；右侧盆骨髂骨+髋臼+坐骨1件，髋臼已愈合，1/2~3/4，稍残；左侧股骨近端1件已愈合，1/4~1/2，稍残；右侧股骨远端2件，1件已愈合，1/4~1/2，稍残；1件未愈合，＜1/4，残。

鹿科：NISP为1，占比3.45%；骨骼重量为26.1克，占比1.28%。

鹿角角尖1件，＜1/4，稍残。

②不可鉴定种属。

大型哺乳动物：骨骼3件，重量为106.7克。股骨骨干2件，＜1/4，碎和1/4，残；脊椎1件，＜1/4，碎。

中型哺乳动物：骨骼25件，重量为290.7克。下颌3件，＜1/4，碎；肩胛1件，＜1/4，碎；盆骨髂骨1件，＜1/4，残；股骨骨干3件，＜1/4，残，1/4，残和1/4~1/2，残；肢骨9件，8件＜5厘米、1件5~10厘米；脊椎3件，1/4~1/2，残；肋骨5件，5~10厘米。

（2）年龄

猪：根据牙齿萌出和愈合情况，18~24月1个，占比100%。

根据骨骺愈合情况，1~1.5岁样本2个，愈合率100%；3~3.5岁样本3个，愈合率33.33%。

（3）性别

猪：雌性2个，下颌犬齿齿孔截面呈椭圆形，齿孔封闭。

（4）骨表痕迹与骨骼异常

砍砸痕：1件猪肩胛关节盂及上方骨表有砍砸痕；1件猪尺骨外侧关节突和骨干处各有一道砍痕；1件鹿科角尖断裂处有一周砍砸痕；1件熊盆骨耻骨上有砍痕。

烧痕：5件骨骼烧黑，分别是黑熊的尺骨、熊的肱骨、猪的下颌、大型鹿科的盆骨和熊的盆骨。

风化：1件大型鹿科的股骨风化2级，骨表部分脱落，松质暴露；其他骨骼风化0级，骨表较光滑，无明显风化。

（二十八）H1116

H1116：25出土哺乳纲动物骨骼总共35件，可鉴定种属的骨骼18件、不可鉴定种属的骨骼17件，种属有猪、梅花鹿和中型鹿科。

（1）数量与部位

①可鉴定种属。

猪：NISP为14，占比77.78%；MNI为3，占比60%；骨骼重量为274.8克，占比72.24%。

左侧下颌1件，<1/4，碎；左下游i1齿2件，残；右下游i1齿1件，残；左下游i2齿1件，残；枢椎1件，齿突已愈合，<1/4，碎；右侧肩胛远端1件已愈合，1/4~1/2，碎；左侧肱骨远端1件，1/4~1/2，碎；右侧肱骨骨干1件，<1/4，碎；右侧盆骨髂骨1件，<1/4，碎；右侧胫骨近端2件，其中1件近端愈合中，右侧胫骨远端2件，均未愈合，2件<1/4，残，1件<1/4，碎，1件1/4~1/2，残。

梅花鹿：NISP为1，占比5.56%；MNI为1，占比20%；骨骼重量为71.6克，占比18.82%。

鹿角杈枝1件，<1/4，稍残。

中型鹿科：NISP为3，占比16.67%；MNI为1，占比20%；骨骼重量为34克，占比8.94%。

掌骨骨干1件，1/4~1/2，碎；左侧跟骨1件已愈合，<1/4，碎；距骨骨干1件，1/4~1/2，碎。

②不可鉴定种属。

中型哺乳动物：骨骼15件，重量186.4克。肱骨骨干2件，<1/4，碎；股骨骨干1件，1/4~1/2，碎；胫骨3件，2件<1/4，碎，1件1/4~1/2，碎；肋骨9件，1件<5厘米、4件5~10厘米、4件10~15厘米。

小型哺乳动物：肋骨2件，<5厘米，重量为1.7克。

（2）年龄

猪：根据骨骺愈合情况，1~1.5岁样本1个，愈合率100%；2~2.5岁样本2个，愈合率0%；3~3.5岁样本1个，愈合率100%。

（3）骨表痕迹与骨骼异常

切割痕：1件猪的肱骨骨表有三道切割痕。

烧痕：1件中型鹿科的跟骨烧黑。

风化：0级，骨骼表面比较光滑，无明显风化。

（二十九）H1118

H1118：9出土动物骨骼总共29件。鱼纲9件，可鉴定种属的骨骼4件、不可鉴定种属的骨骼5件，种属有白鲢。鸟纲1件，种属有雉。哺乳纲19件，可鉴定种属的骨骼11件、不可鉴定种属的骨骼8件，种属有猪、中型鹿科和小型鹿科。

（1）数量与部位

1）鱼纲

①可鉴定种属。

白鲢：NISP为4，占比100%；MNI为1，占比100%；骨骼重量为33克，占比100%。

右侧舌颌骨2件，分别为1/2～3/4，稍残和3/4～1，稍残；肋骨2件，3/4～1，稍残。

②不可鉴定种属。

鱼：骨骼5件，重量为15.6克。腹鳍骨1件，3/4，稍残；肋骨3件（其中2件可拼合），1/2～3/4，稍残和1，稍残；其他骨骼1件，＜5厘米。

2）鸟纲

雉：NISP为1，占比100%；MNI为1，占比100%；骨骼重量为2.3克，占比100%。

左侧胫跗骨远端1件已愈合，1/2，稍残。

3）哺乳纲

①可鉴定种属。

猪：NISP为7，占比63.64%；MNI为2，占比40%；骨骼重量为197.8克，占比75.01%。

左侧下颌1件，＜1/4，残；右下游i1齿1件，3/4～1，稍残；游离的前白齿1件，＜1/4，碎；右侧肱骨近端1件已愈合，1/4～1/2，稍残；左侧尺骨骨干1件，1/2，稍残；左、右侧胫骨远端各1件未愈合，左侧1/4～1/2，残，右侧＜1/4，残。

中型鹿科：NISP为3，占比27.27%；MNI为2，占比40%；骨骼重量为57.5克，占比21.81%。

左侧肩胛远端1件已愈合，＜1/4，残；左侧距骨2件，完整。

小型鹿科：NISP为1，占比9.09%；MNI为1，占比20%；骨骼重量为8.4克，占比3.19%。

左侧胫骨近端1件已愈合，＜1/4，残。

②不可鉴定种属。

中型哺乳动物：骨骼8件，重量为75.7克。桡骨骨干1件，1/4，残；胫骨骨干1件，1/2～3/4，残；脊椎1件，＜1/4，残；肋骨5件，1件3/4～1，1件＜5厘米，3件5～10厘米。

（2）年龄

猪：根据骨骺愈合情况，2～2.5岁样本2个，愈合率0%；3～3.5岁样本1个，愈合率100%。

中型鹿科：根据骨骺愈合情况，0～2岁样本1个，愈合率100%。

（3）骨表痕迹与骨骼异常

烧痕：1件猪的尺骨烧黑。

风化：0级，骨骼表面比较光滑，无明显风化。

（三十）H1122

H1122：28出土哺乳纲动物骨骼总共11件，可鉴定种属的骨骼7件、不可鉴定种属的骨骼4件，种属有猪。

（1）数量与部位

①可鉴定种属。

猪：NISP为7，占比100%；MNI为2，占比100%；骨骼重量为318.3克，占比100%。

左右侧下颌联1件，联合处已愈合，＜1/4，残；右侧下颌1件，1/4～1/2，残；左侧肩胛远端1件已愈合，右侧肩胛远端1件未愈合，均为1/4～1/2，残；左侧股骨近端骨干1件，左侧股骨远端1件未愈合，右侧股骨近端1件愈合中，均为1/4～1/2，残。

②不可鉴定种属。

大型哺乳动物：跖骨1件，5～10厘米，重量为34.4克。

中型哺乳动物：骨骼3件，重量为27.4克。胫骨骨干1件，＜1/4，碎；肋骨1件，5～10厘米；腰椎1件，碎。

（2）年龄

猪：根据骨骺愈合情况，1～1.5岁样本2个，愈合率50%；3～3.5岁样本2个，愈合率50%。

（3）性别

猪：雄性1个，犬齿齿孔较宽大，齿根开放。

（4）骨表痕迹与骨骼异常

风化：0级，骨骼表面比较光滑，无明显风化。

（三十一）H1125

H1125：31出土哺乳纲动物骨骼总共106件，可鉴定种属的骨骼46件、不可鉴定种属的骨骼60件，种属有猪、水鹿、中小型鹿科和大型牛科。

（1）数量与部位

①可鉴定种属。

猪：NISP为6，占比13.04%；MNI为1，占比25%；骨骼重量为259.3克，占比9.17%。

枢椎1件已愈合，残；左侧肱骨远端1件已愈合，1/2～3/4，残；右侧股骨远端关节1件未愈合，＜1/4，残；左侧胫骨骨干1件，＜1/4，残；右侧胫骨远端1件已愈合，1/2～3/4，残；掌/

跗骨远端1件已愈合，1/2～3/4，残。

水鹿：NISP为3，占比6.52%；MNI为1，占比25%；骨骼重量为136克，占比4.81%。

主枝（A1+A2）+权枝（P2）1件，1/4，残；鹿角角尖2件，＜1/4，碎。

中小型鹿科：NISP为1，占比2.17%；MNI为1，占比25%；骨骼重量为25克，占比0.88%。

右侧胫骨近端1件已愈合，＜1/4，残。

大型牛科：NISP为36，占比78.26%；MNI为1，占比25%；骨骼重量为2406.5克，占比85.13%。

右侧头骨前腭骨1件，＜1/4，碎；右侧上颌2件，＜1/4，碎和1/2，残；左侧眼眶1件，＜1/4，碎；头骨碎块26件，＜1/4，碎；左、右侧下颌各1件，1/4，碎和3/4～1，残；左下游i1齿1件；寰椎1件，1/4，碎；右侧尺腕骨1件，完整；右侧股骨1件近端未愈合，无关节，1/4～1/2，残。

②不可鉴定种属。

大型哺乳动物：骨骼5件，重量为91.6克。肢骨3件，5～10厘米；肋骨2件，5～10厘米。

中型哺乳动物：骨骼54件，重量243.54克。肩胛1件，＜1/4，碎；肱骨1件，1/4～1/2，残；股骨1件，＜1/4，残；肋骨23件，8件＜5厘米、14件5～10厘米、1件10～15厘米；肢骨28件，25件＜5厘米、2件5～10厘米、1件10～15厘米。

哺乳动物：尺骨1件，＜1/4，残，重量为38.6克。

（2）年龄

猪：根据骨骺愈合情况，1～1.5岁样本1个，愈合率100%；2～2.5岁样本2个，愈合率100%；3～3.5岁样本1个，愈合率0%。

大型牛科：根据骨骺愈合情况，3～3.5岁样本1个，愈合率0%。

（3）骨表痕迹与骨骼异常

风化：0级，骨骼表面比较光滑，无明显风化。

（三十二）H1129

H1129：11出土动物骨骼3件，均可鉴定种属，种属有猪和梅花鹿。

（1）数量与部位

猪：NISP为2，占比66.67%；MNI为1，占比50%；骨骼重量为124.4克，占比50.88%。

左右侧下颌1件，下颌联已愈合，＜1/4，残；右侧股骨远端1件未愈合，1/4～1/2，残。

梅花鹿：NISP为1，占比33.33%；MNI为1，占比50%；骨骼重量为120.1克，占比49.12%。

左侧鹿角角环+主枝（A1）+眉枝（P1）1件，1/4，稍残，角环自然脱落。

（2）年龄

猪：根据骨骺愈合情况，3～3.5岁样本1个，愈合率100%。

（3）性别

梅花鹿：雄性1个，鹿角带角环。

（4）骨表痕迹与骨骼异常

砍砸痕：1件梅花鹿主枝内侧疑似有一道纵向长约42.62毫米的砍砸痕。

烧痕：2件猪骨疑似被烧黑。

风化：0级，骨骼表面比较光滑，无明显风化。

（三十三）H1131

H1131：47出土哺乳纲动物骨骼总共12件，可鉴定种属的骨骼3件、不可鉴定种属的骨骼9件，种属有猪。

（1）数量与部位

①可鉴定种属。

猪：NISP为3，占比100%；MNI为2，占比100%；骨骼重量为48.5克，占比100%。

下颌角1件，＜1/4，碎；左侧第四掌骨1件，近、远端均已愈合，完整；左侧跟骨1件近端未愈合，无关节，3/4～1。

②不可鉴定种属。

中型哺乳动物：骨骼9件，重量为41.7克。肢骨1件，5～10厘米；肋骨8件，1件＜5厘米、6件5～10厘米、1件10～15厘米。

（2）年龄

猪：根据骨骺愈合情况，2～2.5岁样本2个，愈合率50%。

（3）骨表痕迹与骨骼异常

风化：0级，骨骼表面比较光滑，无明显风化。

（三十四）H1148

H1148：16出土动物骨骼总共39件。鸟纲1件，种属有雉。哺乳纲38件，可鉴定种属的骨骼18件、不可鉴定种属的骨骼20件，种属有猪、水鹿、大型鹿科、中型鹿科和小型鹿科。

（1）数量与部位

1）鸟纲

雉：NISP为1，占比100%；MNI为1，占比100%；骨骼重量为0.6克，占比100%。

左侧胫跗骨远端1件已愈合，1/4～1/2，稍残。

2）哺乳纲

①可鉴定种属。

猪：NISP为9，占比50%；MNI为1，占比16.67%；骨骼重量为43.3克，占比24.5%。

头骨碎块2件，＜1/4，碎；右侧下颌1件，1/4～1/2，残；左侧下颌角1件，＜1/4，碎；右下游i1齿1件，＜1/4，残；第三臼齿1件，碎；左侧桡骨1件，近、远端均未愈合，无关节，

3/4～1；左侧第四掌骨1件，远端未愈合，无关节，3/4～1；腓骨1件，＜1/4，残。

水鹿：NISP为1，占比5.56%；MNI为1，占比16.67%；骨骼重量为37.7克，占比21.34%。

左侧鹿角主枝（A2）1件，＜1/4，残。

大型鹿科：NISP为1，占比5.56%；MNI为1，占比16.67%；骨骼重量为53.2克，占比30.11%。

右侧跖骨近端1件已愈合，1/2～3/4，残。

中型鹿科：NISP为1，占比5.56%；MNI为1，占比16.67%；骨骼重量为15.6克，占比8.83%。

右侧肩胛冈1件，＜1/4，残。

小型鹿科：NISP为6，占比33.33%；MNI为2，占比33.33%；骨骼重量为26.9克，占比15.22%。

左侧下颌、下颌角和髁突各1件，＜1/4，残；右侧股骨远端1件已愈合，＜1/4，残；左侧跖骨近端2件，均已愈合，＜1/4，残。

②不可鉴定种属。

中型哺乳动物：骨骼19件，重量为133.9克。肱骨远端骨干1件，1/4，残；股骨3件，＜1/4，残，1/4，残和5～10厘米；肢骨12件，5件＜5厘米、7件5～10厘米；脊椎1件，＜1/4，碎；肋骨2件，＜5厘米。

小型哺乳动物：肋骨1件，＜5厘米，重量为2.4克。

（2）年龄

猪：根据牙齿萌出和磨蚀情况，0～4月1个，占比100%。

根据骨骺愈合情况，1～1.5岁样本1个，愈合率0%；2～2.5岁样本1个，愈合率0%；3～3.5岁样本1个，愈合率0%。

（3）骨表痕迹与骨骼异常

砍砸痕：1件水鹿主枝被斜向砍断，断裂处被磨过；2件中型哺乳动物的股骨和肢骨两侧有多道砍砸痕。

烧痕：共有7件骨骼被烧过。2件骨骼烧黑，分别是猪的第三臼齿和小型哺乳动物的肋骨；3件骨骼烧黑+烧白，分别是猪的2件头骨和1件小型鹿科的股骨；2件骨骼烧白，分别是猪的桡骨和中型哺乳动物的肋骨。

风化：0级，骨骼表面比较光滑，无明显风化。

（三十五）H1154

H1154：27出土中型哺乳动物股骨2件，分别为1/4，残和1/4～1/2，残；重量为33.6克；其中1件骨表部分烧黑，风化0级，骨骼表面较光滑，无明显风化。

（三十六）H1158

H1158：5出土动物骨骼总共21件。鸟纲1件，种属有雉。哺乳纲20件，可鉴定种属的骨骼9件、不可鉴定种属的骨骼11件，种属有猪和中型鹿科。

（1）数量与部位

1）鸟纲

雉：NISP为1，占比100%；MNI为1，占比100%；骨骼重量为1.8克，占比100%。

右侧跗跖骨1件，近、远端均已愈合，稍残。

2）哺乳纲

①可鉴定种属。

猪：NISP为7，占比77.78%；MNI为2，占比66.67%；骨骼重量为60.2克，占比40.4%。

左侧头骨颧骨1件，<1/4，残；头骨鼻骨1件，<1/4，碎；右上游C齿2件，左下游i1齿1件；右侧肩胛远端1件，1/4，残；右侧股骨远端骨干1件，<1/4，残。

中型鹿科：NISP为2，占比22.22%；MNI为1，占比33.33%；骨骼重量为88.8克，占比59.6%。

右侧肱骨远端1件已愈合，1/4~1/2，残；右侧跖骨近端1件已愈合，1/4~1/2，残。

②不可鉴定种属。

中型哺乳动物：骨骼9件，重量27.2克。肢骨8件，肋骨1件，均5~10厘米。

小型哺乳动物：骨骼2件，重量3.6克。胫骨1件，5~10厘米；肋骨1件，<5厘米。

（2）年龄

中型鹿科：根据骨骺愈合情况，0~2岁样本2个，愈合率100%。

（3）性别

猪：雄性1个，占比50%，犬齿粗壮，截面较圆；雌性1个，占比50%，犬齿扁薄，齿根收窄。

（4）骨表痕迹与骨骼异常

烧痕：猪的肩胛烧黑。

风化：0级，骨骼表面比较光滑，无明显风化。

（三十七）H1160

H1160：4出土哺乳纲动物骨骼总共66件，可鉴定种属的骨骼53件、不可鉴定种属的骨骼12件，角器1件，种属有猪、梅花鹿和中型鹿科。

（1）数量与部位

①可鉴定种属。

猪：NISP为49，占比92.45%；MNI为2，占比50%；骨骼重量为761.1克，占比92.51%。

左侧头骨上颌3件；左、右侧前颌I1齿孔各1件；左侧头骨颧骨1件；右侧头骨颞骨1件；左侧头骨顶骨+颞骨+泪骨1件；左侧头骨顶骨1件；左侧头骨听泡1件；左、右上游I2齿各1件，左上游P4齿1件；头骨碎块20件；30件＜1/4，碎，3件1/4，残。

左右侧下颌2件，联合处均已愈合；左侧下颌1件；右侧下颌角1件；下颌角1件；第三臼齿后窝1件；下颌碎块1件；1件＜1/4，碎，4件＜1/4，残，1件1/4，残，1件1/2，残。

左下游i1齿1件，1/2，残；右下游m1齿1件，齿根稍残；左下游m3齿1件，3/4～1，稍残；牙齿碎块2件。

右侧肩胛远端1件，＜1/4，碎；左、右侧胫骨近端骨干各1件，右侧胫骨远端1件已愈合，2件＜1/4，残，1件1/4～1/2，碎。

中型鹿科：NISP为4，占比7.55%；MNI为2，占比50%；骨骼重量为61.6克，占比7.49%。

左侧下颌1件，＜1/4，残；右侧桡骨近端1件已愈合，＜1/4，残；左、右侧盆骨髋臼+坐骨各1件，髋臼均未愈合，1/4，残。

②不可鉴定种属。

中型哺乳动物：骨骼12件，重量为70.4克。肢骨10件，7件＜5厘米、3件5～10厘米；胸椎1件，1/2，残；脊椎1件，＜1/4，碎。

（2）年龄

猪：根据牙齿萌出和磨蚀情况，6～12月1个，占比50%；18～24月1个，占比50%。

根据骨骺愈合情况，2～2.5岁样本1个，愈合率100%。

中型鹿科：根据骨骺愈合情况，0～2岁样本3个，愈合率33.33%。

（3）性别

猪：雌性1个，下颌犬齿齿孔截面为椭圆形，齿孔收窄封闭。

（4）骨表痕迹与骨骼异常

风化：0级，骨骼表面比较光滑，无明显风化。

另，H1160还发现角器1件，重量为60.7克，用梅花鹿鹿角分权处制成，边缘被磨过。

（三十八）H1171

H1171：6出土中型鹿科右侧胫骨远端1件已愈合，1/4～1/2，残；NISP为1，MNI为1；重量46.4克；年龄大于2～4岁这个阶段；风化0级，骨骼表面比较光滑，无明显风化。

（三十九）H1187

H1187：2出土哺乳纲动物骨骼总共24件，可鉴定种属的骨骼10件、不可鉴定种属的骨骼14件，种属有猪和大型牛科。

（1）数量与部位

①可鉴定种属。

猪：NISP为1，占比10%；MNI为1，占比33.33%；骨骼重量为26.3克，占比2.52%。

右侧肱骨远端骨干1件，1/4，残。

大型牛科：NISP为9，占比90%；MNI为2，占比66.67%；骨骼重量为1018.3克，占比97.48%。

右侧牛角2件，分别为1/2，稍残和1，残；牛角碎块6件；左侧肱骨远端1件已愈合，1/4～1/2，残。

②不可鉴定种属。

中型哺乳动物：肢骨14件，11件＜5厘米、3件5～10厘米，重量35.8克。

（2）年龄

大型牛科：根据骨骺愈合情况，1～1.5岁样本1个，愈合率100%。

（3）骨表痕迹与骨骼异常

砍砸痕+磨痕：大型牛科肱骨远端内上髁缺失，内里骨松质缺失，与骨干髓腔相通；滑车表面及上方有较大的圆形凹坑，可能与人为砍砸有关；1件中型哺乳动物肢骨骨表有一道长约9.5毫米、宽约3毫米、深1毫米的横向砍痕，骨头一端被磨过。

风化：大型牛科肱骨风化2级，骨表出现层状剥落，裂纹增大；其余骨骼风化0级，骨骼表面比较光滑，无明显风化。

（四十）H1192

H1192：5出土梅花鹿鹿角2杈及以上分杈处的主枝+杈枝1件，1/4，稍残；NISP为1，MNI为1；骨骼重量为66.8克；主枝断裂处残存一周砍痕；风化0级，骨骼表面比较光滑，无明显风化。

（四十一）H1195

H1195：36出土哺乳纲动物骨骼总共24件，可鉴定种属的骨骼13件、不可鉴定种属的骨骼11件，种属有猪、大型鹿科、小型鹿科和大型牛科。

（1）数量与部位

①可鉴定种属。

猪：NISP为8，占比61.54%；MNI为2，占比40%；骨骼重量为440.9克，占比34.31%。

左下游m3齿1件，3/4～1；左、右侧肱骨远端各1件已愈合，左侧1/2～3/4，稍残，右侧1/4～1/2，稍残；右侧股骨远端1件未愈合，1/4～1/2，稍残；右侧胫骨近端1件未愈合，1/4～1/2，残；左侧跟骨1件未愈合，无关节，3/4～1；右侧第三跖骨、第四跖骨各1件，近、远端均已愈合，三跖完整，四跖稍残，为同一个体，关节面可以拼合。

大型鹿科：NISP为1，占比7.69%；MNI为1，占比20%；骨骼重量为186.4克，占比14.51%。

右侧肩胛远端1件已愈合，1/4～1/2，稍残。

小型鹿科：NISP为3，占比23.08%；MNI为1，占比20%；骨骼重量为11.8克，占比0.92%。

左侧下颌1件，1/4～1/2，稍残；右侧跖骨近端2件已愈合，1/4～1/2，碎。

大型牛科：NISP为1，占比7.69%；MNI为1，占比20%；骨骼重量为645.8克，占比50.26%。

左侧肱骨远端1件已愈合，1/4～1/2，稍残。

②不可鉴定种属。

中型哺乳动物：骨骼9件，重量为93克。肢骨4件，3件5～10厘米、1件10～15厘米；脊椎1件，碎；肋骨4件，2件＜5厘米、2件5～10厘米。

小型哺乳动物：肢骨2件，重量为5.1克。胫骨1件，＜1/4，残；肢骨1件，＜5厘米。

（2）年龄

猪：根据骨骺愈合情况，1～1.5岁样本2个，愈合率100%；2～2.5岁样本3个，愈合率33.33%；3～3.5岁样本2个，愈合率0%。

（3）骨表痕迹与骨骼异常

砍砸痕：1件大型牛科肱骨远端内上髁与外上髁缺失，滑车内侧部分骨皮缺失，骨表有裂纹，内上髁缺口处与骨髓腔连通，可能为敲骨吸髓所致。

烧黑：12件骨骼疑似烧黑，分别是猪的肱骨2件、股骨1件、胫骨1件、跟骨1件、第三跖骨1件、第四跖骨1件，大型鹿科肩胛1件，中型哺乳动物肢骨4件。

风化：1件大型牛科肱骨风化2级，骨表裂纹增大，出现层状剥落；其他骨骼风化0级，骨骼表面比较光滑，无明显风化。

（四十二）H1221

H1221：43出土哺乳纲动物骨骼总共10件，可鉴定种属的骨骼8件、不可鉴定种属的骨骼2件，种属有猪、小型鹿科和大型牛科/鹿科。

（1）数量与部位

①可鉴定种属。

猪：NISP为6，占比75%；MNI为2，占比50%；骨骼重量为181.8克，占比54.74%。

右侧下颌角1件，＜1/4，碎；左、右侧肩胛远端各1件，均已愈合，左侧1/2，稍残，右侧1/4～1/2，残；右侧肱骨远端1件未愈合，无关节，1/4，残；左侧尺骨近端1件，1/2～3/4，稍残；右侧盆骨髋臼1件已愈合，＜1/4，稍残。

小型鹿科：NISP为1，占比12.5%；MNI为1，占比25%；骨骼重量为8.4克，占比2.53%。

左侧肱骨远端1件已愈合，＜1/4，稍残。

大型牛科/鹿科：NISP为1，占比12.5%；MNI为1，占比25%；重量为141.9克，占比42.73%。

肩胛近端1件，1/4，残。

②不可鉴定种属。

中型哺乳动物：骨骼2件，重量为36克。股骨1件，＜1/4，碎；肋骨1件，10～15厘米。

（2）年龄

猪：根据骨骺愈合情况，1～1.5岁样本4个，愈合率75%。

（3）骨表痕迹与骨骼异常

烧痕：2件骨骼烧黑，分别是猪的尺骨和大型牛科/鹿科的肩胛骨表部分烧黑。

风化：0级，骨骼表面比较光滑，无明显风化。

（四十三）H1229

H1229出土哺乳纲动物骨骼总共2件，均可鉴定种属，种属有猪和梅花鹿。

（1）数量与部位

猪：NISP为1，占比50%；MNI为1，占比50%；骨骼重量为19.1克，占比23.67%。

左侧肩胛尾侧缘1件，1/4～1/2，碎。

梅花鹿：NISP为1，占比50%；MNI为1，占比50%；骨骼重量为61.6克，占比76.33%。

鹿角杈枝1件，＜1/4，残。

（2）痕迹

砍痕：梅花鹿杈枝断裂处有一周砍痕。

风化：0级，骨骼表面比较光滑，无明显风化。

（四十四）H1235

H1235：9出土动物骨骼总共29件。鱼纲1件，不可鉴定种属。哺乳纲28件，可鉴定种属的骨骼8件、不可鉴定种属的骨骼20件，种属有猪、梅花鹿、中型鹿科和大型牛科。

（1）数量与部位

1）鱼纲

鱼：基鳍骨1件，3/4～1，稍残，重量为0.9克。

2）哺乳纲

①可鉴定种属。

猪：NISP为2，占比25%；MNI为1，占比25%；骨骼重量为46.3克，占比6%。

左侧盆骨髋臼+髂骨1件，髋臼未愈合，1/4，残；左侧股骨近端1件未愈合，无关节，＜1/4，残。

梅花鹿：NISP为1，占比12.5%；MNI为1，占比25%；骨骼重量为114.2克，占比14.79%。

左侧鹿角角环+主枝1件，＜1/4，稍残，角环自然脱落。

中型鹿科：NISP为3，占比37.5%；MNI为1，占比25%；骨骼重量为29克，占比3.76%。

左侧下颌1件，1/4～1/2，残；左侧距骨近端骨干1件，跖骨骨干1件，均为1/4～1/2，碎。

大型牛科：NISP为2，占比25%；MNI为1，占比25%；骨骼重量为582.5克，占比75.45%。

右侧跟骨1件已愈合，完整；左侧距骨1件，完整。

②不可鉴定种属。

中型哺乳动物：骨骼20件，重量108.3克。肱骨骨干1件，＜1/4，碎；股骨2件，＜1/4，碎；肢骨10件，4件＜5厘米、6件5～10厘米；腰椎1件，残；肋骨6件，3件＜5厘米、3件5～10厘米。

（2）年龄

猪：根据骨骺愈合情况，1～1.5岁样本1个，愈合率0%；3～3.5岁样本1个，愈合率0%。

大型牛科：根据骨骺愈合情况，3～3.5岁样本1个，愈合率100%。

（3）性别

梅花鹿：雄性1个，鹿角上带有角环。

（4）骨表痕迹与骨骼异常

砍砸痕：1件梅花鹿鹿角角环上方41.9毫米处破裂，有一周砍砸痕迹；1件中型鹿科距骨一端破碎处有砍砸痕；1件大型牛科距骨外侧滑车疑似有砍砸痕。

风化：1件大型牛科距骨局部风化2级，近端骨皮脱落，有较多裂纹；其他骨骼风化0级，骨骼表面比较光滑，无明显风化。

（四十五）H1238

H1238出土哺乳纲动物骨骼总共10件，可鉴定种属的骨骼8件、不可鉴定种属的骨骼2件，种属有大型牛科。

（1）数量与部位

①可鉴定种属。

大型牛科：NISP为8，占比100%；MNI为1，占比100%；骨骼重量为3240.9克，占比100%。

头骨碎块1件，＜1/4，碎；胸椎椎弓1件，＜1/4，碎；左侧肩胛远端1件已愈合，1/2～3/4，残；左侧肩胛碎块2件，＜1/4，碎；左侧股骨近端1件已愈合，1/2～3/4，残；左侧胫骨近端骨干1件，1/2～3/4，残；左侧距骨1件，近、远端均已愈合，长1，稍残。

②不可鉴定种属。

中型哺乳动物：肢骨2件，1件＜5厘米、1件5～10厘米，重量为6.2克。

（2）年龄

大型牛科：根据骨骺愈合情况，7～10月样本1个，愈合率100%；2～3岁样本1个，愈合率100%；3～3.5岁样本1个，愈合率100%。

（3）骨表痕迹与骨骼异常

风化：0级，骨骼表面比较光滑，无明显风化。

（四十六）H1243

H1243：26出土动物骨骼总共28件。鱼纲1件，不可鉴定种属。爬行纲1件，种属有鳖。鸟纲1件，种属有雉。哺乳纲25件，可鉴定种属的骨骼7件、不可鉴定种属的骨骼18件，种属有猪、水鹿、梅花鹿、大型鹿科和中型鹿科。

（1）数量与部位

1）鱼纲

鱼：咽齿骨1件，1/2，残，重量为3.7克。

2）爬行纲

鳖：NISP为1，占比100%；MNI为1，占比100%；骨骼重量为1.5克，占比100%。

左侧股骨1件，3/4~1，稍残。

3）鸟纲

雉：NISP为1，占比100%；MNI为1，占比100%；骨骼重量为1.2克，占比100%。

左侧胫跗骨远端1件已愈合，1/4~1/2，稍残。

4）哺乳纲

①可鉴定种属。

猪：NISP为3，占比42.86%；MNI为1，占比20%；骨骼重量为38.2克，占比15.97%。

右侧肱骨远端1件未愈合，1/4，残；右侧肱骨远端骨干1件，1/4，残；左侧腓骨远端1件，<1/4，残。

水鹿：NISP为1，占比14.29%；MNI为1，占比20%；骨骼重量为97.9克，占比40.93%。

右侧角柄+角环+主枝（A1）1件，<1/4，稍残，角环自然脱落。

梅花鹿：NISP为1，占比14.29%；MNI为1，占比20%；骨骼重量为58.1克，占比24.29%。

鹿角主枝+第三杈1件，1/4，稍残。

大型鹿科：NISP为1，占比14.29%；MNI为1，占比20%；骨骼重量为39.3克，占比16.43%。

右侧掌骨近端1件已愈合，1/4~1/2，残。

中型鹿科：NISP为1，占比14.29%；MNI为1，占比20%；骨骼重量为5.7克，占比2.38%。

跖骨骨干1件，<1/4，残。

②不可鉴定种属。

中型哺乳动物：骨骼17件，重量为100.3克。肩胛1件，<1/4，碎；胫骨骨干3件，2件<1/4，残，1件1/4~1/2，残；肢骨8件，6件<5厘米、2件5~10厘米；肋骨5件，2件<5厘米、3件5~10厘米。

小型哺乳动物：肋骨1件，5~10厘米，重量为1.6克。

（2）年龄

猪：根据骨骺愈合情况，1~1.5岁个体1个，愈合率0%。

（3）性别

水鹿：雄性1个，鹿角带有角柄。

（4）骨表痕迹与骨骼异常

砍痕：1件水鹿角环上方37.38毫米主枝处残存一周砍痕；1件梅花鹿杈枝与主枝断裂处残存一周砍痕。

风化：0级，骨骼表面比较光滑，无明显风化。

（四十七）H1246

H1246：54出土动物骨骼总共36件。鱼纲2件，不可鉴定种属。哺乳纲34件，可鉴定种属的骨骼17件、不可鉴定种属的骨骼17件，种属有猪、大型鹿科、小型鹿科和大型牛科。

（1）数量与部位

1）鱼纲

鱼：骨骼2件，重量为3.3克。支鳍骨1件，其他骨骼1件，均<5厘米。

2）哺乳纲

①可鉴定种属。

猪：NISP为13，占比76.47%；MNI为2，占比40%；骨骼重量为734.2克，占比75.63%。

左下游i3和c齿各1件，i3完整、c齿3/4～1；下游i齿根1件，1/2～3/4，残；右侧肱骨远端骨干1件，1/2～3/4，稍残；左侧桡骨近端1件已愈合，1/4～1/2，稍残；左侧尺骨近端1件未愈合，无关节，1/2，稍残；右侧盆骨髂骨+髋臼+坐骨1件，髋臼已愈合，3/4，稍残；左侧股骨近端1件未愈合，无关节，<1/4，残；右侧股骨近端1件已愈合，1/4～1/2，稍残；右侧股骨远端2件，1件已愈合，1/2，稍残，另1件愈合中，1/4，稍残；左侧胫骨近端1件愈合中，1/2，稍残；右侧胫骨远端1件已愈合，1/4，稍残。

大型鹿科：NISP为1，占比5.88%；MNI为1，占比20%；骨骼重量为109.1克，占比11.24%。

左侧肩胛远端1件已愈合，1/4～1/2，稍残。

小型鹿科：NISP为2，占比11.76%；MNI为1，占比20%；骨骼重量为7.3克，占比0.75%。

左侧桡骨近端1件已愈合，<1/4，残；右侧盆骨坐骨1件，<1/4，残。

大型牛科：NISP为1，占比5.88%；MNI为1，占比20%；骨骼重量为120.2克，占比12.38%。

右侧桡骨远端1件未愈合，无关节，1/4～1/2。

②不可鉴定种属。

中型哺乳动物：骨骼17件，重量为209.9克。下颌角1件，<1/4，碎；股骨骨干1件，<1/4，碎；胫骨骨干1件，1/4～1/2，稍残；肢骨6件，4件<5厘米、1件5～10厘米、1件10～15厘米；胸椎1件，3/4～1，稍残；脊椎1件，<1/4，碎；肋骨6件，2件<5厘米、3件5～10厘米、1件10～15厘米。

（2）年龄

猪：根据骨骺愈合情况，1～1.5岁样本2个，愈合率100%；2～2.5岁样本1个，愈合率100%；3～3.5岁样本6个，愈合率66.67%。

（3）性别

猪：雌性1个，下颌犬齿截面呈椭圆形，齿根收窄封闭。

（4）骨表痕迹与骨骼异常

砸痕：1件中型哺乳动物肢骨表面有多处疑似砸痕形成的凹陷小窝，凹痕较浅稍宽。

烧痕：8件骨骼烧黑，分别是猪的第三门齿、齿根和2件胫骨，大型鹿科的肩胛、小型鹿科的桡骨、牛的桡骨和中型哺乳动物的肋骨。

风化：0级，骨骼表面比较光滑，无明显风化。

（四十八）H1257

H1257：10出土哺乳纲动物骨骼总共95件，可鉴定种属的骨骼64件、不可鉴定种属的骨骼31件，种属有黑熊、猪、大型鹿科、中型鹿科和大型牛科。

（1）数量与部位

①可鉴定种属。

黑熊：NISP为1，占比1.56%；MNI为1，占比8.33%；骨骼重量为219克，占比5.41%。

右侧肱骨远端1件已愈合，1/4~1/2，稍残。

猪：NISP为55，占比85.94%；MNI为7，占比58.33%；骨骼重量为2725.6克，占比67.33%。

右侧头骨额骨1件，左侧头骨上颌4件，右侧头骨上颌2件，上颌碎块1件，6件<1/4，残，2件1/4~1/2，残；左右侧下颌4件，联合处均已愈合，左侧下颌5件，右侧下颌5件，1件<1/4，残，1件1/4~1/2，稍残，7件1/4~1/2，残，2件1/2，稍残，2件1/2~3/4，稍残，1件1/2~3/4，残；左、右侧下游i1齿各1件，残；下游p4齿1件，残；游离的前臼齿1件，残；牙齿碎块13件。

左侧肩胛远端2件，1件已愈合，右侧肩胛远端2件均已愈合，分别为<1/4，残，1/4~1/2，残，1/2~3/4，残和3/4，稍残；左侧肱骨远端1件已愈合，左侧肱骨骨干1件，右侧肱骨远端2件已愈合，分别为<1/4，碎，<1/4，残，1/4~1/2，残和1/2~3/4，稍残；左侧桡骨近端1件已愈合，<1/4，残；右侧尺骨近端2件，1/4~1/2，残。

左侧盆骨髋臼1件，右侧盆骨髂骨1件，右侧盆骨髋臼+耻骨1件，髋臼已愈合，分别为<1/4，残，1/4，残和1/4~1/2，稍残；左侧胫骨近端1件，右侧胫骨近端1件愈合中，1/4~1/2，稍残和1/4~1/2，残。

大型鹿科：NISP为5，占比7.81%；MNI为2，占比16.67%；骨骼重量为720.1克，占比17.79%。

左侧肩胛远端1件已愈合，右侧肩胛远端1件已愈合，1/4~1/2，残和1/2~3/4，残；右侧盆骨髋臼1件已愈合，1/4~1/2，残；左侧股骨远端1件已愈合，1/4~1/2，残；第一指/趾骨1件，近、远端已愈合，完整。

中型鹿科：NISP为1，占比1.56%；MNI为1，占比8.33%；骨骼重量为32.8克，占比0.81%。

左侧胫骨远端1件已愈合，<1/4，残。

大型牛科：NISP为2，占比3.13%；MNI为1，占比8.33%；骨骼重量为350.9克，占比8.67%。

左侧头骨上颌1件，＜1/4，残；荐椎1件，1/2～3/4，残。

②不可鉴定种属。

中型哺乳动物：骨骼30件，重量为187.3克。肩胛3件，2件＜1/4，碎，1件1/4～1/2，碎；肢骨20件，17件＜5厘米、3件5～10厘米；肋骨7件，5件5～10厘米、1件10～15厘米、1件＞15厘米。

小型哺乳动物：肩胛1件，＜1/4，碎，重量为2.3克。

（2）年龄

猪：根据牙齿萌出和磨蚀情况，4～6月样本1个，占比8.33%；6～12月样本2个，占比16.67%；12～18月样本1个，占比8.33%；18～24月样本3个，占比25%；24～36月样本4个，占比33.33%；大于36月样本1个，占比8.33%。

根据骨骺愈合情况，1～1.5岁样本8个，愈合率100%；3～3.5岁样本1个，愈合率100%。

中型鹿科：根据骨骺愈合情况，2～4岁样本1个，愈合率100%。

（3）性别

猪：雄性1个，占比16.67%，下颌犬齿较粗壮，齿孔截面呈三角形，齿根开放；雌性5个，占比83.33%，3件上颌犬齿齿孔扁薄，齿根处收窄封闭，2件下颌犬齿齿孔截面呈椭圆形，齿根处收窄封闭。

（4）骨表痕迹与骨骼异常

砍砸痕：1件猪肱骨近端关节缺失，髓腔暴露，近端骨干破碎处残存部分砍砸痕，其他地方遭到后期破坏为新碴，看不到之前的骨表痕迹与骨骼异常，骨干中间松质缺失，可能为敲骨吸髓所致。

啮齿动物咬痕：1件猪肩胛表面有啮齿动物咬痕。

线性牙釉质发育不全：1件猪左侧下颌第三臼齿颊侧有一道线性牙釉质发育不全。

风化：2件猪的肩胛和1件猪的肱骨风化2级，骨表裂纹增大，出现层状剥落；其余骨骼风化1级。

（5）特殊现象说明

该单位随葬了较多的猪下颌骨，年龄比较分散，雌性个体较多。

（四十九）H1260

H1260：18出土动物骨骼总共12件。爬行纲3件，种属有龟。哺乳纲9件，可鉴定种属的骨骼4件、不可鉴定种属的骨骼5件，种属有猪、大型鹿科、中型鹿科和鹿科。

（1）数量与部位

1）爬行纲

龟：NISP为3，占比100%；MNI为1，占比100%；骨骼重量为11克，占比100%。

背甲肋板2件、缘板1件，均＜1/4，碎。

2）哺乳纲

①可鉴定种属。

猪：NISP为1，占比25%；MNI为1，占比33.33%；骨骼重量为38.9克，占比17.08%。

右侧头骨颞骨1件，＜1/4，碎。

大型鹿科：NISP为1，占比25%；MNI为1，占比33.33%；骨骼重量为140.2克，占比61.57%。

右侧肱骨远端1件已愈合，1/4，残。

中型鹿科：NISP为1，占比25%；MNI为1，占比33.33%；骨骼重量为23.8克，占比10.45%。

左侧距骨1件，稍残。

鹿科：NISP为1，占比25%；骨骼重量为24.8克，占比10.89%。

鹿角角尖1件，1/4，稍残。

②不可鉴定种属。

中型哺乳动物：骨骼3件，重量为20克。胫骨近端1件，1/4～1/2，碎；肢骨2件，＜5厘米。

小型哺乳动物：肩胛2件，＜1/4，碎和＜1/4，残，重量为8.1克。

（2）骨表痕迹与骨骼异常

风化：0级，骨骼表面比较光滑，无明显风化。

四、灰　沟

G12

G12横跨T5830、T5931、T6031、T6331这4个探方，出土哺乳纲动物骨骼总共件298件，可鉴定种属的骨骼155件、不可鉴定种属的骨骼140件，骨器1件，角器2件，种属有黑熊、熊、猪獾、猪、水鹿、梅花鹿、大型鹿科、中型鹿科、小型鹿科、犀牛和大型牛科。

①可鉴定种属。

黑熊NISP为3，占比1.94%；MNI为1，占比4.55%；骨骼重量为459.7克，占比3.31%。

熊：NISP为4，占比2.58%；MNI为1，占比4.55%；骨骼重量为539克，占比3.88%。

猪獾：NISP为1，占比0.65%；MNI为1，占比4.55%；骨骼重量为20.2克，占比0.15%。

猪：NISP为98，占比63.23%；MNI为10，占比45.45%；骨骼重量为4534.6克，占比32.65%。

水鹿：NISP为1，占比0.65%；MNI为1，占比4.55%；骨骼重量为84.8克，占比0.61%。

大型鹿科：NISP为10，占比6.45%；MNI为1，占比4.55%；骨骼重量为1128.7克，占比8.13%。

中型鹿科：NISP为22，占比14.19%；MNI为3，占比13.64%；骨骼重量为910.4克，占比6.55%。

小型鹿科：NISP为6，占比3.87%；MNI为2，占比9.09%；骨骼重量为51.7克，占比0.37%。

犀牛NISP为2，占比1.29%；MNI为1，占比4.55%；骨骼重量为3153.1克，占比22.7%。

大型牛科：NISP为8，占比5.16%；MNI为1，占比4.55%；骨骼重量为3007.8克，占比21.65%。

②不可鉴定种属。

大型哺乳动物骨骼9件，重量为701.1克。

中型哺乳动物骨骼82件，重量为693.9克。

小型哺乳动物骨骼3件，重量为12.7克。

哺乳动物骨骼46件，重量为285.8克。

骨器1件，重量为23克。

角器2件，重量为74.5克。

其中127件骨骼在提取时未编号，其余骨骼分编为1号、3号、5号、23号、①层、②层、②层42号和④层46号，下文分别进行介绍。

1. T5830G12未编号

T5830G12出土哺乳纲动物骨骼总共127件，可鉴定种属的骨骼41件、不可鉴定种属的骨骼85件，角器1件，种属有黑熊、熊、猪、梅花鹿、大型鹿科、中型鹿科、小型鹿科、犀牛和大型牛科。

（1）数量与部位

①可鉴定种属。

黑熊：NISP为1，占比2.44%；MNI为1，占比7.69%；骨骼重量为164.8克，占比2.38%。右侧尺骨1件近端已愈合，稍残。

熊：NISP为1，占比2.44%；MNI为1，占比7.69%；骨骼重量为102.4克，占比1.48%。左侧肱骨近端骨干1件，1/4～1/2，稍残。

猪：NISP为19，占比46.34%；MNI为5，占比38.46%；骨骼重量为634.2克，占比9.16%。右侧头骨上颌1件，＜1/4；左上游I1齿1件，完整；左侧下颌5件，右侧下颌1件，3件＜1/4、1件1/4～1/2、2件1/2；右下游c齿1件，3/4～1，残；游离的第三臼齿碎块1件，牙齿碎块1件。

左侧肱骨远端1件已愈合，1/4～1/2，残；左侧尺骨1件，3/4～1，稍残；尺骨骨干1件，1/4～1/2，稍残；右侧盆骨髋臼+坐骨1件，髋臼已愈合，1/2，稍残；右侧盆骨坐骨1件，1/4，残；左侧胫骨近端1件愈合中，＜1/4，残；左侧胫骨远端1件已愈合，1/2，稍残；掌/跖骨远端1件已愈合，1/2，稍残。

大型鹿科：NISP为3，占比7.32%；MNI为1，占比7.69%；骨骼重量为167.8克，占比2.42%。

左侧下颌1件，1/4，残；左侧下颌角+上升支1件，＜1/4，残；右侧肩胛远端1件已愈合，

1/2，稍残。

中型鹿科：NISP为7，占比17.07%；MNI为2，占比15.38%；骨骼重量为134.4克，占比1.94%。

左侧下颌1件，3/4～1；左下游m1/m2齿1件，稍残；臼齿碎块3件；左侧肱骨远端1件已愈合，1/4～1/2，残；掌骨近端1件已愈合，1/2，残。

小型鹿科：NISP为2，占比4.88%；MNI为1，占比7.69%；骨骼重量为16.1克，占比0.23%。

寰椎1件已愈合，完整；左侧肩胛远端1件已愈合，1/2，稍残。

犀牛：NISP为1，占比2.44%；MNI为1，占比7.69%；骨骼重量为3090.7克，占比44.66%。

右侧肱骨1件，近端未愈合，远端已愈合，完整。

大型牛科：NISP为7，占比17.07%；MNI为1，占比7.69%；骨骼重量为2610.3克，占比37.72%。

左右侧额骨+左右侧顶骨+左右侧枕骨+右侧颞骨+右侧颧骨1件，左右侧枕髁+基底骨1件，左侧听泡1件，头骨碎块3件，应为同一头骨，长1/2～3/4，稍残；左侧股骨远端1件未愈合，1/4～1/2，残。

②不可鉴定种属。

大型哺乳动物：骨骼5件，重量为320.5克。肱骨近端2件，＜1/4，碎；股骨远端1件，＜1/4，碎；脊椎1件，1/4～1/2，残；骨骼1件，＜5厘米。

中型哺乳动物：骨骼36件，重量为297.3克。下颌2件，＜1/4；肩胛1件，＜1/4，碎；肱骨骨干3件，＜1/4，碎；股骨骨干1件，1/2，碎；胫骨近端骨干1件，1/4～1/2，碎；肢骨24件，11件＜5厘米、13件5～10厘米；脊椎2件，＜1/4和1/2；肋骨2件，＜1/4。

小型哺乳动物：肱骨1件，＜1/4，残，重量为10.1克。

哺乳动物：骨骼43件，重量为100克。头骨碎块4件，＜1/4，碎；下颌碎块4件，＜1/4，碎；肢骨32件，30件＜5厘米、2件5～10厘米；肋骨1件，5～10厘米。

（2）年龄

猪：根据牙齿萌出和磨蚀情况，6～12月1个，占比20%；18～24月2个，占比40%；大于36月1个，占比20%；6～12月/12～18月1个，占比20%。

根据骨骺愈合情况，1～1.5岁2个，愈合率100%；2～2.5岁2个，愈合率100%；3～3.5岁1个，愈合率100%。

中型鹿科：根据牙齿萌出和磨蚀情况，3.5～5.5岁1个，占比50%；6.5岁1个，占比50%。

根据骨骺愈合情况，0～2岁样本2个，愈合率100%。

（3）性别

猪：雌性1个，下颌犬齿截面呈椭圆形。

（4）骨表痕迹与骨骼异常

风化：2件大型哺乳动物肢骨风化3级，骨表皮部分丧失，骨密质暴露；其余骨骼风化0级。

砍砸痕：1件黑熊尺骨远端骨干破碎处疑似有一圈砍砸痕；1件熊肱骨近端骨干破碎处残存一周砍砸痕。

磨痕：1件中型哺乳动物股骨表面及四周打磨光滑，呈匕状，残长129.67毫米，宽24.63毫米。

烧痕：1件猪的盆骨烧黑，1件中型鹿科的下颌和1件大型牛科的头骨部分烧黑。

（5）角器

另，T5830G12还发现鹿角靴形器1件，重量为70.5克，利用梅花鹿鹿角分杈处制成。角的边缘打磨光滑。

2. T5830G12：1

T5830G12：1出土哺乳纲动物骨骼总共26件，可鉴定种属的骨骼12件、不可鉴定种属的骨骼14件，种属有猪、大型鹿科、中型鹿科和小型鹿科。

（1）数量与部位

①可鉴定种属。

猪：NISP为3，占比25%；MNI为1，占比16.67%；骨骼重量为124.1克，占比37.99%。

下游m3齿1件，稍残；左侧肱骨远端1件已愈合，1/4～1/2，稍残；右侧胫骨近端骨干1件，1/4，稍残。

大型鹿科：NISP为2，占比16.67%；MNI为1，占比16.67%；骨骼重量为91.4克，占比27.98%。

左下游m1/m2齿1件，齿根残；左侧距骨1件，完整。

中型鹿科：NISP为4，占比33.33%；MNI为2，占比33.33%；骨骼重量为89.7克，占比27.46%。

左侧下颌2件，1/4，稍残和1/2～3/4，稍残；左侧下颌冠状突1件，＜1/4，碎；左下游m1齿1件，为其中1件下颌上掉落的牙齿。

小型鹿科：NISP为3，占比25%；MNI为2，占比33.33%；骨骼重量为21.5克，占比6.58%。

左侧下颌3件，＜1/4，碎，1/4，稍残和1/4～1/2，稍残。

②不可鉴定种属。

中型哺乳动物：骨骼12件，重量为55.3克。头骨碎块3件，＜1/4，碎；下颌1件，＜1/4，碎；肢骨1件，＜1/4，碎；骨骼碎块7件，＜5厘米，碎。

哺乳动物：骨骼2件，重量为181.3克。

（2）年龄

猪：根据骨骺愈合情况，1～15岁样本1个，愈合率100%。

中型鹿科：根据牙齿萌出和磨蚀情况，3.5～6.5岁1个，占比50%；6.5岁1个，占比50%。

（3）骨表痕迹与骨骼异常

烧痕：2件骨骼烧黑，分别是猪的肱骨和胫骨。

风化：0级，骨骼表面比较光滑，无明显风化。

3. T5830G12：3

T5830G12：3出土哺乳纲动物骨骼总共19件，可鉴定种属的骨骼3件、不可鉴定种属的骨骼16件，种属有猪和中型鹿科。

（1）数量与部位

①可鉴定种属。

猪：NISP为2，占比66.67%；MNI为2，占比66.67%；骨骼重量为31.3克，占比87.19%。

左下m2齿1件，完整；右侧下颌1件，＜1/4，残。

中型鹿科：NISP为1，占比33.33%；MNI为1，占比33.33%；骨骼重量为4.6克，占比12.81%。

左侧下颌髁突1件，＜1/4，碎。

②不可鉴定种属。

中型哺乳动物：骨骼14件，重量为37克。肢骨13件，10件＜5厘米、3件5～10厘米；肋骨1件，＜5厘米。

小型哺乳动物：肱骨远端骨干1件，＜1/4，碎，重量为1.5克。

哺乳动物：骨骼1件，残，重量为4.5克。

（2）年龄

猪：根据牙齿萌出和磨蚀情况，6～18月1个，占比50%；12～24月1个，占比50%。

（3）骨表痕迹与骨骼异常

砍砸痕：1件哺乳动物的骨骼一侧有一道长14毫米、宽2.5毫米、深1毫米的斜向砍砸痕。

风化：0级，骨骼表面比较光滑，无明显风化。

4. T5830G12：5

T5830G12：5出土哺乳纲动物骨骼3件，可鉴定种属的骨骼2件、不可鉴定种属的骨骼1件，种属有猪。

（1）数量与部位

猪：NISP为2，占比100%；MNI为1，占比100%；股骨重量为85.5克，占比100%。

左侧股骨远端1件已愈合，右侧股骨骨干1件，均1/4，残。

中型哺乳动物：股骨骨干1件，＜1/4，碎，重量为13.2克。

（2）年龄

猪：根据骨骺愈合情况，3～3.5岁样本1个，愈合率100%。

（3）骨表痕迹与骨骼异常

风化：0级，骨骼表面比较光滑，无明显风化。

5. T5931G12：23

T5931G12：23出土哺乳纲动物骨骼总共66件，可鉴定种属的骨骼58件、不可鉴定种属的骨骼7件，角器1件，种属有黑熊、熊、猪獾、猪、水鹿、大型鹿科、中型鹿科、小型鹿科、犀牛和大型牛科。

（1）数量与部位

①可鉴定种属。

黑熊：NISP为1，占比1.72%；MNI为1，占比8.33%；骨骼重量为161.5克，占比4.48%。

右侧股骨近端1件已愈合，1/4～1/2，稍残。

熊：NISP为1，占比1.72%；MNI为1，占比8.33%；骨骼重量为101.1克，占比2.8%。

右侧股骨近端骨干1件，1/4，稍残。

猪獾：NISP为1，占比1.72%；MNI为1，占比8.33%；骨骼重量为20.2克，占比0.56%。

左侧下颌1件，稍残。

猪：NISP为43，占比74.14%；MNI为3，占比25%；骨骼重量为2002.2克，占比55.53%。

左右侧头骨顶骨1件，左、右侧头骨颞骨各1件，头骨颧骨、枕髁、听泡各1件，头骨碎块14件，19件＜1/4，碎，1件1/4，残；左侧下颌4件，右侧下颌1件，左侧下颌角1件，右侧下颌髁1件，2件＜1/4，碎，2件1/4，残，1件1/4～1/2，2件1/2～3/4。

左侧肱骨远端3件，2件已愈合、1件愈合中，分别为1/2，稍残，1/2，残，1/2～3/4，稍残；左侧桡骨1件，近、远端均已愈合，完整；右侧桡骨近端1件已愈合，1/4～1/2，稍残。

左侧盆骨髂骨+髋臼1件，髋臼已愈合，左侧盆骨髂骨+髋臼+坐骨1件，髋臼已愈合，右侧盆骨髂骨+髋臼1件，髋臼已愈合，右侧盆骨髂骨+髋臼+耻骨+坐骨1件，髋臼已愈合，右侧盆骨髂骨+髋臼+坐骨1件，髋臼已愈合，右侧盆骨髂骨+髋臼1件，1件＜1/4，残，4件1/4～1/2，残，1件1/4～1/2，稍残；左侧胫骨近端1件未愈合，左侧胫骨骨干2件，右侧胫骨远端2件已愈合，2件1/4～1/2，稍残，1件1/4～1/2，残，1件1/2，碎，1件1/2～3/4，残。

水鹿：NISP为1，占比1.72%；MNI为1，占比8.33%；骨骼重量为84.8克，占比2.35%。

左侧鹿角角环+主枝（A1）1件，＜1/4，稍残，角环自然脱落。

大型鹿科：NISP为2，占比3.45%；MNI为1，占比8.33%；骨骼重量为365.6克，占比10.14%。

左侧肱骨远端1件已愈合，1/4～1/2，残；右侧股骨远端1件已愈合，1/4，稍残。

中型鹿科：NISP为6，占比10.34%；MNI为1，占比8.33%；骨骼重量为396.5克，占比11%。

鹿角角尖1件，＜1/4，稍残；寰椎1件已愈合，3/4～1，稍残；左、右肱骨远端各1件，均已愈合，1/4～1/2，稍残；右侧股骨远端1件已愈合，1/4～1/2，稍残；左侧距骨1件，稍残。

小型鹿科：NISP为1，占比1.72%；MNI为1，占比8.33%；骨骼重量为14.1克，占比0.39%。

右侧胫骨远端1件未愈合，1/2～3/4。

犀牛：NISP为1，占比1.72%；MNI为1，占比8.33%；骨骼重量为62.4克，占比1.73%。

第一指/趾骨1件已愈合，完整。

大型牛科：NISP为1，占比1.72%；MNI为1，占比8.33%；骨骼重量为397.5克，占比

11.02%。

左侧股骨近端1件已愈合，1/4～1/2，残。

②不可鉴定种属。

大型哺乳动物：肢骨1件，15～20厘米，碎，重量为258.3克。

中型哺乳动物：肢骨6件，3件5～10厘米、3件10～15厘米，重量为172.8克。

（2）年龄

猪：根据牙齿萌出和磨蚀情况，18～24月2个，占比40%；24～36月2个，占比40%；24～36月/大于36月1个，占比20%。

根据骨骺愈合情况，1～1.5岁样本9个，愈合率100%；2～2.5岁样本2个，愈合率100%；3～3.5岁样本2个，愈合率50%。

中型鹿科：根据骨骺愈合情况，0～2岁样本2个，愈合率100%；4～5岁样本1个，愈合率100%。

大型牛科：根据骨骺愈合情况，3～3.5岁样本1个，愈合率100%。

（3）性别

猪：雌性2个，下颌犬齿齿孔截面呈椭圆形，齿根封闭。

水鹿：雄性1个，鹿角带有角环。

（4）骨表痕迹与骨骼异常

砍砸痕：2件猪盆骨髂骨颈破碎处残存一周砍砸痕；1件水鹿角环上方39.26毫米主枝断裂处残存一周砍痕；1件中型鹿科角尖断裂处有一周砍痕。

风化：0级，骨骼表面比较光滑，无明显风化。

另，G12∶23还发现角镞1件，重量为4克，利用鹿角制成，一端磨成尖状。

6. T6031G12②

T6031G12②出土骨锥1件，重量为23克，利用中型鹿科左侧掌骨近端及其骨干制成，骨干磨成尖状。

7. T6031G12②∶42

T6031G12②∶42出土哺乳纲动物骨骼总共50件，可鉴定种属的骨骼37件、不可鉴定种属的骨骼13件，种属有黑熊、熊、猪、大型鹿科、中型鹿科。

（1）数量与部位

①可鉴定种属。

黑熊：NISP为1，占比2.7%；MNI为1，占比14.29%；骨骼重量为133.4克，占比4.95%。

左侧股骨近端1件已愈合，1/4～1/2，稍残。

熊：NISP为2，占比5.41%；MNI为1，占比14.29%；骨骼重量为335.5克，占比12.45%。

左侧肩胛远端1件已愈合，1/4，稍残；左侧肱骨远端骨干1件，1/2～3/4，稍残。

猪：NISP为29，占比78.38%；MNI为3，占比42.86%；骨骼重量为1657.3克，占比

61.48%。

左侧头骨上颌、额骨眼眶和颧骨各1件，＜1/4，碎；左右侧下颌1件，联合处已愈合，左侧下颌2件，右侧下颌2件，3件＜1/4，碎，1件1/4，碎，1件1/2～3/4；右下游c齿和m3齿各1件，c齿1/4～1/2、m3齿3/4～1。

左侧肩胛远端2件，其中1件已愈合，左、右侧肩胛骨板各1件，肩胛骨板1件，1件＜1/4，碎，1件1/4，碎，2件1/4～1/2，稍残，1件1/2，残；右侧肱骨近端1件，左、右侧肱骨远端各1件愈合中，1件＜1/4，残，2件1/2～3/4，稍残；右侧桡骨近端1件已愈合，1/4～1/2，稍残，右侧桡尺骨近端1件1/4～1/2，稍残，桡、尺骨近端均已愈合；右侧尺骨近端1件未愈合，1/2，稍残。

左侧盆骨髂骨+髋臼1件，右侧盆骨闭孔1件，＜1/4，稍残；左侧股骨近端1件愈合中，左侧股骨骨干1件，右侧股骨近端骨干1件，小转子已愈合，2件1/4～1/2，稍残，1件1/2～3/4，稍残；左侧胫骨骨干2件，右侧胫骨骨干1件，1件1/4～1/2，残，2件1/2，稍残。

大型鹿科：NISP为2，占比5.41%；MNI为1，占比14.29%；骨骼重量为323克，占比11.98%。

左侧股骨远端1件已愈合，1/4～1/2，残；右侧股骨远端髁上窝1件，＜1/4，残。

中型鹿科：NISP为3，占比8.11%；MNI为1，占比14.29%；骨骼重量为246.5克，占比9.14%。

左、右侧胫骨近端各1件，均已愈合，＜1/4，残和3/4～1，残；右侧距骨1件，完整。

②不可鉴定种属。

大型哺乳动物：盆骨髋臼1件，1/4，重量为59.3克。

中型哺乳动物：骨骼12件，重量为97.4克。肢骨11件，5件＜5厘米、6件5～10厘米；胸椎1件，＜1/4。

（2）年龄

猪：根据牙齿萌出和磨蚀情况，18～24月1个，占比33.33%；24～36月2个，占比66.67%。根据骨骼愈合情况，1～1.5岁样本4个，愈合率100%；3～3.5岁样本4个，愈合率50%。

中型鹿科：根据骨骺愈合情况，2～4岁样本2个，愈合率100%。

（3）性别

猪：雌性2个，2件下颌犬齿齿孔截面呈椭圆形；雄性1个，上颌犬齿齿孔粗壮。

（4）骨表痕迹与骨骼异常

砍砸痕：2件猪的肩胛颈部位破碎处残存砍砸痕；1件猪盆骨髂骨颈破碎处残存一周砍砸痕；1件猪胫骨近端骨干破碎处残存砍砸痕；1件大型鹿科股骨内侧髁上有砍砸痕，外侧髁缺失，可见髓腔，破碎处残存砍砸痕，可能为敲骨吸髓所致。

啮齿动物咬痕：1件猪桡骨表面有啮齿动物啃咬痕迹。

骨赘：1件猪桡骨和尺骨长在一起，关节面连接处有骨赘。

风化：0级，骨骼表面比较光滑，无明显风化。

8. T6031G12④：46

T6031G12④：46出土哺乳纲动物骨骼总共3件，可鉴定种属的骨骼2件、不可鉴定种属的骨骼1件，种属有大型鹿科和中型鹿科。

（1）数量与部位

①可鉴定种属。

大型鹿科：NISP为1，占比50%；MNI为1，占比50%；骨骼重量为180.9克，占比82.38%。左右侧头骨枕髁+基底骨1件，＜1/4，残。

中型鹿科：NISP为1，占比50%；MNI为1，占比50%；骨骼重量为38.7克，占比17.62%。右侧跗骨近端1件已愈合，1/2～3/4，残。

②不可鉴定种属。

大型哺乳动物：肢骨1件，5～10厘米，重量为44.5克。

（2）年龄

中型鹿科：根据骨骺愈合情况，0～2岁样本1个，愈合率100%。

（3）骨表痕迹与骨骼异常

砍砸痕：1件大型哺乳动物的肢骨骨干破碎处有砍砸痕。

风化：0级，骨骼表面比较光滑，无明显风化。

9. T6331G12①

T6331G12①出土哺乳纲动物骨骼总共3件，均不可鉴定种属。

（1）数量与部位

大型哺乳动物：肢骨1件，5～10厘米，重量为18.5克。

中型哺乳动物：肢骨1件，5～10厘米，重量为20.9克。

小型哺乳动物：肋骨1件，＜5厘米，重量为1.1克。

（2）骨表痕迹与骨骼异常

切割痕：1件中型哺乳动物肢骨表面有三道较浅的切割痕，长度在6厘米左右。

风化：0级，骨骼表面比较光滑，无明显风化。

五、墓　　葬

（一）M50

M50：1出土猪骨总共14件。

（1）数量与部位

NISP为14，占比100%；MNI为1，占比100%；骨骼重量为169.6克，占比100%。

头骨左、右侧颞骨各1件，左右侧基枕部1件，左侧听泡1件，左侧茎突1件，左、右侧枕髁各1件，头骨长1/2，残；左右侧下颌1件，稍残；右侧下颌角和第二臼齿后窝各1件，头骨碎块2件；寰椎1件未愈合，3/4～1，残；枢椎1件未愈合，1/2，残。

（2）年龄

根据牙齿萌出和磨蚀情况，6～12月1个，占比100%。

（3）骨表痕迹与骨骼异常

风化：0级，骨骼表面比较光滑，无明显风化。

（4）特殊现象说明

墓中可能随葬了一个完整的猪头骨，从枢椎处将头骨和躯体分开来，年龄为6～12月。

（二）M76

M76：2出土动物骨骼总共23件。爬行纲22件，均可鉴定种属，种属有龟。哺乳纲1件，不可鉴定种属。

（1）数量与部位

1）爬行纲

龟：NISP为22，占比100%；MNI为3，占比100%；骨骼重量为107.4克，占比100%。

左右侧较完整的背甲（颈板+肋板+椎板+缘板）2件，未愈合，可见各板之间的裂缝，3/4～1，稍残；左右侧腹甲3件，其中2件保存完整，1件长1/4，稍残，3件腹甲均未愈合，可见各腹板之间的裂缝；背甲缘板6件，均<1/4，碎；椎板2件，均<1/4，碎；碎块9件，均未愈合，<1/4，碎。

2）哺乳纲

中型哺乳动物：肋骨1件，<5厘米，重量为0.9克。

（2）骨表痕迹与骨骼异常

骨骼异常：1件龟的背甲左右侧不对称，左侧坡度较缓，右侧坡度较陡，可能在成长过程中遭受过外力挤压。

风化：0级，骨骼表面比较光滑，无明显风化。

（3）特殊现象说明

该墓葬随葬了至少3只龟，其中2只比较完整，2件保存较完整的背甲和2件保存完整的腹甲可以对应拼合成2个个体，龟甲或为仪式性用品，墓主人身份比较特殊。

（三）M123

M123：11出土动物骨骼总共4件，均可鉴定种属，种属为大型牛科。

（1）数量与部位

NISP为4，占比100%；MNI为1，占比100%；骨骼重量为270.8克，占比100%。

右上游M1、M2、M3齿各1件，这3件牙齿可能为同一个体，稍残；下游m1/m2齿

1件，残。

（2）骨表痕迹与骨骼异常

风化：0级，骨骼表面比较光滑，无明显风化。

（四）M152

M152出土小型鹿科右侧下颌1件，1/2～3/4，稍残；NISP为1；MNI为1；重量为16.7克；年龄大于3.5岁；风化0级，骨骼表面比较光滑，无明显风化。

（五）M178

M178：11出土哺乳纲动物骨骼总共2件，均可鉴定种属，种属为猪。

（1）数量与部位

NISP为2，占比100%；MNI为1，占比100%；骨骼重量为40.3克，占比100%。

左、右侧下游c齿各1件，可能为同一个体，1/2，齿根稍残。

（2）性别

雄性2个（左、右侧各1个），犬齿粗壮，齿根开放，截面呈三角形。

（3）骨表痕迹与骨骼异常

磨痕：2件牙齿齿尖处可能被磨过，形状较尖。

线性牙釉质发育不全：2件牙齿内侧牙釉质表面有多道横向平行的LEH。

其他痕迹：2件牙齿远中面牙釉质全部脱落，成因不明。

风化：0级，骨骼表面比较光滑，无明显风化。

（六）M187

M187，36号出土龟背甲碎块1件，<1/4，碎；NISP为1；MNI为1；重量为0.3克；风化0级，骨骼表面比较光滑，无明显风化。

（七）M188

M188出土哺乳纲动物骨骼总共5件，均可鉴定种属，种属有猪和鬣羚（疑似）。

（1）数量与部位

猪：NISP为4，占比80%；MNI为1，占比50%；骨骼重量为212克，占比88.55%。

右下游i1齿1件，3/4～1；右下游c齿1件，3/4，齿尖稍残，齿根残；寰椎1件已愈合，3/4～1，稍残；右侧股骨远端骨干1件未愈合，无关节，1/4～1/2，残。

鬣羚（疑似）：NISP为1，占比20%；MNI为1，占比50%；骨骼重量为27.4克，占比11.45%。

角1件，1/2～3/4，稍残。

（2）年龄

猪：根据骨骺愈合情况，3～3.5岁样本1个，愈合率0%。

（3）性别

猪：雄性1个，下颌犬齿粗壮，齿根开放，截面呈三角形。

（4）骨表痕迹与骨骼异常

磨痕：猪下颌犬齿远中面牙釉质残缺一角，可能被磨过。

线性牙釉质发育不全：猪下颌犬齿内侧和外侧牙釉质表面遍布明显的、横向平行的LEH。

风化：0级，骨骼表面比较光滑，无明显风化。

（八）M208

M208出土中型哺乳肋骨1件，5～10厘米，碎；重量为3.1克；风化0级，骨骼表面比较光滑，无明显风化。

（九）M212

M212出土中小型鹿科左侧桡骨远端1件已愈合，1/4，稍残；NISP为1；MNI为1；重量为23.5克；年龄大于3.5岁；风化0级，骨骼表面比较光滑，无明显风化。

（十）M213

M213：17出土猪右下游i1齿1件，3/4～1，齿根残；NISP为1；MNI为1；重量4.1克；风化0级，骨骼表面比较光滑，无明显风化。

（十一）M243

M243出土哺乳纲动物骨骼总共8件，可鉴定种属的骨骼7件、不可鉴定种属的骨骼1件，种属有猪。

（1）数量与部位

①可鉴定种属。

猪：NISP为7，占比100%；MNI为1，占比100%；骨骼重量为105.6克，占比100%。

左侧桡骨远端1件未愈合，无关节，<1/4，稍残；左侧尺骨近端滑车切迹1件未愈合，无关节，1/4，稍残；左侧第二腕骨1件，完整；左侧中间腕骨1件，完整；左侧第三掌骨1件，近、远端均已愈合，稍残；左侧第一指骨（第三、五指）2件，近、远端均已愈合，完整。第二腕骨、第三掌骨、第一指骨关节面可以相接，为同一个体。

②不可鉴定种属。

中型哺乳动物：肋骨1件，5～10厘米，重量为4.8克。

（2）年龄

猪：根据骨骺愈合情况，2～2.5岁样本3个，愈合100%；3～3.5岁样本2个，愈合率0%。

（3）骨表痕迹与骨骼异常

风化：0级，骨骼表面比较光滑，无明显风化。

（4）特殊现象说明

该墓葬中可能随葬了比较完整的猪左侧前肢，带蹄子，年龄在2～3岁。

（十二）M248

M248：12出土哺乳纲动物骨骼总共3件，可鉴定种属的骨骼2件、角器1件，种属有黑熊、大型牛科和水鹿。

（1）数量与部位

黑熊：NISP为1；占比50%；MNI为1，占比50%；骨骼重量为67.6克，占比45.71%。

犬齿1件，长1，齿尖处稍残。

大型牛科：NISP为1；占比50%；MNI为1，占比50%；骨骼重量为80.3克，占比54.29%。

左上游M1/M2齿1件，完整。

（2）骨表痕迹与骨骼异常

砍痕：黑熊犬齿齿根处有一圈砍痕。

风化：0级，骨骼表面比较光滑，无明显风化。

另，M248：12还发现角器1件，重量为123.6克，制作非常精美，长307.05毫米。粗端略残。由水鹿角制成，器物依鹿角自然形态加工而成，一端渐细，整体略弧。器身可分为前细后粗的两节，较细一截近条状，由鹿角前端纵剖而成，与粗节相接处横截面近"U"形；较粗一节为柱状，横截面近圆角方形。粗节前半部分内部掏空，后半部分被分割为可供抽插的两部分，后一部分插入前一部分处有前后两个对穿的圆孔，应是用以系绳将此两部分连接固定。粗节近前端处内收成台，末端刻有数周旋纹，其中一面的旋纹范围长于其他三面，旋纹范围与右手握持时手指所握范围相当，故旋纹可能有便于握持之用。较细一节前端收尖，中部两侧外凸成台，尖端有一个圆形穿孔。

（十三）M252

M252：52出土哺乳纲动物骨骼总共54件，可鉴定种属的骨骼53件、不可鉴定种属的骨骼1件，种属有猪和狗。

（1）数量与部位

①可鉴定种属。

狗：NISP为52，占比98.11%；MNI为1，占比50%；骨骼重量为387.4克，占比98.83%。

左右侧头骨上颌+鼻骨+颧骨+顶骨1件，左右侧头骨枕髁+茎突1件，左右侧头骨顶骨矢状脊1件，右侧头骨颞骨1件，头骨碎块1件，拼合后长3/4～1，残；左、右侧下颌各1件，完整；

寰椎1件已愈合，3/4～1；枢椎1件已愈合，完整；第三至七节颈椎各1件，均已愈合，3件稍残，2件完整；第一至三节胸椎各1件，均已愈合，1件1/2～3/4，2件3/4～1；腰椎1件已愈合，3/4～1；第一至三节荐椎1件已愈合，稍残。

右侧肩胛远端1件已愈合，1/4～1/2；左侧肱骨1件，近端愈合中，远端已愈合，完整；左、右侧桡骨各1件，近、远端均已愈合，均完整；右侧尺骨1件，近、远端均已愈合，完整；左侧第三掌骨1件，近、远端均已愈合，完整；右侧第二至四掌骨各1件，近、远端均已愈合，完整。

左侧盆骨坐骨1件，1/4～1/2；右侧盆骨髂骨+髋臼1件，髋臼已愈合，1/2～3/4；左侧股骨远端1件已愈合，＜1/4；右侧股骨近端和远端各1件均已愈合，稍残；股骨骨干1件，1/4～1/2；左、右侧胫骨各1件，近、远端均已愈合，1件完整、1件稍残；左侧腓骨远端1件已愈合，1/4～1/2；右侧跟骨1件已愈合，完整；左侧第五跖骨1件，近、远端均已愈合，完整；右侧第二和第五跖骨各1件，近、远端均已愈合，完整；肢骨1件，＜5厘米；左侧第一节肋骨1件，完整；肋骨9件，7件1/4～1/2、2件1/2。

猪：NISP为1，占比1.89%；MNI为1，占比50%；骨骼重量为4.6克，占比1.17%。

左侧胫骨远端1件未愈合，＜1/4，碎。

②不可鉴定种属。

中型哺乳动物：肢骨1件，＜1/4，碎，重量为2.6克。

（2）年龄

狗：综合下颌牙齿萌出和磨蚀情况以及骨骺愈合情况，该个体的年龄大于4岁。

猪：根据骨骺愈合情况，2～2.5岁样本1个，愈合率0%。

（3）骨表痕迹与骨骼异常

不明痕迹：1件狗犬齿外侧有一道宽约3毫米、深约1.5毫米、长约8.14毫米的凹痕，表面光滑，形成原因未知。

风化：0级，骨骼表面比较光滑，无明显风化。

（4）特殊现象说明

该单位可能埋葬了一只完整的狗，从牙齿磨蚀和肢骨愈合情况看，年龄应该比较大，超过4岁。

第三节　后冈一期文化第三期

一、地　　层

（一）T5631③

T5631③：13出土哺乳纲动物骨骼总共62件，可鉴定种属的骨骼32件、不可鉴定种属的骨骼29件，角器1件，种属有狗、熊、猪、梅花鹿、麝、大型鹿科、中型鹿科、中小型鹿科、小型鹿科和大型牛科。

（1）数量与部位

①可鉴定种属。

狗：NISP为3，占比9.38%；MNI为1，占比8.33%；骨骼重量为22.4克，占比1.3%。

右侧肱骨远端1件，1/4～1/2，残；左、右侧股骨各1件，近、远端均已愈合，完整。

熊：NISP为1，占比3.13%；MNI为1，占比8.33%；骨骼重量为9.1克，占比0.53%。

犬齿1件，稍残。

猪：NISP为14，占比43.75%；MNI为2，占比16.67%；骨骼重量为590.9克，占比34.33%。

左上C齿1件，稍残；左右侧下颌1件，下颌联合处已愈合，1/4，残；右侧下颌1件，＜1/4，残；左侧肱骨远端2件，均已愈合，1/4～1/2，残；右侧肱骨骨干2件，1/4～1/2，碎；左侧桡骨近端1件已愈合，1/4～1/2，残；右侧尺骨近端1件愈合中，1/2～3/4，残；右侧盆骨髋臼1件已愈合，右侧盆骨髂骨1件，均＜1/4，残；左侧胫骨近端1件未愈合，左侧胫骨近端骨干1件，均＜1/4，残；右侧跟骨1件，1/2，残。

梅花鹿：NISP为1，占比3.13%；MNI为1，占比8.33%；骨骼重量为18.4克，占比1.07%。

鹿角角尖1件，＜1/4，残。

麝：NISP为1，占比3.13%；MNI为1，占比8.33%；骨骼重量为1.9克，占比0.11%。

右上C齿1件，稍残。

大型鹿科：NISP为3，占比9.38%；MNI为1，占比8.33%；骨骼重量为455.4克，占比26.46%。

左侧肱骨近端1件已愈合，1/4～1/2，残；右侧肱骨远端1件已愈合，1/4～1/2，残；跖骨近端1件已愈合，1/4～1/2，碎。

中型鹿科：NISP为5，占比15.63%；MNI为2，占比16.67%；骨骼重量为207.3克，占比12.04%。

右侧桡骨远端1件已愈合，＜1/4，残；左侧掌骨1件，近、远端均已愈合，右侧掌骨近端1件已愈合，1/4～1/2，残；右侧胫骨近端1件已愈合，右侧胫骨远端1件未愈合，1/4，残。

中小型鹿科：NISP为1，占比3.13%；MNI为1，占比8.33%；骨骼重量为26.3克，占比

1.53%。

左侧掌骨1件，近、远端均已愈合，完整。

小型鹿科：NISP为1，占比3.13%；MNI为1，占比8.33%；骨骼重量为7.1克，占比0.41%。

左侧下颌1件，<1/4，残。

大型牛科：NISP为2，占比6.25%；MNI为1，占比8.33%；骨骼重量为382.5克，占比22.22%。

右侧胫骨远端1件已愈合，<1/4，残；第一指/趾骨1件，近、远端均已愈合，完整。

②不可鉴定种属。

中型哺乳动物：骨骼28件，重量为132.4克。头骨碎块1件；犬齿齿根1件，碎；肩胛远端1件，<1/4，碎；右侧肱骨远端1件，<1/4，碎；股骨1件，1/2，稍残；肢骨21件，3件5～10厘米、18件10～15厘米；肋骨2件，5～10厘米。

哺乳动物：肢骨1件，<5厘米，重量为7.9克。

（2）年龄

猪：根据牙齿萌出和磨蚀情况，18～24月1个，占比100%。

根据骨骺愈合情况，1～1.5岁样本4个，愈合率100%；3～3.5岁样本2个，愈合率50%。

中型鹿科：根据骨骺愈合情况，0～2岁样本2个，愈合率100%；2～4岁样本1个，愈合率0%；5～6岁样本2个，愈合率100%。

大型牛科：根据骨骺愈合情况，1～1.5岁样本1个，愈合率100%；2～3岁样本1个，愈合率100%。

（3）性别

猪：雄性1个，占比50%，上颌犬齿粗壮，截面较圆；雌性1个，占比50%；下颌犬齿截面呈椭圆形。

（4）骨表痕迹与骨骼异常

砍痕：1件猪的跟骨表面有一道长14.86毫米、宽2.73毫米、深1毫米的砍痕；1件鹿科的鹿角角尖断裂处疑似有砍痕；1件大型牛科胫骨骨干破碎处有一圈砍痕。

风化：1件大型鹿科的距骨风化1级，骨表出现裂纹；其他骨骼风化0级，骨骼表面比较光滑，无明显风化。

另，T5631③：13还发现鹿角靴形器1件，重量为23.1克。利用梅花鹿鹿角杈枝制作而成，一侧磨光。

（二）T5731③

T5731③：2出土哺乳纲动物骨骼总共27件，可鉴定种属的骨骼13件、不可鉴定种属的骨骼14件，种属有猪和中型鹿科。

（1）数量与部位

①可鉴定种属。

猪：NISP为11，占比84.62%；MNI为1，占比50%；骨骼重量为452.5克，占比94.84%。

左右侧头骨额骨+顶骨1件，左侧颧骨1件，左、右侧上颌各1件，头骨碎块4件，8件头骨为同一个体，拼合长1/2～3/4，碎；右侧上颌C齿1件，稍残；右侧跟骨1件已愈合，完整；右侧第三跖骨1件，近端已愈合，3/4～1，远端残。

中型鹿科：NISP为2，占比15.38%；MNI为1，占比50%；骨骼重量为24.6克，占比5.16%。

鹿角碎块1件，＜1/4，碎；第二指/趾骨1件，近、远端均已愈合，稍残。

②不可鉴定种属。

中型哺乳动物：骨骼14件，重量为148.5克。股骨骨干2件，＜1/4，碎和1/4，碎；胫骨骨干1件，1/4，残；肢骨9件，2件＜5厘米、7件5～10厘米；肋骨2件，1件＜5厘米、1件5～10厘米。

（2）年龄

猪：根据骨骺愈合情况，2～2.5岁样本1个，愈合率100%。

（3）性别

猪：雄性1个，上颌犬齿粗壮，截面较圆。

（4）骨表痕迹与骨骼异常

砍砸痕：1件猪的第三跖骨远端破碎处疑似有砍砸痕；1件中型鹿科的断裂处有砍痕；1件中型鹿科的第二指/趾骨骨干一侧有两道长8.5毫米、宽3.5毫米、深1毫米的横向砍砸痕。

风化：0级，骨骼表面比较光滑，无明显风化。

（三）T6041④

T6031④出土动物骨骼总共2件。爬行纲1件，种属有龟。哺乳纲1件，种属有中型鹿科。

（1）数量与部位

1）爬行纲

龟：NISP为1，占比100%；MNI为1，占比100%；骨骼重量为51.8克，占比100%。

左右侧腹甲甲桥+下腹板+剑腹板1件，左右侧腹甲已愈合，可见愈合的线；左侧甲桥稍残，腹甲从舌腹板和下腹板中间的裂缝分开，下腹板和剑腹板之间的裂缝已不可见，存1/2，左侧甲桥稍残。

2）哺乳纲

中型鹿科：NISP为1，占比100%；MNI为1，占比100%；骨骼重量为51.8克，占比100%。

鹿角碎块1件，＜1/4，碎。

（2）骨表痕迹与骨骼异常

砍痕+磨痕：中型鹿科的鹿角形状呈片状，一端断裂处有砍痕，被磨过。

风化：中型鹿科的鹿角风化2级，角表面有裂纹，角表皮脱落；龟腹甲风化0级，骨骼表面比较光滑，无明显风化。

（四）T6230②

T6230②出土猪骨6件。

（1）数量与部位

NISP为6，占比100%；MNI为1，占比100%；骨骼重量为208.7克，占比100%。

左侧头骨上颌1件，＜1/4；左侧肩胛冈1件，＜1/4，残；右侧肩胛尾侧缘1件，1/4～1/2，碎；右侧肱骨远端1件已愈合，1/4～1/2，残；左侧股骨远端关节1件未愈合，＜1/4，碎；左侧胫骨近端1件未愈合，无关节，1/2～3/4，残。

（2）年龄

根据骨骺愈合情况，1～1.5岁样本有1个，愈合率100%；3～3.5岁样本有2个，愈合率0%。

（3）骨表痕迹与骨骼异常

风化：0级，骨骼表面比较光滑，无明显风化。

二、灰　　坑

（一）H109

H109：1出土中型哺乳动物股骨1件，＜1/4，碎；MNI为1；重量为49.3克；烧白，风化0级，骨骼表面比较光滑，无明显风化。

（二）H171

H171：1出土哺乳纲动物骨骼8件，可鉴定种属的骨骼4件、不可鉴定种属的骨骼4件，种属有猪。

（1）数量与部位

①可鉴定种属。

猪：NISP为4，占比100%；MNI为1，占比100%；骨骼重量为145.7克，占比100%。

左侧下颌1件，1/2，残；右侧下颌角1件，右侧下颌角+髁突1件，右侧下颌第三臼齿后窝1件，均＜1/4，残。

②不可鉴定种属。

中型哺乳动物：肢骨4件，3件＜5厘米、1件5～10厘米，骨骼重量为19.6克。

（2）年龄

猪：根据牙齿萌出和磨蚀情况，18～24月1个，占比100%。

（3）骨表痕迹与骨骼异常

风化：0级，骨骼表面比较光滑，无明显风化。

（三）H349

H349：1出土角器1件，重量为7.3克。利用鹿科动物的鹿角制成，整体呈长方形，片状，骨表被磨过。

（四）H453

H453：1出土哺乳纲动物骨骼11件，可鉴定种属的骨骼5件、不可鉴定种属的骨骼6件，种属有猪。

（1）数量与部位

①可鉴定种属。

猪：NISP为5，占比100%；MNI为1，占比100%；骨骼重量为87.6克，占比100%。

下颌2件，<1/4，碎；右侧盆骨髋臼+耻骨1件，髋臼已愈合，<1/4，稍残；左侧胫骨近端骨干1件，<1/4，残；左侧第五跖骨近端1件，3/4～1，残。

②不可鉴定种属。

中型哺乳动物：骨骼6件，重量16.7克。肢骨4件，<5厘米；肋骨2件，1件<5厘米、1件5～10厘米。

（2）年龄

猪：根据骨骺愈合情况，1～1.5岁样本1个，愈合率100%。

（3）骨表痕迹与骨骼异常

烧痕：3件骨骼被烧黑，分别是猪的盆骨和第五跖骨，以及中型哺乳动物的1件肋骨。

风化：0级，骨骼表面比较光滑，无明显风化。

（五）H511

H511：2出土哺乳纲动物骨骼总共19件，可鉴定种属的骨骼14件、不可鉴定种属的骨骼5件，种属有猪、水鹿、大型鹿科和中型鹿科。

（1）数量与部位

①可鉴定种属。

猪：NISP为7，占比50%；MNI为2，占比40%；骨骼重量为142.9克，占比28.31%。

左、右上游I1齿各1件，1件稍残、1件完整；下游i1齿1件，碎；枢椎1件，齿突未愈合，残；左侧肱骨远端2件，均已愈合，1/4～1/2，残；左侧胫骨近端骨干1件，1/4～1/2，残。

水鹿：NISP为2，占比14.29%；MNI为1，占比20%；骨骼重量为112.5克，占比22.29%。

右侧鹿角角环+角柄+主枝（A1）+眉枝（P1）1件，1/4，稍残；右侧主枝（A1+A2）+权枝（P2）1件，1/4，稍残。

大型鹿科：NISP为2，占比14.29%；MNI为1，占比20%；骨骼重量为189克，占比

37.45%。

左上游I2齿1件，齿根残；右侧肱骨远端1件已愈合，<1/4，残。

中型鹿科：NISP为3，占比21.43%；MNI为1，占比20%；骨骼重量为60.3克，占比11.95%。

左侧肱骨远端骨干2件，<1/4，残和1/4，残；右侧距骨1件，完整。

②不可鉴定种属。

大型哺乳动物：股骨1件，<1/4，残，重量为54.8克。

中型哺乳动物：骨骼4件，重量为37.8克。股骨骨干1件，1/4~1/2，残；胫骨骨干1件，<1/4，残；肢骨2件，5~10厘米。

（2）年龄

猪：根据骨骺愈合情况，1~1.5岁样本2个，愈合率100%。

（3）性别

水鹿：雄性1个，鹿角带有角柄。

（4）骨表痕迹与骨骼异常

砍痕：水鹿角环下方角柄被砍断。

风化：0级，骨骼表面比较光滑，无明显风化。

（六）H739

H739：5出土哺乳纲动物骨骼69件，可鉴定种属的骨骼36件、不可鉴定种属的骨骼33件，种属有猪。

（1）数量与部位

①可鉴定种属。

猪：NISP为36，占比100%；MNI为1，占比100%；骨骼重量为551.7克，占比100%。

胸椎2件，均<1/4，碎；腰椎4件，3件<1/4，碎，1件1/2~3/4，稍残；脊椎5件，均<5厘米，碎；右侧肩胛远端1件已愈合，3/4~1，残；肩胛碎块3件，<5厘米；右侧肱骨1件，近端未愈合，无关节，3/4~1；右侧桡骨1件，近端已愈合，远端未愈合，3/4~1，稍残；右侧尺骨1件，远端未愈合，无关节，3/4~1；第二或第五掌/跖骨1件，远端未愈合，无关节，3/4；第三或第四掌/跖骨骨干2件，3/4，残。

左侧髂骨、坐骨、耻骨、坐骨闭孔处各1件，坐骨结节未愈合，<1/4，碎；右侧盆骨髂骨、坐骨、耻骨各1件，坐骨结节未愈合，耻骨联合处未愈合，<1/4，碎；左、右侧股骨各1件，近、远端均未愈合，3/4~1，稍残；左侧胫骨1件，近、远端均未愈合，3/4~1；右侧胫骨近端1件未愈合，1/4~1/2，稍残；右侧腓骨1件，近端未愈合，无关节，1/4~1/2，稍残；第一指/趾骨1件，3/4~1，稍残；第三指/趾骨2件，1件稍残、1件完整。

②不可鉴定种属。

中型哺乳动物：骨骼33件，重量为106.4克。肢骨7件，<5厘米，碎；肋骨26件，6件<5

厘米、17件5~10厘米、3件10~15厘米。

（2）年龄

根据骨骺愈合情况，1~1.5岁样本2个，愈合率100%；2~2.5岁样本2个，愈合率0%；3~3.5岁样本10个，愈合率0%。

（3）骨表痕迹与骨骼异常

风化：0级，骨骼表面比较光滑，无明显风化。

（4）特殊现象说明

可能为整猪埋葬，从肢骨愈合情况看猪的年龄较小，可能为1.5~2岁，但未见头骨和下颌，骨骼上未发现消费痕迹。

（七）H757

H757出土哺乳纲动物骨骼12件，均可鉴定种属，种属有猪和中型鹿科。

（1）数量与部位

猪：NISP为2，占比16.67%；MNI为1，占比50%；骨骼重量为113.8克，占比88.42%。

右侧下颌1件，＜1/4；右侧肱骨远端1件已愈合，1/4~1/2，残。

中型鹿科：NISP为10，占比83.33%；MNI为1，占比50%；骨骼重量为14.9克，占比11.58%。

上游m齿1件，1/4~1/2，残；牙齿碎块6件；肢骨3件，＜5厘米，碎。

（2）年龄

猪：根据牙齿萌出和磨蚀情况，18~24月1个，占比100%。根据骨骺愈合情况，1~1.5岁样本1个，愈合率100%。

（3）骨表痕迹与骨骼异常

风化：0级，骨骼表面比较光滑，无明显风化。

（八）H773

H773出土哺乳纲动物骨骼总共32件，可鉴定种属的骨骼2件、不可鉴定种属的骨骼30件，种属有猪和中型鹿科。

（1）数量与部位

①可鉴定种属。

猪：NISP为1，占比50%；MNI为1，占比50%；骨骼重量为42.4克，占比62.72%。

右侧下颌角1件，＜1/4，碎。

中型鹿科：NISP为1，占比50%；MNI为1，占比50%；骨骼重量为25.2克，占比37.28%。

左侧肱骨远端1件已愈合，＜1/4，残。

②不可鉴定种属。

中型哺乳动物：肢骨30件，＜5厘米，碎，重量为5.3克。

（2）年龄

中型鹿科：根据骨骺愈合情况，0~2岁样本1个，愈合率100%。

（3）骨表痕迹与骨骼异常

风化：0级，骨骼表面比较光滑，无明显风化。

（九）H849

H849出土哺乳纲动物骨骼11件，可鉴定种属的骨骼1件、不可鉴定种属的骨骼10件，种属有中型鹿科。

（1）数量与部位

①可鉴定种属。

中型鹿科：NISP为1，占比100%；MNI为1，占比100%；骨骼重量为11.9克，占比100%。

跖骨骨干1件，1/4~1/2，碎。

②不可鉴定种属。

中型哺乳动物：骨骼9件，重量为27.7克。头骨1件，<1/4，碎；股骨头1件，<1/4，碎；不明骨骼7件，<5厘米，碎。

小型哺乳动物：下颌1件，1/4~1/2，残，重量为1.4克。

（2）骨表痕迹与骨骼异常

风化：0级，骨骼表面比较光滑，无明显风化。

（十）H850

H850出土哺乳纲动物骨骼总共2件，可鉴定种属的骨骼1件、不可鉴定种属的骨骼1件，种属有猪。

（1）数量与部位

①可鉴定种属。

猪：NISP为1，占比100%；MNI为1，占比100%；骨骼重量为1.8克，占比100%。

左下游m3齿1件，齿根稍残。

②不可鉴定种属。

小型动物：肋骨1件，<5厘米，碎，重量为0.9克。

（2）骨表痕迹与骨骼异常

风化：0级，骨骼表面比较光滑，无明显风化。

（十一）H890

H890出土猪骨共7件，占比100%；MNI为1，占比100%；骨骼重量为25.6克，占比100%。

（1）数量与部位

下颌骨1件，<5厘米，碎；牙齿6件，碎。

（2）骨表痕迹与骨骼异常

风化：0级，骨骼表面比较光滑，无明显风化。

（十二）H943

H943：14出土动物骨骼总共25件。爬行纲23件，种属为鳖。哺乳纲2件，不可鉴定种属。

（1）数量与部位

1）爬行纲

鳖：NISP为23，占比100%；MNI为2，占比100%；骨骼重量为54.4克。

左侧背甲肋板（肋5～肋8）1件，未愈合，可见各肋板之间的裂缝；右侧背甲肋板（肋2～肋6）1件，未愈合，可见各肋板之间的裂缝；左侧肋板（肋1）1件，未愈合，可见各肋板之间的裂缝；右侧背甲肋板（肋2～肋3）1件，未愈合，可见各肋板之间的裂缝。2件<1/4，残；1件1/4，稍残；1件1/4～1/2，稍残。

左侧背甲颈板1件，1/4～1/2，稍残；左右侧下颌骨1件，稍残；左侧乌喙骨1件，1/2，稍残；舌板1件，1/2，稍残；左右侧上腹板1件，稍残；左侧剑板1件，3/4，稍残；骨骼碎块13件，<5厘米。

2）哺乳纲

中型哺乳动物：骨骼2件，重量为2.2克。肋骨1件、碎块1件。

（2）骨表痕迹与骨骼异常

风化：0级，骨骼表面比较光滑，无明显风化。

（十三）H1033

H1033：40出土哺乳纲动物骨骼8件，可鉴定种属的骨骼3件、不可鉴定种属的骨骼5件，种属有猪。

（1）数量与部位

①可鉴定种属。

猪：NISP为3，占比100%；MNI为1，占比100%；骨骼重量为104.7克，占比100%。

右下游i2齿1件，存1/2；右侧肱骨远端1件已愈合，1/4～1/2，残；左侧尺骨近端1件未愈合，无关节，1/4，稍残。

②不可鉴定种属。

大型哺乳动物：胸椎1件，1/2～3/4，重量为104.6克。

中型哺乳动物：肢骨4件，5～10厘米，碎，重量为65.4克。

（2）年龄

猪：根据骨骺愈合情况，1～1.5岁样本1个，愈合率100%；3～3.5岁样本1个，愈合率0%。

（3）骨表痕迹与骨骼异常

风化：0级，骨骼表面比较光滑，无明显风化。

（十四）H1062

H1062：1出土哺乳纲动物骨骼总共29件，可鉴定种属的骨骼17件、不可鉴定种属的骨骼12件，种属有猪、水鹿和中型鹿科。

（1）数量与部位

①可鉴定种属。

猪：NISP为6，占比35.29%；MNI为2，占比40%；骨骼重量为211.8克，占比26%。

左侧头骨上颌1件，＜1/4，残；左右侧下颌1件，联合处已愈合，＜1/4，残；左侧下颌1件，3/4～1，残；左侧下颌角1件，1/4，残；左下c齿1件，稍残；左侧肱骨远端1件未愈合，无关节，1/4～1/2。

水鹿：NISP为1，占比5.88%；MNI为1，占比20%；骨骼重量为343克，占比42.1%。

右侧角柄+角环+主枝（A1+A2）+杈枝（P2）1件，完整，角环未脱落。

中型鹿科：NISP为10，占比58.82%；MNI为2，占比40%；骨骼重量为259.9克，占比31.9%。

左右侧头骨顶骨+枕骨1件，1/4，稍残；左侧额骨+角柄1件，＜1/4，残；右侧颞骨1件，＜1/4，碎；头骨碎块4件，＜1/4，碎；左侧肱骨远端1件已愈合，＜1/4，残；左侧胫骨远端2件，1件已愈合、1件未愈合，均为1/4，残。

②不可鉴定种属。

中型哺乳动物：骨骼12件，重量为18.9克。肢骨11件，均＜5厘米；肋骨1件，5～10厘米。

（2）年龄

猪：根据牙齿萌出和磨蚀情况，12～18月1个，占比100%。

根据骨骺愈合情况，1～1.5岁样本1个，愈合率0%。

中型鹿科：根据骨骺愈合情况，0～2岁样本1个，愈合率100%；2～4岁样本2个，愈合率50%。

（3）性别

猪：雄性1个，占比50%，下颌犬齿齿根开放；雌性1个，占比50%，下颌犬齿截面呈椭圆形。

水鹿：雄性1个，鹿角带有角柄。

中型鹿科：雄性1个，额骨上带有角柄。

（4）骨表痕迹与骨骼异常

砍砸痕：水鹿角环上方7.5厘米处有一道长约22.18毫米、宽16.12毫米、深约5毫米的砍砸痕，角环上方11.3厘米处有一道长约20.64毫米、宽约18.3毫米、深约5毫米的砍砸痕，角环下方角柄断裂处有一周砍砸痕；中型鹿科头骨角柄处有一圈砍痕，直径约29毫米。

烧痕：1件中型鹿科肢骨烧黑+部分烧白。

风化：0级，骨骼表面比较光滑，无明显风化。

（十五）H1069

H1069出土猪左侧头骨顶骨1件，＜1/4，碎；MNI为1；重量为7.2克；风化0级，骨骼表面比较光滑，无明显风化。

（十六）H1109

H1109出土动物骨骼共26件。鱼纲22件，不可鉴定种属。哺乳纲动物骨骼4件，可鉴定种属的骨骼2件、不可鉴定种属的骨骼2件，种属有猪。

（1）数量与部位

1）鱼纲

大型鱼类：骨骼共22件，重量为38.5克。主鳃盖骨2件，1/4，残和1/4～1/2，残；鳃盖骨碎片20件，＜1/4，碎。

2）哺乳纲

①可鉴定种属。

猪：NISP为2，占比100%；MNI为1，占比100%；骨骼重量为35克，占比100%。

左侧肩胛冈1件，＜1/4，碎；左侧盆骨髂骨1件，＜1/4，残。

②不可鉴定种属。

中型哺乳动物：骨骼2件，重量为5.5克。肢骨1件，＜5厘米，碎；肋骨1件，＜5厘米。

（2）骨表痕迹与骨骼异常

烧黑：该单位所有哺乳动物骨骼全部烧黑。

风化：0级，骨骼表面比较光滑，无明显风化。

（十七）H1117

H1117：17出土哺乳纲动物骨骼10件，可鉴定种属的骨骼6件、不可鉴定种属的骨骼3件，角器1件，种属有猪、梅花鹿、中小型鹿科和小型鹿科。

（1）数量与部位

①可鉴定种属。

猪：NISP为3，占比50%；MNI为2，占比50%；骨骼重量为39.8克，占比46.6%。

左下c齿1件；左侧肩胛远端1件已愈合，1/4～1/2，残；左侧肱骨1件，近、远端均未愈合，无关节，3/4～1。

中小型鹿科：NISP为1，占比16.67%；MNI为1，占比25%；骨骼重量为31.7克，占比37.12%。

右侧肱骨远端1件已愈合，1/4～1/2，稍残。

小型鹿科：NISP为2，占比33.33%；MNI为1，占比25%；骨骼重量为13.9克，占比16.28%。

左侧下颌1件，＜1/4，残；掌骨背侧骨干1件，＜1/4，碎。

②不可鉴定种属。

中型哺乳动物：骨骼3件，重量为74.3克。腰椎1件，3/4~1，残；肋骨2件，1件5~10厘米、1件10~15厘米。

（2）年龄

猪：根据骨骺愈合情况，1~1.5岁样本2个，愈合率50%；3~3.5岁样本1个，愈合率0%。

（3）性别

猪：雌性1个，犬齿截面呈椭圆形，齿根收窄封闭。

（4）骨表痕迹与骨骼异常

砸痕：猪下颌犬齿齿根遍布细小的凹坑。

烧痕：中小型鹿科肱骨烧成灰白；小型鹿科下颌烧黑。

骨赘：中型哺乳动物腰椎后关节面腹侧长了一圈骨赘。

风化：0级，骨骼表面比较光滑，无明显风化。

另，H1117：17还发现鹿角靴形器1件，重量为50.3克。利用梅花鹿右侧鹿角分杈处制成，边缘处磨光。

（十八）H1134

H1134出土动物骨骼总共39件。鱼纲34件，可鉴定种属的骨骼1件、不可鉴定种属的骨骼33件，种属有白鲢。爬行纲1件，种属有龟。哺乳纲4件，种属有猪、鬣羚、中型鹿科和小型鹿科。

1）鱼纲

①可鉴定种属。

白鲢：NISP为1，占比100%；MNI为1，占比100%；骨骼重量为16.3克，占比100%。

②不可鉴定种属。

鱼：骨骼33件，重量为97.2克。

2）爬行纲

龟：NISP为1，占比100%；MNI为1，占比100%；骨骼重量为2.7克，占比100%。

3）哺乳纲

猪：NISP为1，占比25%；MNI为1，占比25%；骨骼重量为149.4克，占比45.33%。

鬣羚：NISP为1，占比25%；MNI为1，占比25%；骨骼重量为156.2克，占比47.39%。

中型鹿科：NISP为1，占比25%；MNI为1，占比25%；骨骼重量为19.9克，占比6.04%。

小型鹿科：NISP为1，占比25%；MNI为1，占比25%；骨骼重量为4.1克，占比1.24%。

其中34件骨骼在提取时未编号，5件骨骼编为17号，下文分别进行介绍。

1. H1134未编号

H1134出土动物骨骼总共34件。鱼纲33件，可鉴定种属的骨骼1件、不可鉴定种属的骨骼32件，种属有白鲢。爬行纲1件，种属有龟。

（1）数量与部位

1）鱼纲

①可鉴定种属。

白鲢：第一鳍骨1件，完整，NISP为1，占比100%；MNI为1，占比100%；骨骼重量为16.3克，占比100%。

②不可鉴定种属。

鱼：骨骼32件，重量为93克。后匙骨1件，3/4～1，稍残；脊椎20件，稍残；肋骨2件，1/4～1/2，稍残和3/4～1，稍残；其他骨骼9件，＜5厘米。

2）爬行纲

龟：NISP为1，占比100%；MNI为1，占比100%；骨骼重量为2.7克，占比100%。

背甲缘板1件，＜1/4，碎。

（2）骨表痕迹与骨骼异常

风化：0级，骨骼表面比较光滑，无明显风化。

2. H1134：17

H1134：17出土动物骨骼总共5件。鱼纲1件，不可鉴定种属。哺乳纲4件，种属有猪、鬣羚、中型鹿科和小型鹿科。

（1）数量与部位

1）鱼纲

鱼：骨骼1件，5～10厘米，重量为4.2克。

2）哺乳纲

猪：NISP为1，占比25%；MNI为1，占比25%；骨骼重量为149.4克，占比45.33%。

左右侧下颌联+右侧下颌1件，下颌联合处已愈合，1/2～3/4。

鬣羚：NISP为1，占比25%；MNI为1，占比25%；骨骼重量为156.2克，占比47.39%。

右侧掌骨1件，近、远端均已愈合，完整。

中型鹿科：NISP为1，占比25%；MNI为1，占比25%；骨骼重量为19.9克，占比6.04%。

跖骨骨干1件，1/2，碎。

小型鹿科：NISP为1，占比25%；MNI为1，占比25%；骨骼重量为4.1克，占比1.24%。

右侧掌骨近端1件已愈合，＜1/4，碎。

（2）年龄

猪：根据牙齿萌出和磨蚀情况，24～36月1个，占比100%。

（3）性别

猪：雌性，下颌犬齿齿孔截面呈椭圆形，齿孔封闭。

（4）骨表痕迹与骨骼异常

风化：0级，骨骼表面比较光滑，无明显风化。

（十九）H1142

H1142：59出土哺乳纲动物骨骼总共49件，可鉴定种属的骨骼35件、不可鉴定种属的骨骼14件，种属有黑熊、熊、猪、大型鹿科、中型鹿科、中小型鹿科和大型牛科。

（1）数量与部位

①可鉴定种属。

黑熊：NISP为1，占比2.86%；MNI为1，占比8.33%；骨骼重量为238.4克，占比4.15%。

右侧股骨远端1件已愈合，1/4～1/2，稍残。

熊：NISP为2，占比5.71%；MNI为1，占比8.33%；骨骼重量为375.4克，占比6.54%。

左、右侧肩胛远端各1件，均已愈合，1/4，稍残。

猪：NISP为15，占比42.86%；MNI为4，占比33.33%；骨骼重量为1355.5克，占比23.62%。

左侧肱骨近端3件已愈合，左、右侧肱骨远端各1件，均已愈合，3件1/4，稍残，1件1/4～1/2，稍残，1件1/2，稍残；左侧桡骨近端2件已愈合，1/2，稍残；左侧尺骨近端2件，1件未愈合，1/2～3/4；左侧盆骨髂骨+髋臼+坐骨+耻骨1件，髋臼已愈合，3/4～1，稍残；左侧盆骨髋臼1件，＜1/4，残；左侧股骨近端2件，1件愈合中、1件未愈合，右侧股骨近端骨干1件，右侧骨干1件，1件＜1/4，稍残，3件1/4～1/2，稍残。

大型鹿科：NISP为6，占比17.14%；MNI为2，占比16.67%；骨骼重量为1168.8克，占比20.37%。

右侧肩胛远端2件，均已愈合，1件＜1/4，稍残，1件1/4～1/2，稍残；右侧肱骨近端1件愈合中，1/2，稍残；左侧桡骨近端1件已愈合，＜1/4，稍残；右侧股骨近端1件愈合中，右侧股骨远端1件已愈合，1件＜1/4，稍残，1件1/4～1/2，稍残。

中型鹿科：NISP为2，占比5.71%；MNI为1，占比8.33%；骨骼重量为110.8克，占比1.93%。

右侧额骨+角柄+角环+主枝（A1）1件，1/4，稍残，角环未脱落；左侧肱骨近端骨干1件，＜1/4，残。

中小型鹿科：NISP为2，占比5.71%；MNI为2，占比16.67%；骨骼重量为54.5克，占比0.95%。

右侧肱骨远端骨干2件，1件1/4～1/2，稍残，1件1/4～1/2，残。

大型牛科：NISP为7，占比20%；MNI为1，占比8.33%；骨骼重量为2434.9克，占比42.43%。

左侧肱骨近端1件愈合中，右侧肱骨远端1件已愈合，1件1/4～1/2，稍残，1件1/4～1/2，残；左侧胫骨近端1件愈合中，1/4，稍残；左侧第一指/趾骨2件，近、远端均已愈合，完整；左侧第二指/趾骨1件，近、远端均已愈合，完整；左侧第三指/趾骨1件，近端已愈合，完整。

②不可鉴定种属。

中型哺乳动物：骨骼14件，重量为166.5克。肢骨12件，6件<5厘米、5件5~10厘米、1件10~15厘米；肋骨2件，1件<5厘米、1件5~10厘米。

（2）年龄

猪：根据骨骺愈合情况，1~1.5岁样本4个，愈合率100%；3~3.5岁样本5个，愈合率60%。

大型牛科：根据骨骺愈合情况，1~1.5岁样本4个，愈合率100%；3.4~4岁样本2个，愈合率100%。

（3）性别

中型鹿科：雄性1个，额骨上带有角柄。

（4）骨表痕迹与骨骼异常

烧痕：14件骨骼烧黑，分别是黑熊的股骨，熊的2件肩胛，猪的2件肱骨、2件桡骨、尺骨、盆骨和股骨，大型牛科的2件第一指/趾骨、第二指/趾骨和第三指/趾骨。

12件骨骼部分烧黑，分别是猪的肱骨、尺骨和股骨，大型鹿科的2件肩胛、肱骨、桡骨、2件股骨，中型鹿科的肱骨和大型牛科的2件肱骨。

风化：0级，骨骼表面比较光滑，无明显风化。

（二十）H1153

H1153：21出土动物骨骼总共57件。鱼纲3件，均可鉴定种属，种属有鲤鱼。哺乳纲动物骨骼54件，可鉴定种属的骨骼34件、不可鉴定种属的骨骼20件，种属有猪、水鹿、大型鹿科、中型鹿科、小型鹿科和鹿科。

（1）数量与部位

1）鱼纲

鲤鱼：NISP为3，占比100%；MNI为1；占比100%；骨骼重量为4.1克，占比100%。

基鳍骨3件，3/4~1，稍残。

2）哺乳纲

①可鉴定种属。

猪：NISP为19，占比55.88%；MNI为2；占比28.57%；骨骼重量为489.5克，占比35.22%。

左侧头骨碎块1件，<1/4，碎；左上游I1齿1件，1/2~3/4；右下游i1齿1件，稍残；寰椎1件已愈合，稍残；右侧肩胛远端1件已愈合，左、右侧肩胛冈各1件，肩胛骨板1件，肩胛内侧缘1件，1件<1/4，稍残，2件1/4，碎，1件1/4，稍残，1件1/4~1/2，残；左侧肱骨远端1件愈合中，1/2~3/4，稍残；左侧尺骨近端1件未愈合，无关节，3/4~1；右侧尺骨近端1件，1/2~3/4，稍残；左侧桡骨+尺骨近端1件，近端均已愈合，1/4~1/2，残；掌/跖骨骨干1件，<1/4，碎；左侧盆骨坐骨1件，<1/4，残；右侧盆骨髋臼+坐骨1件，髋臼已愈合，1/4~1/2，稍残；右侧第三、第四、第五跖骨近端各1件，近端均已愈合，第三跖骨1/4~1/2，稍残，第四

跖骨1/4～1/2，残，第五跖骨1/4～1/2，稍残。

水鹿：NISP为2，占比6.06%；MNI为1；占比14.29%；骨骼重量为129.9克，占比9.35%。

左侧眉枝（P1）1件，<1/4，稍残；鹿角碎块1件，<1/4，碎。

大型鹿科：NISP为4，占比11.76%；MNI为1；占比14.29%；骨骼重量为538.6克，占比38.75%。

寰椎1件已愈合，稍残；枢椎1件，尾侧骺板未愈合，3/4～1，稍残；第三节颈椎1件，前关节面未愈合，1/2，稍残，三节脊椎关节面可以相接，为同一个体；左侧胫骨远端1件已愈合，1/4，稍残。

中型鹿科：NISP为6，占比17.65%；MNI为2；占比28.57%；骨骼重量为190.3克，占比13.69%。

枢椎1件，齿突已愈合，1/4～1/2，稍残；左侧肱骨远端2件，均已愈合，1件1/4，残，1件1/2，稍残；右侧胫骨近端2件，1/4～1/2，残；右侧跖骨近端1件已愈合，1/4～1/2，残。

小型鹿科：NISP为2，占比5.88%；MNI为1；占比14.29%；骨骼重量为34克，占比2.45%。

右侧下颌1件，3/4～1，稍残；左侧跖骨近端1件已愈合，1/2～3/4，稍残。

鹿科：NISP为1，占比2.94%；骨骼重量为7.7克，占比0.55%。

鹿角碎块1件，<1/4，碎。

②不可鉴定种属。

大型哺乳动物：肢骨1件，5～10厘米，重量为51.3克。

中型哺乳动物：骨骼19件，重量为124克。肱骨2件，<1/4；肢骨5件，5～10厘米；肋骨12件，4件<5厘米、6件5～10厘米、2件10～15厘米。

（2）年龄

猪：根据骨骺愈合情况，1～1.5岁样本4个，愈合率100%；3～3.5岁样本2个，愈合率50%。

中型鹿科：根据骨骺愈合情况，0～2岁样本3个，愈合率100%。

（3）骨表痕迹与骨骼异常

砍痕：1件猪的尺骨表面有一道长约10.3毫米、宽约4.6毫米的砍痕；水鹿眉枝断裂处有半周砍痕；1件大型鹿科的胫骨远端骨骼破碎处残存一周砍痕。

磨痕：1件中型鹿科跖骨表面被磨过。

烧黑：10件骨骼烧黑，分别是猪的头骨、上颌第一门齿、下颌、5件肩胛、2件盆骨。

骨赘：1件猪的桡骨和尺骨长在一起，中间有片状骨赘连接。

风化：0级，骨骼表面比较光滑，无明显风化。

（二十一）H1166

H1166：31出土哺乳纲动物骨骼总共11件，可鉴定种属的骨骼6件、不可鉴定种属的骨骼5件，种属有猪和大型鹿科。

（1）数量与部位

①可鉴定种属。

猪：NISP为5，占比83.33%；MNI为1，占比50%；骨骼重量为138克，占比48.69%。

左侧头骨鼻骨1件，＜1/4，碎；右下i1齿1件，3/4～1，齿根残；下游m1齿1件，完整；右侧肩胛冈1件，1/4～1/2，稍残；左侧肱骨远端1件已愈合，1/4～1/2，稍残。

大型鹿科：NISP为1，占比16.67%；MNI为1，占比50%；骨骼重量为145.4克，占比51.31%。

跟骨1件已愈合，稍残。

②不可鉴定种属。

中型哺乳动物：骨骼4件，重量为36.1克。股骨2件，＜1/4，碎；脊椎2件，1件＜1/4，碎，1件1/4，碎。

小型哺乳动物：肢骨1件，＜5厘米，碎，重量为1.2克。

（2）年龄

猪：根据骨骺愈合情况，1～1.5岁样本1个，愈合率100%。

（3）骨表痕迹与骨骼异常

砍砸痕：猪的肩胛颈破碎处残存一周砍砸痕；大型鹿科跟骨远端骨皮脱落，疑似有砍砸痕。

风化：0级，骨骼表面比较光滑，无明显风化。

（二十二）H1174

H1174：9出土哺乳纲动物骨骼总共6件，均不可鉴定种属。

（1）数量与部位

中型哺乳动物：骨骼5件，重量为42.6克。肩胛1件，＜1/4，碎；胫骨2件，＜1/4，碎；腓骨1件，1/4，碎；肢骨1件，5～10厘米。

小型哺乳动物：肢骨1件，＜5厘米，重量为0.6克。

（2）骨表痕迹与骨骼异常

风化：0级，骨骼表面比较光滑，无明显风化。

（二十三）H1258

H1258：23出土动物骨骼总共37件。鱼纲1件，不可鉴定种属。哺乳纲36件，可鉴定种属的骨骼21件、不可鉴定种属的骨骼15件，种属有猪、大角鹿、大型鹿科和鹿科。

（1）数量与部位

1）鱼纲

鱼：骨骼1件，＜5厘米，重量为3.6克。

2）哺乳纲

①可鉴定种属。

猪：NISP为17，占比80.95%；MNI为2，占比50%；骨骼重量为953.7克，占比81.06%。

左右侧头骨额骨+顶骨1件，1/4 ~ 1/2，残；左、右侧上颌各1件，右侧上颌+颧骨1件，均为1/4 ~ 1/2，残；左侧颧骨1件，＜1/4，残；左侧鼻骨1件，＜1/4，碎；头骨碎块2件，＜1/4，碎；左侧下颌1件，＜1/4，残；牙齿碎块1件；右侧肩胛远端1件已愈合，1/4，残；右侧肱骨远端2件，1件已愈合，1/2，稍残，另1件未愈合，3/4 ~ 1，残；右侧盆骨髂骨1件，＜1/4，残；髋臼1件，＜1/4，碎；右侧股骨近端1件，股骨头未愈合，大转子愈合中，＜1/4，残；右侧胫骨嵴1件，＜1/4，残。

大角鹿：NISP为1，占比4.76%；MNI为1，占比25%；骨骼重量为37.9克，占比3.22%。

右侧头骨额骨+角柄1件，1/4 ~ 1/2，稍残。

大型鹿科：NISP为2，占比9.52%；MNI为1，占比25%；骨骼重量为91.1克，占比7.74%。

右侧距骨1件，完整；跖骨骨干1件，1/2 ~ 3/4，碎。

鹿科：NISP为1，占比4.76%；骨骼重量为93.8克，占比7.97%。

鹿角1件，＜1/4，稍残。

②不可鉴定种属。

大型哺乳动物：肢骨1件，10 ~ 15厘米，重量为117.5克。

中型哺乳动物：骨骼14件，重量为116.8克。肩胛1件，＜1/4，碎；肱骨骨干3件，分别＜1/4，碎，1/4，碎和1/4，残；肢骨8件，4件＜5厘米、3件5 ~ 10厘米、1件10 ~ 15厘米；肋骨2件，5 ~ 10厘米。

（2）年龄

猪：根据牙齿萌出和磨蚀情况，24 ~ 36月样本1个。

根据骨骺愈合情况，1 ~ 1.5岁样本3个，愈合率66.67%；3 ~ 3.5岁样本1个，愈合率0%。

（3）性别

大角鹿：雄性1个，头骨上带有角柄。

（4）骨表痕迹与骨骼异常

烧痕：2件骨骼烧黑，分别是猪的肱骨和大型哺乳动物的肢骨。

骨赘：1件大型哺乳动物肢骨骨表有骨赘。

风化：0级，骨骼表面比较光滑，无明显风化。

三、灰 沟

G12

G12横跨T5830、T5930和T6031这三个探方，出土哺乳纲动物骨骼总共391件，可鉴定种属的骨骼262件、不可鉴定种属的骨骼127件，骨器2件。

①可鉴定种属。

黑熊：NISP为2，占比0.76%；MNI为1，占比4.35%；骨骼重量为538.4克，占比4.28%。

熊：NISP为6，占比2.29%；MNI为2，占比8.7%；骨骼重量为645.6克，占比5.13%。

猪：NISP为209，占比79.77%；MNI为8，占比34.78%；骨骼重量为7321.7克，占比58.18%。

梅花鹿：NISP为3，占比1.15%；MNI为2，占比8.7%；骨骼重量为307.6克，占比2.44%。

麂：NISP为1，占比0.38%；MNI为1，占比4.35%；骨骼重量为18.3克，占比0.15%。

大型鹿科：NISP为13，占比4.96%；MNI为2，占比8.7%；骨骼重量为1609.4克，占比12.79%。

中型鹿科：NISP为10，占比3.82%；MNI为2，占比8.7%；骨骼重量为419.4克，占比3.33%。

中小型鹿科：NISP为2，占比0.76%；MNI为1，占比4.35%；骨骼重量为20.7克，占比0.16%。

小型鹿科：NISP为8，占比3.05%；MNI为1，占比4.35%；骨骼重量为61.8克，占比0.49%。

大型牛科：NISP为7，占比2.67%；MNI为2，占比8.7%；骨骼重量为1632.2克，占比12.97%。

小型犬科：NISP为1，占比0.38%；MNI为1，占比4.35%；骨骼重量为9.7克，占比0.08%。

②不可鉴定种属。

大型哺乳动物骨骼4件，重量为163.2克。

中型哺乳动物骨骼114件，重量为993.6克。

小型哺乳动物骨骼9件，重量为47.1克。

骨器2件，重量为44.3克。

这些骨骼在提取时分编为1号、①层3号、①层39号和②层，下文分别进行介绍。

1. T5830G12①：3

T5830G12①：3出土哺乳纲动物骨骼总共133件，可鉴定种属的骨骼48件、不可鉴定种属的骨骼85件，种属有熊、猪、梅花鹿、大型鹿科、中型鹿科、中小型鹿科和小型鹿科。

（1）数量与部位

①可鉴定种属。

熊：NISP为1，占比2.08%；MNI为1，占比11.11%；骨骼重量为105.7克，占比5.24%。

右侧肱骨远端骨干1件，1/2，残。

猪：NISP为35，占比72.92%；MNI为3，占比33.33%；骨骼重量为1204.4克，占比59.73%。

左侧头骨上颌1件，右侧头骨上颌2件，右侧颧骨1件，右侧颞骨1件，右侧眼眶1件，头骨碎块7件，均<1/4；右上游I1齿1件，残；左上游I2齿1件，残；右上游C齿1件，残；上游C齿2件，残；左上游M3齿1件，完整；左侧下颌2件，右侧下颌3件，分别为<1/4、1/4~1/2、1/2、1/2~3/4和3/4~1；右下c齿1件，稍残；牙齿碎块1件。

右侧肩胛远端2件，1/4~1/2，残和3/4~1，残；左侧肱骨近端1件已愈合，1/4~1/2，稍残；左侧肱骨远端1件已愈合，1/4，残；右侧肱骨头1件已愈合，<1/4，残；右侧肱骨远端1件愈合中，1/4~1/2，残；左侧桡骨1件，近、远端均已愈合，完整；左侧股骨近端1件愈合中，1/4，残；右侧胫骨近端1件愈合中，1/4~1/2，残。

梅花鹿：NISP为2，占比4.17%；MNI为1，占比11.11%；骨骼重量为220.1克，占比10.92%。

右侧头骨额骨+角柄+角环+主枝1件，1/4，稍残，角环未脱落；鹿角碎块1件，<1/4，碎。

大型鹿科：NISP为2，占比4.17%；MNI为1，占比11.11%；骨骼重量为197.1克，占比9.78%。

左侧肱骨远端1件愈合中，1/2，残；第二指/趾骨1件已愈合，完整。

中型鹿科：NISP为4，占比8.33%；MNI为1，占比11.11%；骨骼重量为259.1克，占比12.85%。

左侧股骨远端1件已愈合，<1/4，残；右侧胫骨近端1件未愈合，1/2，残；左侧距骨1件，近、远端均已愈合，完整；左侧跖骨近端1件已愈合，1/4，残。

中小型鹿科：NISP为2，占比4.17%；MNI为1，占比11.11%；骨骼重量为20.7克，占比1.03%。

右侧桡骨近端1件已愈合，1/4，残；左侧距骨近端1件已愈合，1/4，残。

小型鹿科：NISP为2，占比4.17%；MNI为1，占比11.11%；骨骼重量为9.2克，占比0.46%。

右侧掌骨远端1件已愈合，1/4~1/2，残；炮骨近端1件已愈合，<1/4，碎。

②不可鉴定种属。

中型哺乳动物：骨骼82件，重量为415.8克。下颌1件，<1/4，碎；肱骨骨干1件，1/4，碎；桡骨骨干1件，1/4，碎；盆骨1件，<1/4，残；股骨骨干4件，3件<1/4，碎，1件1/4，碎；胫骨骨干2件，<1/4，碎；肢骨43件，25件<5厘米、17件5~10厘米、1件10~15厘米；颈椎1件，3/4~1；脊椎3件，<1/4，碎；肋骨25件，<5厘米。

小型哺乳动物：骨骼3件，重量为20.5克。肱骨骨干1件，肱骨远端1件，均1/4，残；胫骨近端骨干1件，＜1/4，碎。

（2）年龄

猪：根据牙齿萌出和磨蚀情况，12～18月2个，占比40%；24～36月2个，占比40%；24～36月/大于36月1个，占比20%。

根据骨骺愈合情况，1～1.5岁样本3个，愈合率100%；3～3.5岁样本5个，愈合率100%。

中型鹿科：根据骨骺愈合情况，0～2岁样本1个，愈合率100%；4～5岁样本1个，愈合率100%；5～6岁样本2个，愈合率50%。

（3）性别

猪：雄性2个，占比66.67%，2件上颌犬齿粗壮，截面较圆；雌性1个，占比33.33%，下颌犬齿截面呈椭圆形。

梅花鹿：雄性1件，额骨上保存有角柄。

（4）骨表痕迹与骨骼异常

砍砸痕：1件猪肩胛颈破碎处残存一周砍砸痕，1件梅花鹿角环上方34毫米处主枝上有一圈砍砸痕。

磨痕：1件中型哺乳动物肢骨四周及骨表磨光。

烧痕：4件骨骼烧黑，分别是3件猪的下颌和1件中型鹿科的胫骨；1件大型鹿科的肱骨部分烧黑。

风化：0级，骨骼表面比较光滑，无明显风化。

2. T5930G12：1

T5930G12：1出土哺乳纲动物骨骼总共132件，可鉴定种属的骨骼100件、不可鉴定种属的骨骼30件，骨器2件，种属有黑熊、熊、猪、梅花鹿、麂、大型鹿科、中型鹿科、小型鹿科、大型牛科和小型犬科。

（1）数量与部位

①可鉴定种属。

黑熊：NISP为2，占比2%；MNI为1，占比6.67%；骨骼重量为538.4克，占比11.73%。

右侧肱骨远端1件已愈合，3/4～1，稍残；右侧股骨远端1件，近端愈合中，远端未愈合，3/4～1，近端稍残。

熊：NISP为1，占比1%；MNI为1，占比6.67%；骨骼重量为89.4克，占比1.95%。

右侧肩胛远端1件已愈合，1/4，稍残。

猪：NISP为74，占比74%；MNI为6，占比40%；骨骼重量为2727克，占比59.44%。

左、右侧头骨上颌各1件，左、右侧顶骨各1件，颞骨2件，头骨碎块3件，均＜1/4，碎；右上游I1齿2件，分别为1/4～1/2和3/4～1；上游I齿碎块1件；上游C齿1件，碎；左右侧下颌联1件，联合处已愈合，1/2～3/4；左侧下颌4件，2件＜1/4、2件1/4～1/2；右侧下颌4件，2件＜1/4、2件1/4～1/2；左侧下颌角1件，＜1/4；右侧下颌角2件，＜1/4；左侧下颌髁2件，＜1/4，碎；左下游离i1齿2件，1/4～1/2和1/2～3/4；右下游离i1齿1件，3/4～1；右下游离i3齿1件，完整；下游i齿碎块1件；左下游c齿2件，稍残；右下游c齿1件，稍残；左下游m1齿1件，稍残；右下游m3齿1件，1/2～3/4；游离的乳齿2件，游离的前臼齿2件，游离的臼齿3件，牙齿碎块6件。

　　寰椎1件，3/4～1，稍残；左侧肩胛远端1件已愈合，1/4，稍残；左侧肩胛冈1件，1/4～1/2，残；右侧肩胛远端1件，1/4～1/2，稍残；右侧肩胛冈1件，1/4～1/2，残；肩胛冈1件，1/4～1/2，残；左侧肱骨远端1件未愈合，1/4～1/2，残；右侧肱骨近端1件已愈合，＜1/4，残；右侧肱骨远端4件均已愈合，1件1/4，稍残，2件1/4～1/2，稍残，1件1/2，稍残。

　　左侧盆骨髂骨+髋臼+坐骨+耻骨2件，3/4～1，稍残；左侧耻骨1件，右侧盆骨髂骨+髋臼+坐骨+耻骨1件，右侧盆骨髂骨+髋臼1件，3件3/4～1，稍残，1件1/2，稍残，1件稍残；左侧股骨远端1件未愈合，＜1/4，稍残；左侧股骨骨干1件，1/4～1/2，残；右侧股骨骨干1件，1/2～3/4，稍残；左侧胫骨骨干2件，1件1/4～1/2，稍残，1件1/2，稍残；右侧胫骨近端1件愈合中，1/2～3/4，稍残；左侧第三跖骨1件，近、远端均已愈合，完整。

　　梅花鹿：NISP为1，占比1%；MNI为1，占比6.67%；骨骼重量为87.5克，占比1.91%。

　　左侧鹿角角柄+角环+主枝+眉枝1件，1/4，稍残，角环未脱落。

　　麂：NISP为1，占比1%；MNI为1，占比6.67%；骨骼重量为18.3克，占比0.4%。

　　左侧鹿角角柄1件，1/4，稍残。

　　大型鹿科：NISP为5，占比5%；MNI为1，占比6.67%；骨骼重量为464.4克，占比10.12%。

　　右侧下颌1件，1/4，残；左侧肱骨近端1件已愈合，＜1/4，稍残；左侧桡骨近端1件已愈合，1/2～3/4，残；右侧股骨近端1件已愈合，1/4，稍残；第一指/趾骨1件，近、远端均已愈合，完整。

　　中型鹿科：NISP为6，占比6%；MNI为1，占比6.67%；骨骼重量为160.3克，占比3.49%。

　　鹿角1件，＜1/4，碎；右侧肱骨远端1件已愈合，1/4，稍残；右侧桡骨远端1件已愈合，＜1/4，残；右侧胫骨远端1件已愈合，＜1/4，残；左侧跟骨1件，1/4～1/2，稍残；右侧距骨近端1件已愈合，1/4，残。

　　小型鹿科：NISP为5，占比5%；MNI为1，占比6.67%；骨骼重量为29.5克，占比0.64%。

　　左、右侧下颌各1件，1/4～1/2和1/2；游离的臼齿1件，碎；右侧掌骨近端1件已愈合，＜1/4，碎；左侧跟骨1件已愈合，完整。

　　大型牛科：NISP为4，占比4%；MNI为1，占比6.67%；骨骼重量为463.7克，占比10.11%。

　　下游p3、p4和m3齿各1件，稍残；右侧股骨近端1件未愈合，1/4～1/2，稍残。

　　小型犬科：NISP为1，占比1%；MNI为1，占比6.67%；骨骼重量为9.7克，占比0.21%。

　　左侧下颌1件，3/4～1。

　　②不可鉴定种属。

　　大型哺乳动物：肢骨4件，5～10厘米，碎，重量为163.2克。

中型哺乳动物：骨骼20件，重量为436.1克。肩胛内侧缘1件，＜1/4；肱骨骨干1件，1/4~1/2；股骨骨干1件，＜1/4；胫骨骨干1件，＜1/4；肢骨9件，5~10厘米；肋骨3件，5~10厘米；胸椎2件，＜1/4、碎和3/4~1；腰椎1件，3/4~1；骨骼1件。

小型哺乳动物：骨骼6件，重量为26.6克。肱骨骨干1件，＜1/4，残；桡骨骨干1件，＜1/4，稍残；肢骨3件，＜5厘米；肋骨1件，5~10厘米。

（2）年龄

猪：根据牙齿萌出和磨蚀情况，6~12月2个，占比22.22%；18~24月3个，占比33.33%；24~36月2个，占比22.22%；大于36月1个，占比11.11%；18~24月/24~36月1个，占比11.11%。

根据骨骺愈合情况，1~1.5岁10个，愈合率90%；2~2.5岁样本1个，愈合率100%；3~3.5岁样本3个，愈合率66.67%。

中型鹿科：根据骨骺愈合情况，0~2岁样本2个，愈合率100%；2~4岁样本1个，愈合率100%；5~6岁样本1个，愈合率100%。

大型牛科：根据骨骺愈合情况，3.5岁样本1个，愈合率0%。

（3）性别

猪：雄性3个，占比60%，1件上颌犬齿粗壮，2件下颌犬齿齿孔较大，截面呈三角形（为同一个体左、右两侧）；雌性2个，下颌犬齿截面呈椭圆形。

梅花鹿：雄性1个，鹿角带有角柄。

麂：雄性1个，鹿角带有角柄。

（4）骨表痕迹与骨骼异常

砍砸痕：1件猪的肩胛颈破碎处有砍砸痕；1件梅花鹿角环下方角柄处被砍断，眉枝断裂处有砍痕；1件中型鹿科跟骨远端背侧有两道长6~7毫米、宽3毫米、深1毫米的砍痕。

磨痕：1件中型哺乳动物的骨骼一端被磨过。

风化：1件梅花鹿鹿角风化2级，骨表出现较深的裂纹，其余骨骼风化0级，骨骼表面比较光滑，无明显风化。

另，G12：1还发现骨器2件。骨锥1件，重量为33.3克。利用中鹿右侧尺骨制成，尺骨骨干部分被磨成一个尖，滑车切迹有一道砍痕。另一件重量为11克，利用哺乳动物尺骨制成，滑车切迹近端被磨成一个小尖。

3. T5930G12②

T5930G12②出土哺乳纲动物骨骼总共57件，可鉴定种属的骨骼55件、不可鉴定种属的骨骼2件，种属有熊、猪和大型鹿科。

（1）数量与部位

①可鉴定种属。

熊：NISP为3，占比5.45%；MNI为1，占比14.29%；骨骼重量为266.2克，占比12.36%。

右侧肩胛远端1件已愈合，1/4，稍残；右侧桡骨近端1件已愈合，1/2~3/4，稍残；左侧股骨近端1件已愈合，1/4～1/2，残。

猪：NISP为51，占比92.73%；MNI为5，占比71.43%；骨骼重量为1741.1克，占比80.87%。

左侧头骨上颌2件，右侧上颌1件，左右侧额骨+左右侧顶骨1件，左右侧额骨+左侧顶骨1件，左右侧额骨+左右侧顶骨+右侧颞骨1件，右侧额骨+左右侧顶骨+左右侧颞骨1件，左右侧额骨+左右侧顶骨+左右侧颞骨1件，左、右侧颞骨各1件，左右侧枕髁1件，头骨碎块32件；5件头骨保存长度为1/4～1/2。左右侧下颌1件，联合处已愈合，右侧下颌2件，下颌1件，其中3件下颌长<1/4，1件1/2～3/4。左侧肩胛骨板1件，<1/4，稍残。左侧肱骨远端骨干1件，1/4，稍残；右侧肱骨近端、远端各1件，均已愈合，1/4～1/2，稍残。

大型鹿科：NISP为1，占比1.82%；MNI为1，占比14.29%；骨骼重量为145.7克，占比6.77%。

右侧盆骨髂骨+髋臼1件，髋臼已愈合，1/4～1/2，稍残。

②不可鉴定种属。

中型哺乳动物：腰椎2件，3/4～1，稍残，重量为82克。

（2）年龄

猪：根据牙齿萌出和磨蚀情况，18～24月1个，占比100%。

根据骨骺愈合情况，1～1.5岁样本1个，愈合率100%；3～3.5岁样本1个，愈合率100%。

（3）性别

猪：雌性1个，下颌犬齿齿孔截面呈椭圆形，齿孔收窄。

（4）骨表痕迹与骨骼异常

砍砸痕：1件猪的肱骨近端大结节缺失，露出松质，破碎处留有砍砸痕，可能为敲骨吸髓所致；大结节下方骨表有两道砍痕。

风化：0级，骨骼表面比较光滑，无明显风化。

（5）特殊现象说明

该单位出土了5个猪的头骨。

4. T6031G12①：39

T6031G12①：39出土哺乳纲动物骨骼总共69件，可鉴定种属的骨骼59件、不可鉴定种属的骨骼10件，种属有熊、猪、大型鹿科、小型鹿科和大型牛科。

（1）数量与部位

①可鉴定种属。

熊：右侧肱骨远端骨干1件，1/4～1/2，残，NISP为1，占比1.69%；MNI为1，占比14.29%；骨骼重量为184.3克，占比4.82%。

猪：NISP为49，占比83.05%；MNI为2，占比28.57%；骨骼重量为1649.2克，占比43.09%。

左侧头骨上颌2件，右侧颧骨1件，左侧顶骨1件，额骨+枕骨1件，头骨碎块29件，均

<1/4；左右侧下颌1件，联合处已愈合，左侧下颌1件，分别为<1/4和1/4~1/2；左下游c齿1件，完整。

右侧肩胛骨板1件，<1/4；左、右侧肱骨远端各1件，均已愈合，左侧1/4~1/2，右侧1/2~3/4；左侧桡骨1件，近、远端均已愈合，稍残；右侧桡骨近端1件已愈合，1/2~3/4。

左侧盆骨髋臼+坐骨+耻骨1件，髋臼已愈合，1/2~3/4；左侧盆骨髂骨1件，<1/4；右侧盆骨髂骨+髋臼+耻骨+坐骨1件，髋臼已愈合，1/2~3/4；左侧股骨远端2件，1/4~1/2，残；左侧股骨骨干1件，1/2~3/4；右侧股骨远端1件已愈合，1/4~1/2。

大型鹿科：NISP为5，占比8.47%；MNI为2，占比28.57%；骨骼重量为802.2克，占比20.96%。

右侧掌骨近端1件已愈合，3/4~1；右侧盆骨髂骨+髋臼1件，髋臼已愈合，<1/4；左侧股骨远端2件，均在愈合中，1/4~1/2；距骨1件，稍残。

小型鹿科：NISP为1，占比1.69%；MNI为1，占比14.29%；骨骼重量为23.1克，占比0.6%。

左侧跖骨1件，稍残，近、远端均已愈合。

大型牛科：NISP为3，占比5.08%；MNI为1，占比14.29%；骨骼重量为1168.5克，占比30.53%。

右侧下颌m1/m2齿1件，1/2~3/4，稍残；右侧掌骨近端1件已愈合，1/4，稍残；右侧股骨远端1件已愈合，1/4~1/2，稍残。

②不可鉴定种属。

中型哺乳动物：骨骼10件，重量为59.7克。胫骨骨干1件，1/4~1/2；肢骨7件，4件<5厘米、3件5~10厘米；肋骨2件，<5厘米。

（2）年龄

猪：根据骨骺愈合情况，1~1.5岁样本6个，愈合率100%；3~3.5岁样本2个，愈合率100%。

（3）骨表痕迹与骨骼异常

砍砸痕：1件大型牛科的掌骨远端骨干破碎处有砍痕；1件大型牛科股骨远端髌面内侧有1个直径为61毫米的圆形缺失，骨腔内里部分骨松质缺失，与髓腔相通，可能为敲骨吸髓所致。

齿根暴露：1件猪头骨左侧上颌颊面可见第一臼齿和第二臼齿齿根，原因不明。

风化：0级，骨骼表面比较光滑，无明显风化。

四、墓　葬

（一）M48

M48∶1出土哺乳纲动物骨骼总共3件，可鉴定种属的骨骼1件、不可鉴定种属的骨骼2件，种属有大型牛科。

（1）数量与部位

①可鉴定种属。

大型牛科：NISP为1，占比100%；MNI为1，占比100%；骨骼重量为199克，占比100%。

左侧桡骨近端1件已愈合，1/4~1/2，残。

②不可鉴定种属。

中型哺乳动物：肢骨2件，5~10厘米，重量为21.1克。

（2）年龄

大型牛科：根据骨骺愈合情况，1~1.5岁样本1个，愈合率100%。

（3）骨表痕迹与骨骼异常

风化：0级，骨骼表面比较光滑，无明显风化。

（二）M66

M66出土哺乳纲动物骨骼总共3件，可鉴定种属的骨骼2件、不可鉴定种属的骨骼1件，种属有大型鹿科。

（1）数量与部位

①可鉴定种属。

大型鹿科：NISP为2，占比100%；MNI为1，占比100%；骨骼重量为47.1克，占比100%。

第一指/趾骨2件，近、远端均已愈合，1件完整、1件稍残。

②不可鉴定种属。

中型哺乳动物：盆骨1件，1/4，残，重量为9.7克。

（2）骨表痕迹与骨骼异常

风化：0级，骨骼表面比较光滑，无明显风化。

（三）M70

M70只出土1件猪左侧下颌骨，<1/4；MNI为1；重量为19.1克；风化0级，骨骼表面比较光滑，无明显风化。

（四）M71

M71总共出土猪骨3件。

（1）数量与部位

NISP为3，占比100%；MNI为1，占比100%；重量为7.7克，占比100%。

右下游dp4齿1件；左侧肱骨1件，近、远端均未愈合，无关节，3/4~1；左侧桡骨1件，近、远端均未愈合，无关节，3/4~1。

（2）年龄

根据牙齿萌出和磨蚀情况，0~4月1个，占比100%。

根据骨骺愈合情况，1~1.5岁样本2个，愈合率0%；3~3.5岁样本2个，愈合率0%。

（3）骨表痕迹与骨骼异常

风化：0级，骨骼表面比较光滑，无明显风化。

（五）M74

M74出土牙器1件，重量为17.5克，残长105.91毫米，最大宽15.11毫米。整体形状呈片状，利用雄性猪右侧下颌犬齿的外侧部分制成；外侧牙釉质上遍布较为明显的、横向平行的LEH；边缘处被重点磨过，较光滑，内侧牙本质部分被磨过。

（六）M166

M166：8出土猪右侧下颌犬齿1件，3/4~1，稍残；MNI为1；重量为55克；雄性，犬齿粗壮，齿根开放，截面呈三角形。

远中面大部分牙釉质脱落；内侧和外侧牙釉质上遍布较明显的、横向平行的LEH；远中面距齿尖75毫米处，左、右侧各有一个小凹坑，位置和形态对称；齿尖处远中面牙釉质残缺一角，可能被磨过，风化0级，骨骼表面比较光滑，无明显风化。

（七）M175

M175只出土牛右侧胫骨远端1件已愈合，<1/4，碎；MNI为1；重量为106.1克；风化0级，骨骼表面比较光滑，无明显风化。

（八）M231

M231出土哺乳纲动物骨骼2件，均可鉴定种属，种属有鬣羚和中型鹿科。

（1）数量与部位

鬣羚：NISP为1，占比50%；MNI为1，占比50%；骨骼重量为72.5克，占比89.95%。左侧胫骨远端1件已愈合，1/4~1/2，稍残。

中型鹿科：NISP为1，占比50%；MNI为1，占比50%；骨骼重量为8.1克，占比10.05%。炮骨远端滑车1件，<1/4，碎。

（2）骨表痕迹与骨骼异常

风化：鬣羚胫骨远端风化1级，骨表出现裂纹，中型鹿科炮骨风化0级，骨骼表面比较光滑，无明显风化。

（九）M251

M251出土鹿角靴形器1件，重量为42.8克。利用梅花鹿左侧鹿角分权处制成，边缘处被磨过。

第四节　后冈一期文化未定期别

一、灰　　坑

（一）H102

H102属于后冈一期文化。出土动物骨骼总共233件。鱼纲6件，均不可鉴定种属。爬行纲6件，均可鉴定种属，种属有龟和鳖。鸟纲11件，均可鉴定种属，种属有雉。哺乳纲210件，可鉴定种属的骨骼98件、不可鉴定种属的骨骼111件，骨器1件，种属有獾、猪、大型鹿科、中型鹿科、中小型鹿科、小型鹿科、大型牛科、小型食肉动物和食肉动物。

（1）数量与部位

1）鱼纲

骨骼6件，重量为6克。右侧主鳃盖1件，＜1/4，残；腹鳍骨1件，3/4～1，稍残；脊椎1件，1/2，残；其他骨骼3件，＜5厘米。

2）爬行纲

龟：NISP为3，占比50%；MNI为1，占比50%；骨骼重量为4.8克，占比57.83%。

背甲1件，＜1/4，碎；龟甲2件，＜1/4，碎。

鳖：NISP为3，占比50%；MNI为1，占比50%；骨骼重量为3.5克，占比42.17%。

腹甲左侧上舌板1件，＜1/4，碎；右侧肱骨1件，3/4～1，稍残；背甲1件，＜1/4，碎。

3）鸟纲

雉：NISP为11，占比100%；MNI为2，占比100%；骨骼重量为35.7克，占比100%。

左侧乌喙骨近端2件，其中1件已愈合，1/2～3/4，残；右侧乌喙骨近端1件已愈合，稍残；右侧肩胛1件，1/4～1/2，残；左、右侧肱骨各1件，远端均已愈合，3/4～1，残；左侧股骨1件，近、远端均已愈合，稍残；右侧股骨近端1件已愈合，3/4～1；左侧胫跗骨1件，近端已愈合，3/4～1；左侧跗跖骨1件，近、远端均已愈合，稍残；右侧跗跖骨近端1件已愈合，1/2，稍残。

4）哺乳纲

①可鉴定种属。

獾：NISP为1，占比1.02%；MNI为1，占比7.14%；骨骼重量为10克，占比0.46%。

左侧肱骨远端1件已愈合，1/4，残。

猪：NISP为54，占比55.1%；MNI为3，占比21.43%；骨骼重量为1424.7克，占比65.78%。

左、右侧头骨上颌各1件，左右侧鼻骨1件，颧骨1件，左右侧顶骨1件，左侧顶骨1件，左侧颞骨2件，右侧颞骨1件，左右侧枕骨鳞部1件，左侧枕骨枕髁+茎突1件，右侧茎突1件，头骨碎块15件，应为同一个体的头骨，拼合后长3/4～1，残；右上游I1齿1件，稍残；左右侧下颌联1件，联合处已愈合，1/4～1/2，残；左侧下颌1件，1/4，残；右侧下颌角1件，<1/4，残；牙齿碎块2件；寰椎2件，稍残；肩胛2件，1/4，残和1/4～1/2，残；左侧肱骨远端2件已愈合，<1/4，残和1/4～1/2，残；右侧肱骨近端1件未愈合，<1/4，残；右侧肱骨远端2件，其中1件未愈合，1/4～1/2，残；左侧桡骨近端1件已愈合，1/4～1/2，残；右侧尺骨近端2件，1/4～1/2，残和1/2～3/4，残；右侧第三掌骨1件，近、远端均已愈合，完整；右侧第五掌骨1件，近、远端均已愈合，完整；右侧股骨近端骨干1件，1/4～1/2，碎；右侧股骨远端1件未愈合，1/4～1/2，残；左侧胫骨近端骨干2件，1/4，碎和1/4，残；右侧跟骨1件未愈合，3/4～1；掌/跖骨近端1件已愈合，<1/4，碎；第一指/趾骨1件已愈合，完整。

大型鹿科：NISP为1，占比1.02%；MNI为1，占比7.14%；骨骼重量为19.2克，占比0.89%。

第三指/趾骨1件，完整。

中型鹿科：NISP为27，占比27.55%；MNI为3，占比21.43%；骨骼重量为516.2克，占比23.84%。

颈椎2件，残；肋骨头1件，<1/4；左侧桡骨近端骨干1件，1/4～1/2，残；左侧掌骨近端1件已愈合，<1/4，碎；左侧掌骨骨干1件，1/2，残；右侧掌骨近、远端各1件，近、远端均已愈合，近端1/4～1/2，碎，远端<1/4，残；右侧盆骨髋臼+耻骨1件，<1/4，残；右侧盆骨髋臼+坐骨1件，髋臼已愈合，1/4～1/2，残；右侧盆骨髋臼+髂骨1件，髋臼已愈合，1/4～1/2，残；左侧胫骨远端1件未愈合，<1/4，残；右侧胫骨近端1件已愈合，1/4～1/2，残；左侧距骨1件，3/4～1，残；左侧跟骨3件，2件已愈合，3/4～1，残和稍残，1件未愈合，稍残；左侧距骨1件远端未愈合，无关节，3/4～1；左侧跖骨远端1件已愈合，<1/4，残；跖骨近端1件已愈合，<1/4，碎；第一指/趾骨3件，2件近端未愈合，3/4～1，1件近端已愈合，完整；第二指/趾骨2件，近端未愈合，3/4～1；第三指/趾骨1件已愈合，稍残；炮骨骨干1件，1/4，残。

中小型鹿科：NISP为2，占比2.04%；MNI为1，占比7.14%；骨骼重量为28克，占比1.29%。

左侧肱骨远端1件已愈合，<1/4，残；右侧桡骨近端1件已愈合，<1/4，残。

小型鹿科：NISP为9，占比9.18%；MNI为2，占比14.29%；骨骼重量为62.6克，占比2.89%。

枢椎1件已愈合，残；右侧肩胛远端2件已愈合，1/4～1/2，残和1/2～3/4，残；右侧肱骨远端1件已愈合，<1/4，残；右侧桡骨远端1件已愈合，1/4～1/2，残；右侧股骨远端1件已愈合，<1/4，残；右侧跟骨1件已愈合，完整；跖骨近端2件已愈合，1/4，碎。

大型牛科：NISP为2，占比2.04%；MNI为1，占比7.14%；骨骼重量为93.1克，占比4.3%。

右侧盆骨坐骨结节1件已愈合，<1/4，残；右侧尺腕骨1件，稍残。

小型食肉动物：NISP为1，占比1.02%；MNI为1，占比7.14%；骨骼重量为10.6克，占比0.49%。

胫骨远端1件，3/4～1。

食肉动物：NISP为1，占比1.02%；MNI为1，占比7.14%；骨骼重量为1.3克，占比0.06%。

第一指/趾骨1件，完整。

②不可鉴定种属。

大型哺乳动物：骨骼3件，重量为156.7克。肢骨2件，5～10厘米和10～15厘米；肋骨1件，5～10厘米。

中型哺乳动物：骨骼98件，重量为360.8克。头骨1件，＜1/4，残；肩胛3件，＜1/4，碎；肱骨骨干2件，＜1/4，碎；桡骨骨干1件，1/4～1/2，残；盆骨1件，＜1/4，碎；肢骨64件，46件＜5厘米、18件5～10厘米；脊椎4件，残；肋骨22件，15件＜5厘米、7件5～10厘米。

小型哺乳动物：肢骨8件，7件＜5厘米、1件5～10厘米，重量为6.4克。

哺乳动物：骨骼2件，＜5厘米，重量为12.01克。

（2）年龄

猪：根据下颌牙齿萌出和磨蚀情况，6～12月1个，占比100%。上颌牙齿磨蚀较重，年龄较大。

根据骨骺愈合情况，1～1.5岁样本4个，愈合率75%；2～2.5岁样本4个，愈合率75%；3～3.5岁样本2个，愈合率100%。

中型鹿科：根据骨骺愈合情况，0～2岁样本6个，愈合率100%；2～4岁样本1个，愈合率0%；5～6岁样本3个，愈合率66.67%。

（3）性别

雉：雄性1个，1件跗跖骨有载距突，可能为雄性。

猪：雌性3个，2件上颌（左、右侧各1件）犬齿齿孔扁薄，截面呈椭圆形；1件下颌犬齿齿孔收窄封闭。

（4）骨表痕迹与骨骼异常

砍砸痕：1件猪下颌表面有大量砍砸痕；1件猪的桡骨骨干远端有两道长7～8毫米、宽2～3毫米、深1毫米的砍痕；1件猪的胫骨表面有一道长9.19毫米、宽1.29毫米的砍痕；1件猪的第三掌骨近端掌侧有一道宽约4毫米、长约5.5毫米、深1毫米的砍痕；1件中型鹿科掌骨远端滑车缺失，骨干破碎处残存有砍砸痕。

烧痕：1件食肉动物第一指/趾骨烧黑。

风化：0级，骨骼表面比较光滑，无明显风化。

（5）特殊现象说明

该单位有一个比较完整的母猪头骨，从上颌牙齿磨蚀情况看，年龄较大。

另，H02还发现骨器1件，重量为30.5克。用大型哺乳动物的肋骨磨成，一端磨成尖。

（二）H480

H480：3属于后冈一期文化。出土哺乳纲动物骨骼总共7件，可鉴定种属的骨骼2件、不可鉴定种属的骨骼5件，种属有猪。

（1）数量与部位

①可鉴定种属。

猪：NISP为2，占比100%；最小个体为1，占比100%；骨骼重量为5.4克，占比100%。

左下游i1齿，残；左下游i3齿1件，稍残。

②不可鉴定种属。

中型哺乳动物：骨骼5件，重量为18.2克。肢骨4件，1件<5厘米、3件5～10厘米；脊椎1件，残。

（2）骨表痕迹与骨骼异常

风化：0级，骨骼表面比较光滑，无明显风化。

（三）H495

H495：3属于后冈一期文化。出土哺乳纲动物骨骼总共17件，可鉴定种属的骨骼4件、不可鉴定种属的骨骼13件，种属有猪。

（1）数量与部位

①可鉴定种属。

猪：NISP为4，占比100%；最小个体为1，占比100%；骨骼重量为40.1克，占比100%。

右下游i2齿1件，残；牙齿碎块1件；左侧尺骨近端1件，1/4，残；右侧股骨近端骨干1件，<1/4，残。

②不可鉴定种属。

中型哺乳动物：骨骼12件，重量为67.4克。肢骨11件，2件<5厘米、9件5～10厘米；脊椎1件，残。

小型哺乳动物：肋骨1件，<5厘米，重量为0.9克。

（2）骨表痕迹与骨骼异常

风化：0级，骨骼表面比较光滑，无明显风化。

（四）H905

H905属于后冈一期文化第一、二期。出土哺乳纲动物骨骼总共41件，可鉴定种属的骨骼10件、不可鉴定种属的骨骼31件，种属有猪和大型牛科。

（1）数量与部位

①可鉴定种属。

猪：NISP为2，占比20%；最小个体为1，占比50%；骨骼重量为84.4克，占比2.47%。

左侧肱骨近端1件愈合中，<1/4，残；右侧肱骨近端肱骨头1件未愈合，<1/4，碎。

大型牛科：NISP为8，占比80%；最小个体为1，占比50%；骨骼重量为3334.6克，占比97.53%。

右侧大型牛科角1件，3/4～1；左侧肩胛远端1件已愈合，1/2～3/4；左侧盆骨髂骨+髋臼+耻骨1件，髋臼已愈合，1/4～1/2，残；右侧髂骨+髋臼1件，髋臼已愈合，1/4～1/2；右侧髋臼1件，<1/4，碎；左、右侧盆骨坐骨各1件，坐骨结节已愈合，1/4，稍残；第一趾1件已愈合，远端稍残。

②不可鉴定种属。

大型哺乳动物：骨骼31件，重量为248.6克。肩胛2件，＜1/4，碎；肢骨29件，25件＜5厘米，碎，4件5～10厘米，碎。

（2）年龄

猪：根据骨骺愈合情况，3～3.5岁样本有2件，愈合率50%。

大型牛科：根据骨骺愈合情况，0～7月样本有3个，愈合率100%；1～1.5岁样本有1个，愈合率100%。

（3）骨表痕迹与骨骼异常

切割痕：1件大型牛科左侧盆骨髂骨疑似有两道切割痕，长约5.1毫米、宽约1毫米。

风化：0级，骨骼表面比较光滑，无明显风化。

（五）H962

H962：21属于后冈一期文化第二、三期。出土哺乳纲动物骨骼总共6件，可鉴定种属的骨骼5件、不可鉴定种属的骨骼1件，种属有猪。

（1）数量和部位

①可鉴定种属。

猪：NISP为5，占比100%；MNI为2，占比100%；骨骼重量为114.4克，占比100%。

左侧肩胛远端1件未愈合，无关节，1/4～1/2，残；左侧肱骨远端1件，1/4～1/2，碎；右侧肱骨远端1件未愈合，无关节，1/2，稍残；左侧桡骨近端1件已愈合，1/2，稍残；左侧尺骨近端1件已愈合，桡、尺骨为同一个体，可以拼合，1/4～1/2，稍残。

②不可鉴定种属。

大型哺乳动物：肋骨1件，5～10厘米，重量为15.2克。

（2）年龄

猪：根据骨骺愈合情况，1～1.5岁样本有3个，愈合率33.33%；3～3.5岁个体1个，愈合率100%。

（3）骨表痕迹与骨骼异常

烧痕：3件骨骼烧黑，分别是猪的肩胛、左侧肱骨和桡骨；2件骨骼烧黑+烧白，分别是右侧肱骨和尺骨。

风化：0级，骨骼表面比较光滑，无明显风化。

（六）H1078

H1078：56属于后冈一期文化第一、二期。出土哺乳纲动物骨骼11件，可鉴定种属的骨骼8件、不可鉴定种属的骨骼3件，种属有猪、大型鹿科和大型牛科。

（1）数量与部位

①可鉴定种属。

猪：NISP为3，占比37.5%；MNI为1，占比33.33%；骨骼重量为3.6克，占比0.65%。

下颌齿孔2件，＜1/4；下游m1齿1件，1/2～3/4，残。

大型鹿科：NISP为1，占比12.5%；MNI为1，占比33.33%；骨骼重量为195克，占比35.41%。

右侧肱骨远端1件已愈合，1/4～1/2，稍残。

大型牛科：NISP为4，占比50%；MNI为1，占比33.33%；骨骼重量为352.1克，占比63.94%。

牛角1件，＜1/4，碎；右侧骨骼近端股骨头和转子窝各1件，可能为同一个体，股骨头已愈合，＜1/4，残；右侧髌骨1件，1/2～3/4，稍残。

②不可鉴定种属。

中型哺乳动物：骨骼3件，重量为37.5克。肩胛1件，＜1/4，碎；盆骨1件，＜1/4，碎；肋骨1件，＜1/4。

（2）年龄

大型牛科：根据骨骺愈合情况，3～3.5岁样本1个，愈合率100%。

（3）骨表痕迹与骨骼异常

风化：0级，骨骼表面比较光滑，无明显风化。

（七）H1121

H1121：45属于后冈一期文化第二、三期。出土哺乳纲动物骨骼10件，可鉴定种属的骨骼4件、不可鉴定种属的骨骼6件，种属有猪和中型鹿科。

（1）数量与部位

①可鉴定种属。

猪：NISP为3，占比75%；MNI为1，占比50%；骨骼重量为73.8克，占比38.32%。

左下游m3齿1件，存3/4；寰椎1件已愈合，3/4～1，稍残；左侧第四掌骨1件，近端已愈合，3/4，残。

中型鹿科：NISP为1，占比25%；MNI为1，占比50%；骨骼重量为118.8克，占比61.68%。

左侧头骨额骨+角柄1件，1/4，稍残。

②不可鉴定种属。

中型哺乳动物：肢骨6件，5件＜5厘米、1件5～10厘米，重量为23.7克。

（2）年龄

猪：根据牙齿萌出和磨蚀情况，18～24月1个，占比100%。

（3）性别

中型鹿科：雄性1个，额骨上带有角柄。

（4）骨表痕迹与骨骼异常

砍痕：中型鹿科头骨角柄处被砍断。

风化：0级，骨骼表面比较光滑，无明显风化。

（八）H1149

H1149属于后冈一期文化。出土哺乳纲动物骨骼7件，可鉴定种属的骨骼5件、不可鉴定种属的骨骼2件，种属有猪、梅花鹿和大型牛科。

（1）数量与部位

①可鉴定种属。

猪：NISP为2，占比40%；MNI为1，占比33.33%；骨骼重量为98.4克，占比9.8%。

左上游i1齿1件，3/4～1；左侧肱骨远端1件已愈合，1/4，稍残。

梅花鹿：NISP为2，占比40%；MNI为1，占比33.33%；骨骼重量为429.8克，占比42.81%。

右侧鹿角角柄+角环+主枝（A1+A2）+眉枝（P1）+权枝（P2）1件，3/4～1，稍残，角环未脱落；鹿角分权处1件，＜1/4，残。

大型牛科：NISP为1，占比20%；MNI为1，占比33.33%；骨骼重量为475.7克，占比47.39%。

左侧股骨远端1件，＜1/4，残。

②不可鉴定种属。

中型哺乳动物：肋骨2件，5～10厘米，重量为14.6克。

（2）年龄

猪：根据骨骺愈合情况，1～1.5岁样本1个，愈合率100%。

（3）骨表痕迹与骨骼异常

砍砸痕：梅花鹿角柄断裂处有两道长13.41毫米、宽约2毫米的砍痕；主枝前方有两道砍痕，长11.72毫米、宽1毫米。主枝断裂处有砍砸痕，眉枝或权枝下方断裂处有斜向砍痕，可能与制作鹿角靴形器有关。

风化：0级，骨骼表面比较光滑，无明显风化。

（九）H1191

H1191：10属于后冈一期文化第一、二期。出土哺乳纲动物骨骼32件，可鉴定种属的骨骼12件、不可鉴定种属的骨骼20件，种属有猪、水鹿、大型鹿科、中型鹿科、中小型鹿科和小型鹿科。

（1）数量与部位

①可鉴定种属。

猪：NISP为5，占比41.67%；MNI为2，占比28.57%；骨骼重量为152克，占比52.96%。

右侧股骨近端1件未愈合，无关节，1/4，残；右侧胫骨近、远端各1件已愈合，近端<1/4，残，远端1/2～3/4，残；右侧腓骨近端1件，1/4，残；左侧跟骨1件未愈合，无关节，3/4～1，残。

水鹿：NISP为1，占比8.33%；MNI为1，占比14.29%；骨骼重量为35克，占比12.2%。

鹿角角尖1件，1/4，残。

大型鹿科：NISP为1，占比8.33%；MNI为1，占比14.29%；骨骼重量为29.3克，占比10.21%。

第一指/趾骨1件已愈合，完整。

中型鹿科：NISP为3，占比25%；MNI为1，占比14.29%；骨骼重量为42.9克，占比14.95%。

左侧掌骨远端1件已愈合，<1/4；左侧股骨远端1件，1/4，残；跖骨背侧骨干1件，1/4，残。

中小型鹿科：NISP为1，占比8.33%；MNI为1，占比14.29%；骨骼重量为22.7克，占比7.91%。

右侧胫骨远端1件已愈合，1/4，残。

小型鹿科：NISP为1，占比8.33%；MNI为1，占比14.29%；骨骼重量为5.1克，占比1.77%。

右侧盆骨坐骨1件，<1/4，残。

②不可鉴定种属。

大型哺乳动物：肋骨1件，5～10厘米，重量为8.4克。

中型哺乳动物：骨骼19件，重量76.4克。头骨1件，<1/4，碎；肩胛1件，<1/4；胫骨2件，<1/4，碎和<1/4，残；肢骨6件，2件<5厘米、4件5～10厘米；肋骨9件，6件<5厘米、3件5～10厘米。

（2）年龄

猪：根据骨骺愈合情况，2～2.5岁样本2个，愈合率50%；3～3.5岁样本2个，愈合率50%。

中型鹿科：根据骨骺愈合情况，5～6岁样本1个，愈合率100%。

（3）骨表痕迹与骨骼异常

砍砸痕：中型鹿科掌骨远端关节处有一圈砍砸痕，宽约3.5毫米。

磨痕：中型哺乳动物肢骨一端有打磨痕迹。

烧痕：2件骨骼烧黑，分别是中型鹿科的股骨和跖骨。

风化：0级，骨骼表面比较光滑，无明显风化。

（十）H1202

H1202：15属于后冈一期文化。出土哺乳纲动物骨骼12件，可鉴定种属的骨骼4件、不可鉴定种属的骨骼7件，角器1件，种属有猪、中型鹿科和鹿科动物。

（1）数量与部位

①可鉴定种属。

猪：NISP为2，占比50%；MNI为1，占比50%；骨骼重量为48.5克，占比85.99%。

左侧胫骨近端胫骨嵴1件，＜1/4，残；左侧胫骨远端1件未愈合，无关节，＜1/4，残。

中型鹿科：NISP为1，占比25%；MNI为1，占比50%；骨骼重量为5.1克，占比9.04%。

右侧肩胛远端1件已愈合，1/4，残。

鹿科：NISP为1，占比25%；骨骼重量为2.8克，占比4.96%。

鹿角碎块1件，＜1/4，碎。

②不可鉴定种属。

中型哺乳动物：骨骼3件，重量为29.5克。胫骨1件，1/4，残；肢骨2件，5～10厘米。

小型哺乳动物：肋骨2件，＜5厘米，重量为3.1克。

哺乳动物：骨骼2件，＜5厘米，重量为0.2克。

（2）年龄

猪：根据骨骺愈合情况，2～2.5岁样本有1个，愈合率0%。

中型鹿科：根据骨骺愈合情况，0～2岁样本有1个，愈合率100%。

（3）骨表痕迹与骨骼异常

砍砸痕：中型哺乳动物胫骨一侧有一道长8毫米、宽2.5毫米、深2毫米的砍砸痕。

风化：0级，骨骼表面比较光滑，无明显风化。

（十一）H1218

H1218：22属于后冈一期文化。出土哺乳纲动物骨骼18件，可鉴定种属的骨骼12件、不可鉴定种属的骨骼6件，种属有猪、中型鹿科和中小型鹿科。

（1）数量与部位

①可鉴定种属。

猪：NISP为5，占比41.67%；MNI为1，占比25%；骨骼重量为111.5克，占比22.53%。

右侧头骨颞骨1件，＜1/4，碎；右侧肱骨远端1件未愈合，无关节，1/4～1/2，残；右侧桡骨近端骨干1件，1/4～1/2，残；右侧股骨近端1件，1/4～1/2，残；左侧第三跖骨近端1件已愈合，1/2，残。

中型鹿科：NISP为5，占比41.67%；MNI为2，占比50%；骨骼重量为356.7克，占比72.06%。

左右侧头骨额骨+顶骨+角柄1件，右侧颞骨+听泡1件，为同一个体，拼合后长1/4～1/2，稍残；左右侧顶骨+枕骨1件，＜1/4，稍残；掌骨背侧骨干1件，＜1/4，碎；左侧跖骨背侧骨干1件，1/4，碎。

中小型鹿科：NISP为2，占比16.67%；MNI为1，占比25%；骨骼重量为26.8克，占比5.41%。

右侧桡骨近端1件已愈合，1/4，残；右侧尺骨近端1件，＜1/4，残。

②不可鉴定种属。

大型哺乳动物：骨骼2件，重量为180.7克。肋骨1件，5~10厘米；脊椎1件，3/4~1，稍残。

中型哺乳动物：骨骼4件，重量为46.7克。股骨1件，＜1/4，碎；肢骨2件，1/4~1/2，残；肋骨1件，5~10厘米。

（2）年龄

猪：根据骨骺愈合情况，1~1.5岁样本1个，愈合率0%。

（3）性别

中型鹿科：雄性1个，额骨上带有角柄。

（4）骨表痕迹与骨骼异常

砍痕：中型鹿科头骨额骨+顶骨+角柄左右侧角柄均被砍，断裂处残存一周砍痕，右侧额骨破碎处骨表有3个圆形的小凹坑，可能为砸痕，直径分别为2.44毫米、3.95毫米、5.67毫米；1件中型哺乳动物股骨小转子下方骨干处有三道横向砍痕，长6毫米、宽1.9毫米、深1毫米。

风化：中型鹿科头骨额骨+顶骨+角柄风化2级，骨表裂纹增大，出现层状脱落；其他骨骼风化0级，骨骼表面比较光滑，无明显风化。

（十二）H1232

H1232：5属于后冈一期文化第一、二期。出土动物骨骼总共64件。鱼纲1件，不可鉴定种属。哺乳纲63件，可鉴定种属的骨骼33件、不可鉴定种属的骨骼30件，种属有獾、猪、小麂、麂、獐、中型鹿科、中小型鹿科、小型鹿科、鹿科和大型牛科。

（1）数量与部位

1）鱼纲

鱼：骨骼1件，＜5厘米，重量为4.2克。

2）哺乳纲

①可鉴定种属。

獾：NISP为2，占比6.06%；MNI为2，占比18.18%；骨骼重量为19.6克，占比2.34%。
右侧肱骨远端2件，均已愈合，残。

猪：NISP为10，占比30.3%；MNI为1，占比9.09%；骨骼重量为229.7克，占比27.42%。
左、右侧上颌各1件，＜1/4，残；左、右侧下颌各1件，＜1/4，碎和1/4~1/2，残；牙齿碎块4件；左侧肩胛远端1件，1/4~1/2，残；左侧肱骨远端1件，1/4~1/2，残。

小麂：NISP为1，占比3.03%；MNI为1，占比9.09%；骨骼重量为13.3克，占比1.59%。
右侧鹿角角尖1件，1/4，稍残。

麂：NISP为1，占比3.03%；MNI为1，占比9.09%；骨骼重量为10.4克，占比1.24%。
鹿角角柄1件，1/4，稍残。

獐：NISP为1，占比3.03%；MNI为1，占比9.09%；骨骼重量为5.8克，占比0.69%。
右侧上颌犬齿1件，稍残。

中型鹿科：NISP为13，占比39.39%；MNI为2，占比18.18%；骨骼重量为321.2克，占比38.35%。

左侧下颌2件，＜1/4，残和1/4，残；右侧下颌1件，＜1/4，残；左下游m2和m3齿各1件，稍残；牙齿碎块1件；左、右侧肩胛远端各1件，均已愈合，左侧＜1/4，碎，右侧＜1/4，残；左侧掌骨远端1件已愈合，1/4，残；左侧胫骨远端1件已愈合，1/4~1/2，残；右侧距骨1件，完整；右侧跟骨1件已愈合，完整；跖骨骨干1件，1/4，碎。

中小型鹿科：NISP为1，占比3.03%；MNI为1，占比9.09%；骨骼重量为14.2克，占比1.7%。

左侧盆骨髋臼1件已愈合，＜1/4，稍残。

小型鹿科：NISP为1，占比3.03%；MNI为1，占比9.09%；骨骼重量为1.5克，占比0.18%。

右下游离m1或m2齿1件，完整。

鹿科：NISP为1，占比3.03%；骨骼重量为28.3克，占比3.38%。

鹿角角尖1件，＜1/4，残。

大型牛科：NISP为2，占比6.06%；MNI为1，占比9.09%；骨骼重量为193.6克，占比23.11%。

右侧肱骨远端1件，＜1/4，碎；左侧第三趾骨1件已愈合，完整。

②不可鉴定种属。

大型哺乳动物：骨骼3件，重量为121.8克。股骨骨干1件，1/4~1/2，碎；肢骨1件，5~10厘米；荐椎1件，＜1/4，碎。

中型哺乳动物：骨骼27件，重量为233.1克。下颌2件，＜1/4，碎；齿槽4件，碎；桡骨骨干1件，＜1/4，碎；股骨远端骨干1件，＜1/4，残；胫骨骨干1件，1/4~1/2，残；掌/跖骨骨干2件，＜1/4，碎和1/4~1/2，碎；肢骨10件，7件＜5厘米、3件5~10厘米；腰椎2件，1件残、1件碎；肋骨4件，5~10厘米。

（2）年龄

猪：根据牙齿萌出和磨蚀情况，12~18/18~24月1个，占比100%。

根据骨骺愈合情况，1~1.5岁样本1个，愈合率100%。

中型鹿科：根据牙齿萌出和愈合情况，6.5岁4个，占比100%。

根据骨骺愈合情况，0~2岁2个，愈合率100%；2~4岁样本1个，愈合率100%；5~6岁1个，愈合率100%。

（3）性别

麂：雄性1个，鹿角上带有角柄。

（4）骨表痕迹与骨骼异常

砍痕：1件小鹿角尖靠近角环处残存砍痕，1件中型哺乳动物胫骨表面有两道长9毫米、宽2毫米、深1毫米的砍痕。

烧痕：1件獾肱骨烧黑。

风化：1件猪的肩胛、1件中型鹿科的肩胛和1件中型鹿科的胫骨风化2级，骨表出现层状剥落，风化2级；其余骨骼风化0级，骨骼表面比较光滑，无明显风化。

（十三）H1253

H1253：33属于后冈一期文化。出土哺乳纲动物骨骼25件，可鉴定种属的骨骼11件、不可鉴定种属的骨骼14件，种属有猪。

（1）数量与部位

①可鉴定种属。

猪：NISP为11，占比100%；MNI为2，占比100%；骨骼重量为100.3克，占比100%。

下游i1齿根1件，残；左、右侧肱骨远端各1件均未愈合，左侧远端无关节，1/4~1/2，残，右侧3/4~1，残；右侧肱骨1件，近、远端未愈合，无关节，3/4~1；右侧桡骨远端1件未愈合，无关节，1/4~1/2，残；右侧尺骨远端1件未愈合，无关节，1/2~3/4，残；右侧股骨远端1件未愈合，无关节，1/4，碎；左侧胫骨1件，近、远端未愈合，无关节，3/4~1，残；右侧胫骨远端1件未愈合，无关节，1/4~1/2，残；左侧第五跖骨近端1件已愈合，1/2~3/4，残；右侧第五跖骨1件，近端已愈合，远端未愈合无关节，3/4~1，稍残。

②不可鉴定种属。

中型哺乳动物：骨骼13件，重量为61.4克。肢骨4件，2件<5厘米、2件5~10厘米；肋骨9件，2件<5厘米、6件5~10厘米、1件10~15厘米。

小型哺乳动物：脊椎1件，<1/4，碎，重量为0.5克。

（2）年龄

猪：根据骨骺愈合情况，1~1.5岁样本有3个，愈合率0%；2~2.5岁样本有3个，愈合率0%；3~3.5岁样本有5个，愈合率0%。

（3）骨表痕迹与骨骼异常

烧黑：9件骨骼烧黑，分别是猪的肱骨3件、桡骨1件、尺骨1件、胫骨2件、第五跖骨2件。

风化：0级，骨骼表面比较光滑，无明显风化。

（4）特殊现象说明

该单位埋葬了一只较为完整的猪，但多一件肱骨，个体较小，年龄小于1岁，部分骨骼被烧黑。

二、灰　沟

（一）G12

G12出土动物骨骼总共457件。鸟纲1件，不可鉴定种属。哺乳纲456件，可鉴定种属的骨骼158件、不可鉴定种属的骨骼296件，骨器1件，角器1件，种属有貉、黑熊、熊、猪、水鹿、梅花鹿、大型鹿科、中型鹿科、中小型鹿科、小型鹿科、鹿科和大型牛科。

鸟：骨骼1件，重量为2.3克。

貉：NISP为1，占比0.63%；MNI为1，占比4.76%；骨骼重量为7克，占比0.1%。

黑熊：NISP为6，占比3.8%；MNI为4，占比19.05%；骨骼重量为1330.3克，占比19.18%。

熊：NISP为6，占比3.8%；MNI为1，占比4.76%；骨骼重量为497.3克，占比7.17%。

猪：NISP为111，占比70.25%；MNI为7，占比33.33%；骨骼重量为3267.1克，占比47.09%。

水鹿：NISP为1，占比0.63%；MNI为1，占比4.76%；骨骼重量为31.3克，占比0.45%。

梅花鹿：NISP为2，占比1.27%；MNI为1，占比4.76%；骨骼重量为115.1克，占比1.66%。

大型鹿科：NISP为10，占比6.33%；MNI为2，占比9.52%；骨骼重量为1046.9克，占比15.09%。

中型鹿科：NISP为13，占比8.23%；MNI为1，占比4.76%；骨骼重量为405.7克，占比5.85%。

中小型鹿科：NISP为1，占比0.63%；MNI为1，占比4.76%；骨骼重量为31.5克，占比0.45%。

小型鹿科：NISP为5，占比3.16%；MNI为1，占比4.76%；骨骼重量为36.8克，占比0.53%。

鹿科：NISP为1，占比0.63%；骨骼重量为51.7克，占比0.75%。

大型牛科：NISP为1，占比0.63%；MNI为1，占比4.76%；骨骼重量为116.6克，占比1.68%。

大型哺乳动物：骨骼3件，重量为311克。

中型哺乳动物：骨骼292件，重量为1537.2克。

小型哺乳动物：肢骨1件，重量为0.8克。

骨器：1件，重量为22.2克。

角器：1件，重量为31.9克。

其中28件骨骼在提取时编为30号，429件骨骼归入②③④层，下文分别进行介绍。

1. T6131G12：30

T6131G12：30属于后冈一期文化第二、三期。出土哺乳动物骨骼总共28件，可鉴定种属的骨骼24件、不可鉴定种属的骨骼4件，种属有熊、猪、大型鹿科、中型鹿科和小型鹿科。

（1）数量与部位

①可鉴定种属。

熊：NISP为4，占比16.67%；最小个体为1，占比16.67%；骨骼重量为269.2克，占比35.07%。

左侧肱骨骨干1件，<1/4，碎；左侧肱骨远端1件已愈合，<1/4，残，2件肱骨可能为同一个体；左侧股骨近端1件，左侧股骨骨干1件，均为1/4～1/2，残，2件股骨可能为同一个体。

猪：NISP为13，占比54.17%；最小个体为2，占比33.33%；骨骼重量为350克，占比45.6%。

左侧下颌1件，1/4~1/2；右侧下颌角1件，＜1/4，残；右下游c齿1件，稍残；左下游m3齿1件，残；游m3齿1件，残；左侧肩胛远端2件均已愈合，＜1/4，碎和1/4~1/2，残；左侧肱骨远端1件已愈合，1/4~1/2，稍残；左、右侧桡骨近端各1件均已愈合，1/4，残和1/2~3/4，稍残；右侧距骨1件，稍残；左侧跟骨1件已愈合，稍残；第一指/趾骨1件，近、远端均已愈合，稍残。

大型鹿科：NISP为2，占比8.33%；最小个体为1，占比16.67%；骨骼重量为64.6克，占比8.42%。

右上游P2齿1件，稍残；右侧距骨1件，稍残。

中型鹿科：NISP为3，占比12.5%；最小个体为1，占比16.67%；骨骼重量为62.1克，占比8.09%。

左侧肩胛远端1件已愈合，1/4~1/2，碎；左侧胫骨远端1件已愈合，1/4~1/2，稍残；炮骨远端髁1件，＜1/4，碎。

小型鹿科：NISP为2，占比8.33%；最小个体为1，占比16.67%；骨骼重量为21.7克，占比2.83%。

左侧胫骨远端1件已愈合，＜1/4，残；右侧跖骨近端1件已愈合，1/2~3/4，稍残。

②不可鉴定种属。

大型哺乳动物：左侧股骨骨干1件，＜1/4，残，重量为48.7克。

中型哺乳动物：肢骨2件，5~10厘米，碎，重量为24.3克。

小型哺乳动物：肢骨1件，＜5厘米，碎，重量为0.8克。

（2）年龄

猪：根据牙齿萌出和磨蚀情况，24~36月1个，占比100%。

根据骨骺愈合情况，1~1.5岁样本5个，愈合率100%；2~2.5岁样本2个，愈合率100%。

中型鹿科：根据骨骺愈合情况，0~2岁样本1个，愈合率100%；2~4岁样本1个，愈合率100%。

（3）性别

猪：雌性1个，下颌犬齿截面呈椭圆形，齿根收窄封闭。

（4）骨表痕迹与骨骼异常

砍砸痕：1件熊的股骨近端股骨头和大转子缺失，破碎处残存一周砍砸痕，可能为敲骨吸髓所致；1件猪的距骨表面有一些不规则的小凹坑，可能为砸痕；1件中型鹿科的胫骨远端关节和骨干之间有一圈砍痕，宽约7毫米，未砍断。

风化：0级，骨骼表面比较光滑，无明显风化。

2. T6131G12②③④

T6131G12②③④属于后冈一期文化第二、三期。出土动物骨骼总共429件。鸟纲1件，不可鉴定种属。哺乳纲428件，可鉴定种属的骨骼134件、不可鉴定种属的骨骼292件，骨器1件，角器1件，种属有貉、黑熊、熊、猪、水鹿、梅花鹿、大型鹿科、中型鹿科、中小型鹿科、小型鹿科、鹿科和大型牛科。

（1）数量与部位

1）鸟纲

鸟：左侧尺骨远端1件已愈合，3/4～1，稍残，重量为2.3克。

2）哺乳纲

①可鉴定种属。

貉：NISP为1，占比0.75%；最小个体为1，占比5%；骨骼重量为7克，占比0.11%。

右侧下颌1件，1/2～3/4。

黑熊：NISP为6，占比4.48%；最小个体为4，占比20%；骨骼重量为1330.3克，占比21.56%。

左侧肱骨1件，近、远端均已愈合，<1/4，残；左侧肱骨远端1件已愈合；右侧肱骨远端4件，均已愈合，2件1/4～1/2，稍残，1件1/2～3/4，残，1件3/4～1，稍残，1件长1，稍残。

熊：NISP为2，占比1.49%；最小个体为1，占比5%；骨骼重量为228.1克，占比3.7%。

左侧肱骨近端1件已愈合，1/4～1/2，稍残；右侧肱骨骨干1件，<1/4。

猪：NISP为98，占比73.13%；最小个体为7，占比35%；骨骼重量为2917.1克，占比47.28%。

左侧头骨上颌1件，左、右侧顶骨各1件，左右侧枕骨枕髁+颞骨1件，4件均<1/4；左、右侧上游C齿各1件，1/4～1/2；左上游M2和右上游M3各1件，M2完整，M3存3/4～1；左侧下颌5件，左侧下颌角1件，右侧下颌5件，右侧下颌角2件，10件<1/4、3件1/4～1/2；左下游c齿1件，右下游c齿2件，右下游p3齿1件，左下游m1齿1件，左下游i1齿1件，右下游i1齿5件，右下游i2齿2件，下游齿1件；牙齿碎块17件。

右侧肩胛远端1件已愈合，1/2，稍残；右侧肩胛骨板1件，<1/4，残；左侧肱骨远端8件，其中4件远端已愈合，1件未愈合，左侧肱骨骨干2件，右侧肱骨远端8件，6件远端已愈合，1件愈合中，右侧肱骨远端骨干1件，2件<1/4，碎，2件<1/4，残，1件1/4～1/2，稍残，4件1/4～1/2，残，5件1/2，稍残，4件1/2～3/4，稍残，1件1/2～3/4，残；左侧桡骨近、远端各1件，近、远端均已愈合，右侧桡骨近端1件已愈合，2件1/4～1/2，稍残，1件1/4～1/2，残；左侧尺骨近端4件，右侧尺骨近端1件，1件<1/4，碎，2件1/2，稍残，1件1/2～3/4，稍残，1件3/4～1，稍残。

左侧盆骨髂骨+髋臼1件，髋臼已愈合，1/4，稍残；左侧盆骨髋臼1件已愈合，<1/4，残；左侧盆骨髂骨+髋臼+坐骨1件，髋臼已愈合，3/4～1，稍残；左侧盆骨坐骨1件，<1/4，碎；左侧股骨近端、远端各1件，近、远端均未愈合，右侧股骨远端髌面、远端髁各1件，2件<1/4，碎，1件<1/4，稍残，1件1/4～1/2，稍残；左侧胫骨远端1件已愈合，1/2，稍残；右侧胫骨骨干1件，1/4～1/2，稍残；左侧距骨1件，完整；右侧第二跖骨近端1件已愈合，3/4，稍残；左侧第三跖骨近端1件已愈合，3/4，稍残；掌/跖骨1件已愈合，稍残；第一指/趾骨1件已愈合，稍残；第二指/趾骨1件已愈合，完整。

水鹿：NISP为1，占比0.75%；最小个体为1，占比5%；骨骼重量为31.3克，占比0.51%。

鹿角杈枝（P1或P2）1件，<1/4，残。

梅花鹿：NISP为2，占比1.49%；最小个体为1，占比5%；骨骼重量为115.1克，占比1.87%。

鹿角分杈处1件，<1/4，残；鹿角第二杈下方主枝1件，<1/4，残。

大型鹿科：NISP为8，占比5.97%；最小个体为1，占比5%；骨骼重量为982.3克，占比15.92%。

鹿角主枝1件，<1/4，残；左侧下颌1件，1/4～1/2，残；右侧下颌髁突1件，<1/4，碎；右侧肩胛远端1件已愈合，1/4～1/2，稍残；左侧股骨近端1件已愈合，1/4～1/2，稍残；左侧股骨远端关节1件未愈合，<1/4，残；右侧股骨远端1件已愈合，1/4，稍残；右侧胫骨干1件，1/2，稍残。

中型鹿科：NISP为10，占比7.46%；最小个体为1，占比5%；骨骼重量为343.6克，占比5.57%。

胸椎1件已愈合，稍残；右侧肩胛远端1件已愈合，<1/4，稍残；右侧肱骨远端1件已愈合，1/2，稍残；左侧桡骨近端和远端各1件，近、远端均已愈合，1/4～1/2，稍残；左、右掌骨近端各1件，均已愈合，1/4～1/2，残和1/2～3/4，残；右侧股骨远端髁上窝1件，<1/4，碎；左侧胫骨远端1件已愈合，1/2～3/4，稍残；右侧距骨1件，完整。

中小型鹿科：NISP为1，占比0.75%；最小个体为1，占比5%；骨骼重量为31.5克，占比0.51%。

右侧肱骨远端1件已愈合，1/4～1/2，稍残。

小型鹿科：NISP为3，占比2.24%；最小个体为1，占比5%；骨骼重量为15.1克，占比0.24%。

左侧下颌1件，1/2～3/4，稍残；第一趾骨1件已愈合，完整；第二趾骨1件，近端未愈合，3/4～1。

鹿科：NISP为1，占比0.75%；骨骼重量为51.7克，占比0.84%。

鹿角角柄1件，<1/4，碎。

大型牛科：NISP为1，占比0.75%；最小个体为1，占比5%；骨骼重量为116.6克，占比1.89%。

左侧第一指/趾骨1件已愈合，稍残。

②不可鉴定种属。

大型哺乳动物：骨骼2件，重量为262.3克。股骨头1件，<1/4，残；肢骨1件，10～15厘米，碎。

中型哺乳动物：骨骼290件，重量为1512.9克。脊椎1件，<1/4，碎；肋骨32件，16件<5厘米，碎，16件5～10厘米，碎；胫骨骨干1件，1/2，残；掌/跖骨骨干1件，<1/4；肢骨255件，171件<5厘米，碎，80件5～10厘米，碎，4件10～15厘米，碎。

（2）年龄

猪：根据牙齿萌出和磨蚀情况，6～12/12～18/18～24月1个，占比9.09%；12～18月1个，占比9.09%；18~24月5个，占比45.45%；24~36月3个，占比27.27%；大于36月1个，占比9.09%。

根据骨骺愈合情况，1~1.5岁样本19个，愈合率94.74%；2~2.5岁样本3个，愈合率100%；3~3.5岁样本3个，愈合率33.33%。

中型鹿科：根据骨骺愈合情况，0~2岁样本5个，愈合率100%；2~4岁样本1个，愈合率100%；5~6岁样本1个，愈合率100%。

大型牛科：根据骨骺愈合情况，1~1.5岁样本1个，愈合率100%。

（3）性别

猪：雄性1个，占比33.33%，上颌犬齿粗壮，截面呈圆形；雌性2个，占比66.67%，下颌犬齿截面呈椭圆形，有齿根。

鹿科：雄性1个，鹿角带有角柄。

（4）骨表痕迹与骨骼异常

砍砸痕：1件黑熊肱骨远端头侧骨表有砍砸痕；1件黑熊肱骨近端骨干破碎处残存一周砍砸痕，远端内侧滑车缺失并残存一周砍砸痕；1件猪肱骨远端内侧滑车破碎处疑似有砍砸痕；1件猪桡骨远端关节头侧破碎，留下一个直径约26毫米的不规则孔洞，与髓腔相连，破碎处边缘残存砍砸痕，可能为敲骨吸髓所致；1件猪的胫骨骨干上有两道砍痕，长10毫米、宽1.9毫米、深约1毫米；1件大型鹿科鹿角一端残存有砍痕；1件梅花鹿的主枝下方断裂处有一周砍痕，最后掰断，较为齐整；与这道砍痕垂直方向还有一道较浅略宽的砍痕；上方断裂处有砍痕，不规整；1件水鹿的权枝与主枝交界处有两道宽约9.5毫米的砍痕，未砍断。

烧痕：1件猪的肱骨烧黑，1件猪的肱骨烧白，1件中型鹿科肱骨远端滑车内侧烧黑。

风化：0级，骨骼表面比较光滑，无明显风化。

另，T6131G12②③④还发现2件骨角器，骨锥1件，重量为22.2克。利用猪左侧尺骨制成，将滑车切迹下面的骨干打磨成一个尖。鹿角靴形器1件，重量为31.9克。利用鹿角分权处制成，边缘被磨过。

（二）G29

G29：12属于后冈一期文化。出土哺乳纲动物骨骼总共2件，可鉴定种属的骨骼1件、不可鉴定种属的骨骼1件，种属有猪。

（1）数量与部位

①可鉴定种属。

猪：NISP为1，占比100%；MNI为1，占比100%；骨骼重量为2克，占比100%。

右下游i1齿1件，稍残。

②不可鉴定种属。

中型哺乳动物：肋骨1件，5~10厘米，重量为5克。

（2）骨表痕迹与骨骼异常

磨痕：中型哺乳动物肋骨边缘处被磨过。

风化：0级，骨骼表面比较光滑，无明显风化。

三、墓　葬

（一）M132

M132属于后冈一期文化第二、三期。出土哺乳纲动物骨骼总共3件，均可鉴定种属，种属有猪和大型牛科。

（1）数量与部位

猪：NISP为1，占比33.33%；MNI为1，占比50%；骨骼重量为48.8克，占比4.75%。

右侧肱骨1件，近、远端均未愈合，无关节，3/4～1。

大型牛科：NISP为2，占比66.67%；MNI为1，占比50%；骨骼重量为979.2克，占比95.25%。

右侧肩胛远端1件已愈合（2件骨骼可以拼合），1/2～3/4。

（2）年龄

猪：根据骨骺愈合情况，1～1.5岁样本有1个，愈合率0%；3～3.5岁样本有1个，愈合率0%。

大型牛科：根据骨骺愈合情况，7～10月样本有1个，愈合率100%。

（3）骨表痕迹与骨骼异常

风化：0级，骨骼表面比较光滑，无明显风化。

（二）M161

M161：29属于后冈一期文化。出土狗骨骼19件，占比100%；MNI为1，占比100%；重量为209.7克，占比100%。

（1）数量与部位

左侧上颌1件，右侧前腭骨+上颌1件，左侧颧骨1件，枕骨1件，头骨保存长度为1，残；左、右侧下颌各1件，3/4～1，稍残；寰椎1件，1/2，残；枢椎1件，3/4；颈椎1件，1/4；胸椎1件，1/4；腰椎2件，3/4；左侧肩胛远端1件已愈合，<1/4，稍残；左侧肱骨近端1件已愈合，<1/4，稍残；右侧肱骨1件，近、远端已愈合，完整；左侧桡骨骨干1件，1/4，稍残；右侧桡骨近端1件，近端已愈合，1/2～3/4，稍残；右侧尺骨近端1件已愈合，1/4，稍残；右侧尺骨骨干1件，<1/4，稍残。

（2）年龄

根据牙齿萌出和磨蚀级别，中年，15～48月。

根据骨骺愈合情况，年龄大于15月。

（3）骨表痕迹与骨骼异常

风化：骨骼的风化为0级，骨骼表面比较光滑，无明显风化。

（4）特殊现象说明

该单位出土的狗前肢骨完整，但缺少后肢骨，从牙齿磨蚀和肢骨愈合情况看，这只狗的年龄应该比较大（15个月以上）。

（三）M194

M194属于后冈一期文化。出土猪右上游I1齿1件，1/2 ~ 3/4，齿根残；MNI为1；重量为3.6克；风化0级，骨骼表面比较光滑，无明显风化。

（四）M230

M230属于后冈一期文化。出土哺乳纲动物骨骼总共14件，可鉴定种属的骨骼12件、不可鉴定种属的骨骼2件，种属有马、猪和中型鹿科。

（1）数量与部位

①可鉴定种属。

马：NISP为1，占比8.33%；MNI为1，占比16.67%；骨骼重量为114.6克，占比16.42%。

左侧掌骨远端1件已愈合，1/2 ~ 3/4，稍残。

猪：NISP为9，占比75%；MNI为4，占比66.67%；骨骼重量为526克，占比75.38%。

左侧下颌2件，为同一个体，右侧下颌1件，1件<1/4，1件1/4 ~ 1/2，稍残，1件3/4 ~ 1；右侧肱骨远端1件已愈合，1/4 ~ 1/2，稍残；右侧盆骨髂骨1件，1/4，残；左侧股骨1件，近、远端均已愈合，稍残；右侧股骨1件远端已愈合，3/4 ~ 1；为同一个体左、右两侧，左侧股骨远端内侧髁1件已愈合，<1/4，碎；左侧股骨骨干1件，1/2 ~ 3/4，稍残。

中型鹿科：NISP为2，占比16.67%；MNI为1，占比16.67%；骨骼重量为57.2克，占比8.2%。

左侧掌骨远端1件已愈合，1/4 ~ 1/2，稍残；右侧胫骨远端1件已愈合，1/4 ~ 1/2，残。

②不可鉴定种属。

中型哺乳动物：骨骼2件，重量为14.4克。胫骨1件，<1/4，碎；肋骨1件，<5厘米。

（2）年龄

猪：根据牙齿萌出和磨蚀情况，6 ~ 12月1个，占比50%；24 ~ 36月1个，占比50%。

根据肢骨愈合情况，1 ~ 1.5岁样本有1个，愈合率100%；3 ~ 3.5岁样本有4个，愈合率100%。

中型鹿科：根据骨骺愈合情况，2 ~ 4岁样本1个，愈合率100%；5 ~ 6岁样本1个，愈合率100%。

（3）性别

猪：雌性2个，犬齿齿孔截面呈椭圆形，齿孔收窄封闭。

（4）骨表痕迹与骨骼异常

砍砸痕：猪股骨近端和远端关节缺失，骨干破碎处都残存一周砍砸痕，髓腔暴露，可能与获取骨干内的骨髓有关。

风化：0级，骨骼表面比较光滑，无明显风化。

（五）M241

M241：3属于后冈一期文化。出土猪右下游m2齿1件，稍残；MNI为1，重量为5.9克；风化0级，骨骼表面比较光滑，无明显风化。

第五节　朱家台文化第一期

一、地　　层

（一）T5431④

T5431④：6出土动物骨骼总共96件，可鉴定种属的骨骼27件、不可鉴定种属的骨骼69件，种属有猪和中型鹿科。

（1）数量与部位

①可鉴定种属。

猪：NISP为18，占比66.67%；MNI为2，占比66.67%；骨骼重量为443.8克，占比76.72%。

左侧上颌2件，1件<1/4，残，另1件1/4~1/2，残；左上游I1齿1件；左侧下颌3件，1/4~1/2，残；下颌角1件，<1/4，碎；右下游c齿1件，左下游m3齿1件；游离犬齿1件，牙齿碎块3件；右侧肱骨远端1件已愈合，<1/4，残；右侧第三掌骨1件已愈合，完整；左侧盆骨髋臼1件，1/4，残；左侧胫骨近端1件未愈合，右侧胫骨近端骨干1件，均为1/4~1/2，残。

中型鹿科：NISP为9，占比33.33%；MNI为1，占比33.33%；骨骼重量为134.7克，占比23.28%。

右上游M1齿1件；下颌角1件，<1/4，碎；右侧掌骨近端1件已愈合，1/4~1/2，残；掌骨骨干1件，<1/4，碎；掌/跖骨骨干1件，1/4~1/2，残；右侧盆骨髋臼1件已愈合，<1/4，稍残；跖骨骨干1件，1/4~1/2，残；左、右侧距骨各1件，完整。

②不可鉴定种属。

中型哺乳动物：骨骼69件，重量366.4克。下颌1件，<1/4，碎；肩胛2件，<1/4，残和1/4~1/2，残；肱骨3件，2件<1/4，碎，1件1/4~1/2，残；盆骨1件，<1/4，碎；股骨1件，<1/4，残；胫骨1件，1/4~1/2，残；腓骨1件，<1/4，残；肢骨53件，37件<5厘米、15件5~10厘米、1件10~15厘米；肋骨6件，2件<5厘米、4件5~10厘米。

（2）年龄

猪：根据牙齿萌出和磨蚀情况看，18~24月1个，占比33.33%；24~36月1个，占比33.33%；18~24月或24~36月1个，占比33.33%。根据骨骺愈合情况看，1~1.5岁样本1个，愈合率100%；2~2.5岁样本1个，愈合率100%；3~3.5岁样本1个，愈合率0%。

中型鹿科：从骨骺愈合情况看，0~2岁样本2个，愈合率100%。

（3）性别

猪：雄性1个，犬齿齿孔较宽大，齿根开放；雌性3个，犬齿截面呈椭圆形，齿根收窄封闭。

（4）骨表痕迹与骨骼异常

风化：0级，骨骼表面比较光滑，无明显风化。

（二）T5431④下

T5431④下：2出土哺乳纲动物骨骼总共85件。可鉴定种属的骨骼53件、不可鉴定种属的骨骼31件，角器1件，种属有熊、猪、水鹿、梅花鹿、大型鹿科、中型鹿科、小型鹿科、鹿科和大型牛科。

（1）数量与部位

①可鉴定种属。

熊：NISP为1，占比1.89%；MNI为1，占比10%；骨骼重量为10.1克，占比0.49%。

左侧第四掌骨1件，近、远端均已愈合，完整。

猪：NISP为28，占比52.83%；MNI为3，占比30%；骨骼重量为745.9克，占比36.12%。

右侧上颌1件，＜1/4，碎；左上游C齿2件，1件残、1件碎；左右侧下颌联2件，下颌联合处均已愈合，＜1/4，残；左侧下颌3件，分别为＜1/4，残，1/4~1/2，残和1/2~3/4，残；右侧下颌1件，＜1/4，残；左侧下颌第三臼齿后窝1件，＜1/4，残；左下游i1齿2件，1件完整、1件残；右下游c齿1件，碎；左侧肱骨远端5件，其中1件远端已愈合，1件1/4，残，4件1/4~1/2，残；左、右侧尺骨近端各1件，左侧1/4，残，右侧1/4~1/2，残；右侧第三掌骨2件，近、远端均已愈合，完整；右侧盆骨髋臼+髂骨1件，髋臼未愈合，残；左、右侧股骨各1件，近、远端均未愈合，无关节，均为3/4~1；左侧胫骨1件，近、远端均未愈合，无关节，3/4~1；右侧胫骨远端1件未愈合，无关节，1/4~1/2；掌/跖骨1件，远端未愈合，无关节，近端残，3/4~1。

水鹿：NISP为2，占比3.77%；MNI为1，占比10%；骨骼重量为84.7克，占比4.1%。

主枝（A1）1件，＜1/4，残；左侧主枝（A2）+权枝（P2）1件，＜1/4，残。

大型鹿科：NISP为5，占比9.43%；MNI为1，占比10%；骨骼重量为278.8克，占比13.5%。

右侧掌骨近端1件已愈合，1/2~3/4，残；左侧盆骨髋臼+坐骨1件，1/4~1/2，残；左侧髋臼+耻骨1件，1/4，残；左侧跟骨1件已愈合，完整；第三指/趾骨1件已愈合，完整。

中型鹿科：NISP为8，占比15.09%；MNI为1，占比10%；骨骼重量为174.6克，占比8.45%。

左侧下颌1件，＜1/4，残；颈椎1件，前后关节面已愈合，残；左侧肱骨远端1件已愈合，＜1/4，残；掌骨骨干1件，＜1/4，碎；左侧跟骨1件已愈合，完整；距骨骨干1件，＜1/4，碎；炮骨骨干2件，1/4～1/2，残和1/4～1/2，碎。

小型鹿科：NISP为3，占比5.66%；MNI为2，占比20%；骨骼重量为26.5克，占比1.28%。

右侧下颌2件，1/4～1/2，残；左侧肱骨远端1件已愈合，1/4～1/2，残。

鹿科：NISP为1，占比1.89%；骨骼重量为6.4克，占比0.31%。

鹿角碎块1件，＜1/4，碎。

大型牛科：NISP为5，占比9.43%；MNI为1，占比10%；骨骼重量为738.1克，占比35.74%。

右侧掌骨1件，近、远端均已愈合，3/4～1，残；左侧距骨1件，完整；第一指/趾骨1件，近、远端均已愈合，稍残；第二指/趾骨2件，近、远端均已愈合，完整。

②不可鉴定种属。

中型哺乳动物：骨骼31件，重量为206.9克。肩胛1件，1/4，碎；肱骨骨干1件，1/4～1/2，残；肢骨28件，12件＜5厘米、15件5～10厘米、1件10～15厘米；肋骨1件，10～15厘米。

（2）年龄

猪：根据牙齿萌出和磨蚀情况，4～6月1个，占比25%；18～24月3个，占比75%。

根据骨骺愈合情况，1～1.5岁样本2个，愈合率50%；2～2.5岁样本4个，愈合率25%；3～3.5岁样本5个，愈合率0%。

中型鹿科：根据骨骺愈合情况，0～2岁样本1个，愈合率100%。

大型牛科：根据骨骺愈合情况，1～1.5岁样本3个，愈合率100%；2～3岁样本1个，愈合率100%。

（3）性别

猪：雌性5个，2件上颌犬齿扁薄，齿根封闭；1件下颌犬齿截面呈椭圆形，齿根封闭；2件下颌犬齿齿孔封闭。

（4）骨表痕迹与骨骼异常

砍砸痕：2件水鹿的主枝断裂处有砍痕，1件鹿角碎块的一端有砍痕，1件大型鹿科盆骨坐骨骨干破碎处残存一周砍痕，1件中型鹿科炮骨骨干破碎处残存砍砸痕。

烧痕：1件水鹿主枝局部烧黑。

风化：0级，骨骼表面比较光滑，无明显风化。

（5）特殊现象说明

该单位的猪骨能够判断性别的均为雌性，猪的年龄多集中在1.5～2岁。

另，T5431④还发现鹿角靴形器1件，重量为57.9克，利用梅花鹿鹿角分权枝制成。

（三）T5532⑤

T5532⑤出土哺乳纲动物骨骼总共49件，可鉴定种属的骨骼41件、不可鉴定种属的骨骼8件，种属有猪。

①可鉴定种属。

猪NISP为41，占比100%；MNI为2，占比100%；骨骼重量为1379.8克，占比100%。

②不可鉴定种属。

中型哺乳动物：骨骼8件，重量为22.9克。肢骨5件、肋骨3件。

这些骨骼在提取时分编为1号和6号，下文分别进行介绍。其中，1号可能埋葬了一只较为完整的猪，年龄为18～24月；6号埋葬了一只较为完整的猪，年龄为4～6月。

1. T5532⑤：1

T5532⑤：1出土哺乳纲动物骨骼总共35件，可鉴定种属的骨骼27件、不可鉴定种属的骨骼8件，种属有猪。

（1）数量与部位

①可鉴定种属。

猪：NISP为27，占比100%；MNI为1，占比100%；骨骼重量为1203.5克，占比100%。

左侧下颌1件，1/2～3/4，残；胸椎2件，残；腰椎3件，残；第七节腰椎+荐椎1件，稍残；尾椎1件，前后关节面均未愈合，稍残；脊椎4件，残；左侧盆骨髂骨+髋臼1件，髋臼已愈合，3/4；右侧盆骨髂骨+髋臼+坐骨1件，髋臼已愈合，坐骨结节未愈合，稍残；左侧盆骨碎块1件，1/4，残；左侧股骨近端1件已愈合，1/2～3/4，残；左侧股骨远端1件愈合中，<1/4，残；右侧股骨骨干1件，1/2～3/4，残；左侧胫骨1件，近端愈合中，远端已愈合，稍残；左侧腓骨近、远端各1件，远端已愈合，拼合后长1/2～3/4，稍残，左侧胫骨和腓骨关节面可以拼合，为同一个体；左侧距骨1件，完整；左侧跟骨1件已愈合，3/4～1，残；左侧第四跗骨1件，完整；左侧第三、第四、第五跖骨各1件，近、远端均已愈合，均完整，3件跖骨关节面可以拼接，为同一个体。

②不可鉴定种属。

中型哺乳动物：骨骼8件，重量为22.9克。肢骨5件、肋骨3件。

（2）年龄

猪：根据牙齿萌出和磨蚀情况，18～24月1个，占比100%。

根据骨骺愈合情况，1～1.5岁个体2个，愈合率100%；2～2.5岁个体6个，愈合率100%；3～3.5岁个体3个，愈合率100%。

（3）骨表痕迹与骨骼异常

烧痕：1件猪的股骨烧黑。

风化：0级，骨骼表面比较光滑，无明显风化。

（4）特殊现象说明

该单位出土了猪比较完整的脊椎骨和左侧后肢骨，右侧后肢骨骼不太完整，缺少前肢，从左右侧肢骨的尺寸来看，应为同一个体，下颌年龄18～24月，但肢骨年龄42月。

2. T5532⑤：6

T5532⑤：6出土猪骨总共14件，占比100%；MNI为1，占比100%；骨骼重量为176.3克，占比100%。

（1）数量与部位

左侧头骨顶骨1件，<1/4，残；左、右侧下颌各1件，左侧1/4～1/2，残，右侧1/2～3/4，残；左、右侧肩胛远端各1件，均未愈合，左侧1/4～1/2，碎，右侧1/4～1/2，残；左侧肱骨1件，近、远端均未愈合，3/4～1，残；右侧肱骨近端1件未愈合，1/4～1/2，残；左侧桡骨1件，近、远端均未愈合，3/4～1，稍残；右侧尺骨近端1件未愈合，3/4～1，稍残；左侧盆骨坐骨+髋臼1件，髋臼未愈合，1/4～1/2，稍残；右侧盆骨髂骨1件，髋臼未愈合，1/4～1/2，稍残；左侧股骨1件，近、远端均未愈合，无关节，3/4～1，稍残；右侧股骨远端1件未愈合，无关节，1/4～1/2，残；右侧胫骨1件，近、远端均未愈合，无关节，3/4～1，稍残。

（2）年龄

根据牙齿萌出和磨蚀情况，4～6月2个（为同一个体左右侧），占比100%。

根据肢骨愈合情况，1～1.5岁样本6个，愈合率0%；2～2.5岁样本1个，愈合率0%；3～3.5岁样本8个，愈合率0%；

（3）骨表痕迹与骨骼异常

风化：0级，骨骼表面比较光滑，无明显风化。

（4）特殊现象说明

该单位可能埋藏了比较完整的一只猪，年龄较小4～6月，骨骼上未发现人工痕迹。

（四）T6031③

T6031③：25出土哺乳纲动物骨骼总共13件，可鉴定种属的骨骼9件、不可鉴定种属的骨骼4件，种属有熊和猪。

（1）数量与部位

①可鉴定种属。

熊：NISP为1，占比11.11%；MNI为1，占比50%；骨骼重量为74.5克，占比45.04%。

左侧股骨近端1件，1/4，残。

猪：NISP为8，占比88.89%；MNI为1，占比50%；骨骼重量为90.9克，占比54.96%。

左侧肩胛远端1件未愈合，无关节，1/4～1/2，残；左侧肱骨1件，近、远端均未愈合，无关节，3/4～1；右侧肱骨近、远端骨干各1件，可以拼合，近端未愈合，无关节，远端残，3/4～1；左、右侧桡骨各1件，近、远端均未愈合，无关节，3/4～1；左、右侧尺骨近端各1

件，左侧近端未愈合，无关节，1/2，右侧近端残，1/2。

②不可鉴定种属。

中型哺乳动物：肢骨4件，1件＜5厘米，碎；3件5~10厘米，碎。重量为19.5克。

（2）年龄

猪：根据骨骺愈合情况，1~1.5岁样本有5件，愈合率0%；3~3.5岁样本有1件，愈合率0%。

（3）骨表痕迹与骨骼异常

风化：0级，骨骼表面比较光滑，无明显风化。

（4）特殊现象说明

该单位可能埋藏了一只猪的前半部，年龄较小，体型也较小，可能为未出生个体。

（五）T6133③

T6133③出土哺乳纲动物骨骼总共12件，可鉴定种属的骨骼9件、不可鉴定种属的骨骼2件，角器1件，种属有猪、梅花鹿、中型鹿科和大型牛科。

（1）数量与部位

①可鉴定种属。

猪：NISP为6，占比66.67%；MNI为3，占比50%；骨骼重量为278.7克，占比40.34%。

左右侧下颌联1件，联合处已愈合，＜1/4，残；左侧肩胛远端1件已愈合，1/4~1/2，残；右侧肱骨远端3件，均已愈合，分别长＜1/4，稍残，1/4~1/2，残和1/2，稍残；右侧胫骨远端1件已愈合，1/2~3/4，残。

梅花鹿：NISP为1，占比11.11%；MNI为1，占比16.67%；骨骼重量为216克，占比31.26%。

左侧额骨+角柄+角环+主枝1件，＜1/4，稍残，角环未脱落。

中型鹿科：NISP为1，占比11.11%；MNI为1，占比16.67%；骨骼重量为16.1克，占比2.33%。

左侧胫骨远端1件已愈合，＜1/4，稍残。

大型牛科：NISP为1，占比11.11%；MNI为1，占比16.67%；骨骼重量为180.1克，占比26.07%。

肩胛冈1件，3/4~1，残。

②不可鉴定种属。

小型哺乳动物：肢骨2件，＜5厘米，重量为2.9克。

（2）年龄

猪：根据骨骺愈合情况，1~1.5岁样本有4件，愈合率100%；2~2.5岁样本有1件，愈合率100%。

中型鹿科：根据骨骺愈合情况，2~4岁样本1个，愈合率100%。

（3）性别

梅花鹿：雄性1个，额骨上带有角柄。

（4）骨表痕迹与骨骼异常

砍痕：1件猪下颌联合处左右两侧破碎处残存一周砍痕；1件梅花鹿角环上方3.46厘米主枝断裂处有一周砍痕。

风化：1件猪右侧肱骨远端风化3级，骨表皮部分丧失，骨密质暴露；1件大型牛科肩胛表面有放射状纹路，可能为风化；其余骨骼的风化为0级，骨骼表面比较光滑，无明显风化。

另，T6133③还出土鹿角靴形器1件，重量为17.9克。利用梅花鹿鹿角分杈处制成，边缘被磨过。

（六）T6135⑦

T6135⑦：19出土哺乳纲动物骨骼总共9件，均可鉴定种属，种属有猪、大型鹿科、中型鹿科和大型牛科。

（1）数量与部位

猪：NISP为1，占比11.11%；MNI为1，占比25%；骨骼重量为12.5克，占比2.74%。

左侧盆骨髋臼1件，髋臼已愈合，＜1/4，残。

大型鹿科：NISP为1，占比11.11%；MNI为1，占比25%；骨骼重量为138.8克，占比30.45%。

颈椎1件，已愈合，3/4～1，稍残。

中型鹿科：NISP为6，占比66.67%；MNI为1，占比25%；骨骼重量为229.2克，占比50.27%。

寰椎　1件，1/4～1/2，稍残；左侧肱骨远端1件，1/4，碎；右侧股骨近端小转子、股骨头各1件，均已愈合，＜1/4，碎；右侧胫骨近端1件已愈合，＜1/4，稍残；右侧跟骨1件已愈合，稍残。

大型牛科：NISP为1，占比11.11%；MNI为1，占比25%；骨骼重量为75.4克，占比16.54%。

右下游m3齿1件，稍残。

（2）年龄

猪：根据骨骺愈合情况，1～1.5岁的样本有1件，愈合率100%。

中型鹿科：根据骨骺愈合情况，4～5岁样本2个，愈合率100%；5～6岁样本1个，愈合率100%。

（3）骨表痕迹与骨骼异常

风化：0级，骨骼表面比较光滑，无明显风化。

（七）T6235⑦

T6235⑦出土哺乳纲动物骨骼总共20件，可鉴定种属的骨骼14件、不可鉴定种属的骨骼6件，种属有猪、梅花鹿、大型鹿科、中型鹿科和鹿科。

①可鉴定种属。

猪：NISP为6，占比42.86%；MNI为2，占比40%；骨骼重量为219.8克，占比35.82%。

梅花鹿：NISP为5，占比35.71%；MNI为1，占比20%；骨骼重量为198.9克，占比32.42%。

大型鹿科：NISP为1，占比7.14%；MNI为1，占比20%；骨骼重量为133.9克，占比21.82%。

中型鹿科：NISP为1，占比7.14%；MNI为1，占比20%；骨骼重量为40.4克，占比6.58%。

鹿科：NISP为1，占比7.14%；骨骼重量为20.6克，占比3.36%。

②不可鉴定种属。

中型哺乳动物：骨骼6件，重量为126.9克。肢骨5件、肋骨1件。

其中7件骨骼在提取时未编号，6件骨骼编为4号，7件骨骼编为5号，下文分别进行介绍。

1. T6235⑦未编号

T6235⑦出土哺乳纲动物骨骼总共7件，可鉴定种属的骨骼3件、不可鉴定种属的骨骼4件，种属有猪。

（1）数量与部位

①可鉴定种属。

猪：NISP为3，占比100%；MNI为2，占比100%；骨骼重量为51.3克，占比100%。

右侧肱骨近端1件未愈合，1/4～1/2，残；右侧肱骨近端骨干1件，＜1/4，残；右侧肋骨头1件，＜5厘米。

②不可鉴定种属。

中型哺乳动物：骨骼4件，重量为71.4克。盆骨髂骨1件，＜1/4，碎；股骨骨干1件，1/4～1/2；肢骨2件，1件＜1/4，碎，1件5～10厘米，碎。

（2）年龄

猪：根据骨骺愈合情况，3～3.5岁样本有1件，愈合率为0%。

（3）骨表痕迹与骨骼异常

砍痕：1件猪肱骨近端骨干破碎处有砍痕。

砸痕：1件中型哺乳动物股骨表面遍布凹坑。

磨痕：1件猪肱骨近端破碎处可能被磨过。

风化：0级，骨骼表面比较光滑，无明显风化。

2. T6235⑦：4

T6235⑦：4出土哺乳纲动物骨骼总共6件，可鉴定种属的骨骼5件、不可鉴定种属的骨骼1件，种属有猪、大型鹿科和梅花鹿。

（1）数量与部位

①可鉴定种属。

猪：NISP为3，占比60%；MNI为1，占比33.33%；骨骼重量为168.5克，占比51.06%。

左侧下颌1件，1/2～3/4；前臼齿碎块1件；左侧股骨远端1件未愈合，无关节，1/2～3/4，稍残。

大型鹿科：NISP为1，占比20%；MNI为1，占比33.33%；骨骼重量为133.9克，占比40.58%。

右侧肱骨远端1件已愈合，1/4，微残。

梅花鹿：NISP为1，占比20%；MNI为1，占比33.33%；骨骼重量为27.6克，占比8.36%。

左侧主枝（A1）+眉枝（P1）1件，＜1/4，残。

②不可鉴定种属。

中型哺乳动物：肋骨1件，1/4 ~ 1/2，重量为7.4克。

（2）年龄

猪：根据骨骺愈合情况，3 ~ 3.5岁样本有1件，愈合率为0%。

（3）骨表痕迹与骨骼异常

砍痕：梅花鹿鹿角断裂处有半周砍痕。

风化：0级，骨骼表面比较光滑，无明显风化。

3. T6235⑦∶5

T6235⑦∶5出土哺乳纲动物骨骼总共7件，可鉴定种属的骨骼6件、不可鉴定种属的骨骼1件，种属有梅花鹿、中型鹿科和鹿科。

（1）数量与部位

①可鉴定种属。

梅花鹿：NISP为4，占比66.67%；MNI为1，占比50%；骨骼重量为171.3克，占比73.74%。

右侧额骨+角柄+角环1件（4件骨骼可以拼合），角环未脱落，1/4，稍残。

中型鹿科：NISP为1，占比16.67%；MNI为1，占比50%；骨骼重量为40.4克，占比17.39%。

右侧肱骨远端1件已愈合，1/4，远端微残。

鹿科：NISP为1，占比16.67%；骨骼重量为20.6克，占比8.87%。

鹿角碎块1件，＜1/4，碎。

②不可鉴定种属。

中型哺乳动物：肢骨1件，5 ~ 10厘米，骨骼重量为48.1克。

（2）年龄

中型鹿科：根据骨骺愈合情况，0 ~ 2岁样本有1件，愈合率为0%。

（3）性别

梅花鹿：雄性1个，额骨上带有角柄。

（4）骨表痕迹与骨骼异常

砍痕：1件梅花鹿主枝断裂处有1/4周砍痕；1件鹿角中部有三道砍痕，一道较深、两道较浅。

磨痕：1件鹿角一端两侧磨至光滑。

风化：0级，骨骼表面比较光滑，无明显风化。

（八）T6235⑧

T6235⑧出土哺乳纲动物骨骼总共31件，可鉴定种属的骨骼16件，不可鉴定种属的骨骼15件，种属有猪、梅花鹿、大型鹿科、中型鹿科和大型牛科。

（1）数量与部位

①可鉴定种属。

猪：NISP为5，占比31.25%；MNI为1，占比20%；骨骼重量为297.9克，占比20.14%。

左右侧下颌1件，3/4，残；左侧下颌角1件，＜1/4，残；游离的犬齿1件，残；左侧桡骨1件，近、远端均未愈合，无关节，3/4～1；左侧股骨远端髌面1件未愈合，＜1/4，残。

梅花鹿：NISP为1，占比6.25%；MNI为1，占比20%；骨骼重量为74.9克，占比5.06%。

左侧角柄+角环+主枝1件，＜1/4，残，角环未脱落。

大型鹿科：NISP为2，占比12.5%；MNI为1，占比20%；骨骼重量为165.8克，占比11.21%。

左侧桡骨近端1件已愈合，1/4～1/2，残；左侧尺骨近端骨干1件，1/4～1/2，残。为同一个体，可以拼合。

中型鹿科：NISP为4，占比25%；MNI为1，占比20%；骨骼重量为113.2克，占比7.65%。

角环+主枝1件，角环自然脱落，＜1/4，残；右下游m2齿1件，稍残；左侧肩胛远端1件已愈合，1/4～1/2，残；跖骨骨干1件，＜1/4，碎。

大型牛科：NISP为4，占比25%；MNI为1，占比20%；骨骼重量为827.5克，占比55.94%。

左侧肩胛远端1件已愈合，1/4，残；右侧盆骨髋臼1件，髋臼已愈合，＜1/4，残；左、右侧距骨各1件，为同一个体左右两侧，稍残。

②不可鉴定种属。

大型哺乳动物：肢骨8件，4件＜5厘米，碎，4件5～10厘米，碎，骨骼重量为97.5克。

中型哺乳动物：骨骼6件，重量为47.1克。上颌1件，＜5厘米；下颌1件，＜5厘米；股骨1件，＜1/4，碎；肢骨2件，1件＜5厘米、1件5～10厘米；肋骨1件，5～10厘米。

哺乳动物：肢骨1件，＜5厘米，碎，骨骼重量为2.5克。

（2）年龄

猪：根据骨骺愈合情况，1～1.5岁样本1件，愈合率0%；3～3.5岁样本2件，愈合率0%。桡骨近、远端均未愈合，尺寸很小，可能未出生。

中型鹿科：根据骨骺愈合情况，0～2岁样本1个，愈合率100%。

大型牛科：根据骨骺愈合情况，7～10月样本2个，愈合率100%。

（3）性别

猪：雌性1个，犬齿截面呈椭圆形，齿根收窄封闭。

（4）骨表痕迹与骨骼异常

磨痕：1件大型鹿科桡骨近端外侧骨干处可见轻微磨痕；1件大型牛科盆骨髋臼处可能被

磨过。

其他痕迹：1件大型鹿科尺骨远端破碎处有人为加工痕迹。

风化：0级，骨骼表面比较光滑，无明显风化。

（九）T6235⑨

T6235⑨：12出土大型牛科左侧股骨近端1件已愈合，1/4，稍残；NISP为1；MNI为1；骨骼重量为486.4克；年龄大于3～3.5岁；风化1级，远端骨干被人为分割，断面光滑，骨壁内侧被折断；在转子嵴下方以及转间沟上、大转子下方遍布大量不规则面积较大的凹坑，呈条状分布。

（十）T6236⑤

T6236⑤出土哺乳纲动物骨骼总共9件，可鉴定种属的骨骼6件、不可鉴定种属的骨骼3件，种属有猪、大型鹿科、中型鹿科和鹿科。

（1）数量与部位

①可鉴定种属。

猪：NISP为2，占比33.33%；MNI为1，占比33.33%；骨骼重量为83.7克，占比41.77%。

右侧肱骨远端1件已愈合，＜1/4，残；右侧胫骨近端骨干1件，1/4，残。

大型鹿科：NISP为1，占比16.67%；MNI为1，占比33.33%；骨骼重量为66克，占比32.93%。

颈椎1件已愈合，稍残。

中型鹿科：NISP为1，占比16.67%；MNI为1，占比33.33%；骨骼重量为24.2克，占比12.08%。

右侧跟骨1件，1/2～3/4，近端残。

鹿科：NISP为2，占比33.33%；骨骼重量为26.5克，占比13.22%。

鹿角2件，1件＜1/4，残；1件碎。

②不可鉴定种属。

中型哺乳动物：骨骼3件，重量为18.9克。胫骨骨干1件，1/4，碎；肢骨骨干2件，＜5厘米，碎。

（2）年龄

猪：根据骨骺愈合情况，1～1.5岁的样本有1件，愈合率100%。

（3）骨表痕迹与骨骼异常

烧痕：1件鹿角表面烧红，内侧烧白，最内侧烧成灰黑色。

风化：0级，骨骼表面比较光滑，无明显风化。

二、灰　　坑

（一）H705

H705出土哺乳纲动物骨骼总共140件，可鉴定种属的骨骼74件、不可鉴定种属的骨骼66件，种属有猪、大型鹿科、中型鹿科、小型鹿科、大型牛科和熊。

（1）数量与部位

①可鉴定种属。

猪：NISP为28，占比37.84%；MNI为2，占比25%；骨骼重量为738.1克，占比27.16%。

左右侧下颌联1件，＜1/4；左、右侧下颌齿列各1件，左侧1/2～3/4，右侧＜1/4；右侧下颌角1件，＜1/4；水平支1件，＜1/4；下颌碎块1件，＜5厘米；左下游m2齿1件，完整；寰椎1件，1/2～3/4；胸椎2件，＜1/4和3/4～1；腰椎2件，1/2～3/4和3/4～1；荐椎1件，1/4～1/2；左侧肱骨远端骨干1件，＜1/4，稍残；右侧桡骨远端1件已愈合，1/4，稍残；左侧尺骨近端1件未愈合，1/4，稍残；左侧第三掌骨近端1件已愈合，1/2～3/4，稍残；左侧第四掌骨近端1件已愈合，1/4～1/2，稍残；右侧第四掌骨1件已愈合，掌/跖骨远端1件未愈合，完整；右侧第一指骨1件已愈合，稍残；左侧盆骨髋臼+髂骨1件，髋臼已愈合，1/2～3/4，稍残；右侧盆骨坐骨1件，＜1/4，碎；左侧股骨近端1件已愈合，1/4～1/2，稍残；左侧胫骨近端1件愈合中，＜1/4，稍残；左侧距骨1件，稍残；左侧第三跖骨1件已愈合，完整；左侧第四跖骨1件已愈合，完整。

大型鹿科：NISP为15，占比20.27%；MNI为1，占比12.5%；骨骼重量为536.5克，占比19.74%。

右侧肱骨远端1件已愈合，＜1/4，稍残；左侧掌骨远端1件已愈合，1/2～3/4，稍残；右侧胫骨远端1件已愈合，＜1/4，稍残；右侧跟骨1件已愈合，3/4～1，微残；左侧内、外侧第一指/趾骨2件，近、远端均已愈合，完整；右侧外侧第一指/趾骨3件，近、远端均已愈合，完整；第二指/趾骨5件，近、远端均已愈合，第二指/趾骨近端1件已愈合，完整。

中型鹿科：NISP为27，占比36.49%；MNI为1，占比12.5%；骨骼重量为413.2克，占比15.21%。

上游P4齿1件，稍残；左侧下颌3件，右侧下颌2件，可以进行拼合，为同一个体，拼合后长1/2～3/4，残；下颌角1件，下颌齿槽2件，均＜1/4，碎；下游p齿2件，其中1件为左侧，3/4，另1件1/4～1/2，残；寰椎2件，1/4～1/2；颈椎1件，3/4～1；胸椎1件，＜1/4；左侧肱骨远端1件已愈合，1/4，稍残；右侧肱骨远端骨干1件，＜1/4，碎；左侧桡骨远端1件已愈合，1/4～1/2，稍残；左侧尺骨近端1件已愈合，＜1/4，稍残；右侧掌骨远端1件已愈合，＜1/4，稍残；右侧股骨近端骨干1件，＜1/4，稍残；左侧胫骨远端1件已愈合，＜1/4，稍残；左侧跟骨1件已愈合，3/4～1，稍残；左侧距骨1件，稍残；第一指/趾远端1件已愈合，3/4～1，稍残；第一趾近端1件已愈合，1/4～1/2，稍残；第三趾1件已愈合，完整。

小型鹿科：NISP为1，占比1.35%；MNI为1，占比12.5%；骨骼重量为5.7克，占比0.21%。

左侧肩胛远端1件已愈合，1/4～1/2，稍残。

大型牛科：NISP为1，占比1.35%；MNI为1，占比12.5%；骨骼重量为1008克，占比37.09%。

左侧股骨远端1件已愈合，1/4～1/2，稍残。

熊：NISP为1，占比1.35%；MNI为1，占比12.5%；骨骼重量为12.4克，占比0.46%。

第一指/趾骨1件已愈合，完整。

鹿/牛：NISP为1，占比1.35%；MNI为1，占比12.5%；骨骼重量为3.5克，占比0.13%。

桡骨远端1件，＜1/4，碎。

②不可鉴定种属。

中型哺乳动物：骨骼50件，重量为209.5克。头骨4件，＜5厘米，碎；下颌3件，＜5厘米，碎；肩胛3件，＜5厘米，碎；肱骨1件，＜1/4，碎；盆骨2件，＜1/4，碎；股骨2件，＜1/4；胫骨1件，＜1/4；肢骨26件，25件＜5厘米，碎，1件5～10厘米，碎；脊椎8件，其中2件＜5厘米，碎，1件5～10厘米，碎。

哺乳动物：骨骼16件，重量为64克。肋骨14件，8件＜5厘米、6件5～10厘米；胫骨1件，＜1/4；骨骼1件，＜1/4，残。

（2）年龄

猪：根据牙齿萌出和磨蚀情况，6～12月1个，占比100%。

根据骨骺愈合情况，1～1.5岁样本1个，愈合率100%；2～2.5岁样本5个，愈合率60%；3～3.5岁样本4个，愈合率75%。

中型鹿科：根据下颌牙齿萌出和磨蚀情况，3.5～4.5岁个体2个（左、右侧各1件），占比100%。

根据骨骺愈合情况，0～2岁样本1个，愈合率100%；2～4岁样本1个，愈合率100%；5～6岁样本2个，愈合率100%。

大型牛科：根据骨骺愈合情况，3.5～4岁样本1个，愈合率100%。

（3）骨表痕迹与骨骼异常

切割痕：2件大型鹿科的第一指/跖骨远端骨干处有切割痕，1件中型哺乳动物肢骨上有切割痕。

砍砸痕：1件猪的股骨环绕股骨头有砍痕，1件猪的第三掌骨骨干有砍砸痕，1件大型鹿科肱骨小头残存砍砸痕，2件大型鹿科的第二指/趾骨骨干处有砍痕，1件中型哺乳动物的脊椎有砍砸痕。

食肉动物咬痕：4件骨骼有食肉动物啃咬痕，分别是猪的股骨、大型鹿科的2件第二指/趾骨、中型哺乳动物的肢骨。

风化：0级，骨骼表面比较光滑，无明显风化。

（4）特殊现象说明

该单位可能埋藏了一只完整的中鹿，年龄3.5～4.5岁。同时还出土大型鹿科上肢和下肢的末梢骨，2件第一指/趾骨上有切割痕，可能是剥皮的痕迹遗留。

（二）H980

H980出土哺乳纲动物骨骼总共2件，均可鉴定种属，种属有猪和大型鹿科。

（1）数量与部位

猪：NISP为1，占比50%；MNI为1，占比50%；骨骼重量为28.3克，占比16.76%。

左侧股骨远端1件未愈合，无关节，1/4～1/2，残。

大型鹿科：NISP为1，占比50%；MNI为1，占比50%；骨骼重量为140.6克，占比83.24%。

左侧股骨近端1件已愈合，1/4～1/2，残。

（2）年龄

猪：根据骨骺愈合情况，3～3.5岁样本有1件，未愈合率为100%。

（3）骨表痕迹与骨骼异常

砍痕：大型鹿科股骨上疑似有砍痕。

风化：0级，骨骼表面比较光滑，无明显风化。

（三）H1026

H1026出土哺乳纲动物骨骼总共10件，均可鉴定到种属，种属有猪和大型鹿科。

（1）数量与部位

猪：NISP为9，占比90%；MNI为4，占比80%；骨骼重量为605.4克，占比86.23%。

左右侧下颌联1件，联合处已愈合，1/2～3/4；左侧下颌2件，1/4～1/2和3/4～1；左侧下颌角1件，＜1/4；右侧下颌1件，3/4～1；牙齿碎块4件。

大型鹿科：NISP为1，占比10%；MNI为1，占比20%；骨骼重量为96.7克，占比13.77%。

右侧距骨1件，完整。

（2）年龄

猪：根据牙齿萌出和磨蚀情况，18～24月1个，占比33.33%；24～36月1个，占比33.33%；24～36/大于36月1个，占比33.33%。

（3）性别

猪：雌性2个，下颌犬齿齿孔截面呈椭圆形，齿根处收窄封闭。

（4）骨表痕迹与骨骼异常

风化：1件猪下颌联风化2级，骨骼出现层状剥落，裂纹增大，其余骨骼风化0级，骨骼表面比较光滑，无明显风化。

（四）H1098

H1098出土哺乳纲动物骨骼总共5件，可鉴定种属的骨骼3件、不可鉴定种属的骨骼2件，种属有猪和鹿科动物。

（1）数量与部位

①可鉴定种属。

猪；NISP为2，占比66.67%；MNI为1，占比100%；骨骼重量为96.9克，占比92.73%。

左侧下颌水平支1件，3/4～1；左侧下颌角1件，＜1/4，残。

鹿科动物：NISP为1，占比33.33%；骨骼重量7.6克，占比7.27%。

鹿角碎块1件，＜1/4，碎。

②不可鉴定种属。

中型哺乳动物：肋骨2件，5～10厘米，重量为12.3克。

（2）年龄

猪：根据牙齿的萌出和磨蚀情况，18～24月1个，占比100%。

（3）性别

猪：雌性1个，犬齿齿孔封闭。

（4）骨表痕迹与骨骼异常

风化：0级，骨骼表面比较光滑，无明显风化。

第六节　朱家台文化第二期

一、地　　层

（一）T5731②

T5731②出土鹿角靴形器1件，重量为34.6克。利用梅花鹿鹿角分权处制成，边缘被磨过。

（二）T6235⑥

T6235⑥出土角器1件，重量为1.5克。利用鹿角制成，整体呈长条圆柱形，两端磨尖。

二、房　　址

（一）F80

F80基槽出土鹿角靴形器1件，重量为49.7克。利用梅花鹿左侧鹿角分权处制成，边缘被磨过。

（二）F92

F92出土中型鹿科右侧肱骨远端骨干1件，1/4～1/2，稍残；鹿科动物角尖1件，＜1/4，残；MNI为1；骨骼重量为50.4克；角尖断裂处有3/4周砍痕，肱骨和角尖内里发白，风化0级，骨骼表面比较光滑，无明显风化。

三、灰　　坑

（一）H2

H2④：3出土梅花鹿鹿角2杈及以上分杈处的主枝+杈枝1件，1/4，稍残；MNI为1；骨骼重量为132.2克；风化0级，骨骼表面比较光滑，无明显风化。

（二）H114

H114：69出土哺乳纲动物骨骼总共10件，均可鉴定种属，种属有熊、猪、鹿科和大型牛科。

（1）数量与部位

熊：NISP为1，占比10%；MNI为1，占比33.33%；骨骼重量为122克，占比10.58%。

左侧盆骨髋臼+髂骨1件，髋臼已愈合，1/4～1/2，稍残。

猪：NISP为1，占比10%；MNI为1，占比33.33%；骨骼重量为83.3克，占比7.22%。

左侧盆骨髋臼+耻骨+髂骨1件，髋臼已愈合，1/4，稍残。

鹿科：NISP为1，占比10%；骨骼重量为4.5克，占比0.39%。

鹿角碎块1件。

大型牛科：NISP为7，占比70%；MNI为1，占比33.33%；骨骼重量为943.2克，占比81.8%。

右上游M2齿1件，稍残；枢椎2件，齿突已愈合，椎体后关节面未愈合，3/4～1，稍残；颈椎2件，椎体前、后关节面均未愈合，1/4～1/2，残和3/4～1，稍残；脊椎1件未愈合，＜1/4；右侧掌骨近端1件已愈合，1/4～1/2，残。

（2）年龄

猪：根据肢骨愈合情况，1～1.5岁样本1件，愈合率为100%。

（3）骨表痕迹与骨骼异常

砍砸痕：熊盆骨髋臼上方髂骨破碎处残存砍砸痕，髋臼表面有三道砍痕。

风化：0级，骨骼表面比较光滑，无明显风化。

（三）H350

H350：1出土角器1件，重量为2.5克。利用鹿角制成，整体呈长条状，两端磨尖。

（四）H561

H561：1出土角镞1件，重量为2.6克。利用鹿角制成。

（五）H748

H748出土小麂右侧角柄+角环+主枝1件，3/4～1，稍残；MNI为1；骨骼重量为19克；角环未脱落；风化0级，骨骼表面比较光滑，无明显风化。

（六）H863

H863出土哺乳纲动物骨骼总共22件，可鉴定种属的骨骼9件、不可鉴定种属的骨骼13件，种属有黑熊、猪和中型鹿科。

（1）数量与部位

①可鉴定种属。

黑熊：NISP为1，占比11.11%；MNI为1，占比25%；骨骼重量为193.8克，占比42.85%。

左侧肱骨远端1件，已愈合，1/4～1/2，稍残。

猪：NISP为7，占比77.78%；MNI为2，占比50%；骨骼重量为249.7克，占比55.21%。

左侧下颌3件，均<1/4；右侧下颌1件，1/2～3/4；左侧下颌第三臼齿后窝+上升支1件，<1/4，碎；下颌角1件，<1/4，碎；右侧下颌游离的第二门齿1件。

中型鹿科：NISP为1，占比11.11%；MNI为1，占比25%；骨骼重量为8.8克，占比1.95%。

右侧胫骨骨干1件，<1/4，碎。

②不可鉴定种属。

大型哺乳动物：肢骨3件，重量为301.2克。右侧肱骨近端1件，<1/4，碎；右侧股骨远端髁上窝1件；股骨骨干1件，<1/4，残。

中型哺乳动物：骨骼10件，重量为39.5克。肢骨3件，2件<5厘米，碎，1件5～10厘米，碎；扁骨7件，<5厘米，碎。

（2）年龄

猪：根据牙齿萌出和磨蚀情况，24～26月1个，占比50%，大于36月1个，占比50%。

（3）骨表痕迹与骨骼异常

风化：0级，骨骼表面比较光滑，无明显风化。

（七）H875

H875出土动物骨骼总共6件，不可鉴定到种属。

（1）数量与部位

中型哺乳动物：下颌碎块4件，<5厘米，重量为7.4克。

哺乳动物：肢骨2件，<5厘米，重量为9.7克。

（2）骨表痕迹与骨骼异常

砍痕：1件哺乳动物的肢骨上疑似有砍痕。

风化：0级，骨骼表面比较光滑，无明显风化。

（八）H937

H937出土哺乳纲动物骨骼总共14件，可鉴定种属的骨骼12件、不可鉴定种属的骨骼2件，种属有猪、水鹿和中型鹿科。

（1）数量与部位

①可鉴定种属。

猪：NISP为10，占比83.33%；MNI为3，占比60%；骨骼重量为299克，占比72.64%。

头骨听骨1件，<1/4，碎；左侧下颌上升支2件，<1/4，碎；右侧下颌1件，<1/4，碎；右侧桡骨远端1件已愈合，1/4，稍残；左、右侧尺骨近端各1件，1/2；右侧尺骨1件，近、远端均愈合，稍残；右侧盆骨髂骨1件，1/4～1/2，稍残；左侧肋骨1件，1/2。

水鹿：NISP为1，占比8.33%；MNI为1，占比20%；骨骼重量为25.1克，占比6.1%。

鹿角主枝碎块1件，10～15厘米。

中型鹿科：NISP为1，占比8.33%；MNI为1，占比20%；骨骼重量为87.5克，占比21.26%。

头骨枕骨1件，<1/4。

②不可鉴定种属。

中型哺乳动物：肢骨2件，5～10厘米和10～15厘米，重量为12.6克。

（2）年龄

猪：根据牙齿萌出和磨蚀情况，12～18月1个，占比100%。根据骨骺愈合情况，3～3.5岁样本2个，愈合率100%。

（3）骨表痕迹与骨骼异常

风化：0级，骨骼表面比较光滑，无明显风化。

（九）H1001

H1001：3出土哺乳纲动物骨骼7件，可鉴定种属的骨骼6件，不可鉴定种属的骨骼1件，种属有猪和中型鹿科。

（1）数量与部位

①可鉴定种属。

猪：NISP为2，占比33.33%；MNI为1，占比50%；骨骼重量为248.2克，占比60.55%。

右侧头骨枕骨茎突1件，＜1/4；左右侧下颌联+右侧水平支1件，3/4～1。

中型鹿科：NISP为4，占比66.67%；MNI为1，占比50%；骨骼重量为161.7克，占比39.45%。

右侧肱骨远端1件已愈合，＜1/4，碎；掌骨骨干1件，1/4，残；右侧股骨远端1件已愈合，1/4～1/2，稍残；炮骨骨干1件，1/2，碎。

②不可鉴定种属。

中型哺乳动物：肢骨1件，＜5厘米，重量为7.7克。

（2）年龄

猪：根据牙齿萌出和磨蚀情况，18～24月1个，占比100%。

中型鹿科：根据骨骺愈合情况，0～2岁样本1个，愈合率100%；4～6岁样本1个，愈合率100%。

（3）骨表痕迹与骨骼异常

磨痕：1件中型鹿科炮骨一侧磨光。

风化：0级，骨骼表面比较光滑，无明显风化。

四、灰　沟

G25

G25：9出土哺乳纲动物骨骼总共8件，可鉴定种属的骨骼5件、不可鉴定种属的骨骼3件，种属有猪、大型鹿科和大型牛科。

（1）数量与部位

①可鉴定种属。

猪：NISP为3，占比60%；MNI为1，占比33.33%；骨骼重量为58.6克，占比60.41%。

左侧下颌1件，＜1/4；右下游i3齿1件，1/4～1/2；左侧桡骨骨干1件，＜1/4，稍残。

大型鹿科：NISP为1，占比20%；MNI为1，占比33.33%；骨骼重量为22.4克，占比23.09%。

第一指/趾1件已愈合，稍残。

大型牛科：NISP为1，占比20%；MNI为1，占比33.33%；骨骼重量为16克，占比16.49%。

左上游P4齿1件，稍残。

②不可鉴定种属。

中型哺乳动物：骨骼3件，重量为59.8克。肢骨2件，＜5厘米；肋骨1件，5～10厘米。

（2）年龄

猪：根据牙齿萌出和磨蚀情况，18~24月或24~36月1个，占比100%。

（3）骨表痕迹与骨骼异常

风化：1件猪桡骨骨干风化2级，骨表裂纹增大；其余骨骼风化程度为0级，骨骼表面比较光滑，无明显风化。

第七节　朱家台文化第三期

一、地　层

（一）T5534④

T5534④出土猪右侧胫骨远端1件未愈合，＜1/4，远端无关节；MNI为1，骨骼重量为23克；年龄小于2岁，风化程度0级，骨骼表面比较光滑，无明显风化。

（二）T6235⑤

T6235⑤出土角器1件，重量为1.5克。利用鹿角制成，整体呈片状，中间较宽，往两端逐渐收窄，形成两个尖。

（三）T6334②

T6334②出土大型哺乳动物肢骨2件，＜5厘米，重量为5.9克。风化程度0级，骨骼表面比较光滑，无明显风化。

（四）T6335⑤

T6335⑤出土哺乳纲动物骨骼总共6件，可鉴定种属的骨骼4件、不可鉴定种属的骨骼2件，种属有猪、大型鹿科和中型鹿科。

（1）数量与部位

①可鉴定种属。

猪：NISP为2，占比50%；MNI为1，占比33.33%；骨骼重量为51.8克，占比31.86%。

左侧头骨顶骨1件，＜1/4，碎；左侧盆骨髋臼1件，髋臼已愈合，小于1/4，残。

大型鹿科：NISP为1，占比25%；MNI为1，占比33.33%；骨骼重量为79.8克，占比49.08%。

左侧跟骨1件已愈合，稍残。

中型鹿科：NISP为1，占比25%；MNI为1，占比33.33%；骨骼重量为31克，占比19.07%。

左侧距骨1件，完整。

②不可鉴定种属。

大型哺乳动物：肢骨1件，<5厘米，碎，重量为17.3克。

中小型哺乳动物：肢骨1件，5～10厘米，碎，重量为7.1克。

（2）年龄

猪：根据骨骺愈合情况，1～1.5岁样本1个，愈合率100%。

（3）骨表痕迹与骨骼异常

风化：0级，骨骼表面比较光滑，无明显风化。

（五）T6335⑥

T6335⑥出土哺乳纲动物骨骼总共9件，可鉴定种属的骨骼4件、不可鉴定种属的骨骼5件，种属有猪、梅花鹿和中型鹿科。

（1）数量与部位

①可鉴定种属。

猪：NISP为1，占比25%；MNI为1，占比33.33%；骨骼重量为56克，占比44.2%。

左右侧下颌联1件，联合处已愈合，<1/4，残。

梅花鹿：NISP为2，占比50%；MNI为1，占比33.33%；骨骼重量为56.1克，占比44.28%。

左侧鹿角角环+主枝1件，角环未脱落，<1/4，稍残；鹿角角尖1件，<1/4，残。

中型鹿科：NISP为1，占比50%；MNI为1，占比33.33%；骨骼重量为14.6克，占比11.52%。

股骨骨干1件，1/4，残。

②不可鉴定种属。

大型哺乳动物：桡骨骨干1件，1/4，碎，重量为30.8克。

小型哺乳动物：肢骨4件，<5厘米，碎，重量为14.5克。

（2）性别

猪：雌性1个，犬齿截面呈椭圆形，齿根收窄封闭。

梅花鹿：雄性1个，鹿角上带有角环。

（3）骨表痕迹与骨骼异常

风化：0级，骨骼表面比较光滑，无明显风化。

二、灰　　坑

（一）H18

H18出土猪骨总共170件，MNI为1，重量为1500.4克。

（1）数量与部位

左侧上颌2件，右侧上颌2件，左、右侧颧骨各1件，左侧颞骨1件，右侧颞骨+听泡1件，右侧额骨1件，左、右侧眼眶各1件，额骨1件，左右侧顶骨1件，左、右侧枕髁各1件，右侧茎突1件，头骨碎块7件，上颌游离的门齿1件；下颌联合部1件，左侧下颌2件，右侧下颌3件，左侧下颌游离的犬齿1件，左侧下颌游离的第三门齿1件，下颌游离的第三门齿1件；牙齿碎块1件；头骨拼合后长3/4～1，残；下颌拼合后长3/4～1，残；寰椎1件愈合中，稍残；枢椎1件，残；颈椎1件未愈合，3/4～1，稍残；胸椎1件未愈合，3/4～1，稍残；脊椎1件愈合中，脊椎13件未愈合，脊椎椎弓6件，脊椎碎块8件，8件＜1/4，碎，5件＜1/4，残，8件1/4，残，1件1/4～1/2，稍残，1件1/4～1/2，残，2件1/2～3/4，稍残，3件3/4～1，稍残；肋骨53件，25件＜5厘米、28件5～10厘米；胸骨4件，稍残。

左侧肩胛近端1件未愈合，1/4，碎；右侧肩胛近端和肩胛冈各1件，近端＜1/4，碎，肩胛冈1/2～3/4，稍残；肩胛骨板1件，肩胛碎块5件，均＜1/4，碎；左侧肱骨1件，近、远端均未愈合，稍残；右侧肱骨远端1件未愈合，1/2，稍残；左侧桡骨近端1件已愈合，1/4，稍残；右侧桡骨1件，近端已愈合，远端未愈合，3/4～1；左侧尺骨1件，近端未愈合，1/4～1/2，残；右侧尺骨1件，近、远端均未愈合，3/4～1；右侧桡腕骨1件，稍残；右侧中间腕骨1件，稍残；右侧第二腕骨1件，稍残；右侧第四、第五腕骨1件，稍残；第二/第五掌骨1件，稍残；右侧第四掌骨1件，近端已愈合，远端未愈合，3/4～1，稍残。

左、右侧股骨各1件，近、远端均未愈合，均为3/4～1；左侧髌骨1件，稍残；左、右侧胫骨各1件，近、远端均未愈合，均稍残；腓骨1件，1/4～1/2，稍残；左侧距骨1件，稍残；左侧跟骨1件未愈合，3/4～1；掌/跖骨骨干1件，3/4～1，稍残；第一指/趾骨1件，近端未愈合，3/4～1；指/趾骨1件，近端未愈合，＜1/4，残；肢骨15件，＜5厘米。

（2）年龄

根据牙齿萌出和磨蚀级别，6～12月2个（左、右侧），占比100%。

根据骨骺愈合情况，1～1.5岁样本4个，愈合率50%；2～2.5岁样本5个，愈合率0%；3～3.5岁样本11，愈合率0%。

综合牙齿和骨骺情况，该猪的年龄为6～12月。

（3）性别

雌性1个，下颌犬齿较小，齿根封闭。

（4）骨表痕迹与骨骼异常

风化：0级，骨骼表面比较光滑，无明显风化。

（5）特殊现象说明

该单位可能为整猪埋葬，从牙齿和肢骨愈合情况看猪的年龄较小，为6～12月，雌性，骨骼上暂未发现消费痕迹。

（二）H31

H31：1出土猪骨总共286件，MNI为1，骨骼重量为2869克。

（1）数量与部位

左、右侧头骨上颌、鼻骨、额骨各1件，右侧泪骨1件，右侧泪骨+听泡1件，左侧听泡1件，左、右侧枕髁+茎突各1件，左右侧基底骨1件，头骨碎块18件；左右侧下颌联1件，联合处已愈合，左、右侧下颌各1件，左侧下颌髁突1件，头骨拼合后长3/4～1，残；2件下颌拼合后长3/4～1，残；寰椎1件，稍残；枢椎1件未愈合，残；颈椎5件，其中1件未愈合，均残；胸椎12件，其中6件未愈合，11件残，1件碎；腰椎6件，4件未愈合，均残；荐椎3件，均残；脊椎椎体3件，残；脊椎碎块10件，碎；肋骨103件，63件＜5厘米、34件5～10厘米、6件10～15厘米；胸骨3件，完整。

左、右侧肩胛远端各1件，均已愈合，1/4～1/2，残；肩胛碎块3件，＜1/4，碎；左、右侧肱骨各1件，近端均未愈合，远端均已愈合，左侧3/4～1，残，右侧保存完整；左、右侧桡骨各1件，近端均未愈合，远端均已愈合，左侧完整，右侧稍残；左、右侧尺骨各1件，近、远端均未愈合，完整；右侧桡腕骨1件，完整；右侧中间腕骨1件，完整；左、右侧第一/第二腕骨各1件，完整；左、右侧第二掌骨各1件，远端均未愈合，3/4～1；左、右侧第三掌骨各1件，1件远端未愈合，完整；左、右侧第四掌骨各1件，远端均未愈合，完整；第二/第五掌/跖骨1件；左侧第一指骨2件，右侧第一指骨1件，近、远端均已愈合，均完整；左、右侧第二指骨各1件，左侧完整，右侧稍残。

盆骨髂骨+髋臼+坐骨1件，髋臼已愈合，3/4～1，残；盆骨髂骨+髋臼1件，髋臼已愈合，1/2～3/4，残；盆骨碎块1件＜1/4，碎；左、右股骨各1件，近、远端均未愈合，左侧3/4～1，残，右侧1/2～3/4，残；左、右侧髌骨各1件，均完整；左、右侧胫骨各1件，近端均未愈合，远端愈合中，稍残；右侧腓骨远端1件未愈合，1/4，残；左、右侧距骨各1件，完整；左、右侧跟骨各1件，均未愈合，3/4～1；左侧中央跗骨1件，完整；右侧第四跗骨1件，稍残；左、右侧第二跖骨各1件，远端均未愈合，3/4～1；左、右侧第三跖骨各1件，1件远端未愈合，均完整；左、右侧第四跖骨各1件，1件远端未愈合，均完整；左、右侧第五跖骨各1件，远端均未愈合，均完整；左侧第一趾骨1件，右侧第一趾骨2件，近、远端均已愈合，均完整；右侧第二趾骨2件，近、远端均已愈合，均完整；右侧第三趾骨2件，完整；第一指/趾骨2件，近、远端均已愈合，完整；第三指/趾骨1件，完整；肢骨44件，＜5厘米。

（2）年龄

根据牙齿萌出和磨蚀情况，18～24月/24～36月2个，占比100%。

根据骨骺愈合情况1～1.5岁样本8个，愈合率100%；2～2.5岁样本24个，愈合率41.47%；3～3.5岁样本14个，愈合率0%。

综合牙齿和肢骨情况，该个体年龄为18~24月。

（3）性别

雌性1个，下颌犬齿齿孔截面呈椭圆形。

（4）骨表痕迹与骨骼异常

骨折：第二/五掌/跖骨骨干中间比较粗大，可能为骨折。

风化：0级，骨骼表面比较光滑，无明显风化。

（5）特殊现象说明

该单位埋藏了一整只猪，18~24月，雌性，骨骼上暂未发现消费痕迹。

（三）H76

H76：1出土水鹿鹿角杈枝1件，＜1/4，稍残；MNI为1；骨骼重量为47.1克；杈枝断裂处残存一周砍痕；风化0级，骨骼表面比较光滑，无明显风化。

（四）H455

H455：1出土哺乳纲动物骨骼总共12件，可鉴定种属的骨骼9件、不可鉴定种属的骨骼3件，种属有猪、中型鹿科和小型鹿科。

（1）数量与部位

①可鉴定种属。

猪：NISP为3，占比33.33%；MNI为2，占比50%；骨骼重量为186.9克，占比71.01%。

右侧股骨远端1件已愈合，1/4~1/2，稍残；右侧跟骨远端1件，1/4~1/2，残；跟骨近端1件未愈合，＜1/4，残。

中型鹿科：NISP为5，占比55.56%；MNI为1，占比25%；骨骼重量为67.2克，占比25.53%。

右侧下颌髁突+冠状突1件，＜1/4，碎；右侧下颌第三臼齿1件，齿根残；盆骨碎块1件，＜1/4，碎；右侧跖骨远端1件已愈合，＜1/4，残；第一指/趾1件已愈合，完整。

小型鹿科：NISP为1，占比11.11%；MNI为1，占比25%；骨骼重量为9.1克，占比3.46%。

左侧下颌1件，1/4~1/2，稍残。

②不可鉴定种属。

中型哺乳动物：肢骨3件，＜5厘米，碎，重量为8.8克。

（2）年龄

猪：根据骨骺愈合情况，2~2.5岁样本1个，愈合率0%；3~3.5岁样本1个，愈合率100%。

中型鹿科：根据牙齿萌出和磨蚀情况，6.5岁1个，占比100%。根据骨骺愈合情况，5~6岁样本1个，愈合率100%。

（3）骨表痕迹与骨骼异常

砍砸痕：1件中型鹿科跖骨远端骨干破碎处有一周砍痕，远端滑车表面有砍砸痕。

烧痕：4件骨骼烧黑，分别是猪的股骨、2件跟骨和中型鹿科的第一指/趾。

风化：0级，骨骼表面比较光滑，无明显风化。

（五）H473

H473：1出土哺乳纲动物骨骼总共6件，可鉴定种属的骨骼1件、不可鉴定种属的骨骼5件，种属有大型鹿科。

（1）数量与部位

①可鉴定种属。

大型鹿科：NISP为1，占比100%；MNI为1，占比100%；骨骼重量为31.7克，占比100%。

右侧下颌1件，<1/4。

②不可鉴定种属。

中型哺乳动物：肢骨5件，重量为60.2克。股骨2件，1件<1/4，碎，另1件1/4，碎；胫骨1件，1/4～1/2，碎；肢骨2件，<5厘米，碎。

（2）骨表痕迹与骨骼异常

风化：0级，骨骼表面比较光滑，无明显风化。

（六）H635

H635：1出土哺乳纲动物骨骼总共50件，可鉴定种属的骨骼49件、不可鉴定种属的骨骼1件，种属有猪、中型鹿科、鹿科和大型牛科。

（1）数量与部位

①可鉴定种属。

猪：NISP为3，占比6.12%；MNI为1，占比33.33%；骨骼重量为136.9克，占比8.7%。

右侧头骨额骨+顶骨1件，<1/4，残；左侧下颌水平支1件，3/4～1，残；尺骨骨干1件，1/4，稍残。

中型鹿科：NISP为1，占比2.04%；MNI为1，占比33.33%；骨骼重量为22.1克，占比1.41%。

左侧距骨1件，完整。

鹿科：NISP为1，占比2.04%；骨骼重量为10.5克，占比0.67%。

鹿角碎块1件，<1/4，碎。

大型牛科：NISP为44，占比89.8%；MNI为1，占比33.33%；骨骼重量为1403.4克，占比89.22%。

角残块17件，拼合后长3/4～1，残；头骨额骨+角2件，可以拼合，左侧颞骨+枕骨1件，头骨碎块24件，<1/4，残。

②不可鉴定种属。

中型哺乳动物：肱骨骨干1件，<1/4，碎，重量为4.5克。

（2）年龄

猪：根据牙齿萌出和磨蚀情况，6～12月1个，占比100%。

（3）骨表痕迹与骨骼异常

烧痕：大型牛科角疑似被火烧过。

风化：大型牛科角风化3级，角心表皮大面积脱落，松质松动，大面积暴露；2件大型牛科头骨碎块风化2级，骨表裂纹较宽；其余骨骼风化0级，骨骼表面比较光滑，无明显风化。

（七）H958

H958出土哺乳纲动物骨骼总共4件，可鉴定种属的骨骼3件、不可鉴定种属的骨骼1件，种属有猪。

（1）数量与部位

①可鉴定种属。

猪：NISP为3，占比100%；MNI为1，占比100%；骨骼重量为28.5克，占比100%。

右侧下颌角1件，＜1/4，碎；下颌碎块1件，＜5厘米；右侧股骨骨干1件，＜1/4，残。

②不可鉴定种属。

中型哺乳动物：胫骨1件，5～10厘米，重量为15.1克。

（2）骨表痕迹与骨骼异常

风化：0级，骨骼表面比较光滑，无明显风化。

第八节　朱家台文化未定期别

一、房　　址

F117

F117属于朱家台文化。出土大型哺乳动物动物肢骨4件，2件＜5厘米、2件5～10厘米；重量为115.2克；风化2级，骨表皮脱落。

二、灰　　坑

（一）H85

H85属于朱家台文化。出土中型哺乳动物骨骼8件，重量为24.4克。盆骨髂骨1件，＜1/4，碎；肢骨7件，6件＜5厘米、1件5～10厘米。风化0级，骨骼表面比较光滑，无明显风化。

（二）H86

H86属于朱家台文化。出土动物骨骼总共13件。鱼纲1件，不可鉴定种属。哺乳纲12件，可鉴定种属的骨骼2件、不可鉴定种属的骨骼10件，种属有猪。

（1）数量与部位

1）鱼纲

鱼：脊椎1件，1/2～3/4，稍残，重量为1.2克。

2）哺乳纲

①可鉴定种属。

猪：NISP为2，占比100%；MNI为1，占比100%；骨骼重量为23.5克，占比100%。

右侧股骨远端1件未愈合，＜1/4，残；第二指/趾骨1件已愈合，完整。

②不可鉴定种属。

中型哺乳动物：骨骼10件，重量为63.8克。肩胛1件，1/2，残；胫骨2件，1件＜1/4，碎，1件1/4～1/2，残；肢骨7件，＜5厘米。

（2）年龄

猪：根据骨骺愈合情况，1～1.5岁样本1个，愈合率100%；3～3.5岁样本1个，愈合率0%。

（3）骨表痕迹与骨骼异常

风化：0级，骨骼表面比较光滑，无明显风化。

（三）H220

H220属于朱家台文化。出土哺乳纲动物骨骼总共292件，可鉴定种属的骨骼275件、不可鉴定种属的骨骼17件，种属有猪、大型鹿科和小型鹿科。

（1）数量与部位

①可鉴定种属。

猪：NISP为272，占比98.91%；MNI为1，占比33.33%；骨骼重量为2673克，占比95.25%。

左、右侧头骨上颌各1件，左、右侧颧骨各1件，左、右侧颞骨各1件，右侧泪骨1件，左右侧鼻骨+额骨1件，左、右侧听骨各1件，听泡1件，右侧枕髁1件；左、右侧茎突各1件，顶骨1件，头骨碎块46件，头骨拼合后长3/4～1，残；左+右侧下颌1件，左侧下颌1件，下颌拼合后长3/4～1，残；寰椎1件已愈合，稍残；枢椎1件未愈合，稍残；颈椎5件，稍残；胸椎16件，其中10件未愈合，稍残；腰椎7件均未愈合，稍残；荐椎1件，残；尾椎1件，残；脊椎14件，其中2件未愈合，＜1/4，碎；左侧肋骨7件，右侧肋骨10件，肋骨残块58件，21件＜5厘米、31件5～10厘米、23件残；胸骨4件，稍残。

左、右侧肩胛远端各1件，远端均已愈合，3/4～1，肩胛碎块19件；左侧肱骨1件，远端已愈合，3/4～1；右侧肱骨2件，其中1件近端未愈合，远端已愈合，3/4～1；左、右侧桡骨各1件，近端均已愈合，远端均未愈合，3/4～1；左、右侧尺骨各1件，近、远端均未愈合，3/4～1；左侧第二掌骨1件，近、远端均已愈合，完整；左侧第三掌骨2件，其中1件残，另1件近、远端均已愈合，完整；右侧第三掌骨1件，近、远端均已愈合，完整；左、右侧第四掌骨各1件，近、远端均已愈合，完整；左侧第五掌骨1件，近、远端均已愈合，完整。

左侧盆骨髂骨+髋臼+坐骨1件，髋臼已愈合，3/4～1，稍残；右侧盆骨髂骨+髋臼+坐骨+耻骨1件，髋臼已愈合，3/4～1，稍残；左、右侧股骨各1件，近、远端均未愈合，3/4～1；右侧髌骨1件，完整；左、右侧胫骨各1件，近端均未愈合，远端均已愈合，3/4～1；左侧腓骨1件，远端已愈合，3/4～1；右侧腓骨2件，其中1件远端已愈合，3/4～1；左、右侧距骨各1件，稍残；左、右侧跟骨各1件，均在愈合中，完整；左、右侧第四跗骨各1件，完整；右侧第二跖骨1件，近、远端均已愈合，完整；左、右侧第三跖骨各1件，近、远端均已愈合，1件稍残，1件完整；左、右侧第四跖骨各1件，近、远端均已愈合，1件稍残，1件完整；左、右侧第五跖骨各1件，近、远端均已愈合，完整；第二/五掌/跖骨远端1件，1/2；第一趾骨6件，近、远端均已愈合，完整；第二趾骨2件，近、远端均已愈合，1件稍残，1件完整；第三趾骨2件，近、远端均已愈合，完整；碎骨15件。

大型鹿科：NISP为1，占比0.36%；MNI为1，占比33.33%；骨骼重量为111.8克，占比3.98%。

左侧肩胛远端1件已愈合，1/4～1/2。

小型鹿科：NISP为2，占比0.73%；MNI为1，占比33.33%；骨骼重量为21.4克，占比0.76%。

桡骨远端1件，残；左侧跖骨1件，残。

②不可鉴定种属。

大型哺乳动物：不明骨骼碎块7件，<5厘米，碎，重量为108.3克。

中型哺乳动物：不明骨骼碎块5件，<5厘米，碎，重量为45.2克。

小型哺乳动物：桡骨骨干1件，碎，重量为9.2克。

（2）年龄

猪：根据牙齿萌出和磨蚀情况，18～24月2个，占比100%。

根据骨骺愈合情况，1～1.5岁样本10个，愈合率100%；2～2.5岁样本24个，愈合率100%；3～3.5岁样本11个，愈合率0%。

综合牙齿和骨骼情况，该个体的年龄为18～24月。

（3）性别

猪：雌性4个，上颌犬齿2件（左、右侧各1件），牙齿扁薄，齿根封闭；下颌犬齿2件（左、右侧各1件），截面呈椭圆形，齿根封闭。

（4）骨表痕迹与骨骼异常

砸痕：1件大型哺乳动物的骨骼碎块疑似有砸痕。

风化：1件大型哺乳动物的骨骼风化2级，骨皮部分脱落；其余骨骼风化0级。

（5）特殊现象说明

该单位可能为整猪埋葬，雌性，18～24月，骨骼上未见消费痕迹。

（四）H404

H404：3属于朱家台文化第一、二期。出土哺乳纲动物骨骼总共11件，可鉴定种属的骨骼1件、不可鉴定种属的骨骼10件，种属有鹿科。

（1）数量与部位

①可鉴定种属。

鹿科：NISP为1，占比100%；骨骼重量为9.7克，占比100%。

鹿角角尖1件，＜1/4，残。

②不可鉴定种属。

中型哺乳动物：肢骨10件，重量为41.6克。6件＜5厘米、4件5～10厘米。

（2）骨表痕迹与骨骼异常

风化：0级，骨骼表面比较光滑，无明显风化。

（五）H435

H435：1属于朱家台文化第一、二期。出土哺乳纲动物骨骼总共16件，可鉴定种属的骨骼2件、不可鉴定种属的骨骼13件，角器1件，种属有大型鹿科、梅花鹿和大型牛科。

（1）数量与部位

①可鉴定种属。

大型鹿科：NISP为1，占比50%；MNI为1，占比50%；骨骼重量为72克，占比51.61%。

右侧距骨1件，完整。

大型牛科：NISP为1，占比50%；MNI为1，占比50%；骨骼重量为67.5克，占比48.39%。

第二指/趾骨1件已愈合，稍残。

②不可鉴定种属。

大型哺乳动物：肢骨3件，重量为126克。2件5～10厘米、1件10～15厘米。

中型哺乳动物：骨骼10件，重量为72克。肢骨8件，4件＜5厘米、4件5～10厘米；脊椎1件，残；肋骨1件，5～10厘米。

（2）骨表痕迹与骨骼异常

风化：0级，骨骼表面比较光滑，无明显风化。

另，H435：1还出土鹿角靴形器1件，重量为17.7克。利用梅花鹿分权处制成，边缘被磨过。

（六）H716

H716属于朱家台文化。出土哺乳动物骨骼总共3件，可鉴定种属的骨骼1件、不可鉴定种属的骨骼2件，种属有中型鹿科。

（1）数量与部位

①可鉴定种属。

中型鹿科：NISP为1，占比100%；MNI为1，占比100%；骨骼重量为13.1克，占比100%。

跖骨背侧骨干1件，1/4~1/2，碎。

②不可鉴定种属。

中型哺乳动物：骨骼2件，重量为4.2克。肢骨骨干1件，＜1/4，碎；肋骨1件，＜5厘米。

（2）痕迹

砍痕：中型哺乳动物肢骨上有一道长3.5毫米的砍痕。

磨痕：中型鹿科跖骨的一端被磨过。

风化：0级，骨骼表面比较光滑，无明显风化。

（七）H755

H755属于朱家台文化。出土哺乳纲动物骨骼总共7件，可鉴定种属的骨骼1件、不可鉴定种属的骨骼6件，种属有猪。

（1）数量与部位

①可鉴定种属。

猪：NISP为1，占比100%；MNI为1，占比100%；骨骼重量为8.7克，占比100%。

枢椎1件，＜1/4，碎。

②不可鉴定种属。

中型哺乳动物：骨骼6件，重量为87.6克。头骨1件，＜1/4，碎；肱骨2件，＜1/4，碎；肢骨3件，2件5~10厘米，碎，1件10~15厘米，碎。

（2）骨表痕迹与骨骼异常

砍砸痕：1件中型哺乳动物肢骨骨干破碎处残存砍砸痕。

风化：0级，骨骼表面比较光滑，无明显风化。

（八）H799

H799属于朱家台文化。出土哺乳纲动物骨骼总共11件，可鉴定种属的骨骼10件、不可鉴定种属的骨骼1件，种属有猪。

（1）数量与部位

①可鉴定种属。

猪：NISP为10，占比100%；MNI为2，占比100%；骨骼重量为400克，占比100%。

左侧头骨上颌1件，＜1/4；左侧下颌2件，1件＜1/4，1件3/4~1，右侧下颌1件，3/4~1，其中2件为同一个体的左、右两侧；右下游i2齿1件，3/4~1；右侧肩胛远端1件未愈合，1/4，稍残；右侧肱骨远端1件已愈合，1/4，稍残，右侧肱骨远端骨干1件，＜1/4，残；右侧胫骨1件，3/4~1，右侧胫骨近端胫骨嵴1件，＜1/4，碎。

②不可鉴定种属。

中型哺乳动物：肢骨1件，重量为3.5克。

（2）年龄

猪：根据牙齿萌出和磨蚀情况，24～36月2个，占比100%，为同一个体左右两侧。

根据骨骺愈合情况，1～1.5岁样本2个，愈合率50%；2～2.5岁样本1个，愈合率0%；3～3.5岁样本有1个，愈合率0%。

（3）性别

猪：雌性2个，为同一个体左右两侧，犬齿截面呈椭圆形。

（4）骨表痕迹与骨骼异常

风化：0级，骨骼表面比较光滑，无明显风化。

（九）H939

H939属于朱家台文化第一、二期。出土哺乳纲动物骨骼总共4件，均可鉴定种属，种属有猪、小型鹿科和鹿科。

（1）数量与部位

猪：NISP为1，占比25%；MNI为1，占比50%；骨骼重量为11.1克，占比45.87%。

左侧下颌1件，＜1/4。

小型鹿科：NISP为2，占比50%；MNI为1，占比50%；骨骼重量为10.8克，占比44.63%。

左侧下颌1件，1/4～1/2，残；左侧胫骨骨干1件，1/4～1/2。

鹿科：NISP为1，占比25%；骨骼重量为2.3克，占比9.5%。

鹿角1件，＜1/4，碎。

（2）骨表痕迹与骨骼异常

风化：0级，骨骼表面比较光滑，无明显风化。

（十）H1047

H1047属于朱家台文化。出土猪左侧盆骨髋臼1件，＜1/4；MNI为1，骨骼重量为27.8克。风化0级，骨骼表面比较光滑，无明显风化。

第九节　屈家岭文化

一、灰　　坑

（一）H144

H144：1出土哺乳纲动物骨骼总共15件，可鉴定种属的骨骼9件、不可鉴定种属的骨骼6件，种属有小型犬科、猪、大角鹿、中型鹿科和小型鹿科。

（1）数量与部位

①可鉴定种属。

小型犬科：NISP为1，占比11.11%；MNI为1，占比16.67%；骨骼重量为25.5克，占比10.75%。

左右侧头骨1件，3/4～1，残。

猪：NISP为2，占比22.22%；MNI为2，占比33.33%；骨骼重量为74.4克，占比31.35%。

左右侧下颌联合部2件，其中1件已愈合，1件1/4，残，另1件1/4，碎。

大角鹿：NISP为1，占比11.11%；MNI为1，占比16.67%；骨骼重量为29.4克，占比12.39%。

鹿角角尖1件，1/4～1/2，稍残。

中型鹿科：NISP为4，占比44.44%；MNI为1，占比16.67%；骨骼重量为105.7克，占比44.54%。

腰椎1件未愈合，3/4～1，残；左侧胫骨近端骨干1件，＜1/4，残；右侧跟骨1件已愈合，完整；炮骨骨干1件，＜1/4，碎。

小型鹿科：NISP为1，占比11.11%；MNI为1，占比16.67%；骨骼重量为2.3克，占比0.97%。

炮骨近端1件已愈合，＜1/4，碎。

②不可鉴定种属。

中型哺乳动物：骨骼6件，重量为23.2克。肢骨3件，2件＜5厘米，碎，1件5～10厘米，碎；肋骨3件，＜5厘米，碎。

（2）年龄

中型鹿科：根据骨骺愈合情况看，2～2.5岁样本1件，愈合率100%。

（3）性别

猪：雌性1个，下颌犬齿截面呈三角形，齿根收窄封闭。

（4）骨表痕迹与骨骼异常

烧痕：2件猪下颌均被烧黑。

风化：0级，骨骼表面比较光滑，无明显风化。

（二）H229

H229：1出土角镞1件，重量为11.8克。利用鹿角制成，被磨过。

（三）H686

H686：2出土梅花鹿右侧额骨+角柄+角环+主枝+眉枝1件，1/4～1/2，稍残；MNI为1；骨骼重量为316.4克。

角环未脱落；雄性；额骨局部烧黑，眉枝破碎处残存一周砍痕，砍痕处较光滑，可能被磨过，主枝破碎处残存1/2周砍痕，砍痕处较光滑，可能被磨过，风化2级，角上有多道裂纹，部分角表皮脱落。

（四）H688

H688：1出土角镞1件，重量为7.9克。利用鹿角制成。

（五）H723

H723出土猪腓骨远端1件未愈合，1/4，稍残；MNI为1；重量为0.6克；风化0级，骨骼表面比较光滑，无明显风化。

（六）H798

H798出土哺乳纲动物骨骼总共8件，可鉴定种属的骨骼7件、不可鉴定种属的骨骼1件，种属有猪、梅花鹿和鹿科。

（1）数量与部位

①可鉴定种属。

猪：NISP为3，占比42.86%；MNI为1，占比50%；骨骼重量为99.9克，占比31.05%。

右侧下颌角和第三臼齿后窝各1件，＜1/4，碎；右侧股骨远端1件已愈合，＜1/4，残。

梅花鹿：NISP为1，占比14.29%；MNI为1，占比50%；骨骼重量为186.5克，占比57.97%。

鹿角主枝部分1件，＜1/4，残。

鹿科：NISP为3，占比42.86%；骨骼重量为35.3克，占比10.97%。

鹿角杈枝1件，＜1/4，残；鹿角碎块2件，小于5厘米，碎。

②不可鉴定种属。

小型哺乳动物：肢骨1件，5～10厘米，碎，重量为4.5克。

（2）年龄

猪：根据骨骺愈合情况看，3～3.5岁样本1件，愈合率为100%。

（3）骨表痕迹与骨骼异常

风化：0级，骨骼表面比较光滑，无明显风化。

（七）H810

H810出土猪右侧跟骨1件，3/4～1，近端残；MNI为1；骨骼重量为8.2克；风化0级，骨骼表面比较光滑，无明显风化。

（八）H959

H959：16出土动物骨骼总共49件。鱼纲3件，可鉴定种属的骨骼2件、不可鉴定种属的骨骼1件，种属有草鱼。鸟纲3件，可鉴定种属的骨骼2件、不可鉴定种属的骨骼1件，种属有雉。哺乳纲43件，可鉴定种属的骨骼24件、不可鉴定种属的骨骼18件，角器1件，种属有狐、小型犬科、猪獾、猪和中型鹿科。

（1）数量与部位

1）鱼纲

①可鉴定种属。

草鱼：NISP为2，占比100%；MNI为1，占比100%；骨骼重量为21克，占比100%。

左侧舌颌1件，3/4～1，稍残；右侧咽齿骨1件，3/4～1，稍残。

②不可鉴定种属。

鱼：基鳍骨1件，3/4～1，稍残，重量为2.1克。

2）鸟纲

①可鉴定种属。

雉：左侧尺骨远端2件已愈合，3/4～1，稍残，NISP为2，占比100%；MNI为1，占比100%；骨骼重量为1.8克，占比100%。

②不可鉴定种属。

鸟：肋骨1件，1件小于5厘米，重量为0.1克。

3）哺乳纲

①可鉴定种属。

狐：NISP为9，占比37.5%；MNI为1，占比20%；骨骼重量为27.8克，占比8.44%。

右侧下颌2件，1件小于1/4、1件为1/4～1/2；左侧下颌1件，1/4～1/2；左、右侧下游m1齿各1件，为同一个体；左侧肱骨近端1件已愈合，1/4～1/2，稍残；左侧第三掌骨1件已愈合，完整；左、右侧股骨近端各1件，均已愈合，左侧1/4～1/2，残，右侧1/2，稍残。

小型犬科：NISP为1，占比4.17%；MNI为1，占比20%；骨骼重量为0.9克，占比0.27%。

犬齿1件，3/4～1。

猪獾：NISP为4，占比16.67%；MNI为1，占比20%；骨骼重量为53克，占比16.09%。

左右侧头骨1件，1/2～3/4；左侧头骨额骨1件，小于1/4，碎；左、右侧下颌各1件，左侧

1/4～1/2、右侧1/2～3/4。为同一个体。

猪：NISP为8，占比33.33%；MNI为1，占比20%；骨骼重量为234.9克，占比71.31%。

右侧头骨额骨+颧骨+齿列1件，头骨碎块2件，小于1/4，碎；腰椎4件，其中2件前后可以相接且已愈合，3件小于1/4，碎，1件3/4～1，稍残；右侧盆骨坐骨1件，坐骨结节未愈合，小于1/4，残。

中型鹿科：NISP为2，占比8.33%；MNI为1，占比20%；骨骼重量为12.8克，占比3.89%。

头骨基枕骨1件，小于1/4，碎；右侧盆骨坐骨结节1件，坐骨结节愈合中，小于1/4，碎。

②不可鉴定种属。

中型哺乳动物：肢骨15件，重量为36.2克。肩胛1件，<1/4，碎；肢骨14件，12件<5厘米，碎，2件5～10厘米，碎。

小型哺乳动物：肋骨1件，<5厘米，重量为1.3克。

哺乳动物：骨骼2件，其中1件为肋骨，重量为8.9克。

（2）年龄

猪：根据骨骺愈合情况，4～7岁样本有2件，愈合率为100%。

（3）骨表痕迹与骨骼异常

烧痕：1件猪的盆骨骨头发黑，可能被烧过。

砍痕：1件草鱼的咽齿骨头端背侧骨骼上有三道长2.5毫米左右的砍痕。

风化：0级，骨骼表面比较光滑，无明显风化。

另，H959还出土角镞1件，重量为2.2克。利用鹿角制成，一端磨尖。

二、墓　葬

M15

M15出土猪左侧上颌1件，<1/4，残；MNI为1；骨骼重量为37.4克；风化0级，骨骼表面比较光滑，无明显风化。

第十节　煤山文化

一、地　层

T5932③

T5932③共出土角器2件。角镞1件，重量为4.9克，利用鹿角制成；角器1件，重量为2克，利用鹿角制成，整体呈长条形，一端磨尖，一端稍残。

二、房　　址

F32

F32出土牙器1件，重量为6.7克。利用大型牛科上颌臼齿前叶或者后叶的舌侧部分制成，通体被磨过，齿尖磨成圆弧状。

三、灰　　坑

（一）H105

H105：47出土哺乳纲动物骨骼总共10件，可鉴定种属的骨骼8件、不可鉴定种属的骨骼2件，种属有猪和大型牛科。

（1）数量与部位

①可鉴定种属。

猪：NISP为4，占比50%；MNI为2，占比66.67%；骨骼重量为39.2克，占比2.7%。

右侧下颌2件，<1/4，右下游m2齿1件，左下游m3齿1件。

大型牛科：NISP为4，占比50%；MNI为1，占比33.33%；骨骼重量为1415克，占比97.3%。

右侧肱骨近端1件已愈合，1/4，稍残；左侧股骨远端骨干1件，1/4～1/2，碎；右侧股骨远端1件已愈合，<1/4，稍残；右侧胫骨远端1件已愈合，1/4～1/2，稍残。

②不可鉴定种属。

大型哺乳动物：肢骨2件，<5厘米，碎，重量为9.6克。

（2）年龄

猪：根据牙齿萌出和磨蚀情况看，4～6月1个，占比50%，18～24月1个，占比50%。

大型牛科：根据骨骺愈合情况看，2～3岁样本1个，愈合率100%；3.5～4岁样本2个，愈合率100%。

（3）骨表痕迹与骨骼异常

风化：0级，骨骼表面比较光滑，无明显风化。

（二）H117

H117：1出土哺乳纲动物骨骼总共3件，可鉴定种属的骨骼2件、不可鉴定种属的骨骼1件，种属有猪和大型鹿科。

（1）数量与部位

①可鉴定种属。

猪：NISP为1，占比50%；MNI为1，占比50%；骨骼重量为78.4克，占比48.48%。

左侧胫骨远端1件已愈合，1/2，稍残。

大型鹿科：NISP为1，占比50%；MNI为1，占比50%；骨骼重量为83.3克，占比51.52%。

右侧跟骨1件，1/4 ~ 1/2，稍残。

②不可鉴定种属。

中型哺乳动物：颈椎1件，＜1/4，碎，重量为7.4克。

（2）年龄

猪：根据骨骺愈合情况，2 ~ 2.5岁样本1个，愈合率为100%。

（3）骨表痕迹与骨骼异常

烧痕：1件大型鹿科跟骨部分烧黑。

风化：0级，骨骼表面比较光滑，无明显风化。

（三）H267

H267：1出土哺乳纲动物骨骼总共11件，可鉴定种属的骨骼1件、不可鉴定种属的骨骼10件，种属有中型鹿科。

（1）数量与部位

①可鉴定种属。

中型鹿科动物：NISP为1，占比100%；MNI为1，占比100%；骨骼重量为16.3克，占比100%。

右侧跟骨1件，1/2 ~ 3/4，稍残。

②不可鉴定种属。

中型哺乳动物：肢骨10件，重量为26.5克。尺骨1件，1/4，碎；肢骨9件，＜5厘米，碎。

（2）骨表痕迹与骨骼异常

烧痕：该单位所有骨骼都被烧成灰白色，骨头非常疏松，一碰就碎。

风化：0级，骨骼表面比较光滑，无明显风化。

（四）H808

H808出土哺乳纲动物骨骼总共35件，可鉴定种属的骨骼10件、不可鉴定种属的骨骼25件，种属有猪。

（1）数量与部位

①可鉴定种属。

猪：NISP为10，占比100%；MNI为1，占比100%；骨骼重量为61.5克，占比100%。

右侧股骨远端关节1件未愈合，＜ 1/4，碎；左侧胫骨远端1件未愈合，＜1/4，碎，左侧胫骨骨干1件，1/4～1/2，残；右侧胫骨近、远端各1件，皆未愈合，近端1/4～1/2，稍残，远端1/4，稍残；腓骨骨干1件，＜1/4，稍残；左侧跟骨1件，近端未愈合，3/4～1；左侧第二跖1件，远端未愈合，3/4～1；左、右侧第三跖各1件，远端皆未愈合，3/4～1。

②不可鉴定种属。

中型哺乳动物：骨骼25件，重量为44.8克。肢骨12件，＜5厘米；肋骨13件，2件＜5厘米、11件5～10厘米。

（2）年龄

猪：根据骨骺愈合情况看，2～2.5岁样本6个，愈合率0%；3～3.5岁样本2个，愈合率0%。该单位猪的年龄较小。

（3）骨表痕迹与骨骼异常

风化：0级，骨骼表面比较光滑，无明显风化。

第十一节　商周时期

H81

H81共出土动物骨骼552件。瓣鳃纲2件，不可鉴定种属。鱼纲11件，可鉴定种属的骨骼6件，种属有鳂科，不可鉴定种属的骨骼5件。爬行纲1件，种属有龟。鸟纲1件，种属有雉。哺乳纲537件，可鉴定种属的骨骼127件、不可鉴定种属的骨骼410件，种属有黑熊、猪、水鹿、梅花鹿、赤麂、小麂、麂、大型鹿科、中型鹿科、中小型鹿科、小型鹿科、鹿科、大型牛科、小型食肉动物和啮齿动物。

（1）数量与部位

1）瓣鳃纲

贝类：2件，＜1/4，碎，重量为1.8克。

2）鱼纲

①可鉴定种属。

鳂科：NISP为6，占比100%；MNI为1，占比100%；骨骼重量为2.1克，占比100%。

左侧腹鳍骨4件，1件1/4～1/2，稍残，3件1/2，稍残；右侧腹鳍骨2件，1件3/4，稍残，另1件3/4～1，稍残。

②不可鉴定种属。

鱼：骨骼5件，重量为1.3克。其中1件为支鳍骨，3/4，稍残；另外4件骨骼＜5厘米。

3）爬行纲

龟：NISP为1，占比100%；MNI为1，占比100%；骨骼重量为1.1克，占比100%。

右侧股骨1件，稍残。

4）鸟纲

雉：NISP为1，占比100%；MNI为1，占比100%；骨骼重量为0.5克，占比100%。

右侧跗跖骨近端骨干1件，1/4～1/2，稍残。

5）哺乳纲

①可鉴定种属。

黑熊：NISP为1，占比0.79%；MNI为1，占比5.56%；骨骼重量为127.5克，占比5.92%。

右侧尺骨近端1件已愈合，1/4～1/2，残。

猪：NISP为38，占比29.92%；MNI为3，占比16.67%；骨骼重量为448.9克，占比20.83%。

左侧头骨顶骨1件，＜1/4，碎；右侧上颌5件，1件＜1/4，碎，2件1/4，残，另外2件残；上游I1齿1件，残；右侧下颌2件，1/4，残；右下游i1齿1件，残，左下游dp4齿1件，残，左下游p齿1件，残，下游i齿1件；牙齿碎块15件；枢椎1件，1/2～3/4，残；左侧桡骨近端骨干1件，＜1/4，稍残，右侧桡骨近端1件已愈合，1/4～1/2，稍残；左侧胫骨近端1件愈合，1/2～3/4，稍残，右侧胫骨远端1件已愈合，3/4～1，稍残；左侧跟骨1件，1/4～1/2，稍残；右侧第五跖骨近端1件已愈合，1/2～3/4，残；掌/跖骨远端1件已愈合，1/4～1/2，残；第一指/趾骨2件，均已愈合，1件保存完整，另1件长度为1，残。

水鹿：NISP为1，占比0.79%；MNI为1，占比5.56%；骨骼重量为15.1克，占比0.7%。

鹿角主枝+第二杈枝1件，＜1/4，残。

梅花鹿：NISP为24，占比18.9%；MNI为1，占比5.56%；骨骼重量为314.1克，占比14.58%。

鹿角角环+主枝1件，角环自然脱落，主枝1件，角尖1件，碎块21件，均＜1/4，残。

赤麂：NISP为1，占比0.79%；MNI为1，占比5.56%；骨骼重量为2克，占比0.09%。

右侧上颌犬齿1件，完整。

小麂：NISP为1，占比0.79%；MNI为1，占比5.56%；骨骼重量为25.1克，占比1.16%。

鹿角角柄+角环+主枝+眉枝1件，稍残，角环未脱落。

麂：NISP为1，占比0.79%；MNI为1，占比5.56%；骨骼重量为13.1克，占比0.61%。

鹿角角尖1件，残。

大型鹿科：NISP为7，占比5.51%；MNI为1，占比5.56%；骨骼重量为226克，占比10.49%。

左侧肩胛远端1件已愈合，1/4～1/2，残；右侧跟骨1件已愈合，完整；炮骨骨干2件，1件＜1/4，碎，另1件1/4～1/2，碎；右侧距骨远端1件已愈合，＜1/4，残，距骨骨干1件，＜1/4，碎；第二指/趾骨1件，近、远端均已愈合，完整。

中型鹿科：NISP为33，占比25.98%；MNI为2，占比11.11%；骨骼重量为609克，占比28.26%。

上游M齿1件，碎；左侧下颌3件，1件1/4，残，另2件1/4～1/2，残；右侧下颌1件，＜1/4，残；左下游m1齿1件，完整，是其中1件左侧下颌上掉落的牙齿，m2齿1件，完整，m1/m2齿2件，齿根稍残，右下游dp4齿1件，齿根稍残；牙齿碎块1件；颈椎6件，其中5件已愈合，1件＜1/4，残，2件1/4～1/2，残，1件1/2～3/4，残，2件3/4～1，稍残；左侧肩胛远端1件已愈合，1/4～1/2，残；右侧肱骨近端1件愈合中，1/4～1/2，残，右侧肱骨近端大结节1件，＜1/4，残；左、右侧掌骨远端各1件均已愈合，1/4～1/2，残和3/4～1，稍残；掌骨骨干2件，＜1/4，碎和1/4～1/2，残；左侧盆骨髋臼+坐骨1件，髋臼未愈合，1/4～1/2，残；右侧胫骨近端1件已愈合，＜1/4，残；左侧跟骨1件，1/2，残；右侧跗骨近端1件已愈合，1/4～1/2，残，跗骨远端1件已愈合，＜1/4，残；炮骨腹侧骨干1件，1/4～1/2，残；第一指/趾骨3件均已愈合，1件完整，2件稍残。

中小型鹿科：NISP为3，占比2.36%；MNI为1，占比5.56%；骨骼重量为42.5克，占比1.97%。

右侧肱骨远端1件已愈合，1/2，稍残；第二指/趾骨2件均已愈合，完整。

小型鹿科：NISP为8，占比6.3%；MNI为2，占比11.11%；骨骼重量为73.4克，占比3.41%。

寰椎1件未愈合，3/4～1，残；右侧掌骨近端2件均已愈合，1/4～1/2，残；右侧股骨近端1件已愈合，1/4～1/2，残；右侧胫骨近端1件已愈合，1/4～1/2，残；左侧跗骨近端1件已愈合，1/4～1/2，残，跗骨远端1件已愈合，＜1/4，残；炮骨腹侧骨干1件，1/4～1/2，残。

鹿科：NISP为1，占比0.79%；骨骼重量为28.2克，占比1.31%。

鹿角角尖1件，残。

大型牛科：NISP为4，占比3.15%；MNI为1，占比5.56%；骨骼重量为226.8克，占比10.52%。

上颌游离的牙齿1件，残；左侧下颌1件，1/4～1/2，残，左下p4齿和m1齿各1件，是左侧下颌上掉落的牙齿。

小型食肉动物：NISP为2，占比1.57%；MNI为1，占比5.56%；骨骼重量为0.4克，占比0.02%。

掌/跖骨骨干1件，残；第一指/趾骨1件，近、远端均已愈合，完整。

啮齿类：NISP为2，占比1.57%；MNI为1，占比5.56%；骨骼重量为2.8克，占比0.13%。

门齿2件，残。

②不可鉴定种属。

大型哺乳动物：骨骼31件，重量为375.3克。掌/跖骨近端1件，＜1/4，残；肢骨29件，其中14件＜5厘米，4件5～10厘米；脊椎1件，残。

中型哺乳动物：骨骼126件，重量为511.7克。牙齿齿槽8件，碎；肩胛6件，5件＜1/4，碎，1件1/4，碎；肱骨骨干4件，＜1/4，碎；股骨骨干2件，1/4，残；腓骨骨干7件，碎；肢骨55件，36件＜5厘米、19件5～10厘米；脊椎16件，残；肋骨29件，20件＜5厘米、9件5～10厘米。

小型哺乳动物：腓骨远端1件，残，重量为0.5克。

哺乳动物：碎骨252件，＜5厘米，碎，重量为209.5克，无法辨认部位。

（2）年龄

猪：根据牙齿萌出和磨蚀情况，0~4月1个，占比50%；6~12月1个，占比50%。

根据骨骺愈合情况，1~1.5岁样本1个，愈合率100%；2~2.5岁样本4个，愈合率100%；3~3.5岁样本1个，愈合率100%。

中型鹿科：根据牙齿萌出和磨蚀情况，0.5岁个体2个，占比40%；0.5~1.5岁个体1个，占比20%；1.5~3.5岁个体1个，占比20%；<0.5岁个体1个，占比20%。

根据骨骺愈合情况，0~2岁样本3个，愈合率66.67%；4~5岁样本1个，愈合率100%；5~6岁样本4个，愈合率100%。

（3）性别

梅花鹿：雄性1个，鹿角带角环。

小鹿：雄性1个，鹿角带角环和角柄。

（4）骨表痕迹与骨骼异常

砍痕：1件猪右侧桡骨近端外侧骨干破碎处有一道长约5.8毫米、宽约2毫米、深约1毫米的砍痕；1件中型鹿科跖骨远端骨干有两道长约13毫米、宽3毫米、深1毫米的砍痕；1件大型牛科左侧下颌骨表有多处砍痕，分布无规律；11件大型哺乳动物骨表遍布砍痕。

削痕：1件猪左侧桡骨骨干破碎处有削痕。

风化：猪左侧胫骨近端风化2级，骨表裂纹增大；其他骨骼风化0级，骨骼表面比较光滑，无明显风化。

（5）特殊现象说明

该单位骨骼数量较多，动物种属丰富，可能为大型垃圾坑。

第十二节　汉　　代

一、地　　层

（一）T5433③

T5433③出土角器1件，重量为3.8克。整体磨成片状，中间较宽，往两端逐渐收窄，形成两个尖。

（二）T6031②

T6031②出土哺乳纲动物骨骼总共23件，可鉴定种属的骨骼13件、不可鉴定种属的骨骼10件，种属有猪和大型牛科。

（1）数量与部位

①可鉴定种属。

猪：NISP为3，占比23.08%；MNI为2，占比66.67%；骨骼重量为194.1克，占比15.68%。

左侧桡尺骨近端1件，1/4～1/2，稍残，桡骨近端已愈合；左侧肱骨近端1件未愈合，＜1/4，稍残；右侧肱骨远端1件未愈合，＜1/4，碎。

大型牛科：NISP为10，占比76.92%；MNI为1，占比33.33%；骨骼重量为1043.6克，占比84.32%。

左侧肩胛碎骨9件，可以拼合，为同一件骨骼，1/2，稍残；第一趾骨1件，近、远端已愈合，保存完整。

②不可鉴定种属。

大型哺乳动物：肢骨骨干2件，重量为103.3克，1件＜5厘米，碎，另1件5～10厘米，碎。

中型哺乳动物：骨骼8件，重量为44克。肢骨骨干7件，＜5厘米，碎；脊椎1件，＜1/4，碎。

（2）年龄

猪：根据骨骺愈合情况，0～1岁样本2个，愈合率为50%；3～3.5岁样本1个，愈合率0%。

大型牛科：根据骨骺愈合情况，1.5～2岁样本1个，愈合率100%。

（3）骨表痕迹与骨骼异常

骨赘：猪左侧桡尺骨长在一起，骨骼连接处有骨赘。

风化：0级，骨骼表面比较光滑，无明显风化。

二、房　　址

F99

F99出土猪左侧跟骨1件已愈合，保存完整；MNI为1；骨骼重量为24.6克；年龄在2～2.5岁以上；风化0级，骨骼表面比较光滑，无明显风化。

三、灰　　坑

（一）H741

H741出土梅花鹿左侧角柄+角环+主枝（A1）+眉枝（P1）1件，1/4，残；MNI为1；骨骼重量为116克。雄性；角环自然脱落；角柄处残存一周砍痕；主枝内侧距角环44.64毫米疑似有砍痕，风化0级，骨骼表面比较光滑，无明显风化。

（二）H762

H762出土大型哺乳动物肢骨1件，5~10厘米，碎；重量为22.6克；风化0级，骨骼表面比较光滑，无明显风化。

（三）H845

H845出土哺乳纲动物骨骼总共6件，均可鉴定种属，种属有猪和大型牛科。

（1）数量与部位

猪：NISP为1，占比16.67%；MNI为1，占比50%；骨骼重量为9克，占比1.9%。

右侧胫骨近端1件未愈合，1/4~1/2，残。

大型牛科：NISP为5，占比83.33%；MNI为1，占比50%；骨骼重量为464.6克，占比98.1%。

左侧肩胛远端5件已愈合，1/4~1/2，残。

（2）年龄

猪：根据骨骼愈合情况，3~3.5岁个体1个，愈合率为0%。

大型牛科：根据骨骼愈合情况，7~10月个体1个，愈合率100%。

（3）骨表痕迹与骨骼异常

风化：0级，骨骼表面比较光滑，无明显风化。

四、灰　　沟

G5

G5：14出土哺乳纲动物骨骼总共4件，可鉴定种属的骨骼3件、不可鉴定种属的骨骼1件，种属有猪。

（1）数量与部位

①可鉴定种属。

猪：NISP为3，占比100%；MNI为1，占比100%；骨骼重量为58克，占比100%。

右侧肩胛冈1件，＜1/4，残；左侧肱骨远端1件，1/4~1/2，残；盆骨碎块1件，＜1/4，碎。

②不可鉴定种属。

中型哺乳动物：肢骨1件，5~10厘米，碎，重量为3.6克。

（2）骨表痕迹与骨骼异常

风化：0级，骨骼表面比较光滑，无明显风化。

五、墓　葬

（一）M44

M44出土哺乳动物骨骼10件，＜5厘米，碎；重量为4.2克；风化0级，骨骼表面比较光滑，无明显风化。

（二）M90

M90出土鸟骨8件，可鉴定种属的骨骼1件、不可鉴定种属的骨骼7件，种属有鹤。

（1）数量与部位

①可鉴定种属。

鹤：NISP为1，占比100%；MNI为1，占比100%；骨骼重量为4.8克，占比100%。

右侧股骨远端1件已愈合，3/4～1，稍残。

②不可鉴定种属。

鸟：肢骨7件，＜5厘米，重量为1.3克。

（2）骨表痕迹与骨骼异常

风化：0级，骨骼表面比较光滑，无明显风化。

（三）M94

M94出土梅花鹿左侧鹿角角环+主枝1件，＜1/4，残；MNI为1；骨骼重量为104.8克。角环自然脱落；主枝破碎处残存一周砍痕，风化0级，骨骼表面比较光滑，无明显风化。

第十三节　宋　代

墓　葬

M17

M17出土黑熊犬齿2件，1件稍残，另1件保存完整；MNI为1；骨骼重量为70克；风化0级，骨骼表面比较光滑，无明显风化。

第十四节 明 清 时 期

墓 葬

（一）M39

M39出土中型鹿科右侧肱骨远端1件已愈合，1/4～1/2，稍残；MNI为1；骨骼重量为52克；该个体年龄大于2岁；风化0级，骨骼表面比较光滑，无明显风化。

（二）M112

M112出土狗骨骼19件，MNI为1，骨骼重量为123.8克，应为同一个体。

（1）数量与部位

左侧头骨颧骨1件，＜1/4，碎，左侧上颌碎块3件，＜1/4，碎；胸椎2件已愈合，＜1/4，碎，腰椎2件已愈合，1件＜1/4，碎，另1件3/4～1，稍残，脊椎1件已愈合，＜1/4，碎；左侧肱骨远端1件，3/4～1，稍残；左侧桡骨近、远端各1件，均已愈合，近端1/4～1/2，稍残，远端＜1/4，残；左侧尺骨骨干1件，1/4～1/2，稍残；右侧第三掌骨1件，近端已愈合，3/4～1，稍残；左侧盆骨髂骨1件，1/4～1/2，残；左侧股骨近端1件已愈合，3/4～1，稍残，右侧股骨远端1件已愈合，＜1/4，残；右侧胫骨近端1件已愈合，＜1/4，残，骨干1件，1/4～1/2，稍残。

（2）年龄

根据骨骺愈合情况，大于1岁样本2个，愈合率100%；大于1.5岁的样本3个，愈合率100%；综合肢骨愈合情况，该狗的年龄大于1.5岁。

（3）骨表痕迹与骨骼异常

风化：0级，骨骼表面比较光滑，无明显风化。

第四章　动物遗存综述

　　本章将按照分期对马岭遗址的动物遗存进行综述，从数量统计、测量尺寸、年龄与性别、骨骼部位发现率、骨表痕迹与异常等五个方面开展分析，探讨古人对动物资源利用的历时性变化。

　　尽管马岭遗址延续时间非常长，但遗存以后冈一期文化和朱家台文化时期为主，出土的动物骨骼也以这两个时期为最多，其他时期的数量很少。鉴于此，在测量尺寸、年龄性别、骨骼发现率的分析部分，将着重讨论后冈一期文化、朱家台文化时期的样本，其他时期的详细信息则可见附表。

第一节　数量统计

　　马岭遗址出土动物骨骼总共7560件，哺乳动物的可鉴定标本数为4206件。不同时期各动物种属及其比例有所不同。

一、后冈一期文化第一期

　　后冈一期文化第一期出土动物骨骼1347件，重量为35881.8克，可鉴定标本为647件，种属有19种。

1. 哺乳动物

　　哺乳动物骨骼总计1299件，种属有猪、水鹿、梅花鹿、大角鹿、赤鹿、小鹿、水牛、鬣羚、狗、黑熊、犀牛、猪獾、貉、小型犬科、中小型猫科、小型食肉动物。

　　可鉴定标本数（NISP）为618件，最小个体数（MNI）为43个，重量为31673.8克，猪和鹿科动物占据主体地位。猪的NISP占比为44%左右，MNI的占比也为42%左右，重量占比稍低，为28%左右。鹿科动物的比例稍低，NISP占比为38%左右，MNI占比约为23%，重量占比约30%，其中中型鹿科的比例最高，NISP占比为27%左右，MNI占比9%左右，重量占比则在18%左右。大型牛科动物也占有一定比例，NISP占比为13%左右，仅次于猪和中型鹿科，超过了其他鹿科，MNI占比则为6.98%，重量占比则最高，约为40%。发现少量的貉，NISP占比为2.59%左右，MNI占比在7%左右，重量占比不足1%。狗、熊、犀牛、猪獾、中小型猫科等其他动物发现则很少，均不超过10件，NISP占比也均不足1%（表4-1-1）。

表4-1-1　后冈一期文化第一期可鉴定哺乳动物数量统计表

种属	NISP	NISP/%	MNI	MNI/%	Weight/g	Weight/%
猪	270	43.69	18	41.86	8778.2	27.71
大型鹿科	31	5.02	2	4.65	3282.0	10.36
中型鹿科	165	26.70	4	9.30	5794.9	18.30
中小型鹿科	1	0.16	1	2.33	7.4	0.02
小型鹿科	35	5.66	3	6.98	375.5	1.19
鹿	6	0.97	—	—	46.5	0.15
大型牛科	79	12.78	3	6.98	12687.3	40.06
鬣羚	1	0.16	1	2.33	15.9	0.05
狗	2	0.32	1	2.33	18.2	0.06
熊	3	0.49	2	4.65	394.7	1.25
犀牛	3	0.49	1	2.33	181.3	0.57
猪獾	2	0.32	1	2.33	24.8	0.08
貉	16	2.59	3	6.98	49.6	0.16
小型犬科	1	0.16	1	2.33	5.7	0.02
小型食肉动物	2	0.32	1	2.33	8.6	0.03
中小型猫科	1	0.16	1	2.33	3.2	0.01
总计	618	99.99	43	100.04	31673.8	101.20

注：①因四舍五入，总计不全是100%，余同。

②熊的统计包括可明确鉴定为黑熊的标本和仅能鉴定为熊属的标本，余同。

不可鉴定种属的哺乳动物骨骼681件，重量为3834.3克。中型哺乳动物在数量（NR）和重量上都占据主体，均超过60%。大型哺乳动物和小型哺乳动物的数量则非常少，占比在10%及以下，大型哺乳动物的重量稍高一些，占比可达25%左右。这与可鉴定标本的数量与重量所呈现的比例是相符的，中等体型的猪、鹿占比很高，大型的牛科动物、熊、犀牛，小型的鹿科、獾、貉等则占比较低（表4-1-2）。

表4-1-2　后冈一期文化第一期不可鉴定哺乳动物数量统计表

种类	NR	NR/%	Weight/g	Weight/%
大型哺乳动物	68	9.99	970.1	25.30
中型哺乳动物	461	67.69	2390.5	62.35
小型哺乳动物	26	3.82	86.4	2.25
哺乳动物	126	18.50	387.3	10.10
总计	681	100.00	3834.3	100.00

2. 非哺乳动物

除了哺乳动物外，这一时期的动物还有爬行类、鸟类、鱼类，但数量很少。龟有13件，均为背甲，除H1048出土1件外，其余均出自H148，重量为36.2克；鳖有15件，包括背甲、肩胛、乌喙骨和盆骨，重量为314.7克，个体较大，可能为黄斑巨鳖。鱼有19件，包括鳃盖骨、腹鳍、腹鳍骨、基鳍骨、支鳍骨、脊椎骨等，重量为20.7克。鸟骨仅有1件，为雉的股骨远端，重量为2.1克。

二、后冈一期文化第二期

后冈一期文化第二期出土动物骨骼共2000件，重量为63633.8克，可鉴定标本为1155件，较之第一期更为丰富，种属有19种。

1. 哺乳动物

哺乳动物骨骼共1962件，种属包括猪、水鹿、梅花鹿、大角鹿、赤麂、小麂、獐、大型牛科、狗、黑熊、犀牛、鬣羚、猪獾，可鉴定标本数为1115件，最小个体数为58个，重量为55966.4克（表4-1-3）。

表4-1-3　后冈一期文化第二期可鉴定哺乳动物数量统计表

种属	NISP	NISP/%	MNI	MNI%	Weight/g	Weight/%
猪	713	63.95	33	56.90	20532.2	36.69
大型鹿科	62	5.57	5	8.62	5749.6	10.27
中型鹿科	116	10.40	6	10.34	4454.8	7.96
中小型鹿科	4	0.36	1	1.72	112.7	0.20
小型鹿科	34	3.05	3	5.17	361.1	0.66
鹿	14	1.26	—	—	303.1	0.54
大型牛科	100	8.97	3	5.17	19073.3	34.08
鬣羚	1	0.09	1	1.72	27.4	0.05
狗	52	4.66	1	1.72	387.4	0.69
熊	15	1.35	2	3.45	1777.7	3.18
犀牛	2	0.18	1	1.72	3153.1	5.64
猪獾	2	0.18	2	3.45	26.4	0.05
总计	1115	100.02	58	99.98	55966.4	100.01

猪的比例有一定幅度的提升，占据绝对主体地位，NISP占比约64%，MNI的占比也接近57%，重量占比则较低，为37%左右。其次为鹿科动物，但是比例大幅度减少，NISP占比为20.64%，MNI占比为25.85%左右，重量占比为19.63%，其中，中型鹿科的比例最高，NISP、

MNI占比均在10%左右，大型鹿科的MNI占比有了提升。大型牛科动物占比接近中型鹿科，NISP占比为9%左右，MNI占比则为5%左右，重量占比则仅次于猪，在34%左右。狗的数量则较之一期提升，NISP的占比接近5%，为墓葬内整只埋葬，MNI和重量占比很低。也有一定数量的熊发现，NISP占比1%左右，MNI和重量占比均在3%左右。鬣羚、犀牛、猪獾等其他动物发现依旧很少，均不超过5件，NISP占比0.1%~0.2%，MNI和重量占比稍高一些。

不可鉴定的哺乳动物共847件，重量为7407.9克。中型哺乳动物在数量和重量上都占据主体，均超过60%。大型哺乳动物和小型哺乳动物则非常少，大型哺乳动物的重量稍高一些。这与可鉴定标本的数量与重量所呈现的比例是相符的，中等体型的猪、鹿占比很高，大型的牛科动物、熊、犀牛，小型的鹿科、獾等则占比较低（表4-1-4）。

表4-1-4　后冈一期文化第二期不可鉴定哺乳动物数量统计表

种类	NR	NR/%	Weight/g	Weight/%
大型哺乳动物	37	4.37	1825.4	24.64
中型哺乳动物	649	76.62	4770.0	64.39
小型哺乳动物	53	6.26	219.4	2.96
哺乳动物	108	12.75	593.1	8.01
总计	847	100.00	7407.9	100.00

2. 非哺乳动物

这一时期还发现少量的爬行类、鸟类、鱼类。其中龟有26件，包括背甲和腹甲，重量为118.7克，其中23件出土在2座墓葬内，显示龟的特殊用途；鳖有2件，为背甲和股骨，重量为36.9克。鱼骨有21件，包括鳃盖骨、舌颌骨、咽齿骨、腹鳍骨、基鳍骨、支鳍骨、脊椎骨等，重量为97.8克，其中5件可鉴定为鲢鱼、2件可鉴定为鲤鱼。鸟骨有9件，包括肱骨、股骨、胫跗骨、跗跖骨，重量13.7克，其中5件为雉，最小个体数为3。

三、后冈一期文化第三期

后冈一期文化第三期出土动物骨骼972件，重量为30226.8克，可鉴定标本为570件，种属有16种，较之二期减少。

1. 哺乳动物

哺乳动物骨骼887件，种属不如第二期丰富，包括猪、水鹿、梅花鹿、大角鹿、赤麂、小麂、麝、水牛、鬣羚、狗、小型犬科、黑熊。

可鉴定标本数为541件，最小个体数为34件，重量为27188.2克。猪依旧占有重要地位，NISP的占比为70.43%，重量占比在50%左右，但MNI的占比为38%左右，这可能与这一时期有整猪埋葬有关。鹿科动物仅次于猪，NISP占比23%左右，MNI占比则为35%左右，重量占比为27%左右，中型鹿科依旧是其中最多的种类。大型牛科仍占有一定比重，但是较之前有所下降，NISP和MNI在3% ~ 6%，重量比例则仅次于猪，与中型鹿科接近为17%左右。熊的数量占比较之前一阶段稍高，NISP占比为2%左右，重量占比为7%左右，MNI占比则接近12%（表4-1-5）。

不可鉴定的哺乳动物共346件，重量为2770克。中型哺乳动物在数量和重量上都占据主体，均超过80%。大型哺乳动物和小型哺乳动物极少。这与可鉴定标本的数量与重量所呈现的比例是相符的，中等体型的猪、鹿占比很高，大型的牛科动物、熊、小型的鹿科、狗等则占比较低（表4-1-6）。

表4-1-5　后冈一期文化第三期可鉴定哺乳动物数量统计表

种属	NISP	NISP/%	MNI	MNI/%	Weight/g	Weight/%
猪	381	70.43	13	38.24	13269.2	48.80
大型鹿科	38	7.02	2	5.88	4830.2	17.77
中型鹿科	62	11.46	4	11.76	1892.2	6.96
中小型鹿科	6	1.11	3	8.82	133.2	0.49
小型鹿科	15	2.77	3	8.82	132.2	0.49
鹿	3	0.55	—	—	108.8	0.40
大型牛科	18	3.33	2	5.88	4754.7	17.49
鬣羚	2	0.37	1	2.94	228.7	0.84
狗	3	0.55	1	2.94	22.4	0.08
小型犬科	1	0.18	1	2.94	9.7	0.04
熊	12	2.22	4	11.76	1806.9	6.65
总计	541	99.99	34	99.98	27188.2	100.01

表4-1-6　后冈一期文化第三期不可鉴定哺乳动物数量统计表

种类	NR	NR/%	Weight/g	Weight/%
大型哺乳动物	8	2.31	491.4	17.70
中型哺乳动物	325	93.93	2220.4	80.16
小型哺乳动物	12	3.47	50.3	1.82
哺乳动物	1	0.29	7.9	0.29
总计	346	100.00	2770.0	100.01

2. 非哺乳动物

这一时期还发现少量的爬行类、鱼类。爬行类的龟仅发现2件，包括背甲和腹甲，腹甲十分完整，重量为54.5克；鳖23件，包括背甲、腹板、剑板、下颌骨、乌喙骨等，重量54.4克，均出土于H943，个体较大。鱼骨有60件，重量为159.7克，包括基鳍骨、后匙骨、脊椎骨、肋骨，其中1件为鲢鱼、3件为鲤鱼。

四、后冈一期文化未定期别

后冈一期文化还有一些不确定期别的遗迹，共出土动物骨骼979件，重量为21909.8克，可鉴定标本为422件，种属有10种。

1. 哺乳动物

哺乳动物骨骼954件，种属包括猪、水鹿、梅花鹿、中小型鹿科、小麂、水牛、狗、黑熊、马、獾、貉、小型食肉动物、食肉动物。

可鉴定标本数为405件，最小个体数为40，重量为18230.6克。和后冈一期文化可确定期别的情况类似，猪依旧占有重要地位，NISP的占比大约为57%，MNI的占比为45%左右，重量占比在35%左右。鹿科动物仅次于猪，NISP占比29%左右，MNI和重量占比均为23%左右，中型鹿科依旧是其中最多的种类。大型牛科仍占有一定比重，NISP和MNI占比在5%左右，重量比例则仅次于猪，为30%左右。狗与大型牛科的数量较为接近，但均出土在M161内，应为整只埋葬，重量占比也仅有1%左右。熊依旧有发现，NISP占比为3%左右，MNI和重量占比则在10%左右。也发现少量的獾、貉等食肉动物，NISP和重量占比均不足1%，而MNI占比在2%~5%（表4-1-7）。

表4-1-7　后冈一期文化未定期别可鉴定哺乳动物数量统计表

种属	NISP	NISP/%	MNI	MNI/%	Weight/g	Weight/%
猪	233	57.53	18	45.00	6362.4	34.90
大型鹿科	15	3.70	1	2.50	1356.7	7.44
中型鹿科	69	17.04	4	10.00	2372.8	13.02
中小型鹿科	7	1.73	2	5.00	123.2	0.68
小型鹿科	19	4.69	2	5.00	155.5	0.85
鹿	4	0.99	—	—	114.7	0.63
大型牛科	20	4.94	2	5.00	5544.9	30.42
狗	19	4.69	1	2.50	209.7	1.15
熊	12	2.96	4	10.00	1827.6	10.02
马	1	0.25	1	2.50	114.6	0.63
獾	3	0.74	2	5.00	29.6	0.16
貉	1	0.25	1	2.50	7.0	0.04
小型食肉动物	1	0.25	1	2.50	10.6	0.06
食肉动物	1	0.25	1	2.50	1.3	0.01
总计	405	100.01	40	100.00	18230.6	100.01

不可鉴定的哺乳动物共549件，重量为3622.7克。中型哺乳动物在数量和重量上都占据主体，数量占比接近90%，重量占比也在70%左右。大型哺乳动物和小型哺乳动物很少。这与可鉴定标本的数量与重量所呈现的比例大致相符，中等体型的猪、鹿占比很高，大型的鹿科、牛科动物、熊，小型的鹿科、獾、狗等则占比较低（表4-1-8）。

表4-1-8　后冈一期文化未定期别不可鉴定哺乳动物数量统计表

种类	NR	NR/%	Weight/g	Weight/%
大型哺乳动物	45	8.20	1072.9	29.62
中型哺乳动物	487	88.71	2525.9	69.72
小型哺乳动物	13	2.37	11.7	0.32
哺乳动物	4	0.73	12.2	0.34
总计	549	100.01	3622.7	100.00

2. 非哺乳动物

这一时期还发现少量的爬行类、鱼类、鸟类。龟3件，包括背甲1件和甲2件，重量为4.8克，鳖3件，背甲、腹甲、肱骨各1件，重量3.5克。鱼骨7件，重量为10.2克，包括鳃盖骨、腹鳍骨、脊椎骨。鸟骨12件，重量38克，包括乌喙骨、肩胛、肱骨、尺骨、股骨、胫跗骨，其中11件为雉。

五、朱家台文化第一期

朱家台文化第一期出土动物骨骼482件，重量为13027.4克，均为哺乳动物。种属有6种，包括猪、水鹿、梅花鹿、小鹿、水牛、黑熊。

可鉴定标本数为275件，最小个体数为22件，重量为11830.6克。猪依旧占有重要地位，NISP的占比为56%左右，MNI的占比为59%左右，重量占比则为42%左右。鹿科动物仅次于猪，NISP占比37%左右，MNI占比则为32%左右，重量占比为28%左右，中型鹿科依旧是其中最多的种类，NISP占比为24%。大型牛科占有一定比重，NISP和MNI均在5%左右，重量比例则仅次于猪，为28%左右。熊仍有发现，NISP和重量占比1%左右，MNI占比则为5%左右（表4-1-9）。

不可鉴定的哺乳动物共207件，重量为1200.8克。中型哺乳动物在数量和重量上都占据主体，数量和重量占比都在86%左右。大型哺乳动物和小型哺乳动物很少。这与可鉴定标本的数量与重量所呈现的比例大致相符，中等体型的猪、鹿占比很高，大型的鹿科、牛科、熊，小型鹿科则占比较低（表4-1-10）。

表4-1-9　朱家台文化第一期可鉴定哺乳动物数量统计表

种属	NISP	NISP/%	MNI	MNI/%	Weight/g	Weight/%
猪	155	56.36	13	59.09	4998.8	42.25
大型鹿科	29	10.55	2	9.09	1614.8	13.65
中型鹿科	66	24.00	3	13.64	1711.2	14.46
小型鹿科	4	1.45	2	9.09	32.2	0.27
鹿	5	1.82	—	—	61.1	0.52
大型牛科	13	4.73	1	4.55	3315.5	28.03
熊	3	1.09	1	4.55	97.0	0.82
总计	275	100.00	22	100.01	11830.6	100.00

表4-1-10　朱家台文化第一期不可鉴定哺乳动物数量统计表

种类	NR	NB/%	Weight/g	Weight/%
大型哺乳动物	9	4.35	101.0	8.41
中型哺乳动物	179	86.47	1030.4	85.81
小型哺乳动物	2	0.97	2.9	0.24
哺乳动物	17	8.21	66.5	5.54
总计	207	100.00	1200.8	100.00

六、朱家台文化第二期

朱家台文化第二期出土动物骨骼非常少，仅76件，重量为3254.2克，均为哺乳动物。种属有5种，包括猪、水鹿、梅花鹿、小鹿、熊。

可鉴定标本数为51件，最小个体数为9件，重量为2816.3克。猪依旧占有重要地位，NISP的占比为45%左右，MNI的占比为33%左右，重量占比则为33%左右。鹿科动物仅次于猪，NISP占比35%左右，MNI占比则为44%左右，重量占比则仅有21%左右，中型鹿科依旧是其中最多的种类。大型牛科占有一定比重，NISP和MNI在11%~16%，重量比例则是最高的，可达34%左右。熊仍有发现，NISP占比不足4%，但MNI和重量占比在11%（表4-1-11）。

表4-1-11　朱家台文化第二期可鉴定哺乳动物数量统计表

种属	NISP	NISP/%	MNI	MNI/%	Weight/g	Weight/%
猪	23	45.10	3	33.33	938.8	33.33
大型鹿科	2	3.92	1	11.11	47.5	1.69
中型鹿科	10	19.61	2	22.22	512.1	18.18
小型鹿科	1	1.96	1	11.11	19.0	0.67
鹿	5	9.80	—	—	11.1	0.85
大型牛科	8	15.69	1	11.11	959.2	34.06
熊	2	3.92	1	11.11	315.8	11.21
合计	51	100.00	9	99.99	2816.3	99.99

不可鉴定的哺乳动物骨骼25件，重量为437.9克。绝大多数为中型哺乳动物，不过重量占比却不如大型哺乳动物。未见小型哺乳动物，与可鉴定标本结果基本一致（表4-1-12）。

表4-1-12　朱家台文化第二期不可鉴定哺乳动物数量统计表

种类	NR	NR/%	Weight/g	Weight/%
大型哺乳动物	3	12.00	301.2	68.78
中型哺乳动物	20	80.00	127.0	29.00
哺乳动物	2	8.00	9.7	2.22
总计	25	100.00	437.9	100.00

七、朱家台文化第三期

朱家台文化第三期出土动物骨骼548件，重量为6758克，均为哺乳动物。种属有5种，包括猪、水鹿、梅花鹿、小型鹿科、水牛。

可鉴定标本数为529件，最小个体数为7件，重量为6626.6克。猪占有绝对优势的地位，NISP的占比为89%左右，重量占比为73%左右，但MNI的占比仅有43%左右，这是因为其中456件样本来自2个灰坑特殊埋葬的整猪。大型牛科动物的数量仅次于猪，全部为来自同一个坑的头骨和角的碎块，NISP占比为8%左右，MNI占比则为14%左右，重量占比为21%左右。鹿科动物的比例非常低，大鹿和小鹿仅有零星发现，NISP占比不足1%，中型鹿科是其中最多的种类，NISP占比也仅有1.89%（表4-1-13）。

表4-1-13　朱家台文化第三期可鉴定哺乳动物数量统计表

种属	NISP	NISP/%	MNI	MNI/%	Weight/g	Weight/%
猪	469	88.66	3	42.86	4852.5	73.23
大型鹿科	3	0.57	1	14.29	158.6	2.39
中型鹿科	10	1.89	1	14.29	191.0	2.88
小型鹿科	1	0.19	1	14.29	9.1	0.14
鹿	2	0.38	—	—	12.0	0.18
大型牛科	44	8.32	1	14.29	1403.4	21.18
合计	529	100.01	7	100.02	6626.6	100.00

不可鉴定的哺乳动物骨骼19件，重量为164.2克，绝大多数为中型哺乳动物（表4-1-14）。

表4-1-14　朱家台文化第三期不可鉴定哺乳动物数量统计表

种类	NR	NR/%	Weight/g	Weight/%
大型哺乳动物	4	21.05	54.0	32.89
中型哺乳动物	10	52.63	88.6	52.96
中小型哺乳动物	1	5.26	7.1	4.32
小型哺乳动物	4	21.05	14.5	8.83
总计	19	99.99	164.2	100.00

八、朱家台文化未定期别

朱家台文化还有一些不确定期别的遗迹，出土动物骨骼366件，重量为4172.6克。除1件为鱼骨外，其他均为哺乳动物骨骼，种属有5种。

哺乳动物种属包括猪、大型鹿科、梅花鹿、小型鹿科、水牛。可鉴定标本数为298件，最小个体数为7个，重量为3470.4克。猪的占比最高，NISP和重量占比超过90%，MNI占比则仅为43%左右，这是因为存在整猪埋葬的现象。鹿科动物数量很少，NISP占比不足4%，MNI占比为43%左右，重量占比为7%左右，小型鹿科相对更多。大型牛科则更少，仅有1件，NISP和重量占比很低，MNI占比稍高（表4-1-15）。

不可鉴定的哺乳动物骨骼67件，重量为701克。绝大多数为中型哺乳动物。大型动物次之，但其重量占比与中型哺乳动物接近，小型哺乳动物极少，与可鉴定标本结果有一定差异（表4-1-16）。

表4-1-15　朱家台文化未定期别可鉴定哺乳动物数量统计表

种属	NISP	NISP/%	MNI	MNI/%	Weight/g	Weight/%
猪	287	96.31	3	42.86	3144.1	90.60
大型鹿科	2	0.67	1	14.29	183.8	5.30
中型鹿科	2	0.67	1	14.29	30.8	0.89
小型鹿科	4	1.34	1	14.29	32.2	0.93
鹿	2	0.67	—	—	12.0	0.35
大型牛科	1	0.34	1	14.29	67.5	1.95
合计	298	100.00	7	100.02	3470.4	100.02

表4-1-16　朱家台文化未定期别不可鉴定哺乳动物数量统计表

种类	NR	NR/%	Weight/g	Weight/%
大型哺乳动物	14	20.90	349.5	49.86
中型哺乳动物	52	77.61	342.3	48.83
小型哺乳动物	1	1.49	9.2	1.31
总计	67	100.00	701.0	100.00

九、屈家岭文化

屈家岭文化出土动物骨骼78件，重量为1372克，可鉴定标本为51件，种属有9种。

1. 哺乳动物

哺乳动物骨骼共72件，种属包括猪、梅花鹿、大角鹿、小型鹿科、猪獾以及狐狸。

可鉴定标本数为47件，最小个体数为6个，重量为1272.9克。猪占比依旧是最高的，NISP

的占比为34%左右，MNI的占比为33%左右，重量占比则为35%左右，但不如之前几个阶段，可能与样本量较少有关。鹿科动物仅次于猪，但占比也不是很高，NISP占比30%左右，MNI占比则为33%，重量占比则在55%左右，中型鹿科依旧是其中最多的种类，未见大型鹿科。小型食肉动物也有一定数量的发现，猪獾NISP和重量占比低于10%，MNI占比为20%左右，狐狸NISP和MNI占比为16%~24%，但重量占比仅有4%左右（表4-1-17）。

表4-1-17　屈家岭文化可鉴定哺乳动物数量统计表

种属	NISP	NISP/%	MNI	MNI%	Weight/g	Weight/%
猪	16	34.04	2	33.33	455.4	35.78
中型鹿科	9	19.15	1	16.67	650.8	51.13
小型鹿科	1	2.13	1	16.67	2.3	0.18
鹿	6	12.77	—	—	57.2	4.49
猪獾	4	8.51	1	16.67	53.0	4.16
狐狸	11	23.40	1	16.67	54.2	4.26
合计	47	100.00	6	100.01	1272.9	100.00

不可鉴定的哺乳动物骨骼有25件，重量为74.1克。绝大部分为中型哺乳动物，小型哺乳动物极少，未见大型哺乳动物，这与可鉴定标本的情况是一致的（表4-1-18）。

表4-1-18　屈家岭文化不可鉴定哺乳动物数量统计表

种类	NR	NR/%	Weight/g	Weight/%
中型哺乳动物	21	84.00	59.4	80.16
小型哺乳动物	2	8.00	5.8	7.83
哺乳动物	2	8.00	8.9	12.01
总计	25	100.00	74.1	100.00

2. 非哺乳动物

这一时期还发现少量的鱼类和鸟类骨骼。鱼骨共3件，包括舌颌骨、咽齿骨、基鳍骨，重量为23.1克，其中2件为草鱼。鸟骨共3件，包括尺骨、肋骨，重量为1.9克，其中2件为雉。

十、煤 山 文 化

煤山文化出土动物骨骼共62件，均为哺乳动物，种属仅4种，有猪、水鹿、梅花鹿和大型牛科。可鉴定标本数有24件，最小个体数为5，重量为1707.3克（表4-1-19）。不可鉴定标本为38件，大型哺乳动物2件，重量为9.6克，中型哺乳动物36件，重量为78.7克。猪的数量依旧是最多的，NISP占比为62.5%，MNI占比40%，但重量仅有11%左右。其次为大型牛科，数量占比在20%左右，但重量占比超过80%。鹿科动物极少，NISP和重量占比都不足10%，MNI占比为40%。

表4-1-19　煤山文化可鉴定哺乳动物数量统计表

种属	NISP	NISP/%	MNI	MNI/%	Weight/g	Weight/%
猪	15	62.50	2	40.00	179.1	10.49
大型鹿科	1	4.17	1	20.00	83.3	4.88
中型鹿科	1	4.17	1	20.00	16.3	0.95
鹿	2	8.33	—	—	6.9	0.40
大型牛科	5	20.83	1	20.00	1421.7	83.27
合计	24	100.00	5	100.00	1707.3	99.99

十一、商周时期

商周时期出土动物骨骼共552件，重量为3258.7克，可鉴定标本为135件，种属有12种。

1. 哺乳动物

哺乳动物共537件，种属包括猪、水鹿、梅花鹿、赤麂、小麂、大型牛科、黑熊、小型食肉动物、啮齿类。

可鉴定标本数为127件，最小个体数为13个，重量为2154.9克。鹿科动物的占比最高，这与之前各个时期都有所不同，它们的NISP和重量占比均在62%左右，MNI占比为46%左右，其中又以中型鹿科动物最多。其次为猪，数量和重量占比在20%~30%。大型牛科的数量占比在10%以下，重量占比在10%左右。熊依旧有发现，但数量仅有1件。小型食肉动物、啮齿类也非常少（表4-1-20）。

表4-1-20　商周时期可鉴定哺乳动物数量统计表

种属	NISP	NISP/%	MNI	MNI/%	Weight/g	Weight/%
猪	38	29.92	3	23.08	448.9	20.83
大型鹿科	8	6.30	1	7.69	241.1	11.19
中型鹿科	57	44.88	2	15.38	923.1	42.84
中小型鹿科	4	3.15	1	7.69	44.5	2.07
小型鹿科	10	7.84	2	15.38	111.6	5.18
鹿	1	0.79	—	—	28.2	1.31
大型牛科	4	3.15	1	7.69	226.8	10.52
黑熊	1	0.79	1	7.69	127.5	5.92
小型食肉动物	2	1.58	1	7.69	0.4	0.02
啮齿类	2	1.58	1	7.69	2.8	0.13
总计	127	99.98	13	99.98	2154.9	100.01

不可鉴定的哺乳动物有410件，中型哺乳动物占比高，其次为大型哺乳动物，小型哺乳动物极少，与可鉴定标本的情况是相似的（表4-1-21）。

表4-1-21　商周时期不可鉴定哺乳动物数量统计表

种类	NR	NR/%	Weight/g	Weight/%
大型哺乳动物	31	7.56	375.3	34.21
中型哺乳动物	126	30.73	511.7	46.65
小型哺乳动物	1	0.24	0.5	0.05
哺乳动物	252	61.46	209.5	19.10
总计	410	99.99	1097.0	100.01

2. 非哺乳动物

这一时期还发现少量的爬行类、鱼类、鸟类、贝类。龟的股骨有1件，重量为1.1克。鱼骨11件，其中6件为鲤科，包括腹鳍、支鳍骨，重量为3.4克。雉的跗跖骨1件，重量为0.5克。另有2件贝的残块，重量为1.8克。

十二、汉　代

汉代出土动物骨骼共56件，重量为2202.3克，可鉴定标本为27件，种属有4种。

哺乳动物共48件，种属包括猪、梅花鹿、水牛。

可鉴定标本数为26件，最小个体数为4，重量为2018.5克。大型牛科的NISP占比较高，但大部分为肩胛骨板碎片。其次为猪，NISP占比在30%左右。中型鹿科的NISP占比低，但MNI比最高（表4-1-22）。

表4-1-22　汉代可鉴定哺乳动物数量统计表

种属	NISP	NISP/%	MNI	MNI/%	Weight/g	Weight/%
猪	8	30.77	1	25.00	285.7	14.15
中型鹿科	2	7.69	2	50.00	220.8	10.94
鹿	1	3.85	—	—	3.8	0.19
大型牛科	15	57.69	1	25.00	1508.2	74.72
总计	26	100.00	4	100.00	2018.5	100.00

不可鉴定的哺乳动物中，以中型哺乳动物为主，大型哺乳动物比较少，不见小型哺乳动物，与可鉴定的情况相吻合（表4-1-23）。

表4-1-23　汉代不可鉴定哺乳动物数量统计表

种类	NR	NR/%	Weight/g	Weight/%
大型哺乳动物	3	13.64	125.9	70.85
中型哺乳动物	9	40.91	47.6	26.79
哺乳动物	10	45.45	4.2	2.36
总计	22	100.00	177.7	100.00

这一时期还发现鸟骨8件，重量为6.1克，其中1件可能为鹤的股骨。

十三、宋　　代

宋代出土黑熊犬齿2件，重量为70克，出自墓葬。

十四、明清时期

明清时期出土动物骨骼20件，重量为175.8克。均为哺乳动物，均出自墓葬。19件为狗，包括大部分的头骨和肢骨，1件为中型鹿科的肱骨远端。

十五、小　　结

在种属丰度方面，后冈一期文化第一、二期是最为丰富的，哺乳动物超过10种，爬行类、鸟类、鱼类也均有发现，第三期之后则丰度下降，哺乳动物在4～8种，爬行类、鸟类、鱼类也仅见于部分时期。

在数量方面，猪在大多数时期占据主体地位，鹿科动物紧随其后，中型鹿科是鹿科里面最多的。大型牛科动物也占有一定比重，其他动物则较少（图4-1-1）。由于有些时期样本量偏少，MNI的占比会夸大数量较小的种属（图4-1-2），因此NISP应该更具有代表性。在后冈一期文化第一期，猪的占比只有40%左右，鹿科动物的占比与猪接近。在后冈一期文化第二、三期猪的占比则有了较大的提升，超过60%；鹿科动物的整体比例对应地下降，其中中型鹿科下降幅度最大，大型鹿科的比例却有所上升；大型牛科的比例也在持续降低。朱家台文化第一、二期猪的比例略微下降，但也超过50%。朱家台文化第三期由于存在多个特殊埋葬的单位，导致猪的占比超过90%。屈家岭文化时期猪的占比有所下降、煤山文化时期则又上升，但样本量很少。商周时期猪的占比大幅度下降，是各个时期最低的，仅有30%左右，鹿科动物的比例则明显提升（图4-1-1），是马岭遗址在这一时期生业方式的改变，还是因为样本量少导致的偏差，还无法确定。

另外值得注意的是，在后冈一期文化和朱家台文化时期，均发现不少的熊骨，而且出土的骨骼相当完整，大多数保存在1/2以上，一部分甚至是完整的骨骼，与以往零星的发现明显不同，显示出熊在这个遗址的重要性和特殊性。

在骨骼重量方面，情况有所不同。在后冈一期文化第一期，大型牛科的占比是最高的，其次是猪，再次为鹿；第二期，牛和猪的比例接近，鹿有所下降；第三期，猪的占比超过牛。在朱家台文化时期，牛的占比依旧很高。大型牛科尽管数量不如猪和鹿，但由于它体型巨大，一个个体所能提供的肉量是十分可观的，因此不能忽视它在肉量提供方面的重要性。同时，也应该注意，尽管狩猎一头牛能够一次性获取大量的肉量，但是在没有很好的保存技术的情况下，这些肉量可能仅能维持较短时间。因此在古人的肉食结构中，猪、鹿等应仍是日常消费中更为重要的种类（图4-1-3）。

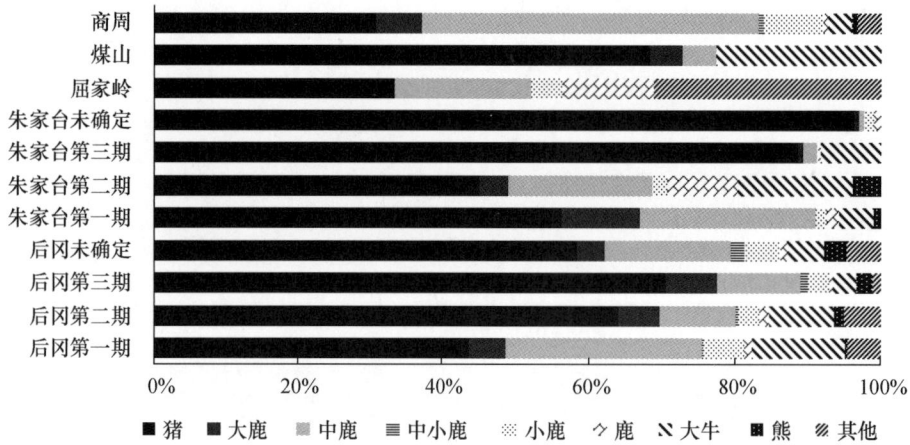

图4-1-1　马岭遗址动物骨骼可鉴定标本数（NISP）历时性变化[①]

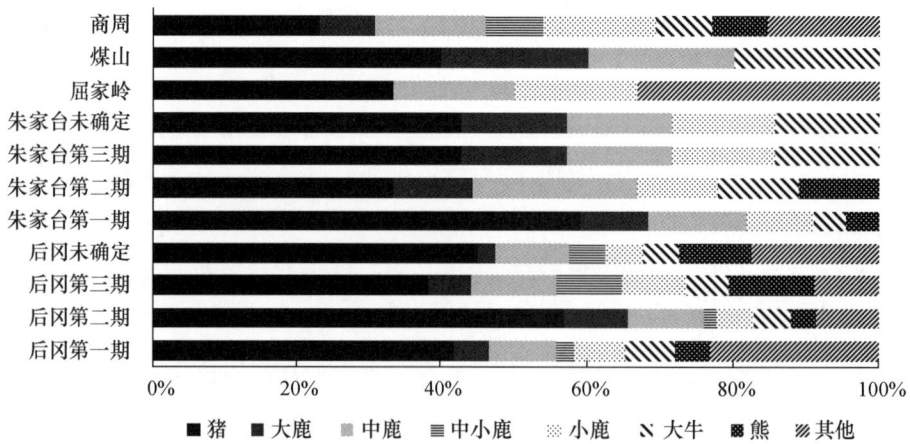

图4-1-2　马岭遗址动物骨骼最小个体数（MNI）历时性变化

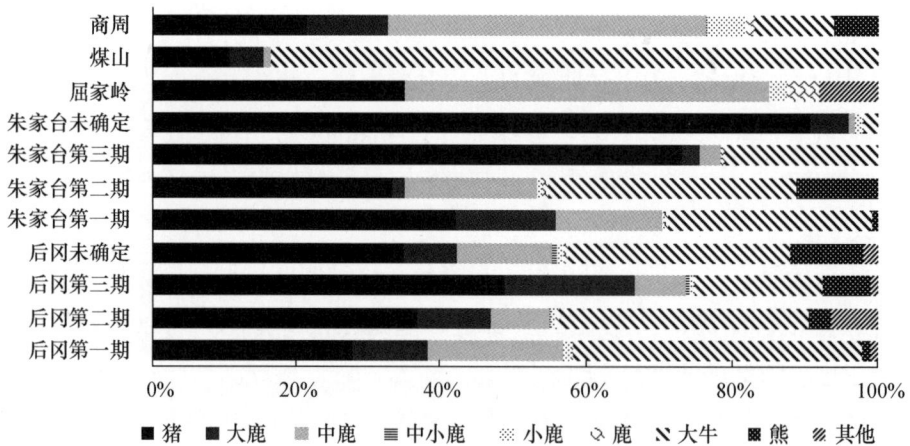

图4-1-3　马岭遗址动物骨骼重量历时性变化

第二节　测量尺寸

　　动物的身体尺寸是动物考古学中十分重要的研究内容。尺寸的分布情况可以反映出动物的种群信息，其历时性变化则可以反映人类或者环境对动物的影响。但是身体尺寸也会受到年龄以及性别因素的影响，因此在分析人类行为的影响时要尽量排除这两种因素。

　　对于尺寸的分析，需要尽可能考虑不同的骨骼部位[1]，因此各个牙齿和肢骨都将进行讨论。下文将对测量数据较多的猪、鹿科、大型牛科、狗进行分析，其他动物的具体尺寸信息可参见附表一。

一、猪

　　猪的尺寸数据多为后冈一期和朱家台文化时期，分牙齿和肢骨两个部分进行论述。

（一）牙齿尺寸

　　由于磨耗，牙齿的尺寸会产生变化。因此在考察尺寸变化之前，需要先考虑牙齿的磨蚀程度对尺寸的影响。猪牙磨蚀及年龄阶段的划分参考Hongo和Meadow的研究[2]，分为7个阶段，分别是Ⅰ阶段（0~4月）、Ⅱ阶段（4~6月）、Ⅲ阶段（6~12月）、Ⅳ阶段（12~18月）、Ⅴ（18~24月）、Ⅵ（24~36月）、Ⅶ（大于36月）。识别出不受影响的测量数据之后，将再对猪牙尺寸进行历时性的分析。

1. 后冈一期文化

（1）尺寸与年龄

　　为保证样本量，下文对后冈整个时期的下颌数据进行分析。通过分析m1长度与年龄级别的对应关系，可发现m1的长度与年龄有着明显的相关性：年龄越小，m1的长度越长。在Ⅱ和Ⅲ阶段，m1的长度基本维持在同一区间；进入Ⅳ和Ⅴ阶段，m1长度则明显下降；Ⅵ阶段之后，m1长度又进一步下降。但是m1的宽度与年龄级别则没有明显的相关性，从Ⅱ到Ⅶ阶段变化范围、平均值等均较为接近。类似地，m2的长度与年龄存在关系，进入Ⅵ阶段后，m2的长度较之前明显下降。m2的宽度与年龄则没有相关性，从Ⅲ到Ⅶ阶段，其变化范围、平均值均

　　[1]　Rowley-Conwy P, Albarella U, Dobney K. Distinguishing wild boar from domestic pigs in prehistory: A review of approaches and recent results. *Journal of World Prehistory*, 2012, 25: 1-44.

　　[2]　Hongo H, Meadow R H. Faunal remains from prepottery Neolithic levels at Çayönü, southwestern Turkey: A preliminary report focusing on pigs (Sus sp.). In: Mashkour A M, et al. *Archaeozoology of the Near East IV A*. Groningen: ARC Publications, 2000: 122-140.

较为接近。m3的长、宽与年龄并不存在相关性。dp4的长度在进入第Ⅲ阶段后有所降低，宽度则没有变化（图4-2-1～图4-2-8）。

因此，通过上述分析可知，下颌m1、m2以及dp4的长度与年龄存在负相关的关系，年龄越大，长度越小。而m1、m2和dp4的宽度以及m3的长、宽度均与年龄关系不大，因此在下文分析中，将考察这几个尺寸。

（2）历时性变化

从后冈一期文化第一至三期，m1、m2宽度的变化范围缩小，但是平均值和中值则未发生明显变化。m3的长度、宽度变化范围未发生明显缩小，平均值和中值在二期有轻微的提升，三期则又轻微下降，但变化并不显著（图4-2-9～图4-2-15）。

根据罗运兵先生的研究，下颌m3平均值小于39毫米的猪群中应存在家猪[①]，后冈一期文化三个时期的m3平均值均在39毫米以下，表明三个时期应该都是存在家猪的。但是并不代表所有猪都是家养，尺寸的变异系数也可用于判断是否存在不同的种群。根据Rowley-Conwy等的研究，在单一种群的样本中，m3长度的变异系数多在5～7，大于这个区间则可能存在多个种群[②]。目前还不确定其他牙齿的变异系数如何，我们暂且参照m3的变异系数。上文已分析dp4、m1、m2的长度与年龄是存在关系的，而宽度与年龄关系不大，因此宽度的变异系数更加可靠。

第一期，m1宽、m2宽的变异系数都在9及以上，可能存在两个猪群，m3长、宽的变异系数分别为7.12和6.58（表4-2-1）。

表4-2-1　后冈一期文化第一期猪牙测量数据统计表　　　　　（单位：毫米）

牙齿	m1长	m1前宽	m1后宽	m2长	m2前宽	m2后宽	m3长	m3宽
数量/个	9	8	9	6	6	7	5	7
最大值	21.83	14.20	15.05	23.42	15.91	16.36	41.72	17.98
最小值	15.04	7.46	9.33	20.51	10.24	11.93	34.43	14.54
平均值	17.79	10.33	11.89	22.17	13.24	14.58	37.92	16.84
标准差	2.02	2.00	1.70	1.22	1.85	1.42	2.70	1.11
变异系数	11.38	19.38	14.30	5.52	13.97	9.74	7.12	6.58

第二期，m1宽、m2宽的变异系数变小，在7～9；m3的长和宽的变异系数变化不大，依旧为6～8；dp4宽的变异系数则较大，达到9，显示可能存在两个猪群（表4-2-2）。

第三期，m1、m2宽的变异系数进一步缩小，为4～6，而m3长和宽的变异系数依旧变化不大，维持在7左右（表4-2-3）。

m3平均值显示后冈一期文化三个时期都有家猪，但是变异系数又显示当时不只有一个种群。通过具体尺寸大小的比对可知，部分m3尺寸大于39毫米，甚至在40毫米以上，或属于野猪群体，一部分m2的尺寸也在以往认定的野猪范围内。因此或可认为，后冈一期文化的猪群里同时有家猪和野猪。

---

① 罗运兵：《中国古代猪类驯化、饲养与仪式性使用》，科学出版社，2012年，第27～29页。

② Rowley-Conwy P, Albarella U, Dobney K. Distinguishing wild boar from domestic pigs in prehistory: A review of approaches and recent results. *Journal of World Prehistory*, 2012, 25: 1-144.

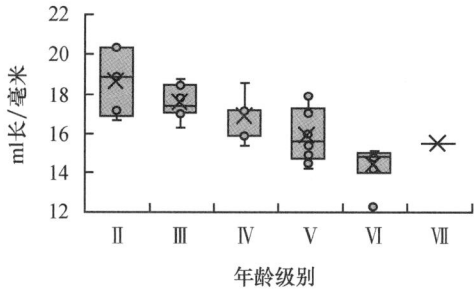

图4-2-1　后冈一期文化猪m1长与年龄对应图

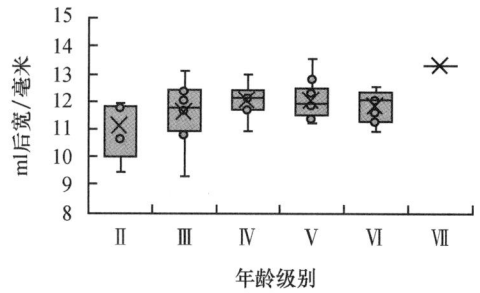

图4-2-2　后冈一期文化猪m1宽与年龄对应图

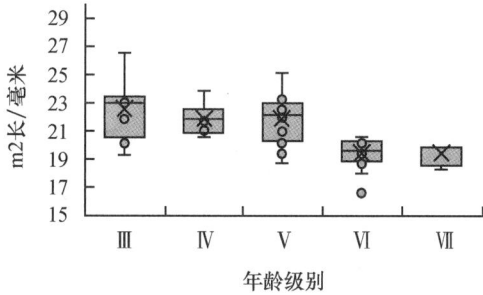

图4-2-3　后冈一期文化猪m2长与年龄对应图

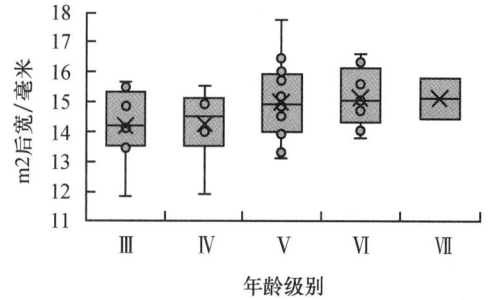

图4-2-4　后冈一期文化猪m2宽与年龄对应图

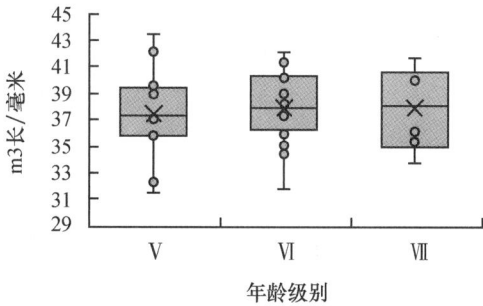

图4-2-5　后冈一期文化猪m3长与年龄对应图

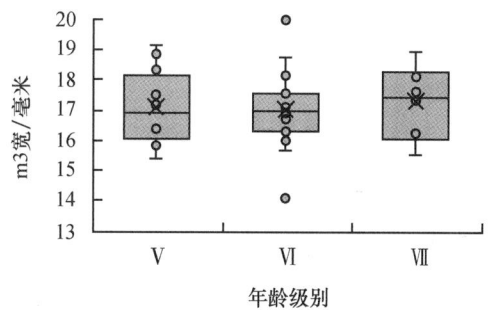

图4-2-6　后冈一期文化猪m3宽与年龄对应图

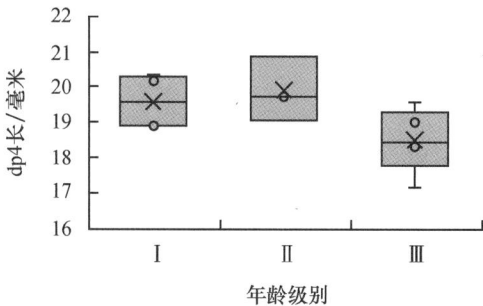

图4-2-7　后冈一期文化猪dp4长与年龄对应图

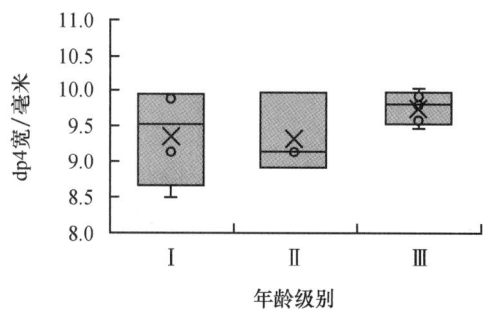

图4-2-8　后冈一期文化猪dp4宽与年龄对应图

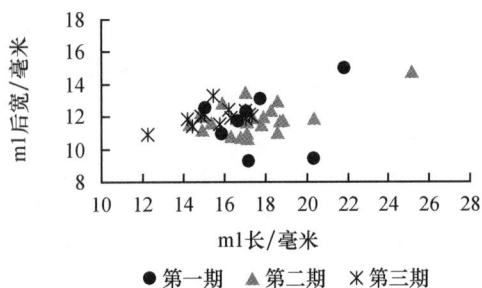

图4-2-9　后冈一期文化各期猪m1尺寸散点图

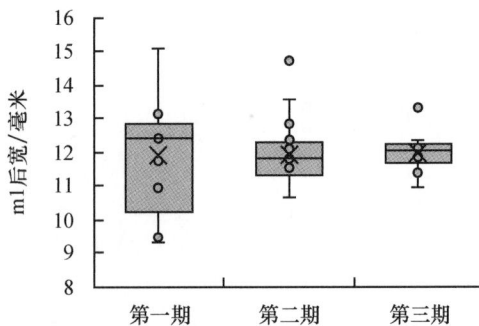

图4-2-10　后冈一期文化各期猪m1宽箱形图

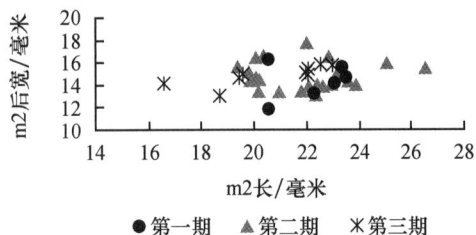

图4-2-11　后冈一期文化各期猪m2尺寸散点图

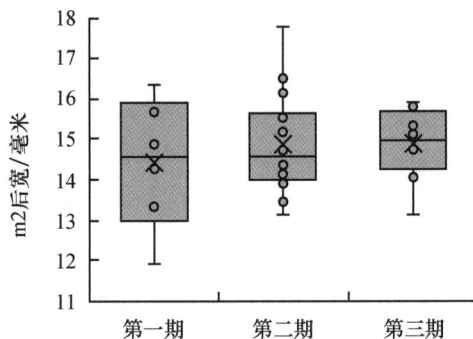

图4-2-12　后冈一期文化各期猪m2宽箱形图

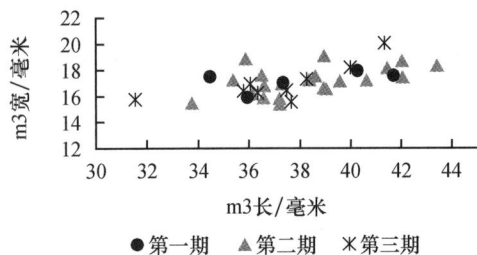

图4-2-13　后冈一期文化各期猪m3尺寸散点图

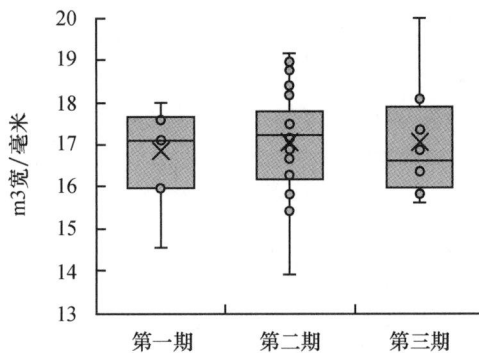

图4-2-14　后冈一期文化各期猪m3宽箱形图

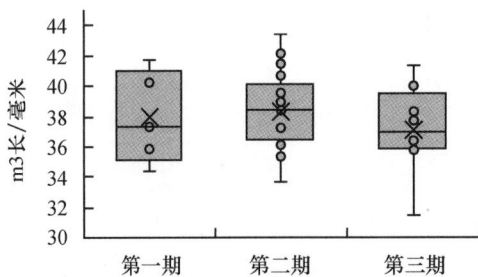

图4-2-15　后冈一期文化各期猪m3长箱形图

表4-2-2　后冈一期文化第二期猪牙测量数据统计表　　　　（单位：毫米）

牙齿	dp4长	dp4宽	m1长	m1前宽	m1后宽	m2长	m2前宽	m2后宽	m3长	m3宽
数量/个	25	23	25	23	25	27	25	24	21	22
最大值	25.17	14.67	25.17	14.67	14.72	26.55	16.93	17.80	43.44	19.15
最小值	14.18	9.90	14.18	9.90	10.67	18.69	11.60	13.12	33.73	13.89
平均值	17.29	10.93	17.29	10.93	11.91	21.75	14.32	14.89	38.37	17.05
标准差	2.22	0.98	2.22	0.98	0.89	1.85	1.15	1.16	2.45	1.24
变异系数	12.87	9.00	12.87	9.00	7.44	8.49	8.05	7.82	6.39	7.25

表4-2-3　后冈一期文化第三期猪牙测量数据统计表　　　　（单位：毫米）

牙齿	m1长	m1前宽	m1后宽	m2长	m2前宽	m2后宽	m3长	m3宽
数量/个	13	12	13	10	9	8	9	9
最大值	17.35	11.82	13.32	23.02	15.52	15.89	41.41	19.99
最小值	12.26	10.09	10.96	16.58	13.13	13.11	31.54	15.64
平均值	15.62	10.90	12.00	20.60	14.21	14.86	37.17	16.99
标准差	1.42	0.49	0.54	1.98	0.72	0.86	2.65	1.27
变异系数	9.07	4.54	4.52	9.59	5.05	5.77	7.13	7.50

另外，尽管m3的变异系数一直维持在7左右，m1、m2宽的变异系数却一直在缩小，从9以上缩小至4~5，这反映出m1、m2演化可能不同于m3。

（3）大尺寸和小尺寸猪群年龄结构对比

基于m2和m3尺寸的分析，可知猪群内有一群尺寸较大的猪和一群尺寸较小的猪，下文将两个不同尺寸猪群的年龄进行对比，分析二者的屠宰策略。

由于m2的萌出是在Ⅲ阶段，因此统计仅包含Ⅲ~Ⅶ阶段的样本。大尺寸和小尺寸猪群的年龄结构均以Ⅴ阶段为主，但又稍有差异，大尺寸猪群在Ⅲ、Ⅳ阶段比例稍低，而在Ⅴ、Ⅵ、Ⅶ阶段比例则稍高于小尺寸猪群（表4-2-4），这表明对大尺寸猪群的宰杀更倾向成年和老年个体。如果大尺寸代表的是野猪，则反映出狩猎成年个体的倾向，如果大尺寸是家猪，则可能反映出大尺寸是用于育种。这还需要结合同位素结果进一步讨论。

表4-2-4　后冈一期文化不同尺寸猪年龄统计表

年龄级别	大尺寸				小尺寸			
	左侧	右侧	MNE	MNE/%	左侧	右侧	MNE	MNE/%
Ⅲ（6~12月）	1	2	2	12.50	13	5	13	27.66
Ⅳ（12~18月）	1	0	1	6.25	5	4	5	10.64
Ⅴ（18~24月）	7	6	7	43.75	11	15	15	31.91
Ⅵ（24~36月）	4	1	4	25.00	8	11	11	23.40
Ⅶ（>36月）	2	1	2	12.50	3	0	3	6.38
合计	15	10	16	100.00	40	35	47	99.99

2. 朱家台文化时期

（1）尺寸与年龄

朱家台文化时期，猪牙尺寸与年龄关系的情况与后冈一期文化相似。m1、m2的长度与年龄级别明显呈负相关，在Ⅷ阶段明显缩短。m1宽度与年龄似乎是正相关，m2宽度与年龄未有明显相关性，m3的长、宽与年龄都无相关性。这一时期整体数据量较少，趋势可能有所偏差。

（2）历时性变化

朱家台文化第一、三期数据稍多，第二期数据较少。从一期到三期，牙齿的尺寸有明显缩小的趋势。m1、m2宽度以及m3长、宽度在三期较之一期明显缩小，且数据更加集中（图4-2-16 ~ 图4-2-22）。

朱家台文化第一期，m1和m2宽度的变异系数较小，绝大部分数据在3 ~ 5，m3的长、宽的变异系数也比较小，在5 ~ 7（表4-2-5）。第二期仅有m2和m3的数据，m2宽、m3长和宽变异系数突然增大，这可能与样本量太少有关（表4-2-6）。第三期，m1、m2、m3的宽度和m3的长度变异系数则变得非常小，绝大部分数据小于3（表4-2-7）。

如果排除数据量偏小的朱家台文化第二期，可认为在朱家台文化阶段，猪群尺寸更加集中，可能仅有单一的种群，反映出古人对猪群控制的加强。

表4-2-5　朱家台文化第一期猪牙测量数据统计表　　　　（单位：毫米）

牙齿	m1长	m1前宽	m1后宽	m2长	m2前宽	m2后宽	m3长	m3宽
数量/个	7	7	6	7	5	8	5	7
最大值	17.10	11.34	12.54	22.12	14.83	15.92	41.26	17.93
最小值	13.63	10.13	11.23	18.15	12.97	13.33	34.09	15.41
平均值	15.51	10.75	11.89	20.80	14.11	14.84	36.92	16.56
标准差	1.24	0.46	0.42	1.27	0.64	0.77	2.41	0.87
变异系数	8.01	4.30	3.56	6.09	4.56	5.17	6.53	5.26

表4-2-6　朱家台文化第二期猪牙测量数据统计表　　　　（单位：毫米）

牙齿	m2长	m2前宽	m2后宽	m3长	m3宽
数量/个	2	2	3	2	3
最大值	23.03	16.19	16.96	41.57	17.94
最小值	16.86	12.21	12.76	34.47	14.63
平均值	19.95	14.20	14.17	38.02	16.38
标准差	3.09	1.99	1.97	3.55	1.36
变异系数	15.47	14.01	13.92	9.34	8.29

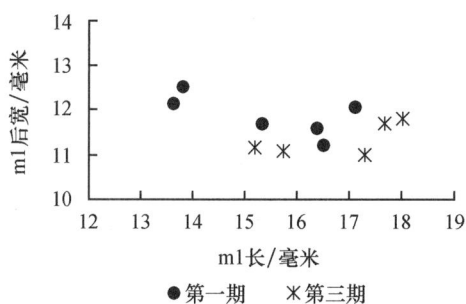

图4-2-16　朱家台文化各期猪m1尺寸散点图

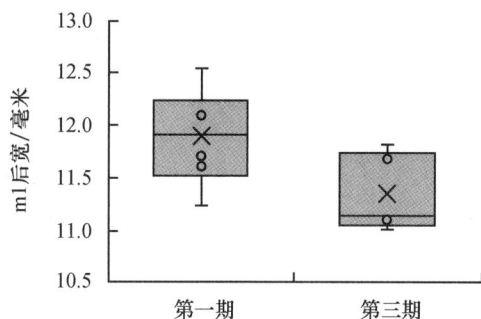

图4-2-17　朱家台文化各期猪m1宽箱形图

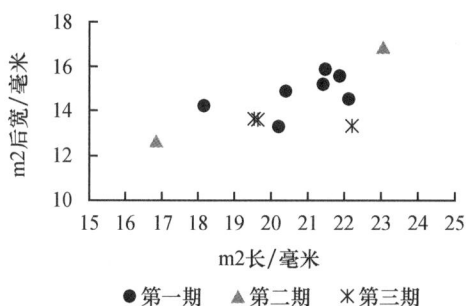

图4-2-18　朱家台文化各期猪m2尺寸散点图

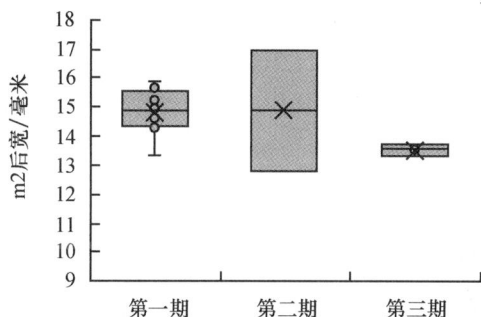

图4-2-19　朱家台文化各期猪m2宽箱形图

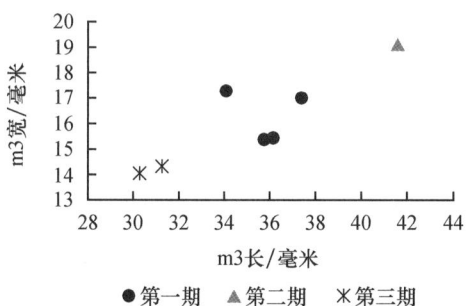

图4-2-20　朱家台文化各期猪m3尺寸散点图

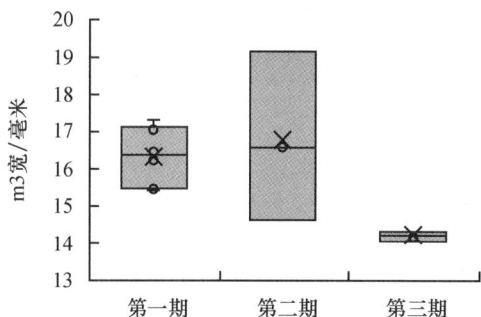

图4-2-21　朱家台文化各期猪m3宽箱形图

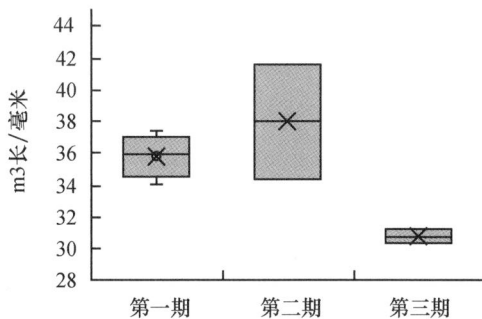

图4-2-22　朱家台文化各期猪m3长箱形图

表4-2-7　朱家台文化第三期猪牙测量数据统计表　　　　　（单位：毫米）

牙齿	m1长	m1前宽	m1后宽	m2长	m2前宽	m2后宽	m3长	m3宽
数量/个	5	5	5	3	3	3	2	2
最大值	18.02	10.91	11.81	22.19	13.09	13.71	31.26	14.34
最小值	15.20	9.60	11.01	19.55	12.35	13.31	30.33	14.08
平均值	16.79	10.30	11.35	20.46	12.82	13.55	30.80	14.21
标准差	1.11	0.51	0.33	1.22	0.33	0.17	0.47	0.13
变异系数	6.59	4.98	2.90	5.97	2.59	1.28	1.51	0.91

3. 仰韶时期历时性变化（后冈一期文化—朱家台文化）

m1宽度有轻微缩小的趋势，变化范围自后冈一期文化第二期开始就逐渐变小，到了朱家台文化第三期，m1宽的中值、平均值也在变小（图4-2-23）。

m2宽度的平均值、中值在后冈一期文化没有太大变化，在朱家台文化第二、三期则持续下降（图4-2-24）。

m3长度的平均值在后冈一期文化第三期开始下降。进入朱家台文化第一期时，其数据范围缩小、变异度也变小，平均值进一步下降，第二期有所回升，第三期则急剧缩小（图4-2-25）。

m3宽度在朱家台文化第一期发生明显变化，数据范围、变异度均变小，平均值下降，朱家台二期未有太大变化，朱家台三期则急剧缩小（图4-2-26）。

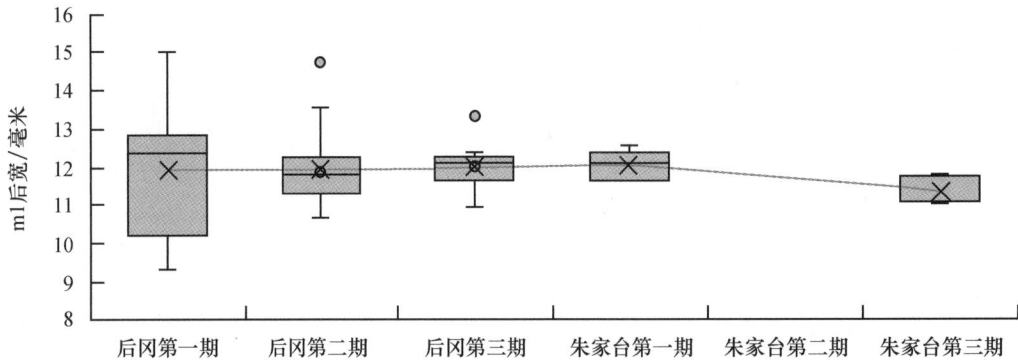

图4-2-23　仰韶时期猪m1宽箱形图

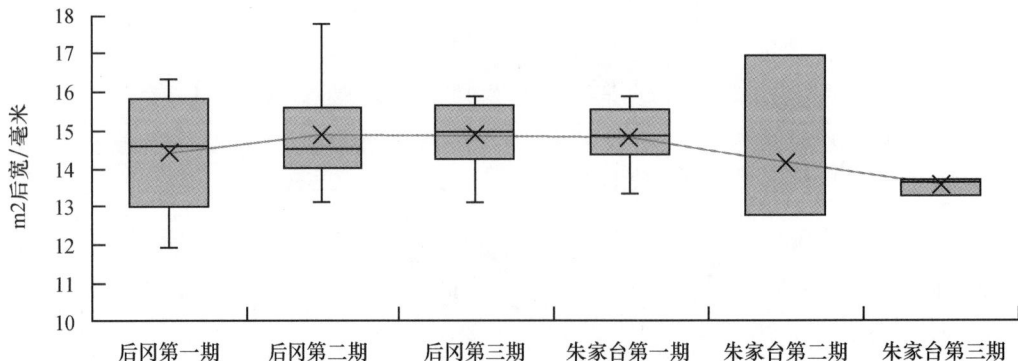

图4-2-24　仰韶时期猪m2宽箱形图

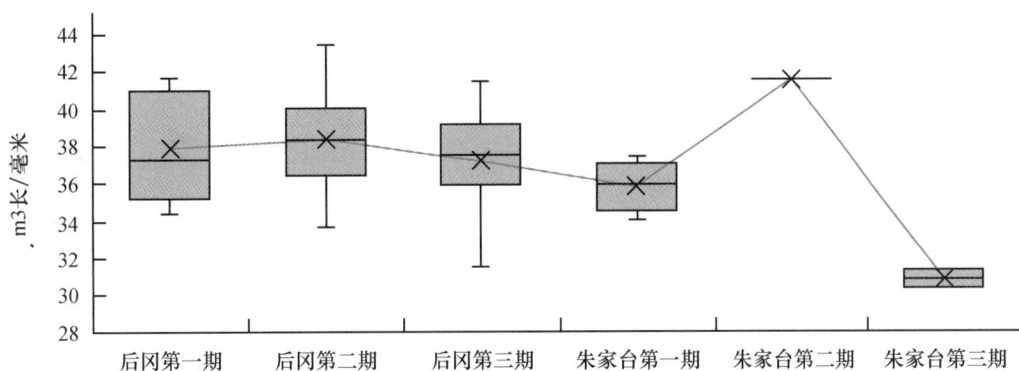

图4-2-25　仰韶时期猪m3长箱形图

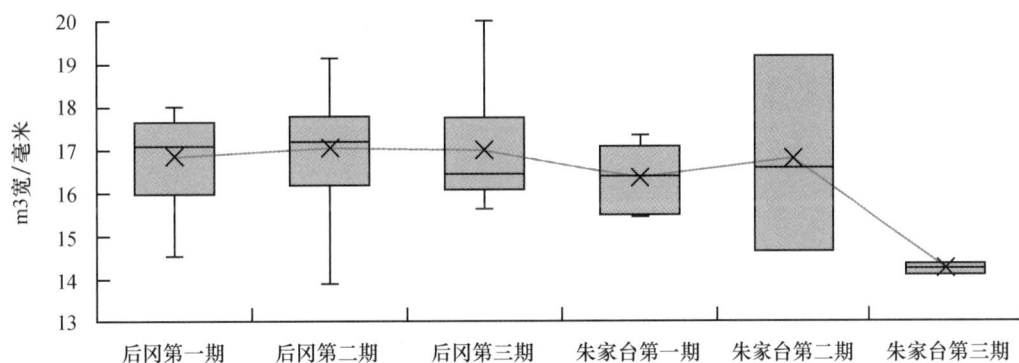

图4-2-26　仰韶时期猪m3宽箱形图

综上所述，后冈一期文化时期的猪牙尺寸并无太大变化，但是变异系数却不断缩小，进入朱家台文化时期，尺寸略有下降，特别是朱家台文化第三期，下降更为明显，变异系数也继续降低，小于7。

从猪群数量、比例、尺寸、年龄结构来看，马岭遗址先民在整个仰韶文化时期对猪群的控制是在持续加强。

4. m2尺寸与m3尺寸变化速率

如上所述，牙齿尺寸在朱家台时期略有缩小，但是每个牙齿的变化速率是不一致的。下文以大尺寸的个体为例进行分析。

由于m2长度会受到年龄的影响，m2宽度将是我们考虑的指标。m3的长度是常用的衡量猪个体大小的指标。因此利用m2宽/m3长来比较两者尺寸的变化。

在我们划定的大尺寸范围内，后冈一期文化时期，同一个个体上大尺寸的m2，往往搭配大尺寸的m3，即m2后宽大于14.5毫米的个体，m3的长度绝大多数也大于39毫米。但是在朱家台文化时期，m2后宽大于14.5毫米的个体，m3的长度大多数小于39毫米。

这应与m2、m3演化的速度不同有关，m2、m3尺寸在朱家台时期均有缩小，但是缩小的速度并不一致。m2后宽的平均值，朱家台文化比后冈一期文化缩小了5.3%，而m3长度和宽度的平均值分别缩小了8.84%和6.03%。这反映出m2缩小的速度比m3要慢，即m3缩小后m2仍旧维持在比较大的尺寸。

（二）肢骨尺寸

考虑到样本量，下文仅对数据量较多的肩胛远端、肱骨远端、桡骨近端、胫骨远端进行分析。由于朱家台文化各期数据量较少，为增加样本量，将各期合并，与后冈一期文化各期进行对比。为确保尺寸尽量不受年龄因素的影响，分析时仅统计骨骺已愈合的个体。

1. 肩胛

后冈一期文化时期，第一期的肩胛远端数据较多，尺寸较大，变异系数较高；第二期，尺寸和变异系数较之一期略有增大；第三期数据很少，尺寸缩小，变异系数略有提升。朱家台文化时期，尺寸显著缩小，变异系数也很低，但朱家台的数据均来自整猪埋葬的个体，年龄较小，尺寸有进一步增大的可能性（图4-2-27、图4-2-28；表4-2-8）。

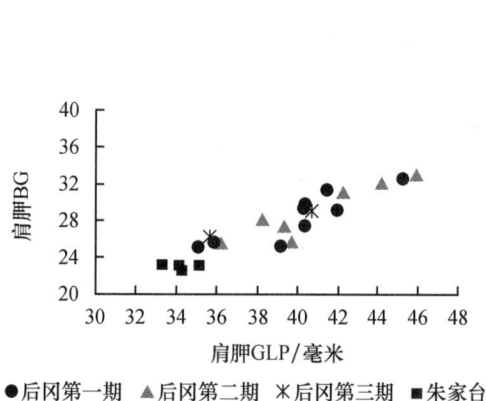

图4-2-27　仰韶时期猪肩胛尺寸散点图

●后冈第一期　▲后冈第二期　✳后冈第三期　■朱家台

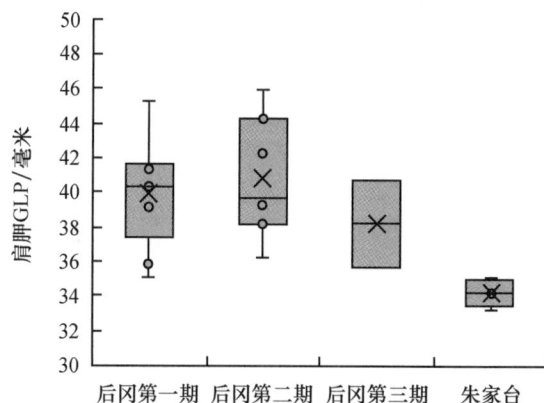

图4-2-28　仰韶时期猪肩胛GLP箱形图

表4-2-8　仰韶时期猪肩胛测量数据统计表　　　　　　（单位：毫米）

测量尺寸	肩胛GLP				肩胛BG			
	后冈第一期	后冈第二期	后冈第三期	朱家台	后冈第一期	后冈第二期	后冈第三期	朱家台
数量/个	9	7	2	4	9	7	2	4
最大值	45.24	45.94	40.70	35.14	32.64	33.15	29.14	23.25
最小值	35.05	36.22	35.70	33.30	25.23	25.61	26.11	22.76
平均值	39.95	40.84	38.20	34.21	28.49	29.11	27.63	23.05
标准差	3.08	3.43	3.54	0.75	2.71	3.10	2.14	0.21
变异系数	7.70	8.41	9.26	2.20	9.50	10.66	7.76	0.90

2. 肱骨

后冈一期文化，第一期肱骨尺寸较大，变异系数较小，仅为2～5，是各个时期最小的；第二期尺寸平均值有轻微缩小，25%～75%区间的数据也减小，同时变异系数提高；第三期，尺寸有所增大，变异系数也较高。朱家台文化时期，尺寸又缩小，变异系数也较高，在远端厚度上变小的趋势更为明显。从有明确分期的肱骨远端数据来看，较之于朱家台文化第一期，第三期的肱骨尺寸明显缩小，而第三期的个体是来自整只埋葬的，且近端未愈合，因此其尺寸有进一步增大的可能性（图4-2-29~图4-2-31；表4-2-9）。

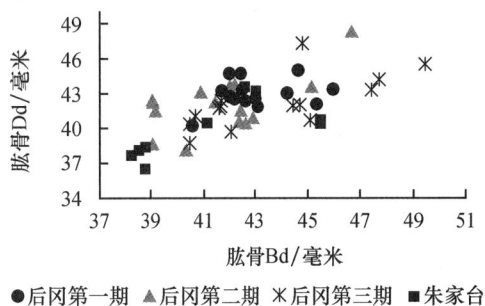

● 后冈第一期　▲ 后冈第二期　✳ 后冈第三期　■ 朱家台

图4-2-29　仰韶时期猪肱骨尺寸散点图

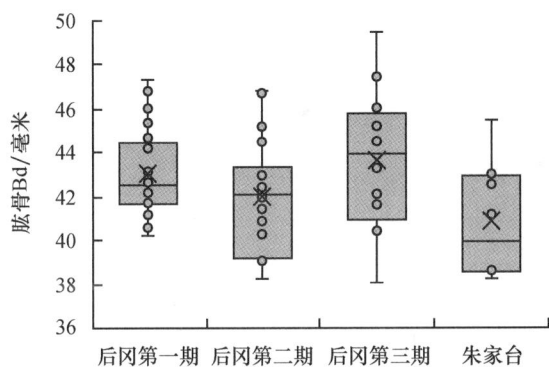

图4-2-30　仰韶时期猪肱骨Bd箱形图

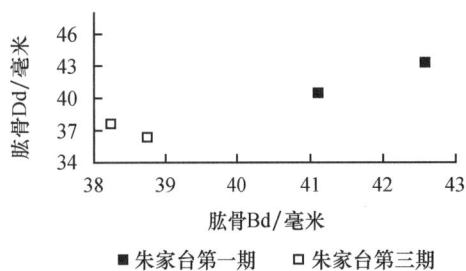

■ 朱家台第一期　□ 朱家台第三期

图4-2-31　朱家台文化猪肱骨尺寸散点图

表4-2-9　仰韶时期猪肱骨测量数据统计表　　　　　　　　　（单位：毫米）

测量尺寸	肱骨Bd				肱骨Dd			
	后冈第一期	后冈第二期	后冈第三期	朱家台	后冈第一期	后冈第二期	后冈第三期	朱家台
数量/个	21	18	16	8	16	15	14	8
最大值	47.34	46.80	49.48	45.47	45.05	48.33	47.26	43.41
最小值	40.22	38.22	38.07	38.23	40.29	38.18	38.77	36.45
平均值	43.02	41.94	43.63	40.81	43.03	42.09	42.22	39.79
标准差	1.92	2.52	3.03	2.50	1.14	2.34	2.21	2.39
变异系数	4.47	6.01	6.94	6.13	2.66	5.55	5.23	6.02

3. 桡骨

后冈一期文化，第一期桡骨近端的尺寸较大，变异系数不高；第二期的尺寸略有缩小；第三期又有所回升。进入朱家台文化时期，尺寸迅速缩小，而且变异度也很低（图4-2-32、图4-2-33；表4-2-10）。但朱家台的数据均来自整只埋葬的猪，个体较为年轻，远端还未愈合，尺寸可能会进一步增大。但即使如此，它们的最大值都低于后冈时期的最小值，因此这种缩小的趋势应该是可以肯定的。这些较小的桡骨所属年代多为朱家台文化第三期。

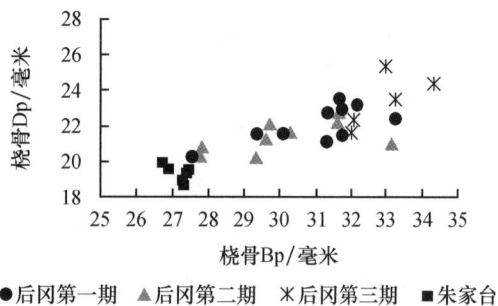

图4-2-32　仰韶时期猪桡骨尺寸散点图

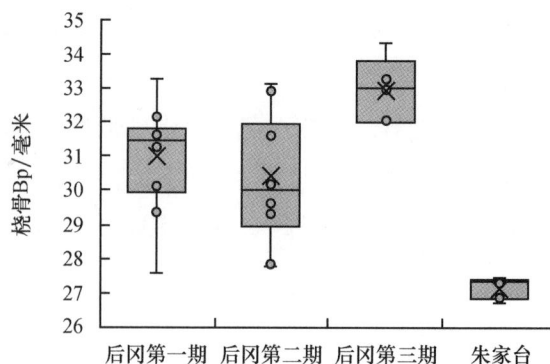

图4-2-33　仰韶时期猪桡骨Bp箱形图

表4-2-10　仰韶时期猪桡骨测量数据统计表　　　　　　　　（单位：毫米）

测量尺寸	桡骨Bp				桡骨Dp			
	后冈第一期	后冈第二期	后冈第三期	朱家台	后冈第一期	后冈第二期	后冈第三期	朱家台
数量/个	10	10	5	6	10	9	5	6
最大值	33.25	33.13	34.31	27.48	23.61	22.94	25.40	19.96
最小值	27.59	27.79	31.99	26.71	20.28	20.34	21.62	18.67
平均值	31.01	30.39	32.92	27.18	22.14	21.48	23.48	19.36
标准差	1.52	1.80	0.86	0.28	0.99	0.84	1.36	0.43
变异系数	4.90	5.92	2.61	1.03	4.48	3.93	5.80	2.21

4. 胫骨

后冈一期文化，第一期样本不多，数据比较集中，变异系数也较低；第二期样本稍多，平均值略有提升，变异系数也很高；第三期则没有数据。朱家台文化时期尺寸显著缩小，数据也较为集中，变异系数较低（图4-2-34、图4-2-35；表4-2-11）。

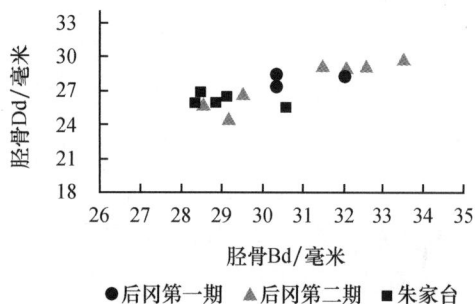

图4-2-34　仰韶时期猪胫骨尺寸散点图

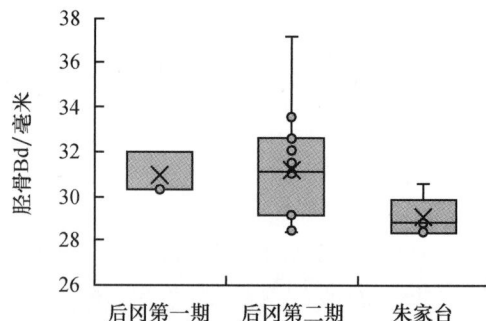

图4-2-35　仰韶时期猪胫骨Bd箱形图

表4-2-11　仰韶时期猪胫骨测量数据统计表　　　　　　　（单位：毫米）

测量尺寸	胫骨Bd			胫骨Dd		
	后冈第一期	后冈第二期	朱家台	后冈第一期	后冈第二期	朱家台
数量/个	3	11	5	3	11	5
最大值	32.01	37.16	30.56	28.49	33.83	27.02
最小值	30.33	28.35	28.35	27.46	24.68	25.54
平均值	30.89	31.17	29.07	28.12	28.27	26.21
标准差	0.97	2.63	0.89	0.57	2.54	0.57
变异系数	3.13	8.44	3.07	2.03	8.99	2.18

5. 肢骨尺寸与季节性屠宰

Rowley-Conwy的研究显示野猪的肩胛尺寸在愈合后仍有一定程度的增长，是估算年龄及季节性死亡的一个指标[1]。

根据此方法，后冈一期文化各期的尺寸是连续分布，并不存在明显间隔，应是全年屠宰，但在18毫米和25毫米左右形成2个高峰（图4-2-36、图4-2-37），有可能是集中在这两个时期有强化的屠宰行为。

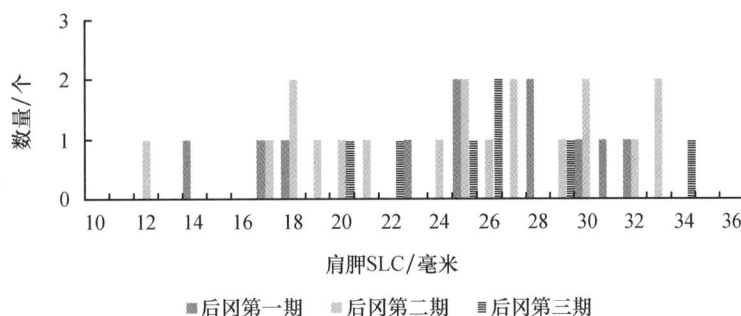

图4-2-36　后冈一期文化各期猪肩胛尺寸分布图

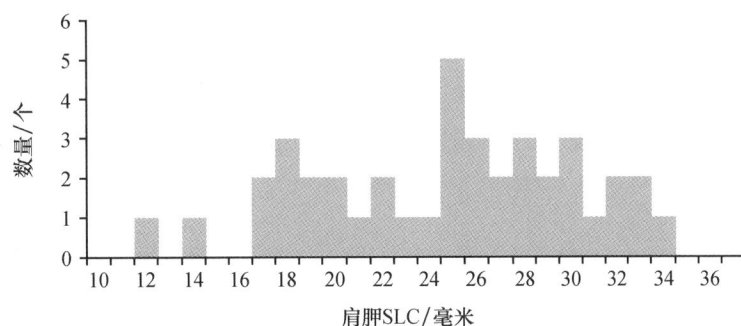

图4-2-37　后冈一期文化（合并）猪肩胛尺寸分布图

① Rowley-Conwy P. Determination of season of death in European Wild Boar (Sus scrofa ferus): A preliminary study. In: Millard A (Ed.). *Archaeological Sciences'97, Proceedings of the Conference Held at the University of Durham 2-4 September 1997, British Archaeological Reports, International Series, 939.* Oxford: British Archaeological Reports, 2001: 133-139.

6. 小结

后冈一期文化时期，猪的肢骨尺寸变化不甚明显。较之第一期，肩胛远端、胫骨远端尺寸在第二期变化不大，而肱骨远端、桡骨近端则有轻微缩小，同时，这四个部位的变异系数在第二期均变大；第三期，肩胛远端尺寸变小，但肱骨远端、桡骨近端则又略有提升。不同肢骨尺寸变化趋势和变异系数并不一致，这可能与骨骼愈合的时间有关。愈合早的骨骼，其尺寸仍可能会增大；愈合晚的骨骼，则尺寸基本不再变化。有研究显示肱骨远端、胫骨远端在愈合后基本不会再增长，而肩胛远端、桡骨近端的尺寸则与年龄有较大关系，愈合后还会增大不少[①]。在马岭遗址也显示出类似的规律，肩胛远端变异度大，而肱骨远端、胫骨远端变异度较小。

在朱家台文化时期，上述肢骨的尺寸则均有非常明显的缩小，变异系数也很低，表明古人对猪群控制加强了，这与牙齿的趋势是一致的。

（三）总结

综合上述牙齿和肢骨数据的分析，下文对各个时期猪的尺寸特征进行总结。

后冈一期文化第一期，猪的牙齿尺寸较大，变异系数也很高；肢骨的变异系数却比较低。牙齿的多样性反映出野猪和家猪同时被利用，而这些头骨差异较大的猪群却有着大小相近的身体。结合数量统计结果，这一时期猪的占比只有40%左右，这种现象可能反映出这一时期古人对猪的驯化处于初期阶段，大部分猪的头骨仍旧较大，有些个体由于摄食方式的改变，牙齿开始缩小，而肢骨却未发生明显改变。以往的研究也显示牙齿和肢骨的变化速度并不完全一致，对伊比利亚猪群的研究显示，颅后骨骼与牙齿的变化速度不一致，在新石器早期，牙齿缩小，但是肢骨却在增大[②]。罗运兵先生对先秦时期各个遗址猪的牙齿和肢骨尺寸分析，发现仰韶时期至龙山时期，牙齿尺寸缩小明显，而肢骨的变化不大，二者的变化趋势并不一致[③]。

后冈一期文化第二期，猪的牙齿尺寸变化不大，但是变异系数有所降低；肢骨的尺寸也略微缩小，但是变异系数却增大了。牙齿尺寸变异系数降低，反映出头骨尺寸变得比之前更为统一，可能与野猪在群体中的占比降低有关，导致数据更为集中。头骨尺寸更加统一的猪群的身体尺寸逐渐拉开差距，肢骨也开始发生变化，部分猪的身体变得更小。结合数量统计结果，这一时期猪的数量有一个较大的提升，比例超过60%，这种现象可能反映古人对猪群的控制，头骨尺寸逐渐稳定，但是部分猪的身体尺寸也开始缩小，显示出较高的多样性。

---

① Albarella U, Payne S. Neolithic pigs from Durrington Walls, Wiltshire, England: A biometrical database. *Journal of Archaeological Science*, 2005, 32(4): 589-599.

② Navarrete Belda V, Saña Segui M. Size changes in wild and domestic pig populations between 10,000 and 800 cal. BC in the Iberian Peninsula: Evaluation of natural versus social impacts in animal populations during the first domestication stages. *The Holocene*, 2017, 27(10): 1526-1539.

③ 罗运兵：《中国古代猪类驯化、饲养与仪式性使用》，科学出版社，2012年，第242页。

后冈一期文化第三期，猪的牙齿尺寸变异系数进一步变小，大小未有明显变化；肢骨尺寸有变大趋势，但变异系数变化不大。这可能表明古人对猪进一步的选育，选择了头小身大的猪进行培育。

朱家台文化时期，猪的牙齿尺寸和变异系数都更小，可能只存在一个种群，肢骨尺寸也更小，但变异系数则与后冈一期文化基本一致，可以明确朱家台文化时期古人对猪群的控制更强了。朱家台文化和后冈一期文化第三期之间还有一段西阴文化时期，但没有发现动物遗存，朱家台文化的猪群是否继承自后冈一期文化第三期还无法确定。

二、鹿科动物

（一）鹿科动物大小划分

对于鹿科动物的鉴定，大多根据角的形态。对于肢骨的判别，可参考的标准较少，对于中国境内的鹿科动物更是如此。因此目前一般根据肢骨的大小来区分各型鹿科动物。但以往分析也大多依赖直观判断，下文将对测量数据进行分析，将遗址中的肢骨数据放入散点图，再对比现生标本数据，对鹿科动物进行大小分类。大型鹿科的参照标本是马鹿、麋鹿，中型鹿科的参照标本是梅花鹿，中小型鹿科的参照标本是狍子，小型鹿科的参照标本是小麂[1]。梅花鹿和小麂的标本来自武汉大学生物考古实验室，麋鹿、马鹿和狍子的标本则来自中国社会科学院考古研究所科技考古中心。

部分骨骼只有宽度或厚度，无法在散点图体现，这些数据将在确定的划分标准之后再进行分类。下文统计数据仅包含愈合个体，未愈合个体则按照确定的划分标准进行直观分类。

1. 肩胛

肩胛远端的测量数据明显可以分为三组，最大的一组LG=43.85~54.14毫米，BG=38.78~48.31毫米；中间的一组LG=29.12~35.32毫米，BG=26.18~34.34毫米；最小的一组LG=15.62~19.87毫米，BG=15.52~16.84毫米（图4-2-38）。

比对现生标本可知，大的一组数据大于梅花鹿的尺寸，而与麋鹿尺寸接近，应为大型鹿科。中间一组数据介于梅花鹿和狍子的数据之间，对应中型/中小型鹿科。最小的一组数据介于小麂和狍子之间，应为小型鹿科。

2. 肱骨

肱骨数据可以分为四组，最大的一组Bd=51.26~70.31毫米，Dd=51.10~58.57毫米，次之的一组Bd=39.44~50.16毫米，Dd=36.24~47.26毫米，再次之的一组Bd=30.03~32.04

---

[1]　对比的现生标本理应是遗址中鉴定出来的水鹿、梅花鹿、大角鹿、赤鹿、小麂、獐、麝，但水鹿、大角鹿、赤鹿、獐、麝没有完整的标本，因此用其他鹿科代替。

毫米，Dd=27.59～29.11毫米，最小的一组Bd=21.75～23.63毫米，Dd=19.21～19.96毫米（图4-2-39）。

对比现生标本可知，最大的一组数据与马鹿、麋鹿接近，应为大型鹿科；次之的一组数据介于梅花鹿和狍子之间，应为中型鹿科；再次之的一组数据与狍子接近，应为中小型鹿科；最小的一组数据则更接近小麂，应为小型鹿科。

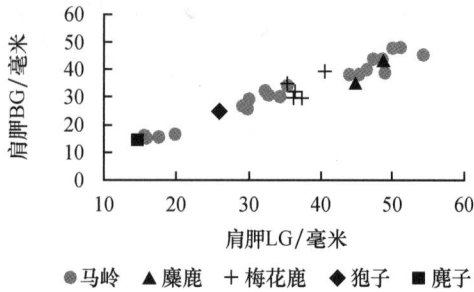

图4-2-38　鹿肩胛远端尺寸对比散点图

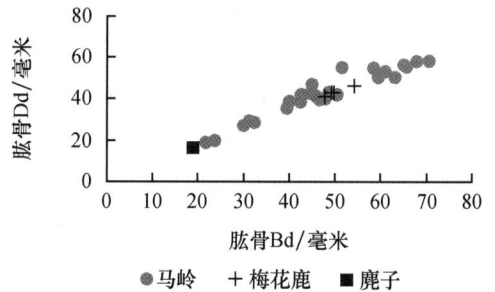

图4-2-39　鹿肱骨远端尺寸对比散点图

3. 桡骨

桡骨近端可明显聚集为四组，最大的一组Bp=56.97～64.23毫米，Dp=32.11～32.94毫米，次之的一组Bp=39.21～40.01毫米，Dp=20.29～20.93毫米，再次之的一组Bp=27.43～30.02毫米，Dp=16.04～16.72毫米，最小的一组Bp=20.21毫米，Dp=11.64毫米（图4-2-40）。

桡骨远端则聚集成两组，大的一组Bd=30.74～34.51毫米，Dd=20.14～25.08毫米；小的一组Bd=16.81～18.11毫米，Dd=12.48～12.49（图4-2-41）。

对比现生标本可知，桡骨近端最大的一组与马鹿、麋鹿接近，中间一组数据介于梅花鹿和狍子、黄麂之间，应为中型/中小型鹿科；最小的一组数据则接近小麂，应为小型鹿科。桡骨远端大的一组介于梅花鹿和狍子、黄麂之间，应为中型/中小型鹿科；小的一组与小麂接近，应为小型鹿科。

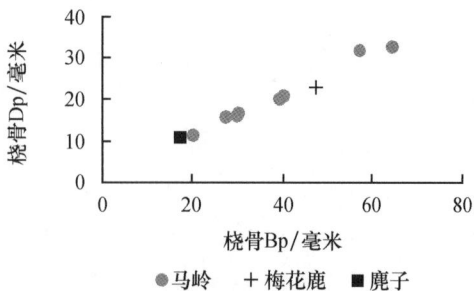

图4-2-40　鹿桡骨近端尺寸对比散点图

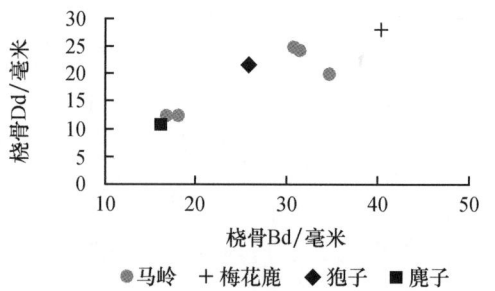

图4-2-41　鹿桡骨远端尺寸对比散点图

4. 掌骨

掌骨近端数据有集群分组现象，最大一组和最小一组集群较为明显，而中间的数据则较为分散。最大的一组Bp=38.89～42.39毫米，Dp=27.87～29.51毫米，最小的一组Bp=16.53～17.46毫米，Dp=10.81～11.68毫米（图4-2-42）。

掌骨远端可以明显分成四组，最大的一组Bd=42.71～44.01毫米，Dd=27.52毫米，次之的一组Bd=27.43～32.01毫米，Dd=17.79～21.97毫米，再次之的一组Bd=23.16毫米，Dd=14.50毫米，最小的一组Bd=16.22毫米，Dd=10.70毫米（图4-2-43）。

根据现生标本，掌骨可以分为四组，分别对应大、中、中小、小型鹿科。掌骨远端，最大的一组与马鹿、麋鹿接近；次之的一组数据比梅花鹿稍小，应为中型鹿科；再次之的一组数据与狍子接近，应为中小型鹿科；最小的一组数据则接近小麂，应为小型鹿科。

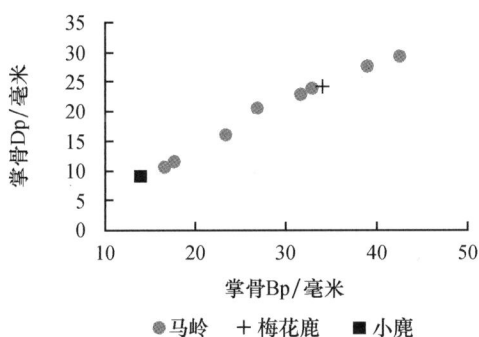

图4-2-42 鹿掌骨近端尺寸对比散点图

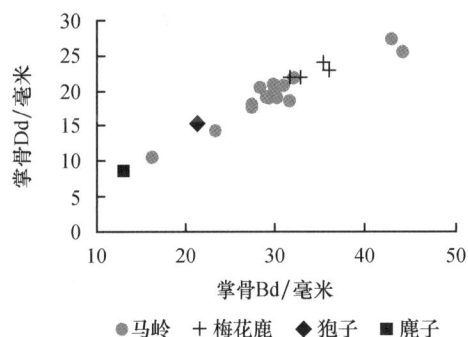

图4-2-43 鹿掌骨远端尺寸对比散点图

5. 股骨

股骨远端可以分为四组，最大的一组Bd=77.05～81.37毫米，Dd=86.48～93.95毫米，次之的一组Bd=43.05～55.06毫米，Dd=50.20～61.75毫米，再次之的一组Bd=42.89～43.05毫米，Dd=50.20～53.23毫米，最小的一组 Bd=29.89毫米，Dd=37.40毫米（图4-2-44）。

对比现生标本可知，最大的一组明显大于梅花鹿而与马鹿、麋鹿接近，次之的一组介于梅花鹿和狍子之间，可能为中型鹿科；再次之的一组数据与狍子接近，应为中小型鹿科；最小的一组数据则接近小鹿，应为小型鹿科。

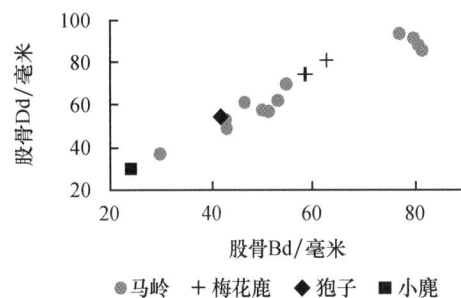

图4-2-44 鹿股骨远端尺寸对比散点图

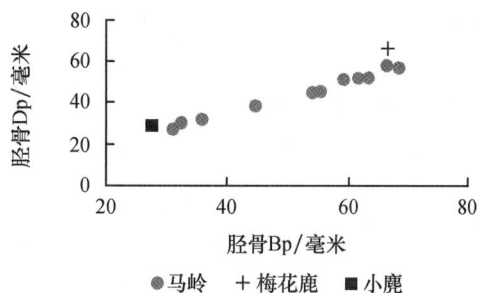

图4-2-45　鹿胫骨近端尺寸对比散点图

6. 胫骨

胫骨近端则可以分为三组，最大的一组Bp=54.11～68.33毫米，Dp=45.39～58.52毫米，中间一组Bp=44.55毫米，Dp=36.68毫米，最小一组Bp=31.06～35.90毫米，Dp=27.90～32.27毫米（图4-2-45）。

现生麋鹿Dp=68.75毫米，Bd=49.33毫米，Dd=43.37毫米；马鹿Dp=79.66毫米，Dd=41.65毫米；梅花鹿Bp=66.74毫米，Dp=66.58毫米；狍子 Dp=39.76毫米；小麂Bp=27.47毫米，Dp=29.26毫米。

最大的一组数据介于梅花鹿和狍子之间，应为中型鹿科；中间的一组数据则接近狍子，应为中小型鹿科；最小的一组数据则介于狍子和小麂之间，而且更接近小麂，应为小型鹿科。

7. 跟骨

跟骨明显分为三组，最大的一组GL=116.47～134.86毫米，GB=37.44～46.03毫米；中间的一组GL=86.36～101.22毫米，GB=23.34～31.14毫米；最小的一组GL=48.23～49.22毫米，GB=13.64～15.59毫米（图4-2-46）。

对比现生标本可知，最大的一组数据与马鹿、麋鹿接近，应为大型鹿科，中间一组数据与梅花鹿更为接近，应为中型鹿科；最小的一组数据则接近小麂，应为小型鹿科。

8. 距骨

距骨可以分为两组，大的一组GLm=52.32～59.97毫米，Bd=35.33～40.87毫米；小的一组GLm=32.20～43.87毫米，Bd=22.43～27.58毫米（图4-2-47）。

现生马鹿GLm=56.79，Bd=38.95；梅花鹿GLm=41.70～45.05毫米，Bd=28.74～30.41毫米。小麂GLm=19.10毫米，Bd=11.61毫米。

对比现生标本可知，距骨大的一组数据与马鹿、麋鹿接近，应为大型鹿科；小的一组数据与梅花鹿接近，应为中型鹿科。

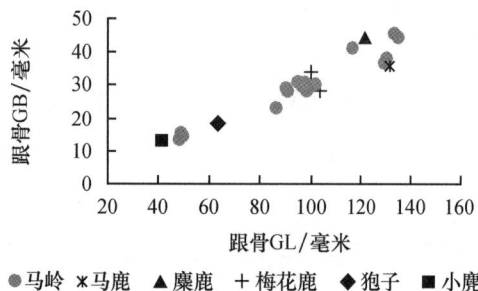

图4-2-46　鹿跟骨尺寸对比散点图

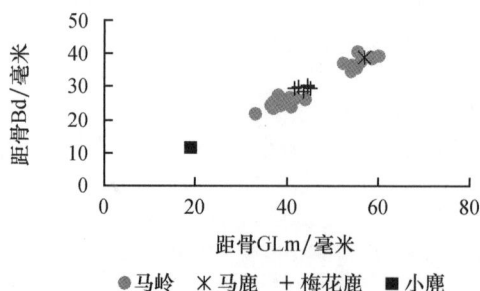

图4-2-47　鹿距骨尺寸对比散点图

9. 趾骨

趾骨中第一趾骨数据最多，数据有集群分组现象。最大的一组Glpe=54.66～67.06毫米，Bp=19.89～23.83毫米，次之的一组Glpe=40.31～45.96毫米，Bp=13.44～16.22毫米，再小的数据则没有明显间隔（图4-2-48）。

对比现生标本可知，最大的一组与马鹿接近小于麋鹿，应为大型鹿科，次之的一组介于梅花鹿和狍子之间，应为中型鹿科，再小的三个数据应为中小鹿科和小型鹿科。

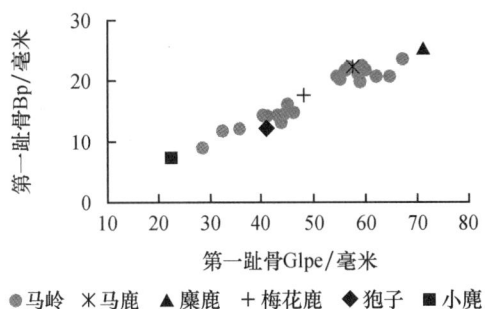

●马岭 ✳马鹿 ▲麋鹿 ＋梅花鹿 ◆狍子 ■小麂

图4-2-48 鹿第一趾骨尺寸对比散点图

10. 小结

对于肢骨测量数据的分析显示，马岭遗址应该存在四种不同大小的鹿科，分别为大型鹿科、中型鹿科、中小型鹿科、小型鹿科。根据鹿角的鉴定结果，大型鹿科对应水鹿，中型鹿科则对应梅花鹿和大角鹿，中小型鹿科则为赤麂，小型鹿科可能为小麂、獐、麝。在肩胛远端、桡骨远端、掌骨近端，介于现生中型鹿科梅花鹿和中小型鹿科狍子之间的数据并没有明显的区分界限，暂且均统计为中型鹿科。

（二）各型鹿科动物历时性变化

分析动物骨骼的尺寸变化，可以直接比对每个骨骼部位的测量值。对于量不大的样本，可采取对指数法将所有部位的数据统计到一起以增加样本量。对指数法的计算需要先选取标准动物（standard animal），然后将各个部位测量数据取以10为底数的对数（$\log_{10}Y$），遗址出土骨骼的测量数据也取以10为底数的对数（$\log_{10}X$），最后计算二者的差值（$d=\log_{10}X-\log_{10}Y$）。若差值为正数，则遗址中的标本比标准动物大，若为负数，则遗址中的标本比标准动物小[①]。

大型鹿科对应水鹿，中小型鹿科对应赤麂，但由于没有水鹿、赤麂的完整标本作为参照，只能进行数据的直接对比。中型鹿科中尽管可能包含了不同的种属，但以梅花鹿为主，因此以梅花鹿作为参照样本。小型鹿科情况类似，尽管可能包含了小麂、獐、麝，但以小麂为主，因此以小麂作为参照样本。

1. 大型鹿科

大型鹿科的测量数据并不多，选取样本量稍多的肩胛、肱骨、股骨、胫骨、跟骨、第一趾骨作为历时性变化的研究对象。

---

① Meadow R. Notes on faunal remains from Mehrgarh, with a focus on cattle (Bos). In: Allchin B. *South Asian Archaeology*. Cambridge: Cambridge University Press, 1981.

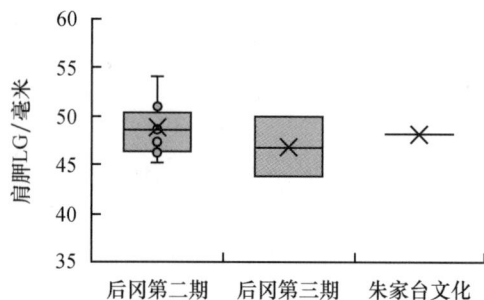

图4-2-49　仰韶时期大型鹿科肩胛
尺寸变化箱形图

（1）肩胛

肩胛远端数据有11个，未发生明显的历时性变化，后冈一期文化第三期相较于第二期略有缩小。朱家台文化较之后冈一期文化第三期有所回升，但仍比后冈一期文化第二期尺寸要小（图4-2-49）。

（2）肱骨

肱骨远端的数据仅6个，其尺寸在后冈一期文化第一期较小，第二期增大，第三期又变小；朱家台文化第一期则又增大，但较大的两个数据都出现在后冈一期文化第二期（图4-2-50）。

（3）股骨

股骨远端的数据很少，仅4个，年代为后冈一期文化第二、三期，第二期的尺寸大于第三期（图4-2-51）。

（4）胫骨

胫骨远端的数据很少，仅4个，后冈一期文化第二期数据稍大于第三期和朱家台文化的数据（图4-2-52）。

（5）跟骨

跟骨的数据仅6个，但各个时期都有分布。后冈一期文化第二期的跟骨GL是所有时期中最小的，第三期增大，进入朱家台文化和商周时期则又有所下降（图4-2-53）。

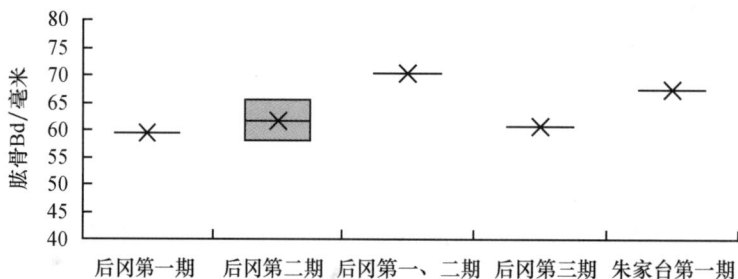

图4-2-50　大型鹿科肱骨尺寸变化箱形图

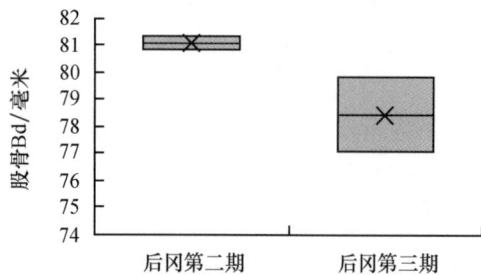

图4-2-51　大型鹿科股骨尺寸变化箱形图

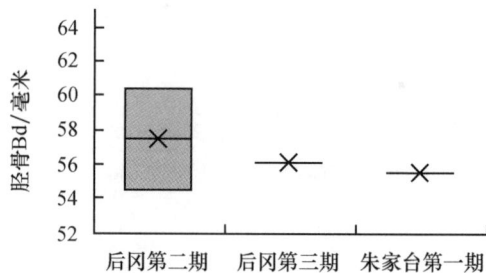

图4-2-52　大型鹿科胫骨尺寸变化箱形图

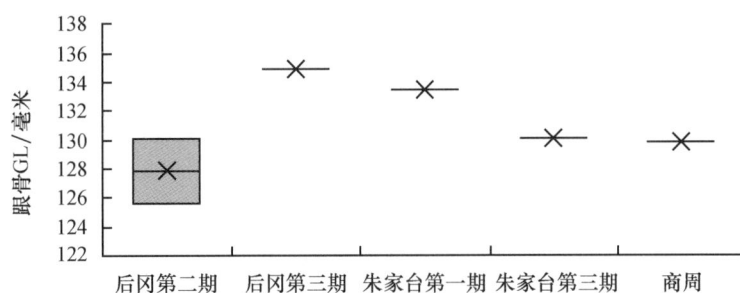

图4-2-53　大型鹿科跟骨尺寸变化箱形图

（6）距骨

距骨的数据仅有7个。后冈一期文化第一期，距骨Bd的尺寸是最大的，第二期、三期和朱家台文化则逐渐下降。但另有一个朱家台文化第一、二期的数据较大（图4-2-54）。

（7）第一趾骨

第一趾骨的数据稍多，有12个，而且几乎各个时期均有分布，后冈第二期第一趾骨GLpe是各期中最大的，之后则逐渐缩小（图4-2-55）。

（8）小结

从后冈一期文化第二、三期以及朱家台文化第一期，肩胛、股骨、胫骨、距骨、第一趾骨的尺寸是逐渐缩小的。跟骨有所不同，后冈第二期数据则是最小的。总体看来，大型鹿科的尺寸是逐渐减小的，后冈一期和朱家台其他时期数据太少，不好判断。

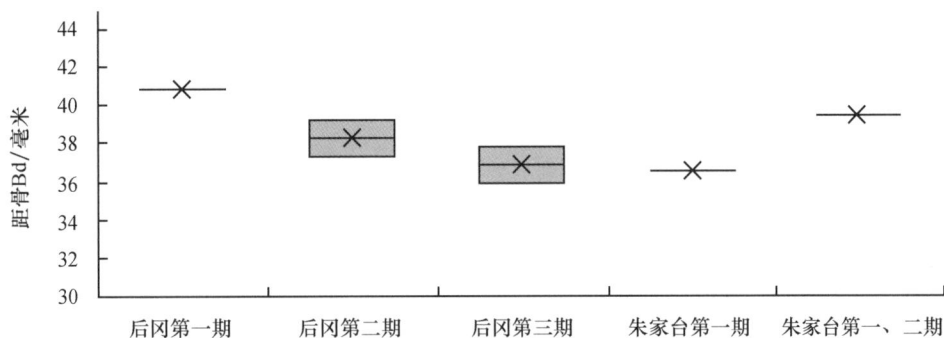

图4-2-54　大型鹿科距骨尺寸变化箱形图

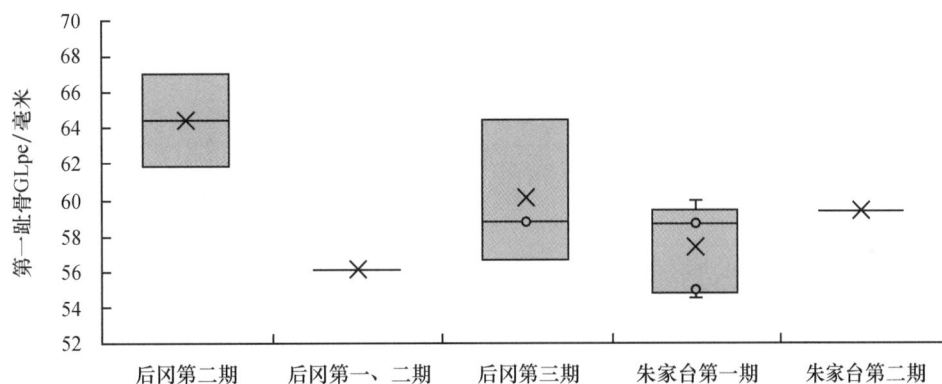

图4-2-55　大型鹿科第一趾骨尺寸变化箱形图

从数量统计来看，从后冈一期文化第一、二、三期到朱家台文化第一期，大鹿的NISP占比呈现逐渐上升的情况，由此表明对大型鹿科的捕获是一直持续且变得更多，而尺寸却在逐渐缩小，这反映出古人对于大型鹿科造成了一定的狩猎压，致使捕获的个体变小。

2. 中型鹿科

下文将依次分析数据量稍多的部位，最后再利用对指数法进行整合。

（1）肩胛

肩胛远端的数据有9个，集中在后冈一期文化第一、二期，第二期肩胛LG数据较之第一期增大。朱家台文化第一期的数据则又有所缩小（图4-2-56）。

（2）肱骨

肱骨远端的数据较多，有18个，集中在后冈和朱家台文化时期。后冈一期文化第一期肱骨Bd为各期中最大的，第二、三期逐渐缩小。朱家台文化第一期、明清时期则没有太大变化（图4-2-57）。

（3）掌骨

掌骨远端的数据共11个，各期均有分布。后冈一期文化第一期的尺寸较小，第二期增大。朱家台文化第一期又略微增大，商周时期则又有所减小（图4-2-58）。

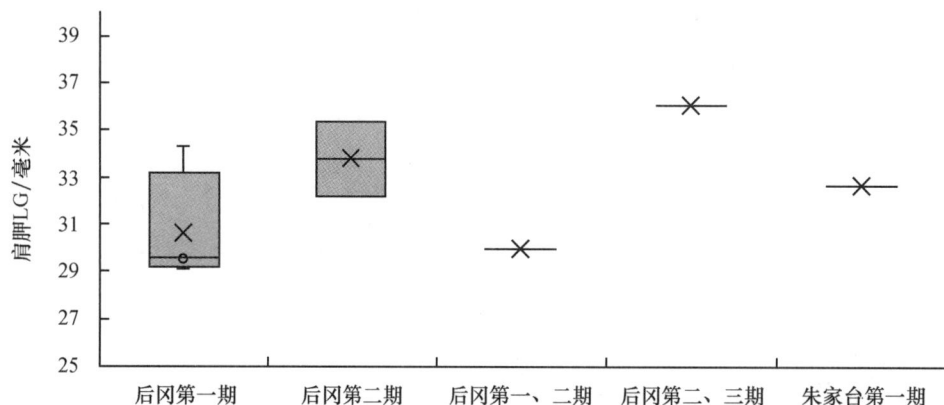

图4-2-56　中型鹿科肩胛尺寸变化箱形图

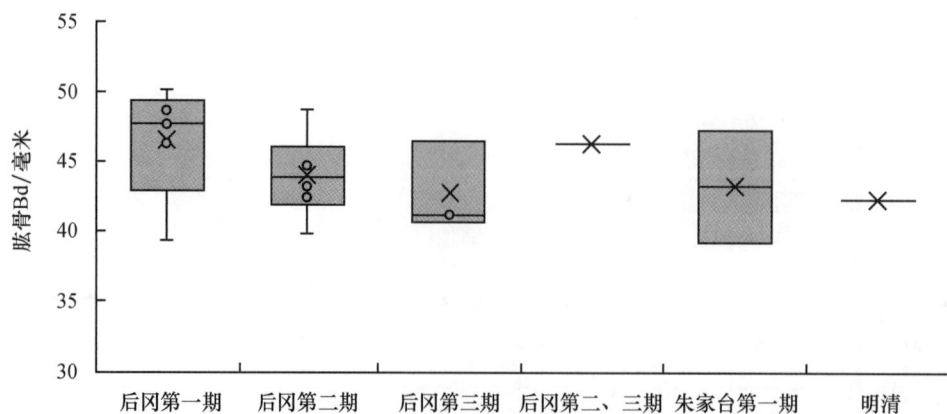

图4-2-57　中型鹿科肱骨尺寸变化箱形图

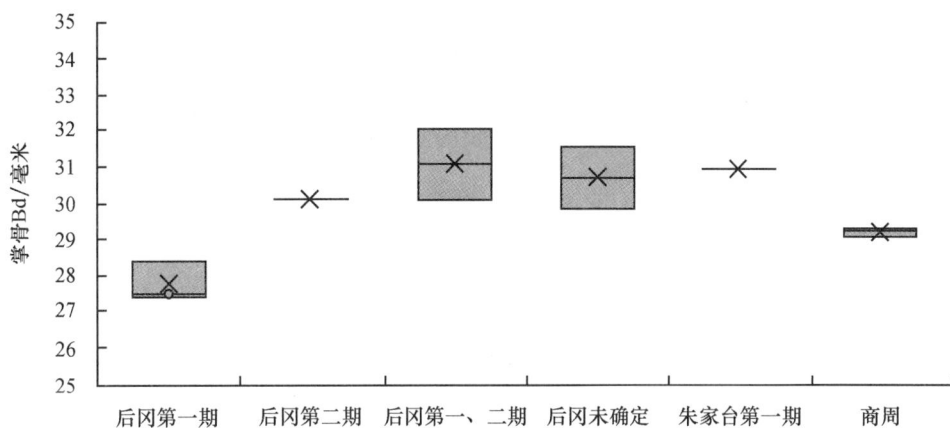

图4-2-58　中型鹿科掌骨尺寸变化箱形图

（4）胫骨

胫骨远端的数据有16个，集中在后冈一期文化时期。后冈文化第一、二期尺寸较为接近，在均值上第二期略大于第一期，第三期的变化范围变大，但均值有所下降。朱家台文化第一期有所回升（图4-2-59）。

（5）跟骨

跟骨长度的数据有12个，集中在后冈一期文化第一、二期。后冈一期文化第二期较之第一期，跟骨尺寸明显变大，朱家台文化第一期则略有缩小，屈家岭文化则有所回升（图4-2-60）。

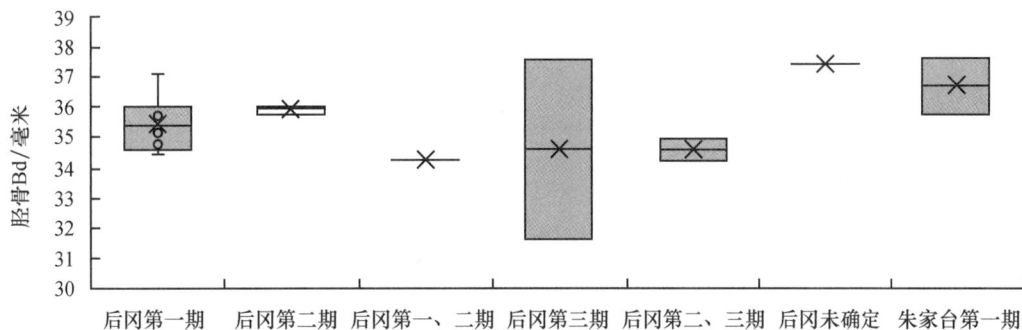

图4-2-59　中型鹿科胫骨尺寸变化箱形图

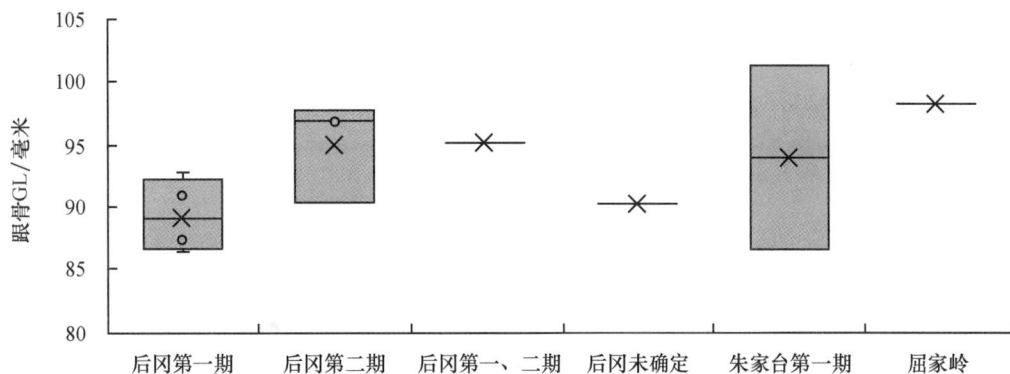

图4-2-60　中型鹿科跟骨尺寸变化箱形图

（6）距骨

距骨长度的数据较多，有21个，各个时期均有分布。后冈一期文化第二期的尺寸较之第一期有明显变大，同时变化范围也更大，后冈一期文化第三期和朱家台文化第一期则基本保持不变，朱家台文化第三期略有变大（图4-2-61）。

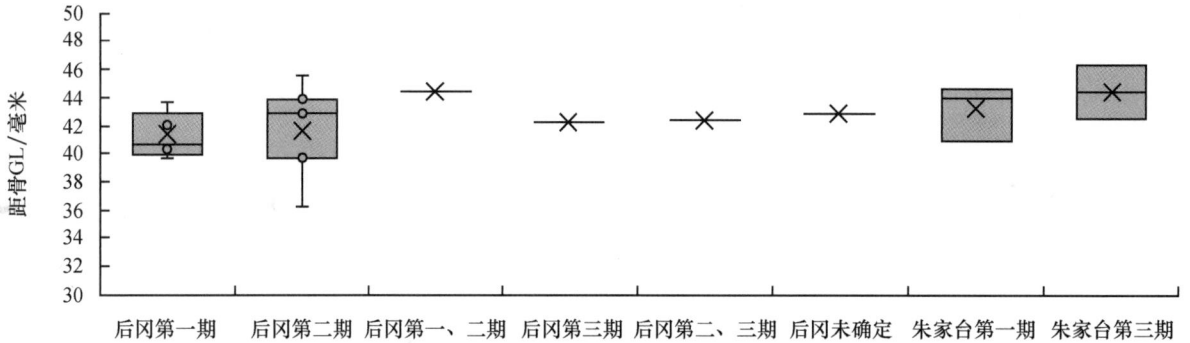

图4-2-61 中型鹿科距骨尺寸变化箱形图

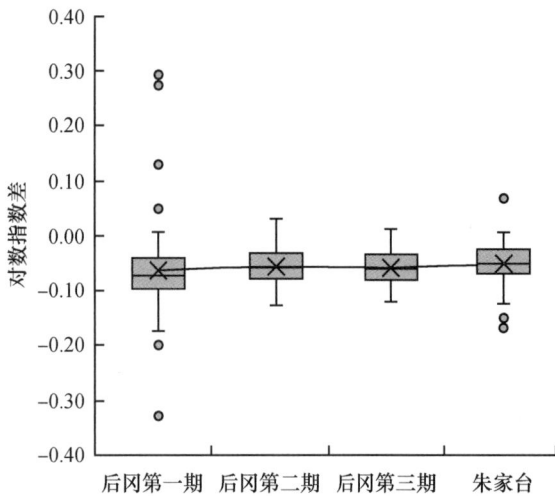

图4-2-62 中型鹿科尺寸对数指数差箱形图

（7）对数指数法的比较

本书选取的中型鹿科标准动物是武汉大学生物考古实验室的一只成年雌性梅花鹿，来自东北地区的养殖场。经统计，对数指数的差值绝大多数为负值，马岭遗址仰韶时期的中型鹿科大多是小于标准动物的，因此他们应属于梅花鹿中尺寸较小的种群。在历时性变化方面，后冈一期文化第二期尺寸的均值较之第一期略有增大，第三期未有明显变化，朱家台文化时期则有略微提升（图4-2-62）。

（8）小结

中型鹿科的数据以后冈一期文化第一、二期为主，在肩胛、掌骨、胫骨、跟骨、距骨等部位，第二期的尺寸大于第一期。对指数法计算也显示出第二期尺寸要略大于第一期。这表明第二期捕获的中型鹿科动物体型是要略大于第一期的，结合中型鹿科的比例在这一时期的下降来看，该期的捕猎压可能减小，可以捕获到更大的个体。

后冈一期文化第三期与朱家台文化时期的数据量不是很大，但较之前一个阶段，二者基本维持不变或略有增大。

3. 中小型鹿科

中小型鹿科动物的骨骼数量很少，大多数部位仅有一两个数据，无法看出历时性变化。仅肱骨远端的数据稍多，也只有5个，集中在后冈一期文化时期，其中第一期的数据最大，第三期略有缩小。商周时期又略微增大，但样本量太少，无法明确此种变化的代表性。

4. 小型鹿科

（1）肩胛

肩胛远端的数据很少，仅4个。后冈一期文化第二期尺寸最小，朱家台文化第一期有所增大，整个后冈一期文化的数据均值则与朱家台第一期数据接近（图4-2-63）。

（2）肱骨

肱骨远端的数据仅5个，集中于后冈一期文化，尺寸没有明显变化（图4-2-64）。

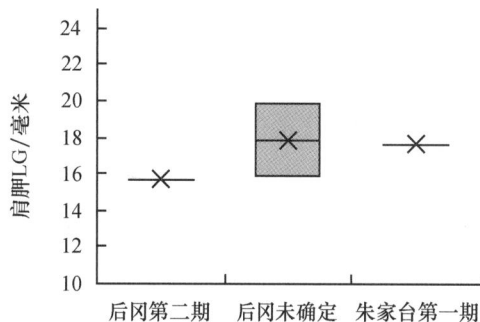

图4-2-63 小型鹿科肩胛尺寸变化箱形图

（3）胫骨

胫骨远端数据有7个，全部为后冈一期文化，第一、二期尺寸未有明显变化，另有一个第二或三期的数据也与此接近（图4-2-65）。

（4）跖骨

跖骨近端的数据仅5个，集中在后冈一期文化，后冈一期文化第二、三期变化不大，商周时期则略微下降。另有一个后冈一期文化第二或三期的数据很小（图4-2-66）。

（5）对指数法

本书选取的小型鹿科标准动物是武汉大学生物考古实验室的一只成年雄性小鹿。经统计，对指数的差值均为正值，马岭遗址仰韶时期的小型鹿科是大于标准动物的，因此属于尺寸稍大的小鹿种群。在历时性变化方面，后冈一期文化第二期尺寸的中值较之第一期增大，但平均值未有明显变化，第三期平均值增大。朱家台文化时期均值和中值均有所下降（图4-2-67）。

（6）小结

由于单个部位的数据量太少，很难看出小型鹿科尺寸的历时性变化。对指数法增大了样本量，显示出后冈一期文化第二期和第三期尺寸增大，朱家台文化时期则又缩小，表明古人对小型鹿科的狩猎在后冈一期文化第一期的压力可能要大于之后的第二、三期。

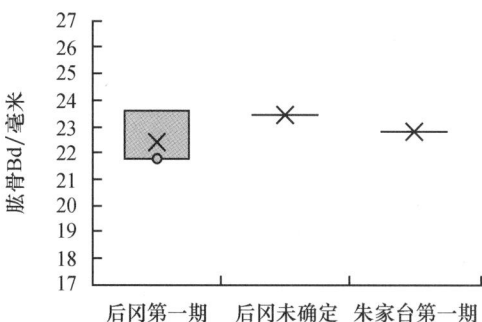

图4-2-64 小型鹿科肱骨尺寸变化箱形图

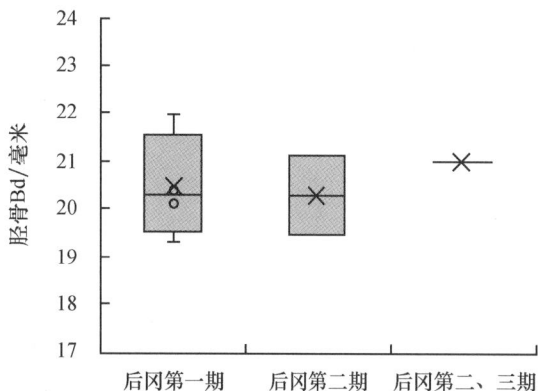

图4-2-65 小型鹿科胫骨尺寸变化箱形图

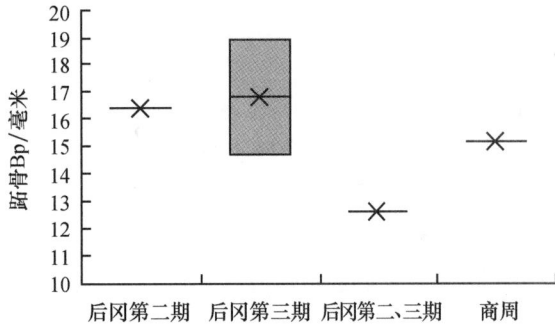

图4-2-66　小型鹿科跗骨尺寸变化箱形图

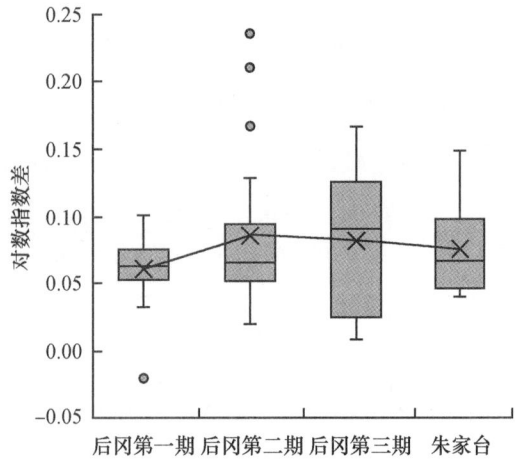

图4-2-67　小型鹿科尺寸对数指数差箱形图

5. 总结

对不同大小的鹿科动物，古人狩猎策略和施加的压力是不同的。对大型鹿科的捕获是持续的，而且数量在增长，尺寸则逐渐缩小，这反映出古人对大型鹿科造成了一定的狩猎压。对中型鹿科和小型鹿科的狩猎尽管也是持续的，但数量却在下降，尺寸也有增大的趋势，这反映出古人对这两种鹿科动物的压力在逐步减小。中小型鹿科数量太少，目前还无法准确判断。

三、大型牛科

马岭遗址大型牛科的角和部分掌跖骨在形态上可以明确为圣水牛，部分肢骨可明确为水牛，但其他肢骨则无法确定。这些肢骨尺寸非常大，下文将对比现生黄牛、水牛以及遗址中出土的圣水牛、原始牛等样本，初步推测其所属种群。

1. 肩胛

马岭遗址大型牛科的肩胛GLP =86.66 ~ 105.28 毫米，BG =64.57 ~ 70.68毫米，后冈一期文化时期和汉代的大小没有差别（图4-2-68）。马岭遗址的数据远大于现生家养黄牛，BG的数据也大于现生家养水牛，而与原始牛较为接近。尽管没有野生水牛的比较数据，但结合形态，应该为野生水牛。

2. 肱骨

后冈一期文化时期的肱骨远端Bd=88.82 ~ 107.04毫米，BT=86.06 ~ 100.27毫米。马岭牛的肱骨大于现生家养水牛，远大于黄牛（图4-2-69）。

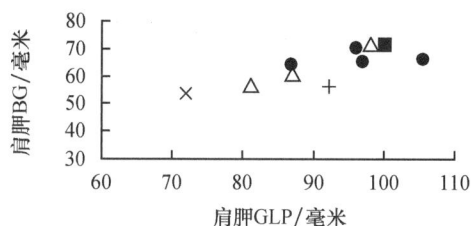

●后冈　■汉代　＋现生水牛　×现生黄牛　△原始牛

图4-2-68　大型牛科肩胛尺寸对比散点图

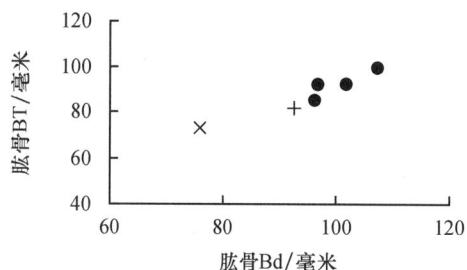

●后冈　＋现生水牛　×现生黄牛

图4-2-69　大型牛科肱骨尺寸对比散点图

3. 桡骨

后冈一期文化时期的桡骨BP =109.93毫米，DP=59.76毫米，远大于现生黄牛和水牛。

4. 尺骨

后冈一期文化时期的尺骨DPA=99.24毫米，SDO=76.02毫米，BPC=57.25毫米，远大于现生黄牛和水牛。

5. 掌骨

后冈一期文化时期的掌骨近端Bp=73.77～83.43毫米，Dp=45.82～54.11毫米，远大于现生黄牛和水牛，而且三个数据分属第一、二、三期，尺寸逐渐缩小。

6. 盆骨

后冈一期文化时期的盆骨LA=87.98～92.80毫米，大于现生黄牛和水牛。

7. 股骨

后冈一期文化时期的股骨Bd=127.37～131.19毫米，DC=63.94～67.81毫米，朱家台文化股骨Dc=63.92毫米，大于现生水牛。

8. 胫骨

后冈一期文化时期的胫骨Bp=114.71，Dp=89.34毫米，Bd=86.47～89.55毫米，Dd=62.39～99.81毫米，有一个个体远端稍残，Bd达到119.27毫米，远大于其他两个个体。煤山文化时期的胫骨Bd=92.49毫米，Dd=64.19毫米。无论是后冈还是煤山时期的标本均远大于现生样本。

9. 跖骨

后冈一期文化时期的跖骨Bd=76.40～93.59毫米，Dd=41.26～46.60毫米，与河姆渡圣水牛、康家水牛、德氏水牛、王氏水牛基本接近[①]，其中有一个数据超过90毫米，明显大于上述几种水牛（表4-2-12）。

表4-2-12　各型水牛测量数据对比表

测量部位	种属（遗址）	测量值/毫米
掌骨近端宽（Bp）	德氏水牛	79 ~ 91
	王氏水牛	90
	河姆渡圣水牛	56.27 ~ 84.32
	康家水牛	80.5
	花地嘴水牛	72.42 ~ 84.6
	马岭水牛	73.77 ~ 83.43
距骨远端宽（Bd）	德氏水牛	81
	王氏水牛	85
	河姆渡圣水牛	73.83 ~ 83.34
	康家水牛	85
	花地嘴水牛	100.02
	马岭水牛	76.40 ~ 93.59

10. 跟骨

后冈一期文化时期跟骨GL=167.07 ~ 176.65毫米，GB=69.23 ~ 79.65毫米，现生黄牛相差较大，也大于现生水牛。

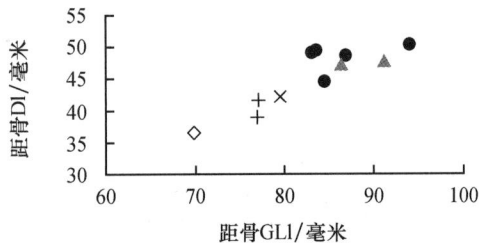

●后冈　▲朱家台　＋现生水牛　×现生黄牛　◇圣水牛

图4-2-70　大型牛科距骨尺寸对比散点图

11. 距骨

后冈一期文化时期距骨GLl=83.02 ~ 93.97毫米，Dl=60.80 ~ 67.60毫米，朱家台文化时期距骨GLl=86.23 ~ 91.14毫米，Dl=47.53 ~ 47.86毫米。后冈和朱家台时期的标本大于现生黄牛和水牛，甚至大于圣水牛（图4-2-70）。

12. 小结

综上所述，马岭遗址出土的大型牛科要大于现生水牛和黄牛标本，而与新石器的各型野生水牛更为接近，部分骨骼的尺寸甚至超过以往所见个体的尺寸。尺寸测量结合形态特征，这些骨骼应该为野生水牛。

大型牛科的数据很少，难以进行准确的历时性观察，从仅有的数据看，各个时期的尺寸并未明显变化。

---

① 刘莉、杨东亚、陈星灿：《中国家养水牛起源初探》，《考古学报》2006年第2期。

四、狗

马岭遗址发现的狗很少，绝大部分出自墓葬，后冈一期文化的2座墓和明清时期的1座墓出土了3个较为完整的狗骨架。将这些狗的数据与现生标本和古代标本进行比较，可知马岭遗址狗的相对尺寸。武庄曾对各个时期狗的m1和股骨尺寸进行了统计[①]，因此下文也对这两个骨骼进行分析。

后冈一期文化的狗下颌m1长=19.89～20.05毫米，现生狗的下颌m1长=19.98～20.61毫米，仰韶时期多个遗址的下颌m1长度平均值集中在19～21毫米。

后冈一期文化狗的股骨Bd=24.70～24.71毫米，明清时期狗的股骨与之接近。现生标本狗的股骨Bd=31.08～32.53毫米。仰韶文化时期有胡李家、王因和西水坡出土的狗骨数据，胡李家遗址股骨Bd=28.92毫米，王因遗址股骨Bd=30.33～33.36毫米，西水坡遗址股骨Bd=28.70～28.76毫米。

对比可知，马岭遗址后冈一期文化狗的尺寸在牙齿上与仰韶其他遗址比较接近，也与现生狗很接近，但是在股骨上比现生标本要小，而且比仰韶时期其他遗址的标本也要小，这反映出马岭遗址狗应属于偏小的体型。

第三节　年龄与性别

动物年龄的判断一般根据牙齿萌出和磨蚀、肢骨骨骺的愈合，下文将采用这两种方法对数量较多的猪、鹿、牛、狗进行年龄结构的分析。不同动物判断性别的方法有所不同，猪一般根据犬齿的形状和大小进行判断，鹿则根据鹿角的有无来判断。

一、猪

猪牙的萌出有较为固定的时间，本书参考了Silver的研究[②]。磨蚀程度的记录则采用了Grant 的方法[③]，但它容易受到种群、食物等因素的影响。因此我们需要评估牙齿的磨蚀速度。

[①] 武庄：《先秦时期家犬研究》，中国社会科学院研究生院博士学位论文，2014年，第135～137页。

[②] Silver I A. The ageing of domestic animals. In: Brothwell D, Higgs E. *Science in Archaeology: A Survey of Progress and Research*. London: Thames and Hudson, 1969: 283-302.

[③] Grant A. The use of tooth wear as a guide to the domestic animals. In: Wilson B, Grigson C, Payne S. *Ageing and Sexing Animal Bones from Archaeological Sites (British Archaeological Reports British Series 109)*. Oxford: BAR Publishing, 1982: 91-108.

下文首先对马岭遗址猪牙的磨蚀速度进行计算，具体方法参考Salvagno等的研究[①]，在评估磨蚀速度之后，对马岭遗址的磨蚀级别与年龄的对应标准进行适当调整，再对材料进行分析。

（一）牙齿反映的年龄结构

1.磨蚀速度

Salvagno等首先将Grant记录磨蚀级别的字母转换为数字，C=1，V=2，E=3，H（1/2）=4，U=5，a=6，b=7，c=8，d=9，e=10，f=11，g=12，h=13，j=14，k=15，l=16，m=17，n=18。然后将两个相邻臼齿m1/m2、m2/m3的磨蚀级别相减，得出磨蚀级别的差异，即磨蚀速度（tooth wear rate，TWR）。具体计算方法如下：如m1、m2、m3的磨蚀为f、c、H，经过数字转化后，m1/m2的磨蚀速度为11-8=3，m2/m3的磨蚀速度为8-4=4。再用图表表示不同磨蚀速度的出现频率，并计算每一组数据的中值、平均值，如果平均值高则代表其磨蚀速度快。Salvagno还指出如果一个臼齿处于萌出阶段、而相邻的臼齿处于磨蚀阶段，磨蚀速度的计算将会更加可靠，因此，将这种情况的磨蚀速度再进行一次单独计算。

由于目前这种研究还未在国内开展，因此本书将马岭数据与Salvagno的数据进行比对。

（1）m1/m2磨蚀速度

马岭遗址猪下颌同时有m1和m2且能观察到磨蚀级别的样本总共有111个，m1/m2磨蚀速度平均值为3.2，中值为3。其中m2处于萌出阶段的样本则有20个，m1/m2磨蚀速度平均值则为4.7，中值为5（图4-3-1）。这与新石器时代的Durrington Walls猪群和野猪更为接近，而与英国中世纪及之后的猪群相差更大。另外，后冈一期文化与朱家台文化时期存在显著差异，P值为0.02。

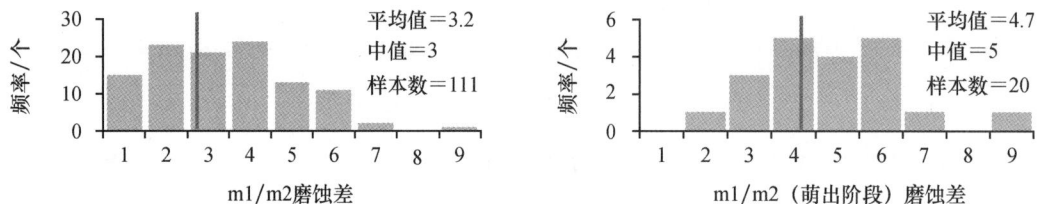

图4-3-1　m1/m2磨蚀差频率统计图

（2）m2/m3磨蚀速度

猪下颌同时保存m2和m3且能观察到磨蚀级别的样本总共有94个，m2/m3的磨蚀速度平均值为3.9，中值为4。其中m3处于萌出阶段的样本有35个，磨蚀速度平均值则为4.6，中值为5（图4-3-2）。这与新石器时代的Durrington Walls猪群和野猪更为接近，而与英国中世纪及之后的猪群相差更大。

综上所述，马岭遗址猪牙的磨蚀速度是较慢的，与野猪和驯化初期的猪接近，牙釉质较厚，更加耐磨。

---

① Salvagno L, Fraser T, Grau-Sologestoa I, et al. A method to assess wear rate in pig teeth from archaeological sites. *Journal of Archaeological Science*, 2021, 127(2): 1-17.

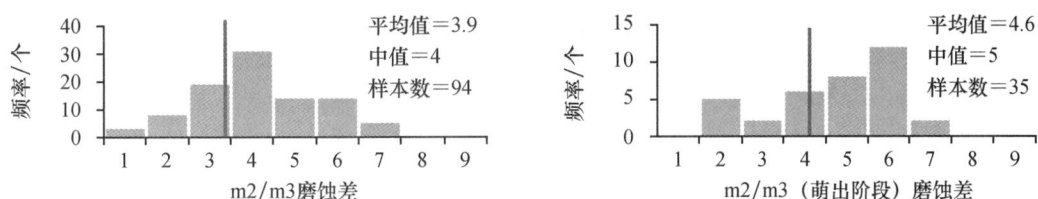

图4-3-2　m2/m3磨蚀差频率统计图

2. 年龄判断

猪牙磨蚀级别与年龄的对应以往多采用Hongo和Meadow的方法[①]，最近Lemoine等又根据以往研究成果制定了一套新的更加细致的对应标准[②]。下文将分别按照此两种标准对马岭遗址样本进行分析。

两种对应标准的区别主要在于18月龄以后的阶段划分。比如m1磨蚀到g和h阶段，Grant标准里是划分到18～24月，而在Lemoine划分标准里，则已经到达30～52月龄。如果磨蚀程度更重，则年龄更大。因此采用Lemoine标准判断的年龄可能比采用Grant标准的偏老。至于哪一种标准更加适用于马岭遗址或者中国的材料，则需要更多中国标本的数据来确定。

（1）标准调整

马岭遗址有部分牙齿的磨蚀与之前的标准无法完全对应，这应与磨蚀速度不同有关。因此我们根据马岭遗址磨蚀速度，对已有标准稍加调整，以萌出状况为优先考虑的条件。

比如当m1的磨蚀级别是a、b时，按照以往Hongo & Meadow标准应该处于Ⅱ阶段，且m2还未萌出。但是在马岭遗址，m1的磨蚀级别是a、b时，m2已经处于萌出阶段，且m3在齿槽中可见。结合上文的磨蚀速度计算，这种现象可能与m1的磨蚀速度较慢有关，m1的牙釉质层较厚或者更耐磨，因此当m2已经萌出之时，m1的磨蚀还停留在较早的阶段。这种情况的年龄判断则以m2的萌出为优先考虑项，判断为Ⅲ阶段。同时，在m2萌出之后，m1的磨蚀速度会有下降，因为多了一颗牙齿来承担研磨功能，那原先牙齿的磨蚀自然下降。同样地，在m3萌出之后，m2的磨蚀速度也会有所下降。

我们还发现萌出晚的牙齿在中度或轻度的磨蚀阶段，磨蚀速度会比较慢。比如标本T6235⑧-#2007，p4、m1、m2、m3的磨蚀级别分别为g、m、k、e，根据以往标准，前三个牙齿的磨蚀均处于Ⅶ阶段，但m3处于Ⅵ阶段，这可能是因为m3萌出较晚，而且处于中度磨蚀，牙釉质层较厚、更加耐磨，这种情况则以前三颗牙齿的磨蚀级别为准，判定为Ⅶ阶段。如果牙齿进入极为重度磨蚀阶段，则磨蚀阶段会加快，比如T5930G12：1-#3494，p4、m1、m2的磨蚀级别分别为f、l、e，p4和m2均处于Ⅵ阶段，而m1则已进入Ⅶ阶段，这应该是因为重度磨

①　Hongo H, Meadow R H. Faunal remains from prepottery Neolithic levels at Çayönü, southwestern Turkey: A preliminary report focusing on pigs (Sus sp.). In: Mashkour A M, et al. *Archaeozoology of the Near East IV A*. Groningen: ARC Publications, 2000: 122-140.

②　Lemoine X, Zeder M A, Bishop K J, et al. A new system for computing dentition-based age profiles in Sus scrofa. *Journal of Archaeological Science*, 2014, 47: 179-193.

蚀牙齿的牙釉质部分保存少，磨蚀速度加快，这种情况则以p4和m2的磨蚀级别为准，判定为Ⅵ阶段。

（2）Hongo & Meadow标准结果

按照上述标准，对各个时期的牙齿所反映的年龄结构进行分析。

后冈一期文化第一期，6~12月龄的比例相当高，超过30%，未见0~4月龄个体，大于36月龄的比例不足10%，其他阶段均在15%左右。

后冈一期文化第二期，6~12月龄的比例依旧比较高，在20%左右，但18~24月龄的比例则迅速上升，成为最主要的年龄阶段。0~4月龄、4~6月龄、12~18月龄、大于36月龄的比例均不足10%，24~36月龄的比例依旧维持在15%。

后冈一期文化第三期，未见0~6月龄的个体，18~24月龄的比例最高，超过30%。其次为24~36月龄，接近30%。12~18月龄超过15%，其他阶段不足10%（表4-3-1）。

在第一期和三期未见幼年个体，可能与样本量较少有关。第一期比例最高的是6~12月龄，在第二、三期这一月龄的比例则逐渐降低，与之相对应的是12~18以及18~24月龄的个体比例逐渐提升。这意味着有更多的个体活过了第一年的冬天。第二期猪的数量比例较之一期也有一定幅度的提升，这可能表明饲养技术在逐渐成熟，肉用回报率越来越高。

表4-3-1　后冈一期文化各期猪死亡年龄（Hongo & Meadow标准）

年龄阶段	第一期				第二期				第三期			
	左	右	MNE	MNE/%	左	右	MNE	MNE/%	左	右	MNE	MNE/%
Ⅰ（0~4月）	0	0	0	0.00	2	2	2	6.06	0	0	0	0.00
Ⅱ（4~6月）	2	2	2	15.38	1	3	3	9.09	0	0	0	0.00
Ⅲ（6~12月）	2	4	4	30.77	7	3	7	21.21	1	0	1	9.09
Ⅳ（12~18月）	2	0	2	15.38	2	2	2	6.06	2	1	2	18.18
Ⅴ（18~24月）	2	2	2	15.38	9	11	11	33.33	3	4	4	36.36
Ⅵ（24~36月）	2	2	2	15.38	5	4	5	15.15	3	3	3	27.27
Ⅶ（>36月）	0	1	1	7.69	3	0	3	9.09	1	0	1	9.09
合计	10	11	13	100.00	29	25	33	100.00	10	8	11	100.00

同时需要注意，2岁以上的个体在三个时期均有超过20%的占比，在第三期甚至超过30%。

还有部分下颌无法判定准确的期别，为增加样本量，将后冈一期文化再进行一次整体统计。6~12月、18~24月、24~36月龄的比例均接近20%，其他阶段较少（表4-3-2；图4-3-3）。

朱家台文化时期与后冈一期文化时期基本保持类似的规律，只是18~24月龄占据绝对主体，接近一半。12~18月、24~36月龄次之，占比20%。其他阶段较少（图4-3-4；表4-3-2）。

后冈一期文化和朱家台文化时期2岁以上个体的占比均不低，前者为25.76%，后者为28.57%。

（3）Lemoine标准结果

Lemoine的年龄划分标准更细，可划为10个阶段，若将后冈一期文化和朱家台文化各分三期，则各个年龄阶段的样本量较少，因此将其合期统计。

表4-3-2　后冈一期和朱家台文化猪死亡年龄对比（Hongo & Meadow标准）

年龄阶段（月）	后冈一期文化				朱家台文化			
	左	右	MNE	MNE/%	左	右	MNE	MNE/%
Ⅰ（0~4月）	2	3	3	4.55	0	0	0	0.00
Ⅱ（4~6月）	4	5	5	7.58	1	1	1	4.76
Ⅲ（6~12月）	14	7	14	21.21	4	1	4	19.05
Ⅳ（12~18月）	6	4	6	9.09	0	1	1	4.76
Ⅴ（18~24月）	18	21	21	31.82	9	3	9	42.86
Ⅵ（24~36月）	12	12	12	18.18	4	1	4	19.05
Ⅶ（>36月）	5	1	5	7.58	2	1	2	9.52
合计	61	53	66	100.01	20	8	21	100.00

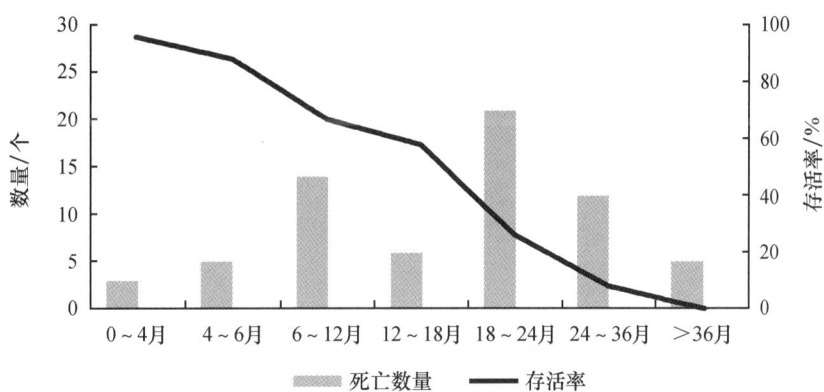

图4-3-3　后冈一期文化猪存活率（Hongo & Meadow标准）

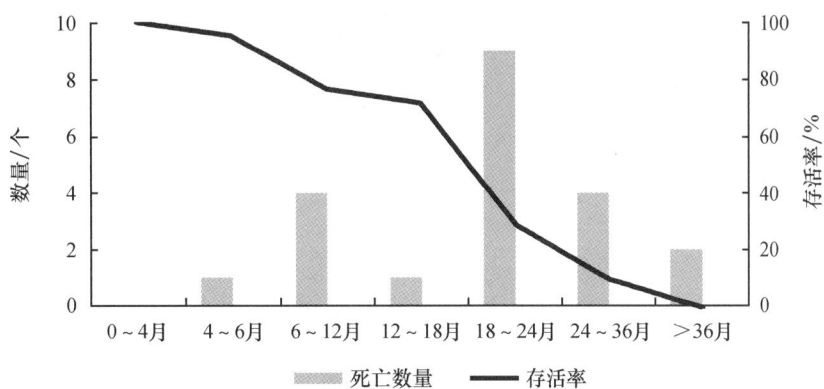

图4-3-4　朱家台文化猪存活率（Hongo & Meadow标准）

后冈一期文化时期以8~12、12~16、30~52、72~96月龄为主，占比在14%~20%，其他阶段较少，低于10%（图4-3-5；表4-3-3）。不确定的个体中，7阶段以前（1~6阶段）的有8个，7阶段及以后的（7~9）有10个，另有6/7、6/7/8、6/7/8/9阶段的个体有13个，这表明30月龄以上的数量还是相当多的。

朱家台文化时期52~72月龄的猪占比为30%，其次为8~12、18~30、30~52月龄，占比为15%，其他阶段较少（图4-3-6；表4-3-3）。

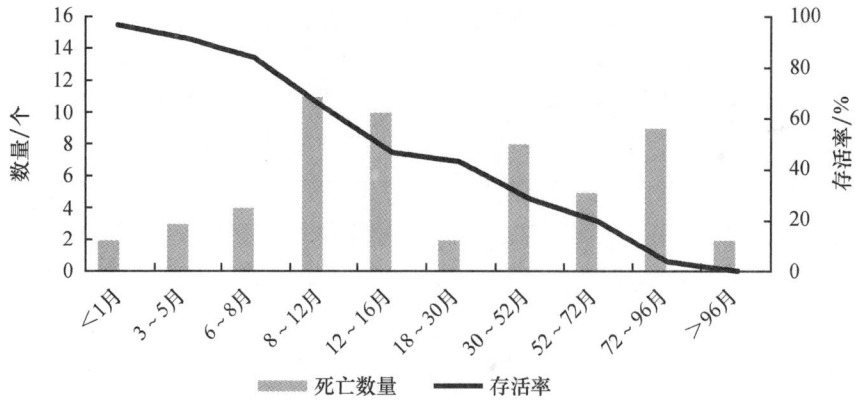

图4-3-5　后冈一期文化猪存活率（Lemoine标准）

表4-3-3　后冈一期和朱家台文化猪死亡年龄对比（Lemoine标准）

阶段	年龄	后冈一期文化				朱家台文化			
		左侧	右侧	MNE	MNE/%	左侧	右侧	MNE	MNE/%
1	<1月	2	1	2	3.57	0	0	0	0.00
2	3~5月	1	3	3	5.36	1	1	1	5.00
3	6~8月	3	4	4	7.14	0	0	0	0.00
4	8~12月	11	6	11	19.64	3	1	3	15.00
5	12~16月	6	10	10	17.86	1	1	1	5.00
6	18~30月	2	2	2	3.57	3	1	3	15.00
7	30~52月	8	5	8	14.29	3	0	3	15.00
8	52~72月	5	2	5	8.93	6	3	6	30.00
9	72~96月	9	9	9	16.07	1	2	2	10.00
10	>96月	2	1	2	3.57	1	0	1	5.00
合计		49	43	56	100.00	19	9	20	100.00

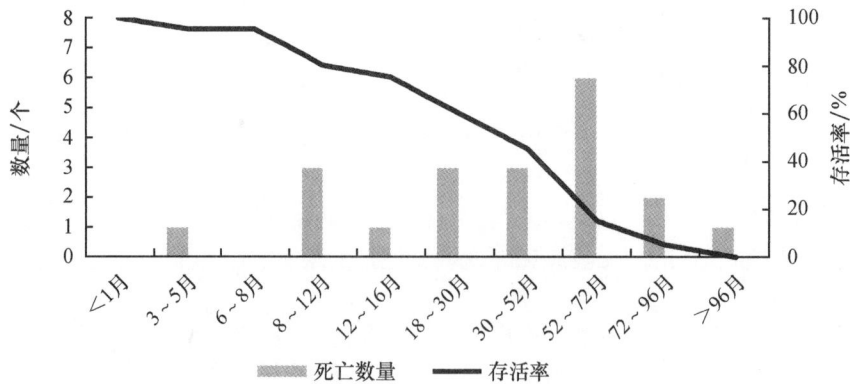

图4-3-6　朱家台文化猪存活率（Lemoine标准）

两个时期，老年猪的占比都很高，30月龄以上的猪比例超过40%，朱家台文化更甚。30月龄以上的猪，并不符合最佳肉用效益。发现有小于1月龄的猪，表明本地是产猪的。雌性比例很高，年龄也大多都在30月龄以上（4/6）。

（4）小结

有研究认为，肉类生产的理想年龄结构是维持2/3的未成年个体，保留1/3的种猪繁衍后代[1]。尽管两种标准有所差异，但是统计结果都表明成年猪和老年猪占比较高，不符合以往所认为的最佳肉用屠宰模式。

汉水中游地区可以比较的仰韶文化时期遗址有大寺和下王岗、龙山岗、八里岗遗址。大寺遗址2岁以上的比例不足20%，但大寺遗址标本量较少，而且野猪占比较高[2]。下王岗则与马岭较为相似，2岁以上个体在30%左右[3]（表4-3-4）。八里岗遗址居址中猪以幼年和青年个体为主，老年个体较少，原文未给出具体比例。在八里岗7座仰韶中期的墓葬和祭祀坑中，青年和成年个体多，而且老年个体也有相当的数量，成年和老年猪的平均占比超过23%，尤以JK4为甚，3岁以上的老年个体比例非常高，接近30%[4]。在仰韶晚期的龙山岗遗址，猪的年龄结构却有所不同，2岁以上的个体不足10%，以半岁到2岁之间的个体为主。

马岭、下王岗、八里岗遗址与中原地区仰韶文化时期的猪群死亡年龄结构存在较大差异，如庙底沟遗址的仰韶中期主要以1岁以下个体为主，2岁以上个体的占比不足15%[5]。龙山岗遗址的年龄结构与中原地区接近，同时猪骨的比例极高，也与中原地区接近。

表4-3-4　汉水中游地区其他遗址仰韶文化时期猪死亡年龄结构

年龄	大寺		下王岗		龙山岗	
	MNE	MNE/%	MNE	MNE/%	MNE	MNE/%
0~4月	2	16.67	0	0.00	11	1.83
4~6月	4	33.33	5	10.00	98	16.28
6~12月	1	8.33	6	12.00	174	28.90
12~18月	2	16.67	10	20.00	122	20.27
18~24月	1	8.33	14	28.00	137	22.76
24~36月	2	16.67	12	24.00	57	9.47
36+月	0	0.00	3	6.00	3	0.50
合计	12	100.00	50	100.00	602	100.01

[1] Greenfield H J. Fauna from the late Neolithic of the central Balkans: Issues in subsistence and land use. *Journal of Field Archaeology*, 1991, 18: 161-186.

[2] 刘一婷、陶洋、黄文新：《汉水中游地区先秦时期生业经济探索——郧县大寺遗址出土动物遗存研究》，《江汉考古》2021年第3期。

[3] 戴玲玲、高江涛、胡耀武：《几何形态测量和稳定同位素视角下河南下王岗遗址出土猪骨的相关研究》，《江汉考古》2019年第6期。

[4] 王华、张弛：《河南邓州八里岗遗址出土仰韶时期动物遗存研究》，《考古学报》2021年第2期。

[5] 刘一婷、李婷、樊温泉：《庙底沟遗址出土动物遗存的鉴定与研究》，《华夏考古》2021年第5期。

戴玲玲等认为下王岗的猪年龄偏大可能与放养的饲养方式有关，属于粗放型管理，放养的猪生长速率较慢，需要养到较大的年龄才能获取足够的肉量[①]。马岭遗址的同位素结果显示猪的食性以C3类植物为主，年龄偏大，情况或许与下王岗遗址相似[②]。

（二）肢骨反映的年龄问题

在后冈一期文化时期，第 I 阶段的趾骨愈合率均超过80%，意味着绝大部分的个体活过了0～1岁，仅有一小部分个体在这一阶段死亡。第 II 阶段的愈合率有所下降，有不少个体在这一阶段死亡，但愈合率仍超过50%，表明近一半的个体活过2～2.5岁。在第 III 阶段，愈合率变化不大，为41.4%，较多个体活过了3～3.5岁（表4-3-5）。这反映出这一时期猪的死亡年龄集中在1～2岁及3～3.5岁之后。

表4-3-5　后冈一期文化猪肢骨愈合情况

年龄阶段	骨骼名称	愈合	愈合中	未愈合	总数	愈合率/%
I（0～1岁）	肩胛远端	37	0	7	44	84.09
	肱骨远端	72	14	20	106	81.13
	桡骨近端	31	1	2	34	94.12
	掌骨近端	10	0	0	10	100.00
	跖骨近端	18	0	0	18	100.00
	盆骨	35	0	1	36	97.22
	总计	203	15	30	248	87.90
II（2～2.5岁）	掌骨远端	6	0	3	9	66.67
	跖骨远端	7	0	2	9	77.78
	腓骨远端	1	0	0	1	100.00
	胫骨远端	16	1	13	30	56.67
	跟骨	4	0	12	16	25.00
	总计	34	1	30	65	53.85
III（3～3.5岁）	肱骨近端	7	3	10	20	50.00
	桡骨远端	5	0	6	11	45.45
	尺骨近端	6	1	13	20	35.00
	尺骨远端	2	0	3	5	40.00
	股骨近端	2	4	13	19	31.58
	股骨远端	11	2	17	30	43.33
	胫骨近端	3	6	13	22	40.91
	腓骨近端	1	0	0	1	100.00
	总计	37	16	25	128	41.41

---

① 戴玲玲、高江涛、胡耀武：《几何形态测量和稳定同位素视角下河南下王岗遗址出土猪骨的相关研究》，《江汉考古》2019年第6期。

② 马岭遗址碳氮同位素测试结果将另文公布。

　　肢骨反映的年龄与牙齿所反映的年龄有所差距，Hongo & Meadow标准的结果显示6～12月龄以及18～24月龄有较高的死亡率，超过3岁的个体极少。肢骨反映的年龄与Lemoine标准的结果更为接近，3岁及以上的个体都有相当的比例。

　　在朱家台文化时期，Ⅰ和Ⅱ阶段的愈合率较之前有所下降，分别为78%和57%左右，但大部分的个体还是活过了这个阶段。在第Ⅲ阶段，愈合率则大大下降，仅为13.51%，说明绝大部分的个体没有活过3～3.5岁，与后冈一期文化有所不同（表4-3-6）。

　　肢骨与牙齿所反映的年龄有相同之处，即大多数个体没有活过3岁，但在何时死亡，二者显示了不同的结果：牙齿（Hongo & Meadow标准）的结果显示18～24月龄的死亡率非常高，大多是在2岁之前死亡；而肢骨愈合状况显示在2～3岁也有较高的死亡率。

表4-3-6　朱家台文化猪肢骨愈合情况

年龄阶段	骨骼名称	愈合	愈合中	未愈合	总数	愈合率/%
Ⅰ（0～1岁）	肩胛远端	5	0	5	10	50.00
	肱骨远端	10	0	4	14	71.43
	桡骨近端	6	0	4	10	60.00
	掌骨近端	12	0	0	12	100.00
	跖骨近端	12	0	0	12	100.00
	盆骨	10	0	2	12	83.33
	总计	55	0	15	70	78.57
Ⅱ（2～2.5岁）	掌骨远端	9	0	6	15	60.00
	跖骨远端	12	0	7	19	63.16
	腓骨远端	3	0	1	4	75.00
	胫骨远端	4	2	7	13	46.15
	跟骨	1	2	4	7	42.86
	总计	29	4	25	58	56.90
Ⅲ（3～3.5岁）	肱骨近端	0	0	9	9	0.00
	桡骨远端	2	0	9	11	18.18
	尺骨近端	1	0	9	10	10.00
	尺骨远端	1	0	5	6	16.67
	股骨近端	2	0	9	11	18.18
	股骨远端	1	1	14	16	12.50
	胫骨近端	0	2	9	11	18.18
	腓骨近端	0	0	0	0	0.00
	总计	7	3	64	74	13.51

（三）MWS和屠宰季节

牙齿磨蚀除了可以反映死亡年龄之外，还可以反映死亡季节。Grant将下颌p4（dp4）～m3的牙齿磨蚀程度划分为52个级别（MWS）[1]，由于猪的繁殖是季节性的，因此MWS的分布如果呈现出高峰和低峰的分布，则反映出可能存在季节性的屠宰[2]。

本书按照Ervynck的方法对马岭遗址猪下颌的MWS进行记录和频率统计（图4-3-7），在统计完之后还进行平均移动，以消除偏差（图4-3-8）。

平均移动之后，可以发现形成多个较为密集的峰值。在MWS3、MWS8、MWS12、MWS18、MWS26、MWS32、MWS37、MWS42～MWS43达到峰值。

影响峰值出现的因素有很多，比如屠宰时间、繁殖时间。这些密集峰值的出现可能有两个原因：一是不存在集中的季节性屠宰，在全年多个时间进行屠宰活动；二是一年多次或者不固定时间的繁殖。

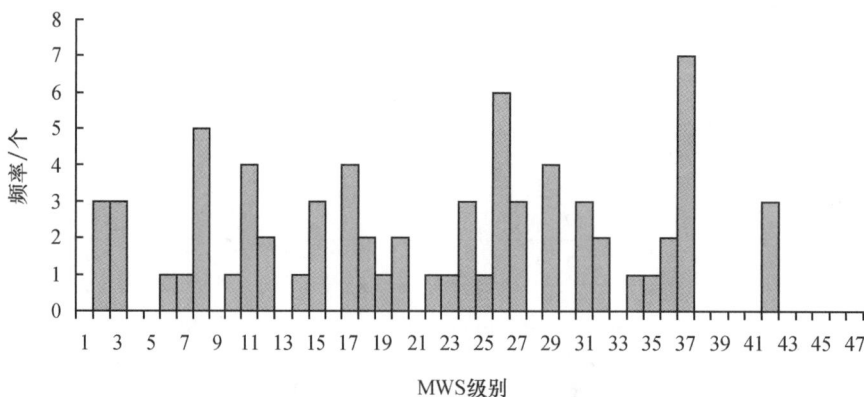

图4-3-7　猪牙MWS分布图

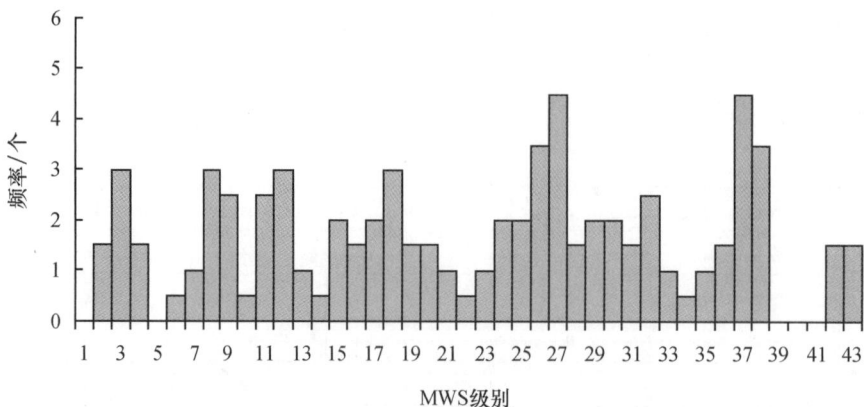

图4-3-8　猪牙MWS分布图（移动平均数）

① Grant A. The use of tooth wear as a guide to the domestic animals. In: Wilson B, Grigson C, Payne S. *Ageing and Sexing Animal Bones from Archaeological Sites* (*British Archaeological Reports British Series 109*). Oxford: BAR Publishing, 1982: 91-108.

② Ervynck A. Detailed recording of tooth wear (Grant, 1982) as an evaluation of the seasonal slaughtering of pigs? examples from Medieval sites in Belgium. *Archaeofauna*, 1997, 6: 67-79.

（四）性别

猪的性别可通过犬齿以及齿孔的形状来判断。雄性个体的犬齿粗壮，无齿根，终身生长，上颌犬齿截面呈圆形，下颌犬齿截面为三角形。雌性个体犬齿不甚发育，有齿根且收缩封闭，截面呈扁椭圆形。

根据这一标准，后冈一期文化第一期雌雄比例为7∶4，第二期为21∶13，第三期为1∶1，不确定期的为6∶1。朱家台文化第一期雌雄比例为11∶1，第三期为3∶0，不确定期别的为6∶0。两个时期均以雌性个体为主，后冈一期文化时期，雌雄的总体比例大概为2∶1；朱家台文化时期则几乎全为雌性个体，而未见雄性个体（表4-3-7）。朱家台文化雄性个体比例如此之低并不符合常理，可能与阉割行为有关，阉割导致雄性个体显示出雌性的特征，这还需要进一步做性别的相关测试。

不同性别的年龄结构未显示出明显的差异。后冈一期文化时期，雌性个体以1.5~2岁及以上个体为主，占比达到80%以上，雄性个体也以1.5~2岁及以上个体为主，占比超过60%。朱家台文化时期与后冈一期文化时期类似（表4-3-8）。但这种年龄结构与整个遗址的年龄结构不太一致，未见Ⅰ、Ⅱ阶段个体应该是因为恒齿犬齿的萌出是在Ⅲ阶段。雌性Ⅲ阶段占比也远低于整体猪群Ⅲ阶段的比例，这可能与猪群的繁育有关，大量的雌性用于繁殖因此被喂养到较老的阶段。

表4-3-7　后冈一期文化和朱家台文化猪性别比例

性别		后冈一期文化				朱家台文化		
		第一期	第二期	第三期	不确定	第一期	第三期	不确定
上颌	雌性	1	7	0	2	1	0	2
	雄性	3	7	5	1	0	0	0
下颌	雌性	6	14	8	4	9	3	4
	雄性	1	6	3	0	1	0	0
雌雄比例		7∶4	21∶13	1∶1	6∶1	11∶1	3∶0	6∶0

表4-3-8　后冈一期文化和朱家台文化不同性别猪年龄结构对比

年龄阶段（月）	后冈一期文化				朱家台文化			
	雌性	%	雄性	%	雌性	%	雄性	%
Ⅲ（6~12）	1	14.29	—	—	1	12.50	—	—
Ⅳ（12~18）	—	—	1	33.33	—	—	—	—
Ⅴ（18~24）	2	28.57	1	33.33	3	37.50	—	—
Ⅵ（24~36）	3	42.86	—	—	3	37.50	—	—
Ⅴ/Ⅵ（18~36）	—	—	—	—	—	—	1	100.00
Ⅶ（36+）	—	—	—	—	1	12.50	—	—
Ⅵ/Ⅶ（24+）	1	14.29	1	33.33	—	—	—	—
合计	7	100.01	3	99.99	8	100.00	1	100.00

（五）小结

结合牙齿和肢骨数据可知，0.5～1岁、1.5～2岁、2岁以上是猪死亡的三个高峰，这与以往认为的最佳肉用屠宰模式并不相符。这种年龄结构是较为分散的，同时MWS的统计结果也显示没有明显集中的屠宰或者繁殖季节，反映了马岭遗址养猪规模可能偏小[①]。同时年龄结构偏老，30%左右的个体在2岁以上死亡，表明这些猪可能是放养。尽管性别比例中雌性个体高于雄性个体，但在后冈一期文化时期雌雄比例大致为2：1，并未达到极端差异，也反映出养猪规模并不是很大。综合来看，马岭的养猪方式应较为粗放，属于小规模的放养模式。

二、鹿 科 动 物

中型鹿科是鹿科动物中最多的，且有较为明确的年龄判断标准。因此下文对中型鹿科展开年龄结构的分析，参考Koike等对梅花鹿牙齿的萌出和磨蚀的研究[②]，对遗址出土的中型鹿科动物牙齿磨蚀级别进行判断；参考Carden对于梅花鹿骨骼愈合情况的研究[③]，对中型鹿科的骨骺愈合状况进行统计。鹿科动物的性别可通过额骨上角柄的有无来判断。

需要说明的是，Carden的研究并不能完全适用于马岭遗址的材料。如H501出土了一只完整的中型鹿科骨架，牙齿磨蚀判断的结果为2.5～3.5岁，肱骨近远端、尺骨近端、股骨近远端、胫骨近端均未愈合，其他部位则均已愈合，显示年龄也应在2～4岁。该个体的掌跖骨远端已完全愈合，根据Carden的标准，掌跖骨远端应在5～6岁才会愈合，这样便与牙齿和其他肢骨的年龄结果矛盾。鉴于此，本书对Carden的标准进行了适当调整，参考Purdue对白尾鹿的研究显示白尾鹿的愈合是26～29月龄[④]，本书将掌跖骨远端愈合年龄定在24～48月龄这一区间。

（一）牙齿反映的年龄结构

后冈一期文化第一、二期，朱家台文化第一、三期发现鹿的下颌和牙齿，后冈一期文化第三期和朱家台文化第二期则未见。

---

①　Hadjikoumis A. Traditional pig herding practices in southwest Iberia: Questions of scale and zooarchaeological implications. *Journal of Anthropological Archaeology*, 2012, 31(3): 353-364.

②　Koike H, Ohtaishi N. Prehistoric hunting pressure estimated by the age composition of excavated sika deer (*Cervus nippon*) using the annual layer of tooth cement. *Journal of Archaeological Science*, 1985, 12(6): 443-456.

③　Carden R F. *Putting Flesh on Bones: The Life and Death of the Giant Irish Deer* (*Megaloceros Giganteus, Blumenbach, 1803*). PhD thesis. Dublin: National University of Ireland, 2006.

④　Purdue J R. Epiphyseal closure in White-Tailed Deer. *The Journal of Wildlife Management,* 1983, 47(4): 1207-1213.

1. 后冈一期文化第一期

中型鹿科的下颌和牙齿共10件，至少代表5个个体。其中H1145、H501①均有左右下颌或牙齿，可能为同一个个体，年龄分别为7.5岁和2.5~3.5岁。另有小于1岁的个体1个、1.5~3.5岁的个体1个、7.5岁个体1个（表4-3-9）。

表4-3-9 后冈一期文化第一期中型鹿科牙齿磨蚀和年龄判断

骨骼编号	部位	左右	牙齿磨蚀	年龄/岁
H999-#2156	下颌	右	m1（5）	1.5~3.5
H999-#2158	下m2	右	m2（E）	小于1
H1010-#2744	下颌	右	m2（2）+m3（3）	7.5
H1145-#2985	下颌	右	m1（2）+m2（3）+m3（4）	7.5
H1145-#2986	下颌	左	m1（2）+m2（3）+m3（4）	7.5
H501①-#4691	下颌	右	m1（3）	3.5~6.5
H501①-#4692	下颌	右	m2（5）	3.5~5.5
H501①-#4693	下颌	右	m3（7）	2.5~3.5
H501①-#4695	下颌	左	m2（5）+m3（7）	2.5~3.5

2. 后冈一期文化第二期

中型鹿科下颌和牙齿共4件，至少代表3个个体，其中3.5~6.5岁1个、4.5~6.5岁2个，均为成年或接近成年个体（表4-3-10）。

表4-3-10 后冈一期文化第二期中型鹿科牙齿磨蚀和年龄判断

骨骼编号	部位	左右	牙齿磨蚀	年龄/岁
G12-#4060	下m1/m2	左	m1/m2（3）	3.5~6.5
G12-#4086	下颌	左	m1（3）	3.5~6.5
G12-#4091	下颌	左	m1（2）	4.5~6.5
G12-#4132	下颌	左	m1（2）	4.5~6.5

3. 后冈一期文化未确定期别

中型鹿科下颌及牙齿共4件，至少代表2个个体，年龄均在4.5岁以上（表4-3-11）。

表4-3-11 后冈一期文化未确定期别中型鹿科牙齿磨蚀和年龄判断

骨骼编号	部位	左右	牙齿磨蚀	年龄/岁
H1232：5-#5156	下颌	左	m1（2）	4.5~6.5
H1232：5-#5157	下颌	左	m2（3）+m3（5）	6.5
H1232：5-#5158	下m2	左	m2（2）	5.5~6.5
H1232：5-#5159	下m3	左	m3（4）	5.5~6.5

4. 朱家台文化第一期

有3件下颌（牙齿），其中H705的2件为一个个体。因此牙齿至少代表了2个个体，年龄均在3.5岁以上（表4-3-12）。

表4-3-12　朱家台文化第一期中型鹿科牙齿磨蚀和年龄判断

骨骼编号	部位	左右	牙齿磨蚀	年龄/岁
T6235⑧-#2096	下m2	右	m2（3）	3.5～5.5
H705-#2436	下颌	右	m1（3）+m2（4）+m3（6）	3.5～4.5
H705-#2437	下颌	左	m1（3）+m2（4）+m3（6）	3.5～4.5

5. 朱家台文化第三期

仅有1件下颌m3，磨蚀级别为4，年龄为6.5岁。

（二）肢骨反映的年龄结构

1. 后冈一期文化第一期

中型鹿科0～2岁的个体愈合率为100%，即全部的个体活过了2岁。2～4岁的愈合率有轻微下降，为88%，绝大部分的个体活过了2～4岁。4～5岁的愈合率则大幅度下降到42%，仅有不到一半的个体。5～6岁的愈合率为43%，超过半数的个体活过了这个阶段（表4-3-13）。这表明在狩猎的中型鹿科多为4～5岁甚至更老的个体，而未见0～2岁的幼年个体。

牙齿和肢骨都显示了有较多的成年个体，6岁以上的个体占比都比较高，超过40%。但是也有不同之处，肢骨未发现2岁以下个体，而牙齿显示却有40%的个体小于3.5岁。

表4-3-13　后冈一期文化第一期中型鹿科肢骨愈合状况

年龄级别	骨骺	愈合	愈合中	未愈合	愈合率/%
I （0～24月）	肩胛	7	0	0	100
	肱骨远端	6	0	0	
	桡骨近端	1	0	0	
	掌骨近端	4	0	0	
	跖骨近端	3	0	0	
	髋臼	2	0	0	
	合计	23	0	0	
II （24～48月）	尺骨近端	0	1	0	100
	胫骨远端	7	0	0	
	掌骨远端	3	0	0	
	跖骨远端	2	0	1	67
	合计	12	1	1	93

年龄级别	骨骺	愈合	愈合中	未愈合	愈合率/%
Ⅲ （48~60月）	肱骨近端	1	0	2	33
	股骨近端	1	0	3	25
	股骨远端	3	0	2	60
	合计	5	0	7	42
Ⅳ （60~72月）	桡骨远端	0	0	2	0
	胫骨近端	3	0	2	60
	总数	3	0	4	43

2. 后冈一期文化第二期

0~2岁的愈合率为89%，即绝大部分个体活过了2岁。2~4岁、4~5岁的愈合率则为100%，全部个体活过了这两个阶段。5~6岁的愈合率为83%，绝大多数的个体活过了这个阶段（表4-3-14）。这表明狩猎的中型鹿科多为5~6岁甚至更老的个体。

表4-3-14　后冈一期文化第二期中型鹿科肢骨愈合状况

年龄级别	骨骺	愈合	愈合中	未愈合	愈合率/%
Ⅰ （0~24月）	肩胛	3	0	0	100
	肱骨远端	7	0	0	
	桡骨近端	2	0	0	
	掌骨近端	1	0	0	
	跖骨近端	3	0	0	
	髋臼	0	0	2	0
	合计	16	0	2	89
Ⅱ （24~48月）	胫骨远端	3	0	0	100
	掌/跖骨远端	2	0	0	
	合计	5	0	0	
Ⅲ （48~60月）	股骨近端	0	1	0	100
	股骨远端	2	0	0	
	合计	2	1	0	
Ⅳ （60~72月）	胫骨近端	4	0	1	75
	桡骨远端	1	0	0	100
	合计	5	0	1	83

牙齿和肢骨的数据都显示出以成年个体为主，3.5岁以上的个体占据绝对优势。肢骨显示有极少的2岁以下个体，而牙齿的数据则显示均为3.5岁以上个体。

3. 后冈一期文化第三期

0～2岁的愈合率为100%，即所有个体活过了2岁。2～4岁愈合率下降为50%，4～5岁的愈合率则又为100%，全部个体活过了这两个阶段。5～6岁的愈合率为80%，绝大多数个体活过了这个阶段（表4-3-15）。这表明狩猎的中型鹿科多为2～4岁和5～6岁甚至更老的个体。

表4-3-15　后冈一期文化第三期中型鹿科肢骨愈合状况

年龄级别	骨骺	愈合	愈合中	未愈合	愈合率/%
I （0～24月）	肱骨远端	5	0	0	100
	掌骨近端	1	0	0	
	跖骨近端	5	0	0	
	合计	11	0	0	
II （24～48月）	胫骨远端	2	0	2	50
	跖骨远端	1	0	0	100
	合计	3	0	2	60
III （48～60月）	股骨远端	1	0	0	100
	合计	1	0	0	
IV （60～72月）	桡骨远端	2	0	0	100
	胫骨近端	1	0	1	50
	合计	3	0	1	75

4. 朱家台文化第一期

所有肢骨均已愈合，表明狩猎的中型鹿科均为5～6岁以上（表4-3-16），而牙齿则显示中型鹿科的年龄在3.5～5.5岁。

表4-3-16　朱家台文化第一期中型鹿科肢骨愈合状况

年龄级别	骨骺	愈合	愈合中	未愈合	愈合率/%
I （0～24月）	肩胛	1	0	0	100
	肱骨远端	3	0	0	
	掌骨近端	1	0	0	
	髋臼	1	0	0	
	合计	6	0	0	
II （24～48月）	尺骨近端	1	0	0	100
	胫骨远端	3	0	0	
	掌骨远端	1	0	0	
	合计	5	0	0	
III （48～60月）	股骨近端	2	0	0	100
	合计	2	0	0	
IV （60～72月）	桡骨远端	1	0	0	100
	合计	1	0	0	

5. 朱家台文化第二期

肢骨数据仅肱骨远端1件、股骨远端1件，均已愈合，活过了4~5岁。

6. 朱家台文化第三期

肢骨仅有跖骨远端1件，已愈合，至少活过了2~4岁，与牙齿所反映的年龄一致。

（三）性别

马岭遗址总共发现17件大、中、小型鹿科的额骨，年代均为后冈一期文化时期。这些额骨上均有角柄，未见不带角柄的额骨（表4-3-17），显示出后冈一期文化时期对鹿科雄性个体的偏好。通过上文年龄的分析，可知对鹿科动物捕获以成年个体为主。捕获成年雄性个体可能与需要鹿角制作角器有关，鹿角上的加工痕迹非常多，详见本章第五节。

表4-3-17 不同鹿科动物带角柄额骨数量

带角柄额骨	后冈第一期	后冈第二期	后冈第三期	后冈时期
小型鹿科	3	3	0	0
中型鹿科	4	5	3	1
大型鹿科	1	0	0	0

还需要注意的是，未见不带角柄的额骨并不代表完全不狩猎雌性个体，可能与这一部位较难保存、识别有一定关系。如H501出土了一只较为完整的中型鹿科骨架，头骨仅发现顶骨、眼眶、枕髁，未见其他部位，可能是埋藏过程中导致头骨破碎而未完全收集。角属于较易发现的部位，该个体未见角，推测其可能为雌性个体。

（四）小结

总体来看，后冈一期和朱家台文化时期，肢骨和牙齿均显示中型鹿科绝大部分为3.5岁以上个体，肢骨更是显示大部分都活过了5~6岁。不过后冈一期文化第一期略有所不同，这一时期有少量0~2岁个体，且在4~5岁的死亡比例较高。结合数量统计和尺寸分析，在后冈一期文化第一期，古人对于中型鹿科的狩猎压力较大，甚至对未成年个体也进行较多的狩猎，导致尺寸统计上个体偏小。而第二期及之后狩猎的个体大多为6岁左右及以上，尺寸偏大，而且数量也在减少。这是被迫做出的选择，还是反映出古人主动的可持续发展理念，有待今后进一步的思考。

可鉴定性别的个体绝大部分为雄性，偶有雌性鹿科发现。或可推测古人狩猎的鹿科多为雄性成年个体，这种策略不仅与为获取较多肉量有关，也应与角器的制作需求有关。

三、大 型 牛 科

牛的牙齿萌出和磨蚀记录方法采用了Grant的标准[①]，年龄判断则依据Grigson的相关研究[②]；骨骺愈合年龄和阶段划分主要参考了Silver的研究[③]。

（一）牙齿反映的年龄结构

牛的下颌发现很少，仅有5件带有牙齿，均大于24个月，其中3件大于40个月（表4-3-18）。

表4-3-18　大型牛科牙齿磨蚀级别与年龄判断

骨骼编号	年代	部位	左右	牙齿磨蚀	年龄
H1125 -#5963	后冈第二期	下颌	左	m1（m—n）+m2（k）+m3（h）	大于50月
T6031 G12①-#3042	后冈第三期	下m1/m2	右	m1/m2（k）	大于24月
T5930 G12-# 3455	后冈第三期	下m3	右	m3（k）	大于40月
T6135 ⑦-#2555	朱家台第一期	下m3	右	m3（a）	大于36月
H81-#6085	商周	下颌	左	p4（j）+m1（p）+m2（1）+m3（k）	大于50月

（二）肢骨反映的年龄结构

牛的肢骨发现不多，为确保样本量，将后冈一期、朱家台文化分别合期统计。

1. 后冈一期文化时期

在后冈一期文化时期，全部个体都活过了2～3岁，绝大部分个体活过了3～3.5岁和3.5～4岁，仅有一小部分个体在这两个阶段死亡，成年个体占据主体（表4-3-19）。牙齿的年龄也显示以成年个体为主。

---

① Grant A. The use of tooth wear as a guide to the domestic animals. In: Wilson B, Grigson C, Payne S. *Ageing and Sexing Animal Bones from Archaeological Sites* (*British Archaeological Reports British Series 109*). Oxford: BAR Publishing, 1982: 91-108.

② Grigson G. Sex and age determination of some bones and teeth of domestic cattle: A review of the literature. In: Wilson B, Grigson C, Payne S. *Ageing and Sexing Animal Bones from Archaeological Sites*. Oxford: British Archaeological Reports British Series 109, 1982: 7-24.

③ Silver I A. The ageing of domestic animals. In: Brothwell D, Higgs E. *Science in Archaeology: A Survey of Progress and Research*. London: Thames and Hudson, 1969: 283-302.

表4-3-19　后冈一期文化大型牛科肢骨愈合状况

年龄阶段	骨骼部位	愈合	愈合中	未愈合	愈合率/%
I （7~10月）	肩胛	4	0	0	100.00
	髋骨	4	0	0	
	合计	8	0	0	
II （1~1.5岁）	桡骨近端	3	0	0	100.00
	肱骨远端	10	0	0	
	第一趾骨近端	6	0	0	
	第二趾骨近端	3	0	0	
	合计	22	0	0	
III （2~3岁）	掌/跖骨远端	5	0	0	100.00
	胫骨远端	4	0	0	
	合计	9	0	0	
IV （3~3.5岁）	股骨近端	3	2	2	71.43
	跟骨	3	0	0	100.00
	合计	6	2	2	80.00
V （3.5~4岁）	桡骨远端	0	0	1	0.00
	股骨远端	2	2	2	66.67
	胫骨近端	1	1	0	100.00
	肱骨近端	0	1	0	100.00
	尺骨近、远端	1	0	0	100.00
	合计	4	4	3	72.73

各期愈合率变化不大，全部个体活过了3岁。第一期所有个体都活过了4岁，第二期则绝大部分个体活过了3~3.5岁，一半个体活过了3.5~4岁；第三期时，一半个体没有活过3~3.5岁，而所有个体又活过了3.5~4岁（表4-3-20）。由于各期样本量较少，不能确定三期的变化是否具有意义。

表4-3-20　后冈一期文化各期大型牛科肢骨愈合状况对比

年龄阶段	第一期愈合率/%	第二期愈合率/%	第三期愈合率/%
I（7~10月）	100.00	100.00	100.00
II（1~1.5岁）	100.00	100.00	100.00
III（2~3岁）	100.00	100.00	100.00
IV（3~3.5岁）	100.00	83.33	50.00
V（3.5~4岁）	100.00	57.14	100.00

2. 朱家台文化时期

朱家台文化时期的样本量也很少，全部个体均活过了3.5～4岁，均为成年个体（表4-3-21）。

表4-3-21　朱家台文化大型牛科肢骨愈合状况

年龄组	骨骼部位	愈合	愈合中	未愈合	愈合率/%
I （7～10月）	肩胛	1	0	0	100.00
	髋骨	1	0	0	
	合计	2	0	0	
	第一趾骨近端	1	0	0	
	第二趾骨近端	3	0	0	
	合计	4	0	0	
III （2～3岁）	掌/跖骨远端	1	0	0	100.00
	合计	1	0	0	
IV （3～3.5岁）	股骨近端	1	0	0	100.00
	合计	1	0	0	
	股骨远端	1	0	0	
	合计	1	0	0	

（三）小结

后冈一期文化、朱家台文化时期的大型牛科均以成年个体为主，稍有不同的是后冈一期文化时期有一小部分个体在3～4岁阶段死亡，而朱家台文化时期的则全部活过4岁。

四、狗

后冈一期文化的M161、M252葬有整只的狗，所有骨骼均已愈合，年龄应超过1.5岁，均为成年个体。另在后冈一期文化第一期的H817发现狗的胫骨，均已愈合，也为成年个体。另有小型犬科的3件股骨和1件肱骨，大小明显小于狗的标本，也均已愈合。

第四节　骨骼部位发现率

遗址中出土动物骨骼部位不仅与骨骼自身的大小、密度等因素相关，更与人类行为有着密切关系，可以反映出屠宰地点、搬运策略、食物制备和处理习惯等信息[①]。

考虑此类分析对样本量的要求，下文将对后冈一期文化和朱家台文化时期数量较多的猪、中型鹿科和大型牛科、熊的骨骼部位发现率进行历时性的分析，并结合骨骼的密度、食物利用指数、破碎度来分析背后所反映的人类行为。最后将各个种属进行比对，分析先民对不同动物的处理方式。

一、猪

在后冈一期文化各期，猪的骨骼部位发现率呈现出基本相似的特点，下颌骨、肩胛、肱骨远端均为高峰。下颌的发现率均在50%以上，其中第二期和第三期甚至在80%左右。肱骨远端的发现率也在50%以上，其中第一期达到75%，第三期更是为100%。肩胛的发现率则在30%～40%。尺骨近端、髋臼、胫骨近端也有一定的发现率。其他部位发现较少，尤其是末梢骨，掌跖骨、趾骨的发现率大多低于3%。另外，在第一期，寰椎的发现率明显高于其他时期（图4-4-1）。

朱家台文化第一期猪骨发现率与后冈一期文化时期也较为相似，下颌、肱骨远端都有较高的发现率，分别为69%和46%，但肩胛发现率明显低于后冈时期。尺骨近端、股骨远端也有一定的发现率（图4-4-1）。

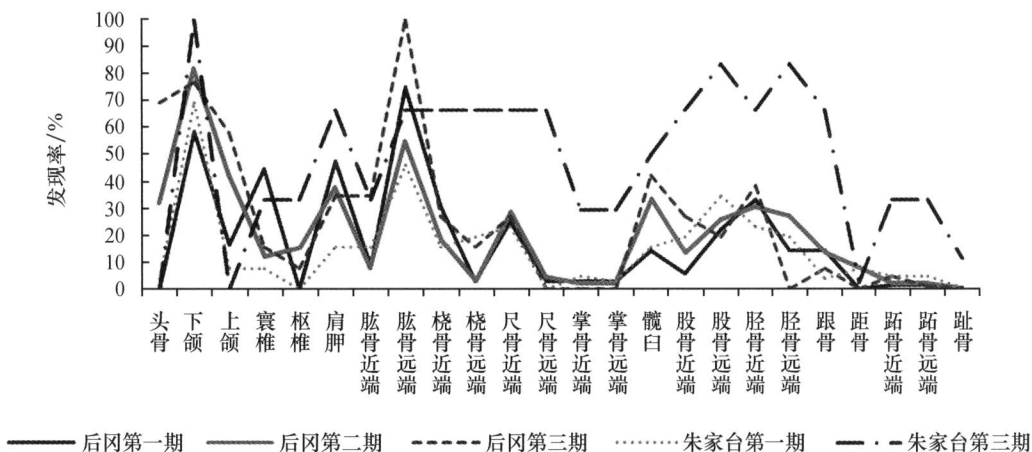

图4-4-1　后冈一期文化和朱家台文化猪骨骼部位发现率折线图

---

① Elizabeth J. Reitz, Elizabeth S. Wing 著，中国社会科学院考古研究所译：《动物考古学》（第二版），科学出版社，2013年，第5页。

　　朱家台文化第三期则与之前四个阶段明显不同，除下颌、肩胛、肱骨远端外，尺骨、股骨、胫骨、跟骨也有50%以上的发现率，掌跖骨也有30%左右的发现率。这可能与该时期猪骨出土的背景有关系，这些猪极有可能是整只埋葬的，因此大多数的骨骼均有发现（图4-4-1）。

　　下颌发现率高与骨骼密度较高、易于保存有关，也与食物的效用指数较低、遭到破坏较少有关。肱骨远端愈合早，因此有较高的发现率。趾骨等末梢骨发现率低，可能与骨骼本身较小，又未过筛有关，不易保存、不易发现。

二、中 型 鹿 科

　　中型鹿科在朱家台文化发现不多，因此仅统计后冈一期文化的样本。

　　后冈一期文化各期，以角柄为代表的头骨、肱骨远端都有比较高的发现率，在50%～90%。而上颌、寰椎、桡骨、尺骨、跖骨远端、趾骨的发现率则较低，在30%以下（图4-4-2）。趾骨的发现率低可能与猪的情况类似，与骨骼本身较小，又未过筛有关，不易保存，不易发现。

　　各期的发现率之间也存在明显的差别，第一期的各部位发现率普遍要高于之后两期，其中肩胛、掌骨、股骨、胫骨的发现率明显更高。第一、二期的跟骨和距骨都较高，超过50%，且明显高于第三期。

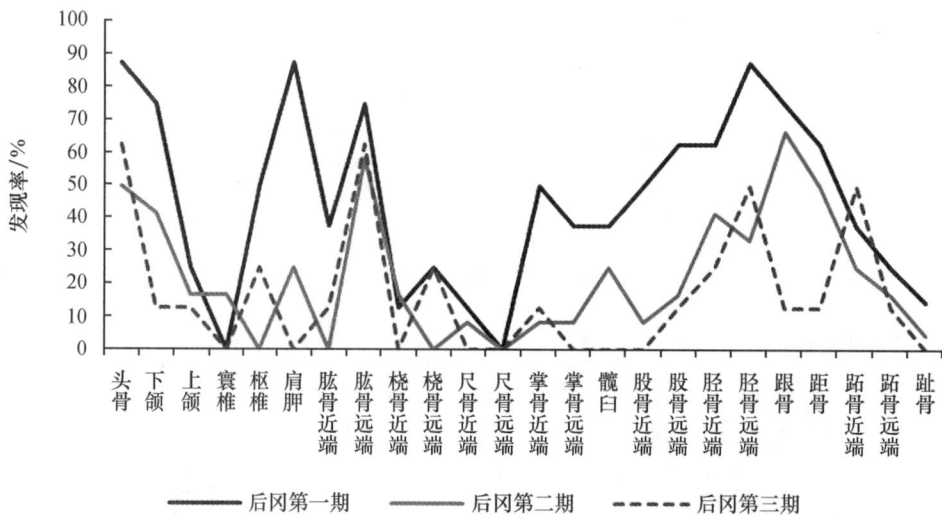

图4-4-2　后冈一期文化中型鹿科骨骼部位发现率折线图

1. 密度与骨骼部位发现率

　　骨骼的密度是影响骨骼发现率的重要因素。骨骼密度越高、越容易保存，而保存得越完整则越容易被识别出来，破碎度越高则越难以识别。不同部位的密度参照Lyman的研究[①]。

---

　　① 　Lyman R L. *Vertebrate Taphonomy*. Cambridge: Cambridge University Press, 1994.

在后冈一期文化第一期，掌跖骨近端的密度最高，发现率却适中，为40%～50%。密度在
0.5～0.55的部位，发现率差异很大，胫骨远端发现率可接近90%，而桡骨近端却只有10%左右
的发现率。密度在0.3～0.4的骨骼部位的发现率同样差异很大，肩胛的密度尽管只有0.35，其
发现率却与密度为0.5的胫骨远端的发现率一样高，可接近90%，而密度为0.37的尺骨远端的发
现率则仅有10%左右。肱骨近端的密度最低，其发现率却不是最低，可接近40%（图4-4-3）。
线性相关系数R^2=0.0097，也显示出密度与骨骼部位发现率之间相关性极低。第二期的情况也与
第一期类似（图4-4-4）。第三期骨骼密度与发现率之间相关性则稍大一些，密度在0.5以上的
跖骨近端、胫骨和肱骨远端有着最高的发现率，超过50%，而密度低于0.5的骨骼部位，发现率
均不超过30%，而线性相关系数R^2=0.0663显示出相关性并不强（图4-4-5）。

综合来看，中型鹿科的发现率与密度相关性并不大，更可能是其他因素的影响。

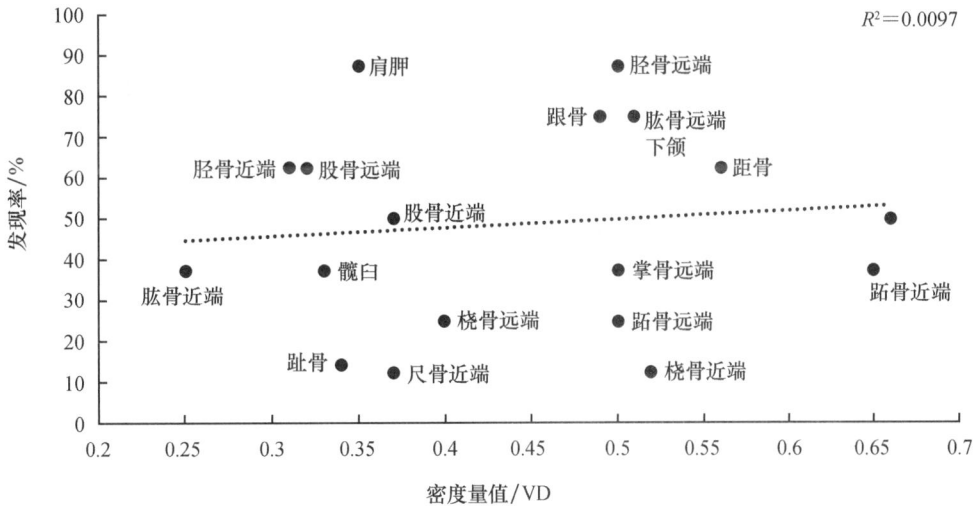

图4-4-3　后冈一期文化第一期中型鹿科动物密度量值与发现率对比图

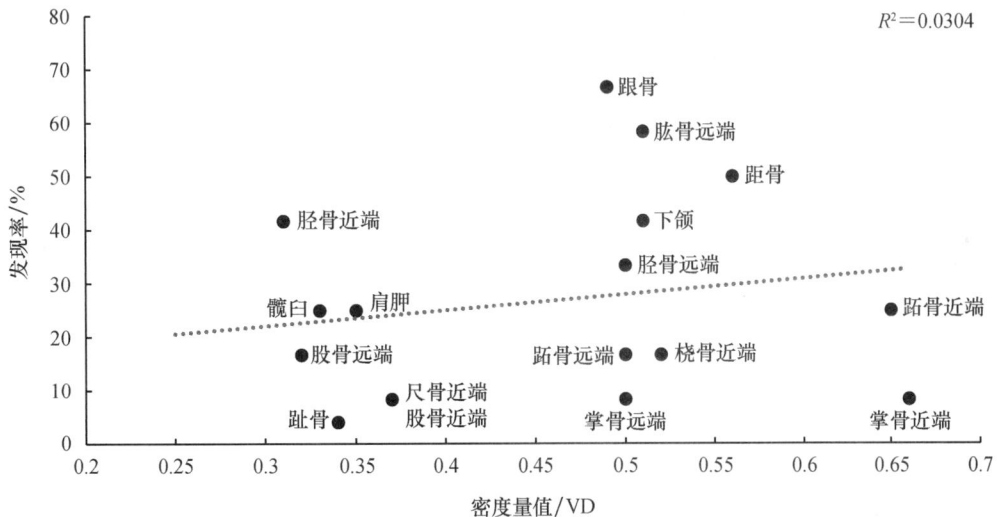

图4-4-4　后冈一期文化第二期中型鹿科动物密度量值与发现率对比图

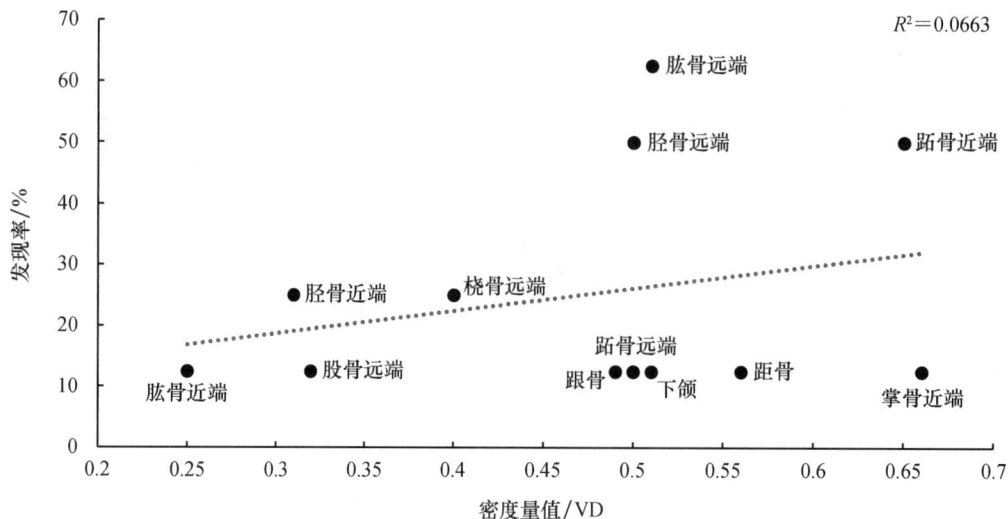

图4-4-5　后冈一期文化第三期中型鹿科动物密度量值与发现率对比图

2. 食物利用指数与骨骼部位发现率

鹿科动物是狩猎而来，需将它们从狩猎地搬运至遗址内，因此搬运策略也将对骨骼发现率造成影响。可结合食物利用指数（FUI）来对这一问题进行分析，具体指数参照了Metcalfe & Jones的研究[①]。

在后冈一期文化第一期，股骨的食物利用指数是最高的，超过5000，其发现率适中，在50%～70%。胫骨近端次之，发现率也与股骨接近。肱骨、胫骨远端、肩胛、髋臼食物利用指数比较接近，在2000～2500，但是发现率却存在较大差异，肱骨近端、髋臼发现率要比其他骨骼低得多。在食物利用指数1000～1500的骨骼中，跟骨、距骨发现率明显要高于桡尺骨，甚至和肱骨一样。食物利用指数低于1000的掌跖骨、趾骨发现率也比较低，但食物利用指数很低的下颌却有非常高的发现率，显得很特殊（图4-4-6）。第二、三期的情况有所不同，尤其是食物利用率高的股骨发现率迅速下降（图4-4-7、图4-4-8）。三个时期食物利用率与骨骼发现率的相关性系数都极低，小于0.1。

因此，中型鹿科的食物利用指数与骨骼发现率并不存在太大联系。古人对鹿科动物的利用不局限在肉食消费，还可能利用其骨骼和角制作骨角器，因此即使有些部位的食物利用指数很低，也一样会将其带回居址，比如含有角的头骨以及非常适合制作骨器的掌跖骨。

3. 破碎度与骨骼发现率

可通过长度的保存情况来考察破碎度的情况。在后冈一期文化中，第三期的破碎度最高，长度<1/4、1/4～1/2的骨骼占比超过80%；第二期次之，长度<1/4、1/4～1/2的骨骼占比则在70%左右；第一期骨骼则明显更为完整，保存完整的骨骼甚至都达到了33.1%

---

① Metcalfe D, Jones K T. A reconsideration of animal body-part utility indices. *American Antiquity*, 1988, 53(3): 486-504.

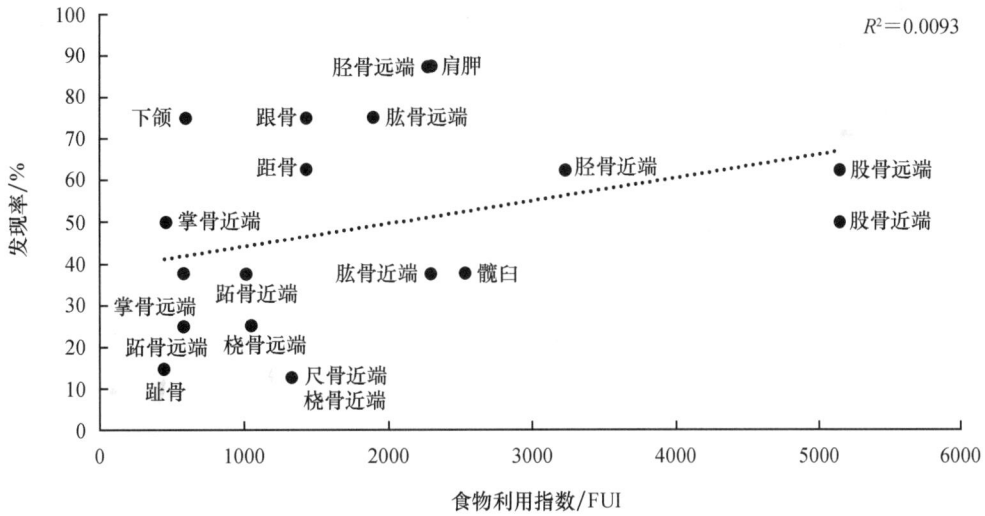

图4-4-6　后冈一期文化第一期中型鹿科动物食物利用指数与发现率对比图

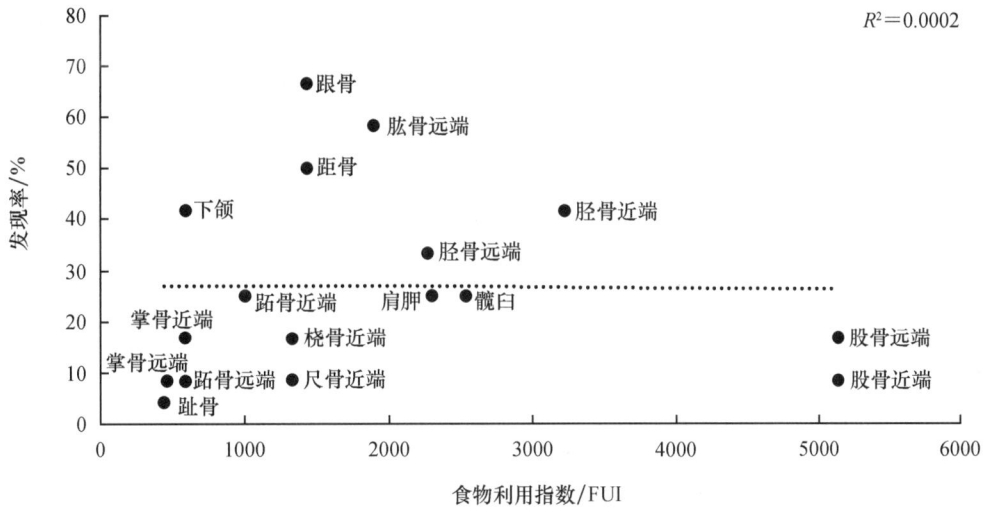

图4-4-7　后冈一期文化第二期中型鹿科动物食物利用指数与发现率对比图

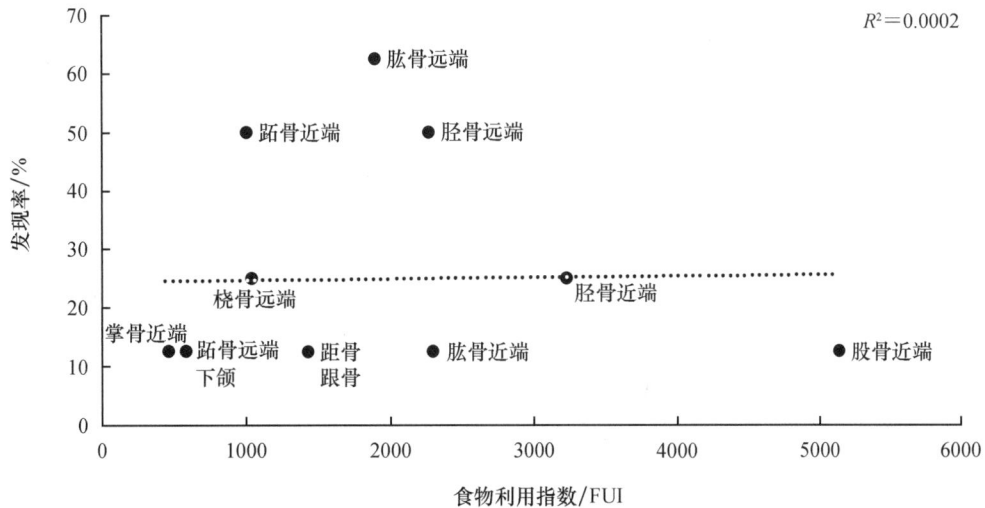

图4-4-8　后冈一期文化第三期中型鹿科动物食物利用指数与发现率对比图

（表4-4-1），这应与第一期有整只埋葬的个体有关。如上所述，第一期整体的骨骼发现率要普遍高于第二、三期，这种破碎度的变化与各期的发现率有着较大的关联性，即破碎度越高、发现率越低，破碎度越低则发现率越高。破碎度与古人对骨骼的消费方式有着密切关系，消费越细致，则骨骼破碎度往往越高，反映出古人在第二、三期对中型鹿科的消费是更精细的。

表4-4-1　后冈一期文化中型鹿科骨骼破碎度统计表

期别	≤1/4	1/4 ~ 1/2	1/2 ~ 3/4	3/4 ~ 1	1	总数
第一期	43（35.5%）	23（19%）	2（1.7%）	13（10.7%）	40（33.1%）	121
第二期	45（52.3%）	18（20.9%）	3（3.5%）	8（9.3%）	12（14%）	86
第三期	22（57.9%）	12（31.6%）	1（2.6%）	0（0%）	3（7.9%）	38

4. 小结

整体而言，骨骼密度、食物利用指数对骨骼部位的发现率并没有显示出相关性，破碎度对骨骼发现率的影响更大。但如果具体到每一个部位，它们受到的影响因素是各不相同的。

头骨发现率的计算是基于额骨和角柄进行统计的，其较高的发现率应该与这一部位较容易保存有关，同时也反映出古人对鹿角的利用倾向。

下颌发现率是基于牙齿来统计的，牙齿密度高而且下颌食物利用指数较低，受到的肉食消费破坏也较少，因此发现率高。第三期下颌的发现率却很低，但是同时与之相连的头骨却一直保持非常高的发现率，这说明头部应是被带回到居址，只是对下颌的处理方式有所改变。

上颌的统计也是基于牙齿的，其发现率却一直很低，这与下颌不同。马岭遗址中发现的鹿科动物头骨一般仅保留了额骨、顶骨、枕骨的部分，少见上颌，这或许与获取脑髓、对这一部分造成强烈破坏有关。

肱骨近、远两端的发现率存在较大差异，近端发现率一直很低，而远端却发现率很高，二者的食物利用指数都较高，因此近端的低发现率可能与低密度有关，密度低不容易保存下来。同时，这还可能与敲骨吸髓行为有关，古人或许会选择密度低的部位对骨骼进行敲砸，从而破坏骨骼而无法辨识。桡骨和尺骨的发现率低则或许与其骨骼本身形态便于制作骨器有关，马岭遗址的部分骨器就是由尺骨制作而成。

髋臼食物利用指数、密度与肩胛接近，发现率却比肩胛低很多。这可能与消费方式有关，分割髋臼这一位置附着的肉食容易造成骨骼的破碎，以致难以保存或无法识别。

股骨仅在第一期有着较高的发现率，第二、三期发现率都很低，这应与第一期整只埋葬的个体有关。股骨有着最高的食物利用指数，应会被带回居址，但发现却很少。这一方面是股骨两端密度并不高、不容易保存下来，另一方面是股骨所含的骨髓非常多，古人或许会进行较多的敲砸破坏行为。在密度和食物利用指数相近的胫骨近端则有着较高的发现率，这可能反映了对不同部位的差异化利用。

掌跖骨发现率一直很低，其食物利用指数也非常低，但密度很高。其较低的发现率或许是因为掌跖骨食物利用指数低并未被带回到居址，也可能是因为掌跖骨遭到的破坏较多。在马岭遗址骨器的制作中，鹿的掌跖骨可能是经常被利用的部位，特别是用来制作骨锥、骨簪等长且直的器物。

　　综上所述，中型鹿科骨骼部位发现率与骨骼密度、搬运效应关系不大，而更多的是受到人类敲骨吸髓、制作骨器等行为的影响。

三、大 型 牛 科

　　朱家台文化第二期大型牛科的样本量太少，朱家台文化第三期仅有牛的头骨和角，因此下文仅统计后冈一期文化各期和朱家台文化第一期。

　　后冈一期文化的三个时期，大型牛科的骨骼部位发现率存在一些相似之处，如肱骨远端的发现率均较高，等于或超过50%，同时也存在一些差异。第一期，大部分的骨骼均有发现，其中距骨的发现率最高，超过60%；其次为跖骨远端、肱骨远端，为50%；再次为头骨、寰椎、髋臼、胫骨远端，发现率为33%左右；其他骨骼则发现较少。第二期，形成几个明显的高峰，股骨远端的发现率最高，超过80%；其次为肱骨远端、头骨和上颌，为50%~70%，再次为下颌、肩胛、跖骨远端、跟骨，其他骨骼则发现较少。第三期，发现的部位较少，这与样本本身较少也有关，仅有上颌、下颌、肱骨、桡骨近端、股骨、胫骨近端、趾骨发现，除趾骨外，其他发现率均为50%。

　　朱家台文化时期发现的部位也比较少，仅有下颌、肩胛、尺骨远端、掌骨、髋臼、胫骨近端、距骨发现，除距骨的发现率为100%外，其他骨骼发现率为50%（图4-4-9）。

　　大型牛科体型巨大，比现生水牛尺寸要大得多，如何将这庞然大物运回居址，食物利用指数应对搬运策略产生重要影响。鉴于后两期牛骨的数量很少，可能无法反映真实情况，所以下文对数量较多的后冈一期文化第一、二期进行食物利用指数的分析，具体指数参考了Emerson的研究[1]。

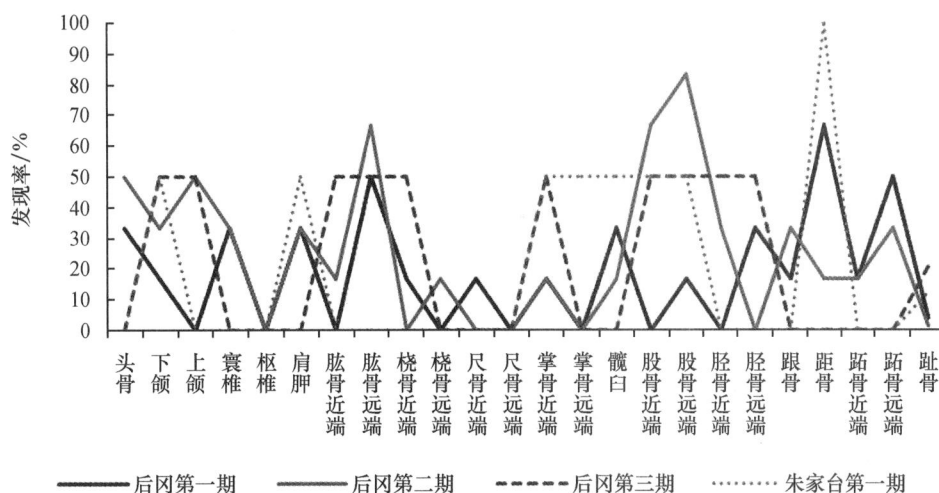

图4-4-9　后冈一期文化和朱家台文化大型牛科骨骼部位发现率折线图

　　[1]　Emerson A M. *Archaeological Implication of Variability in the Economic Anatomy of Bison*. Unpublished PhD thesis. Pullman: Washington State University, 1990.

在后冈一期文化第一期，食物利用指数与骨骼部位发现率不存在必然联系，利用指数最高的股骨发现率很低，食物利用指数较低的距骨发现率却是最高的，二者的相关性系数极低（图4-4-10）。第二期则与第一期有所不同，股骨的发现率骤然提升，而利用指数较低的跟骨、距骨、掌跖骨、趾骨发现率都很低，二者的相关性系数也比较高，接近0.4，表明二者有着一定的相关性（图4-4-11）。

第一期，无论食物利用指数高低，大部分骨骼都被运回居址，这可能反映出古人对牛的所有部位都物尽其用、不浪费任何可用的资源，对其利用不局限于食物利用，还包括其他方式，比如仪式性的利用、骨料的利用等，而股骨的发现率低则可能与敲骨吸髓有关。第二期，食物利用指数是影响搬运策略的主要因素，利用率高的部位分割后被带入居址，利用率低的骨骼则经常被抛弃在屠宰地，与第一期有所不同。

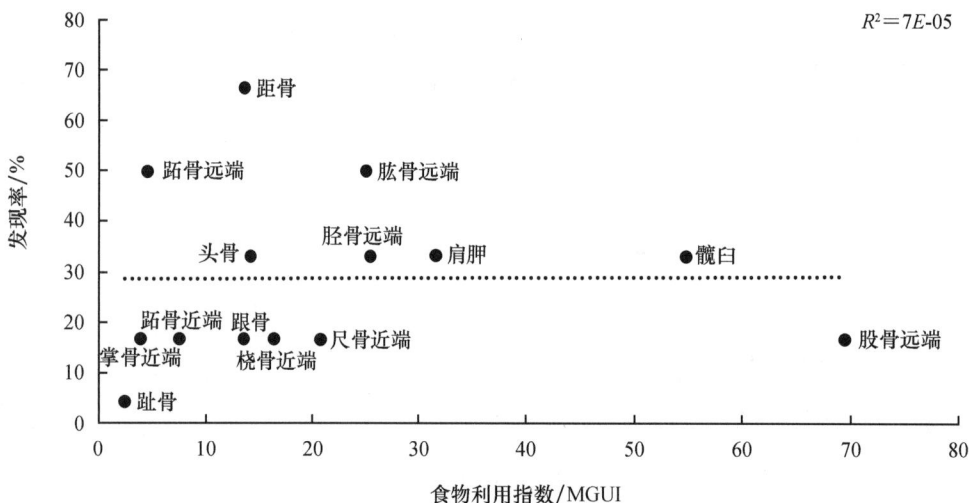

图4-4-10　后冈一期文化第一期大型牛科食物利用指数与发现率对比图

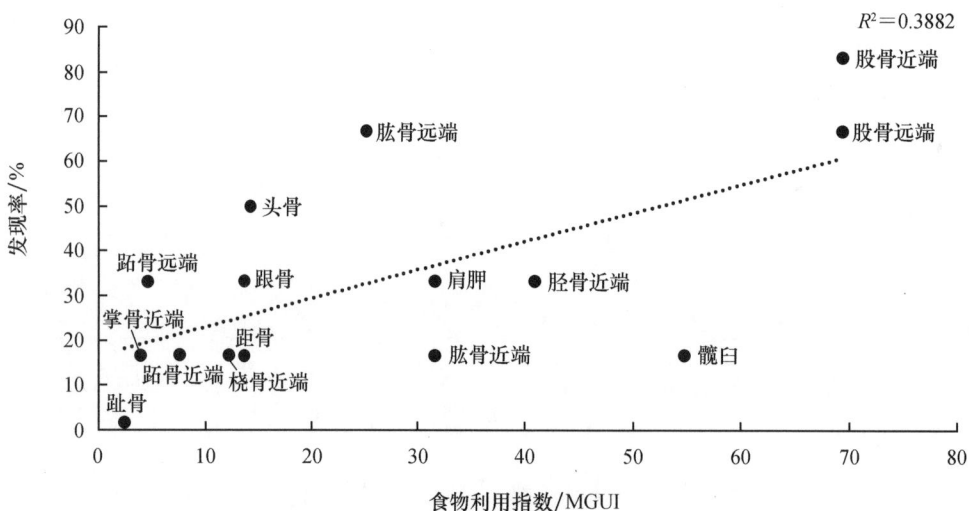

图4-4-11　后冈一期文化第二期大型牛科食物利用指数与发现率对比图

四、熊

熊在后冈一期文化时期有较为丰富的发现，朱家台文化时期也有零星发现。

后冈一期文化时期，熊骨几乎均为主要肢骨，头骨以及末梢骨发现极少，仅在第二期发现一件掌/跖骨的远端，第三期的居址发现一颗犬齿，另在2座墓葬中随葬有熊的犬齿。肢骨中又以肱骨和股骨的发现率为最高。第一期，仅发现肱骨远端、尺骨，其发现率均为50%。第二期，以股骨发现率为最高，达到75%，其次为肱骨近远端、尺骨近端，为50%，肩胛、桡骨近端、尺骨远端则发现较少（表4-4-2）。第三期，肩胛的发现率为最高，超过60%，其次为肱骨近端，为50%，股骨、桡骨则发现较少。在未确定期别的遗迹中，发现12件熊骨，绝大部分为肱骨，其发现率高达87.5%，还有少量的股骨（表4-4-3）。

熊属于大型动物，头骨和末梢骨均未发现，应不是保存的缘故，而更可能反映出特殊的利用策略。

表4-4-2　后冈一期文化熊骨骼部位发现率统计表（一）

部位	第一期					第二期				
	左	右	总计	期望值	发现率/%	左	右	总计	期望值	发现率/%
肩胛	0	0	0	2	0.00	1	0	1	4	25.00
肱骨近端	0	0	0	2	0.00	1	1	2	4	50.00
肱骨远端	0	1	1	2	50.00	1	1	2	4	50.00
桡骨近端	0	0	0	2	0.00	1	0	1	4	25.00
尺骨近端	0	1	1	2	50.00	0	2	2	4	50.00
尺骨远端	0	1	1	2	50.00	0	1	1	4	25.00
股骨近端	0	0	0	2	0.00	1	2	3	4	75.00
股骨远端	0	0	0	2	0.00	0	0	0	4	0.00
掌/跖骨远端	0	0	0	72	0.00	—	—	1	144	0.69

表4-4-3　后冈一期文化熊骨骼部位发现率统计表（二）

部位	第三期					未定期别				
	左	右	总计	期望值	发现率/%	左	右	总计	期望值	发现率/%
下颌	—	—	1	6	16.67	0	0	0	8	0.00
肩胛	1	3	4	6	66.67	0	0	0	8	0.00
肱骨近端	0	3	3	6	50.00	2	0	2	8	25.00
肱骨远端	0	0	0	6	0.00	3	4	7	8	87.50
桡骨近端	0	1	1	6	16.67	0	0	0	8	0.00
股骨近端	1	1	2	6	33.33	1	0	1	8	12.50
股骨远端	0	2	2	6	33.33	0	0	0	8	0.00

五、各种属骨骼部位发现率对比

　　不同种属的骨骼部位发现率有较大差异，下文将对猪、中型鹿科、大型牛科进行对比，以分析先民对不同动物的差异化处理方式。

　　后冈一期文化第一期，猪、中型鹿科和大型牛科的肱骨远端都是发现率较高的部位。猪和鹿的下颌发现率也都较高，而大型牛科的下颌发现率则明显不如其他两者。在寰椎的发现率上，猪明显高于中型鹿科。但是中型鹿科和大型牛科在头骨、掌骨、股骨、距骨、跟骨、距骨的发现率也明显高于猪（图4-4-12）。带角柄的鹿头骨的高发现率可能与鹿角的利用有关，牛的头骨发现率也较高则可能与牛角利用有关。中型鹿科、大型牛科后肢骨的发现率更高，这或许是因为鹿和牛多为成年个体、愈合率较高，骨骼易于保存，也可能是因为古人对猪进行了深度消费导致骨骼破碎而发现率低。中型鹿科和大型牛科的跟骨、距骨等末梢骨的较高发现率则提示我们，它们可能是整只被带回到居址的，食物利用指数所带来的搬运效应并不显著，因为古人对动物的利用并不局限在食物的利用，制作骨角器的需要会导致食物利用指数低的末梢骨被带回到居址。

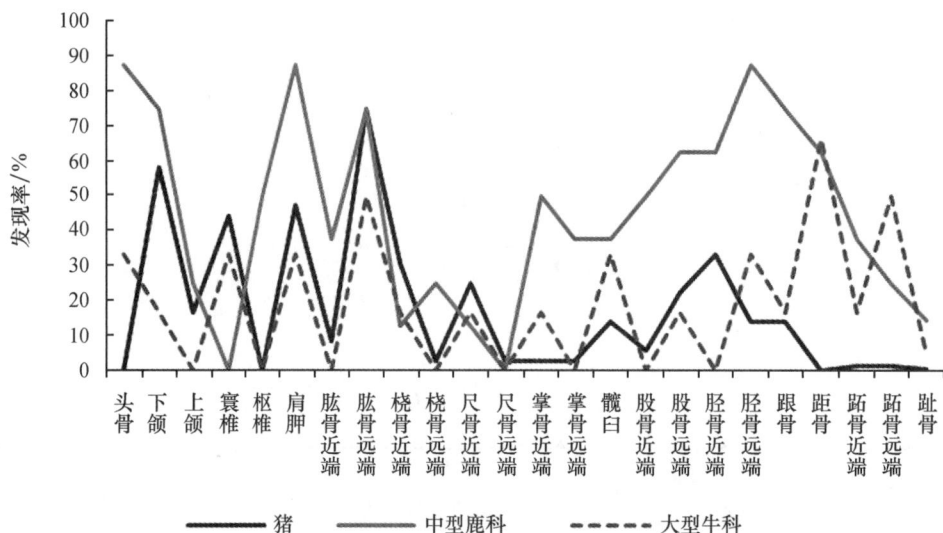

图4-4-12　后冈一期文化第一期各种属骨骼部位发现率对比图

　　另外，在股骨等食物利用率较高的部位发现率上，同为狩猎的动物，大体型的牛却要远低于中等体型的鹿科，这一方面与该期有整只埋葬的鹿导致鹿的股骨发现率升高有关，另一方面也可能与古人对牛股骨、胫骨进行了破坏性的消费有关。因为我们在大型牛科动物的后肢骨观察到了更多的砍砸痕迹。牛的后肢骨含有大量"白骨髓"，白骨髓在Nunamiut人中备受欢迎[1]，马岭遗址的古人或许也有类似的食物偏好。

---

① 　Binford L R. *Nunamiut Ethnoarchaeology*. New York: Academic Press, 1978.

　　后冈一期文化第二期，猪、中型鹿科和大型牛科的肱骨远端、肩胛均保持高发现率，髋臼也有一定的发现率。中型鹿科、大型牛科的头骨依旧保持高的发现率，猪的头骨发现率也在上升。在下颌的发现率上，猪则远高于中型鹿科和大型牛科。中型鹿科、大型牛科在后肢的发现率上则依旧高于猪（图4-4-13）。这显示出三者的消费方式仍是有区别的，猪的消费深度要明显高于鹿和牛。另外，大型牛科的股骨发现率甚至超过了中型鹿科，这与第一期的精细消费不同，很可能出现了浪费性的消费行为，或许与狩猎成功之后的宴饮有关。

　　后冈一期文化第三期，猪、中型鹿科和大型牛科的肱骨均保持较高的发现率。大型牛科的末梢骨发现率变得极低，它们可能被抛弃在了屠宰地点。虽然中型鹿科跟骨、距骨等末梢骨的发现率也变得很低，但与之相连的跖骨却有一定的发现率，明显高于牛和猪，这表明中型鹿科还是整只搬运回居址的（图4-4-14）。

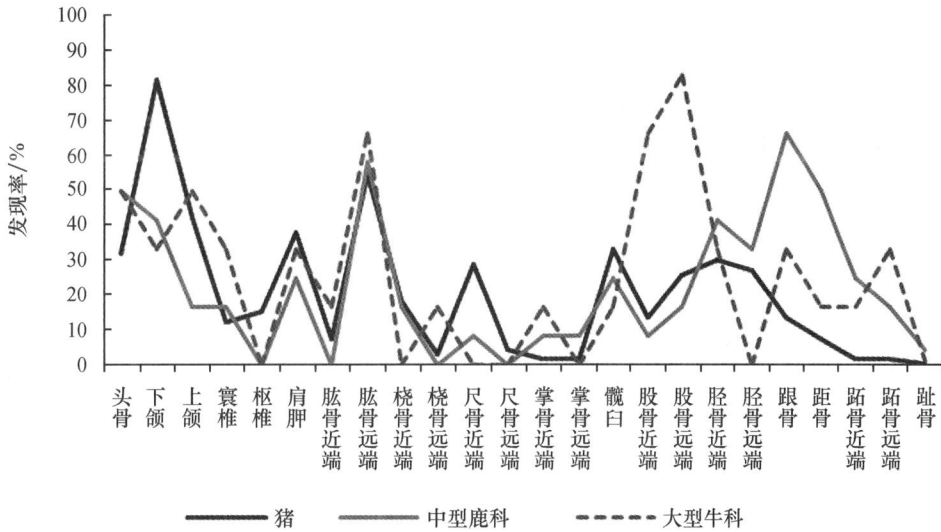

图4-4-13　后冈一期文化第二期各种属骨骼部位发现率对比图

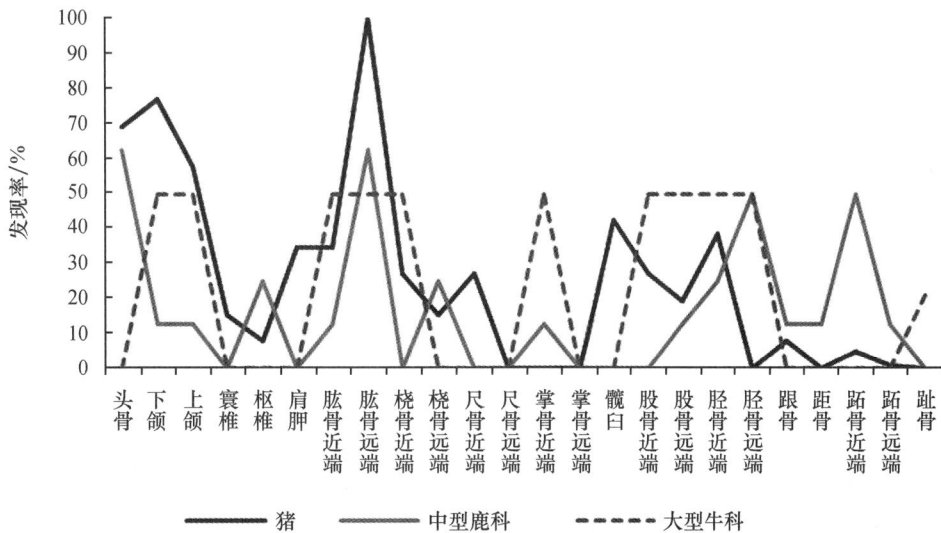

图4-4-14　后冈一期文化第三期各种属骨骼部位发现率对比图

通过历时性的和种属间的比较可知，在后冈一期和朱家台文化时期，猪是在遗址内宰杀，并且进行了深度消费。中型鹿科在后冈一期文化没有太多变化，都是整只被带回居址，后肢骨的发现率明显高于猪，可能与骨骺愈合状况有关。大型牛科则有所不同，利用策略发生了改变：后冈一期文化第一期，牛被整只带回居址，进行了一定程度的深度消费；第二期，牛的搬运效应则较为明显，食物利用率低的部位很少被运回居址，消费方式也发生了转变，可能存在浪费性消费；第三期与第二期情况类似，后肢的末梢骨几乎未见。

不同于上述三种动物，熊的情况十分特殊，绝大多数为肢骨，且集中在肱骨、股骨上，头骨、下颌和末梢骨发现极少，反映出特殊的利用目的。

第五节　骨表痕迹与异常

马岭遗址的不少动物骨骼发现有骨表痕迹与骨骼异常，下文将挑选各类痕迹与异常的典型标本进行介绍，并按照年代分类统计，考察其分布的部位和种属，以了解古人对动物的加工方式及动物的病理现象。

一、各种痕迹和异常的类型及举例

骨骼表面痕迹共15种，可分为人工痕迹、非人工痕迹和骨骼异常。人工痕迹有7种，包括砍、砸、切割、磨、削和烧痕以及无法确定性质的痕迹。非人工痕迹有3种，包括食肉动物咬痕、啮齿动物咬痕和风化。骨骼异常有5种，包括骨质增生、骨折、骨侵蚀、线性牙釉质发育不全（LEH）和齿根暴露。

（一）人工痕迹

1. 砍痕

特征：砍是用石器工具横向发力作用于骨骼，在骨骼表面留下"V"形沟槽或平整的断裂面。

典型标本：H81-#6037，中型鹿科跖骨，在远端有两道"V"形的砍痕，长约13毫米、宽3毫米、深1毫米（图版二一，2）。

2. 砸痕

特征：砸是用较为厚重的工具撞击或敲打骨骼，在骨骼上留下不规则的凹坑。

典型标本：H1007∶16-#3187，水牛的右侧距骨，在背侧中部以及内腹侧中部有若干凹窝（图版二一，5）。

3. 切割痕

特征：切割是用石器工具分离骨骼上的肉、肌腱和筋膜等组织，在骨骼上留下细长的、较浅的"V"形凹槽。

典型标本：M230-#3621，猪的左侧股骨，在股骨头颈处有多道平行细密的割痕；股骨头上也有一道横向较细的切割痕，长5～7毫米；远端内侧骨干有一道稍宽的切割痕，外髁上有三道稍斜、较宽、长短不一的切割痕（图版二二，1）。

4. 磨痕

特征：磨是用工具摩擦骨骼表面或内壁，使骨骼变得光滑。

典型标本：G12：1-#3558，中型鹿科的右侧尺骨，骨干处被打磨成尖锥状，比较光滑（图版二二，2）。

5. 削痕

特征：削是用工具去掉骨骼的表层，在骨骼表面留下一定宽度的光滑面。

典型标本：H81-#6004，猪的左侧桡骨，在近端骨干破碎处有一圈带有一定宽度的光滑面（图版二一，3）。

6. 烧痕

特征：烧是用火接触骨骼，使骨骼的颜色受热后发生变化。

典型标本：G12②③④-#2854，中型鹿科肱骨，远端滑车内侧局部烧黑（图版一一，3）。

7. 不明痕迹

除上述痕迹外，还有其他少量无法明确性质的痕迹[1]。

标本G12-#4780犀牛的肱骨头上有一周凹痕，直径102毫米、深1.5毫米、宽4毫米，边缘较规整，此类痕迹仅此1件（图版二一，1）。

标本G12②：2-#3597牛的股骨远端髌面内侧有1个直径61毫米的不规则圆形穿孔，内里骨松质缺失，并与髓腔贯通，可能为敲骨吸髓所致（图版二一，4），这类痕迹目前仅见于牛和猪。

（二）非人工痕迹

1. 食肉动物咬痕

特征：骨骼受食肉动物啃咬，在骨骼表面形成圆形的、较浅的小凹坑。

---

[1] 由于性质无法明确，且数量较少，下文分析统计不包含这些痕迹。

典型标本：H705-#2397，猪的左侧股骨，在股骨头处有多个圆形的小凹坑（图版二三，3）。

2. 啮齿动物咬痕

典型标本：H1025：4-#3714，小型哺乳动物股骨，骨干表面有啮齿动物咬痕（图版二三，1）。

3. 风化

特征：骨骼暴露在自然界，受风吹日晒、雨水冲刷等作用，骨骼被破坏，骨表出现裂纹，严重的会出现骨皮脱落、骨松质暴露等。

典型标本：H1108：66-#2785，大型牛科的右侧肱骨，骨骼远端表面裂纹较大，局部骨皮脱落（图版二三，2）。

（三）骨骼异常

1. 骨质增生

特征：在正常的骨骼外有新骨形成。

典型标本：H588：1-#4775，水牛的跟骨，在跟骨体跖侧长有大面积、片状、较厚的骨赘，宽59.12毫米、厚17.88毫米，与距骨相接处关节面也长有骨赘（图版二四，2）。G12②：42-#3084，猪的桡骨和尺骨近端骨干融合在一起（图版二四，5）。

2. 骨折

特征：骨骼遭受压力后发生断裂，在断裂后会自我修复。

典型标本：H31：1-#5571，猪的掌骨干中部比正常骨骼要粗大，可能是骨骼断裂后修复愈合（图版二二，3）。

3. 骨侵蚀

特征：骨质被破坏，骨骼被侵蚀。

典型标本：H1258：23-#5256，猪的头骨，右侧额骨和顶骨骨质被破坏、明显收缩，同时在顶骨位置还见有新骨生成（图版二四，1）。

4. 线性牙釉质发育不全（LEH）

特征：牙釉质形成过程中由于生理紧张，在齿冠表面形成横向的一道或者多道浅沟。

典型标本：H1257：10-#4937，猪的左侧下颌，m3颊侧的牙釉质上有一道较浅的凹沟（图版二四，4）。

5. 齿根暴露

特征：牙齿齿根暴露在齿槽外，可能与齿根周围组织发生炎症有关，破坏齿槽。

典型标本：H1065∶10-#5348，猪的左侧上颌，其P4、M1和M2的齿根颊面处破损，可见齿根（图版二四，3）。

二、种属和骨骼部位痕迹和异常分析

（一）后冈一期文化

后冈一期文化的动物骨骼有痕迹及异常的462件，其中绝大多数分布在哺乳动物上。非哺乳动物仅2件有骨骼改造，1件鳖的乌喙骨烧黑，另1件鳖的缘板上有磨痕。

哺乳动物骨骼表面痕迹共13种，可分为人工痕迹、非人工痕迹和骨骼与牙齿异常。有人工痕迹的骨骼共409件，痕迹数量为468处[①]，包括砍、砸、切割、磨和烧痕。有非人工痕迹的骨骼共29件，包括食肉动物咬痕、啮齿动物咬痕和风化。有异常的骨骼共22件，包括骨赘、骨侵蚀、线性牙釉质发育不全和齿根暴露。

人工痕迹中以烧痕数量最多，砍痕和砸痕其次，磨痕和切割痕较少；非人工痕迹中风化数量相对较多，食肉动物和啮齿动物的咬痕较少；骨骼异常中骨赘相对常见，其次是齿根暴露，骨侵蚀和LEH只在个别骨骼上出现。大部分骨骼表面痕迹都是先民在狩猎、屠宰、分割和加工肉食的过程中造成的，消费完的骨骼可能在较短的时间内就掩埋了，暴露在自然环境中受到其他非人工因素的作用较少。

1. 人工痕迹

（1）种属比较

在可鉴定种属的哺乳动物中，猪的人工痕迹数量最多，中型鹿科其次，大型牛科和大型鹿科较多，熊和小型鹿科也有一定数量，中小型鹿科、獾和食肉动物都仅有1处人工痕迹。不可鉴定种属的哺乳动物中，中型哺乳动物的人工痕迹数量最多，大型哺乳动物其次，小型哺乳动物最少（表4-5-1）。

对人工痕迹出现率的统计显示，尽管大型牛科和熊的骨骼数量远少于猪，但二者人工痕迹的出现率却高于猪；鹿科动物中，大型鹿科肢骨上的人工痕迹出现率约是中型鹿科的2倍。这可能是因为大型动物的骨骼尺寸较大、骨壁较厚，在消费分割的过程中需要更多地借助工具，因此也在骨骼上留下了更多的痕迹。

---

① 一件骨骼可能有多种痕迹或者有多个部位有痕迹，因此痕迹数量要大于骨骼数量。

表4-5-1　后冈一期文化哺乳动物人工痕迹出现率统计表

种属	有人工痕迹的骨骼数量	骨骼总量	人工痕迹出现率/%
猪	136	1597	8.52
大型鹿科鹿角	15	27	55.56
大型鹿科肢骨	21	119	17.65
中型鹿科鹿角	45	55	81.82
中型鹿科肢骨	49	358	13.69
中小型鹿科	1	17	5.88
小型鹿科鹿角	5	13	38.46
小型鹿科肢骨	12	90	13.33
鹿角	9	27	33.33
大型牛科	40	212	18.87
熊	14	41	34.15
獾	1	7	14.29
食肉动物	1	4	25.00
大型哺乳动物	7	157	4.46
中型哺乳动物	44	1914	2.30
小型哺乳动物	4	104	3.85
哺乳动物	5	220	2.27

　　鹿角上的人工痕迹出现率远高于肢骨，中型鹿科鹿角上的人工痕迹出现率高达87%，而大型鹿科和小型鹿科鹿角则在50%左右，先民对于鹿角的使用加工率非常高，鹿角是一种非常重要的制作工具的原料，而且中型鹿科（梅花鹿）鹿角的人工痕迹比率比其他鹿科的都更高，显示古人对这类鹿角的偏爱。遗址中发现不少的鹿角靴形器，经鉴定均为梅花鹿的鹿角。

　　猪以烧痕为主；大型牛科以砍痕为主；熊的砍痕、砸痕和烧痕数量比较接近；鹿科动物中，鹿角上的痕迹最多，以砍痕为主，其他骨骼则以烧痕为主（表4-5-2）。骨骼的烧色整体以黑色为主，小型和中型哺乳动物中有少量的骨骼烧白，但大型哺乳动物中未见烧白的骨骼，可能与大型哺乳动物的骨壁较厚不易烧白有关。

表4-5-2　后冈一期文化哺乳动物各种属人工痕迹统计表

种属	数量比例	砍	砸	切割	磨	烧
猪	件数	29	20	3	3	103
（136①）	百分比/%	21.32②	14.71	2.21	2.21	75.74
大型鹿科	件数	23	5	—	2	13
（36）	百分比/%	63.89	13.89	—	5.56	36.11

---

①　括号内为有人工痕迹的骨骼总数。
②　百分比计算方法为：某一类痕迹的骨骼数量/有人工痕迹的骨骼总数。

续表

种属	数量比例	砍	砸	切割	磨	烧
中型鹿科（94）	件数	48	13	4	11	25
	百分比/%	51.06	13.83	4.26	11.70	26.60
中小型鹿科（1）	件数	—	—	—	—	1
	百分比/%	—	—	—	—	100.00
小型鹿科（17）	件数	5	1	—	1	11
	百分比/%	29.41	5.88	—	5.88	64.71
鹿角（9）	件数	4	1	—	3	2
	百分比/%	44.44	11.11	—	33.33	22.22
大型牛科（40）	件数	19	11	2	—	16
	百分比/%	47.50	27.50	5.00	—	40.00
熊（14）	件数	8	7	—	—	9
	百分比/%	57.14	50.00	—	—	64.29
獾（1）	件数	—	—	—	—	1
	百分比/%	—	—	—	—	100.00
食肉动物（1）	件数	—	—	—	—	1
	百分比/%	—	—	—	—	100.00
大型哺乳动物（7）	件数	1	1	—	2	3
	百分比/%	14.29	14.29	—	28.57	42.86
中型哺乳动物（44）	件数	9	5	1	13	19
	百分比/%	20.45	11.36	2.27	29.55	43.18
小型哺乳动物（4）	件数	1	—	1	—	2
	百分比/%	25.00	—	25.00	—	50.00
哺乳动物（5）	件数	4	—	—	1	—
	百分比	80.00	—	—	20.00	—
合计（409）	件数	151	64	11	36	206
	百分比/%	36.92	15.65	2.69	8.80	50.37

（2）部位比较

骨表痕迹涉及21个骨骼部位，包括角、头骨、下颌骨、中轴骨、前肢骨、后肢骨和末梢骨（图4-5-1）。

角上面的痕迹数量最多，以砍痕为主，除1件大型牛科的角外，其余都是鹿角，头骨和下颌上的砍、砸痕迹非常少，烧痕的数量较多。

中轴骨的痕迹较少，只在肋骨和寰椎发现了人工痕迹，以烧痕为主。

肢骨上的人工痕迹数量较多，以烧痕为主，砍痕和砸痕其次，切割痕和磨痕较少。肱骨和股骨上的痕迹多于其他肢骨，可能与这两处骨骼附着的肉量和骨髓丰富有关。肢骨近端和远端关节处的痕迹普遍多于骨干，这一方面是因为从关节处肢解动物是较为容易的，关节处的

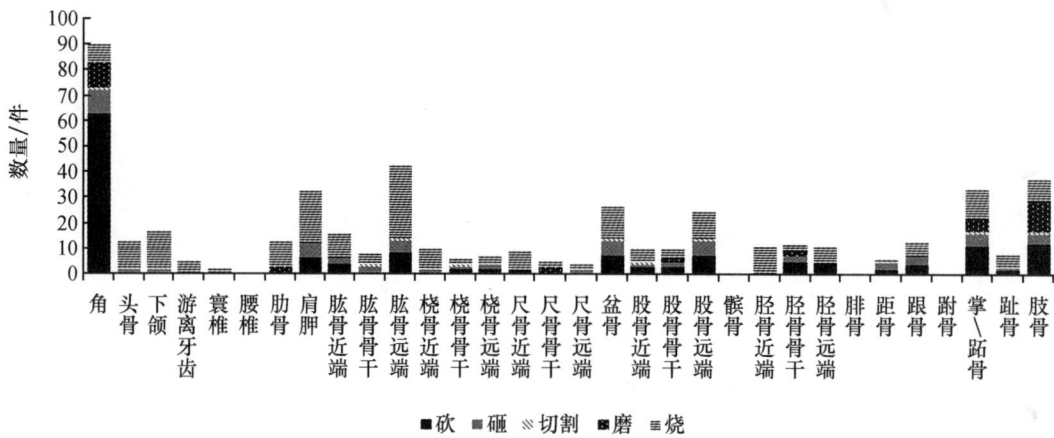

图4-5-1　后冈一期文化哺乳动物各骨骼部位人工痕迹统计

肌腱和筋膜等组织较多，因此会留下较多的痕迹数量；另一方面是因为从两端砸开获取骨髓也更为容易。骨干处的磨痕要多于关节处，这应该与骨干形状规整、适合制作骨器有关；末梢骨中除了掌/跖骨上痕迹稍多一些，其他的跟骨、距骨、趾骨和跗骨痕迹都很少，也以烧痕为主，砍、砸痕其次，末梢骨上的肉量较少，先民可能较少消费这一类骨骼（具体数据参见附表3）。

　　猪前肢骨和后肢骨上的痕迹最多，特别是肩胛、肱骨和盆骨这些肉类比较丰富的部位，头骨、下颌和末梢骨上的痕迹较少，中轴骨上的痕迹最少（图4-5-2）。大型鹿科角上痕迹数量最多，前肢骨和后肢骨其次，末梢骨最少（图4-5-3）。中型鹿科角上的痕迹数量最多，末梢骨其次，前肢骨、后肢骨、头骨和下颌上的痕迹较少（图4-5-4）。小型鹿科的人工痕迹出现在角、下颌、前肢骨、后肢骨和末梢骨上，角上的痕迹数量最多，其他各部位的痕迹数量差异不大（图4-5-5）。大型牛科的角和头骨上的痕迹数量较少，前肢骨、后肢骨和末梢骨上的痕迹数量较多，特别是肱骨远端和掌/跖骨（图4-5-6）。熊的人工痕迹集中在前肢骨和后肢骨上，肱骨和股骨这两处部位痕迹最多（图4-5-7）。

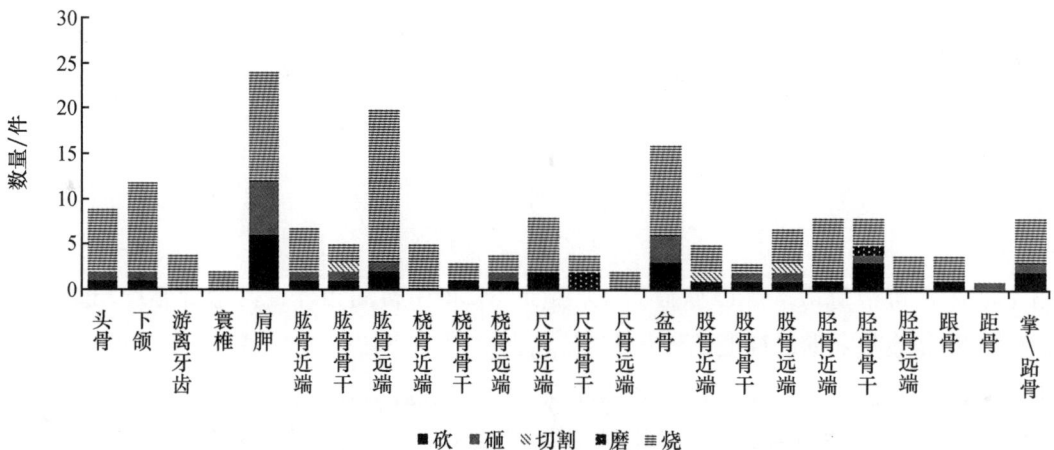

图4-5-2　后冈一期文化猪各骨骼部位人工痕迹统计

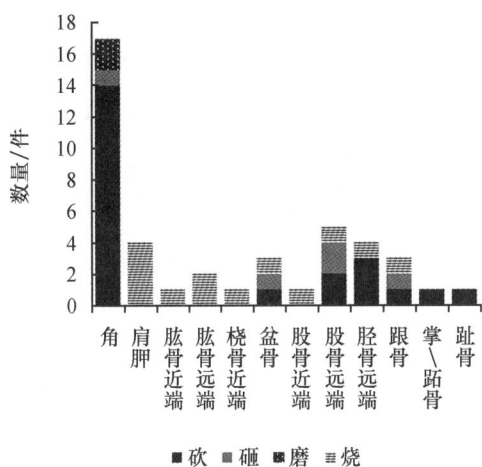

图4-5-3　后冈一期文化大型鹿科各骨骼部位
人工痕迹统计

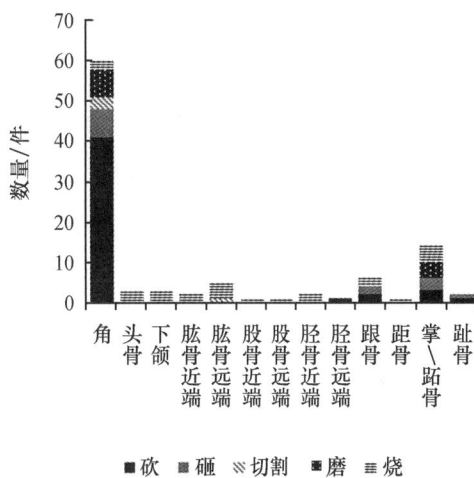

图4-5-4　后冈一期文化中型鹿科各骨骼部位
人工痕迹统计

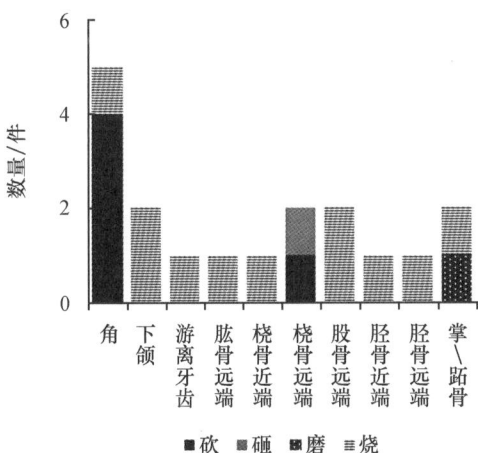

图4-5-5　后冈一期文化小型鹿科各骨骼部位
人工痕迹统计

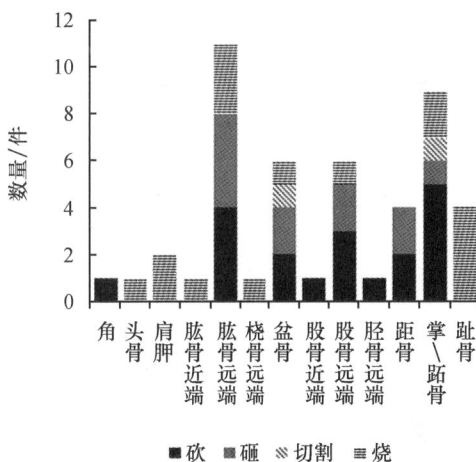

图4-5-6　后冈一期文化大型牛科各骨骼部位
人工痕迹统计

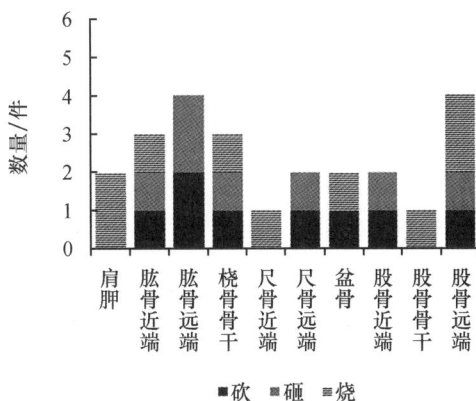

图4-5-7　后冈一期文化熊的各骨骼部位
人工痕迹统计

综上所述，人工痕迹的数量、出现频率和类型与骨骼数量、各种属的体型差异和各部位的功用有关。骨骼数量较多的种属，人工痕迹数量通常也比较多，猪骨数量最多，其痕迹数量是最多的。但是大型动物骨骼上人工痕迹的出现频率更高，这可能与肉食分割或获取骨髓的过程中需要更多地借助工具有关。以制作工具为目的和以肉用为目的所造成的痕迹种类是不同的，制作骨角器所利用的部位主要是角和肢骨骨干，痕迹包括截取原料时的砍痕、砸痕和加工原料时的打磨痕迹，烧痕极少；而切割痕等与肉食利用造成的痕迹则集中在肉量丰富的前肢骨和后肢骨的关节处。

2. 非人工痕迹

食肉动物啃咬痕迹仅1处，在猪的肩胛上。

啮齿动物啃咬痕迹共4处，猪骨3处，分别是肩胛、肱骨远端和桡骨近端；小型哺乳动物1处，在股骨骨干上。

风化共24处，猪5处，分别在肩胛（3）、肱骨远端和胫骨近端上；大型鹿科4处，分别在鹿角、肱骨远端、股骨远端和跗骨近端上；中型鹿科4处，分别在鹿角、头骨、肩胛和胫骨远端上；大型牛科6处，分别在头骨、肱骨远端（3）、胫骨近端、距骨上；鬣羚1处，在胫骨远端上；大型哺乳动物2处，在肱骨近端和股骨远端上；中型哺乳动物1处，在肢骨上；哺乳动物1处，在肢骨骨干上。

动物啃咬痕迹数量很少，主要出现在猪的肢骨上，可能有较多残存的油脂，吸引啮齿动物和食肉动物。遗址中狗的数量很少，居址中几乎未见，因此食肉的啃咬痕迹也极少。

风化痕迹主要出现在大型和中型哺乳动物上，其中大型牛科最多，猪、大型鹿科和中型鹿科其次，其他动物很少。角、头骨、前肢骨、后肢骨和末梢骨上都有风化痕迹，但肩胛和肱骨远端上最多。

3. 骨骼与牙齿异常

骨质增生的标本共10件，其中猪5件，分别在桡骨近端、尺骨近端、股骨近端、胫骨远端和腓骨远端上；大型鹿科1处，在髌骨上；大型牛科2件，分别在跟骨和跗骨上；大型哺乳动物1件，在肢骨骨干上；中型哺乳动物1件，在腰椎上。

骨侵蚀的标本共2件，猪1件，在顶骨上；大型牛科1件，在距骨上。

LEH的标本都只有1件，见于猪的下颌牙齿上。

齿根暴露的标本有8件，都在猪的上颌牙齿齿槽上。

综上所述，骨骼异常主要在猪上，大型牛科也有一些，其他动物很少，牙齿异常都出现在猪上。骨质增生主要出现在关节相连的地方，如本是分离的猪桡尺骨近端关节和胫腓骨远端关节长在一起，还有腰椎、跟骨和跗骨这些关节连接的地方更容易受到压力出现病变，或与关节疾病有关。除骨赘外，其他的骨骼异常集中在头骨和下颌上，主要是跟牙齿有关。

（二）朱家台文化

朱家台文化的哺乳动物骨骼表面痕迹共有62件。骨骼表面痕迹共10种，可分为人工痕迹、非人工痕迹和骨骼异常。

人工痕迹的骨骼有47件，痕迹数量有60处人工痕迹，包括砍痕、砸痕、切割痕、磨痕和烧痕。非人工痕迹和异常的骨骼分别为12件，包括食肉动物咬痕和风化；骨骼异常有3件，包括骨赘、骨侵蚀和骨折。

人工痕迹中砍痕数量最多，砸痕和烧痕其次，磨痕和切割痕数量较少；非人工痕迹数量并不多，动物咬痕中只发现了食肉动物咬痕且数量也较少；骨骼异常中骨赘、骨侵蚀和骨折都只有1例。

1. 人工痕迹

（1）种属比较

可鉴定种属的骨骼中，大型鹿科的人工痕迹数量最多，猪、中型鹿科次之，大型牛科、熊和小型鹿科痕迹数量较少。不可鉴定的哺乳动物中，中型哺乳动物的骨骼痕迹数量最多，大型哺乳动物仅1处，小型哺乳动物骨骼上未发现痕迹。

与后冈一期文化相比，人工痕迹的总量大幅减少，猪、大型鹿科和中型鹿科之间的痕迹数量差距也显著缩小。烧痕的数量大大下降，砍痕占据主体地位（表4-5-3）。

表4-5-3　朱家台文化哺乳动物各种属人工痕迹统计表

种属	痕迹总量	砍	砸	切割	磨	烧
猪（9）	件数	4	1	1	1	4
	百分比/%	44.44	11.11	11.11	11.11	44.44
大型鹿科（12）	件数	8	1	2	1	1
	百分比/%	66.67	8.33	16.67	8.33	8.33
中型鹿科（8）	件数	6	2	—	5	1
	百分比/%	75.00	25.00	—	62.50	12.50
小型鹿科（1）	件数	—	—	—	—	1
	百分比/%	—	—	—	—	100.00
鹿角（9）	件数	4	—	—	5	1
	百分比/%	44.44	—	—	55.56	11.11
大型牛科（1）	件数	—	—	—	1	—
	百分比	—	—	—	100.00	—
熊（1）	件数	1	1	—	—	—
	百分比/%	100.00	100.00	—	—	—
大型哺乳动物（1）	件数	—	1	—	—	—
	百分比/%	—	100.00	—	—	—

续表

种属	痕迹总量	砍	砸	切割	磨	烧
中型哺乳动物 （4）	件数	2	3	1	—	—
	百分比/%	50.00	75.00	25.00	—	—
哺乳动物 （1）	件数	1	—	—	—	—
	百分比	100.00	—	—	—	—
合计 （47）	件数	26	9	4	13	8
	百分比/%	55.32	19.15	8.51	27.66	17.02

大型哺乳动物的人工痕迹出现率整体较高，大型鹿科、大型牛科和熊的痕迹出现率要高于猪，鹿科动物中，大型鹿科在角和肢骨上的痕迹出现率都要高于中型鹿科（表4-5-4）。

表4-5-4　朱家台文化哺乳动物人工痕迹出现率统计表

种属	有人工痕迹的骨骼数量	骨骼总量	人工痕迹出现率/%
猪	9	933	0.96
大型鹿科鹿角	3	4	75.00
大型鹿科肢骨	9	32	28.13
中型鹿科鹿角	4	15	26.67
中型鹿科肢骨	4	71	5.63
小型鹿科	1	1	100.00
鹿角	9	14	64.29
大型牛科	1	66	1.52
熊	1	5	20.00
大型哺乳动物	1	30	3.33
中型哺乳动物	4	261	1.53
哺乳动物	1	19	5.26

（2）部位比较

骨表痕迹涉及18个骨骼部位，包括角、头骨、下颌骨、中轴骨、前肢骨、后肢骨和末梢骨（图4-5-8）。

各部位中，鹿角上面的人工痕迹最多，以砍痕为主，烧痕和磨痕数量较少。除了1件大型牛科的角外，其他角都为鹿角，这一时期鹿角仍是制作工具的重要原料。头骨上未见人工痕迹，下颌上发现1处砍痕。中轴骨上只在1件脊椎上发现砍砸痕。肢骨中肱骨、盆骨和股骨这些肉量丰富的部位人工痕迹较多，桡骨和尺骨次之，肩胛、胫骨、腓骨未发现人工痕迹。末梢骨中掌/跖骨和趾骨上痕迹较多，跟骨次之，在2件大型鹿科的趾骨上发现了切割痕，可能与剥取鹿皮有关。

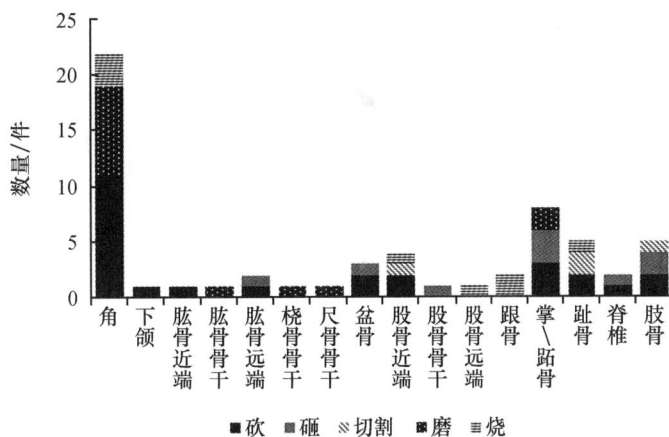

图4-5-8　朱家台文化哺乳动物各骨骼部位人工痕迹统计

2. 非人工痕迹

食肉动物咬痕共4处，猪1处，在股骨近端上；大型鹿科2处，均在第二节趾骨上；中型哺乳动物1处，在肢骨上。

风化共8处，猪3处，分别在下颌、肱骨远端和桡骨骨干上；大型牛科4处，分别在角、头骨（2）和肩胛上；大型哺乳动物1处，在肢骨上。

大型鹿科上食肉动物啃咬痕迹最多，猪其次，主要在肢骨和末梢骨上。大型牛科风化数量最多，猪其次，风化痕迹出现在角、头骨、下颌骨和前肢骨上，后肢骨和末梢骨未见风化。

3. 骨骼异常

骨赘、骨侵蚀和骨折各有1处，都在猪的掌/跖骨上，可能与掌/跖骨承受外界压力较多更容易出现病变有关。

（三）屈家岭文化

这一时期有痕迹的骨骼共2件。1件猪的下颌骨烧黑，1件草鱼的咽齿骨头端背侧有三道长2.5毫米的砍痕。

（四）煤山文化

这一时期有痕迹的骨骼仅有1件，为大鹿的跟骨，表面烧黑。

（五）商周时期

这一时期有痕迹的骨骼共8件。

骨骼表面痕迹共4种，人工痕迹包括砍痕和削痕；非人工痕迹包括食肉动物咬痕和风化。

人工痕迹数量（6处）多于非人工痕迹（2处）。人工痕迹中砍痕数量最多，削痕只有1例；食肉动物咬痕和风化现象都只发现了1例。

1. 人工痕迹

砍痕共5处，猪1处，在桡骨近端上；中型鹿科1处，在跖骨远端上；大型牛科1处，在下颌上；大型哺乳动物1处，在肢骨上；中型哺乳动物1处，在股骨骨干上。削痕1处，在猪桡骨近端上。

整体痕迹数量较少，除了猪骨上有2处人工痕迹，其余动物都只有1处痕迹。这一时期比较特殊的是出现了削痕，未见于其他时期中，可能与金属工具的出现有关。

骨表痕迹涉及5个骨骼部位，包括下颌骨、前肢骨、后肢骨和末梢骨，除桡骨上有2处痕迹，其余骨骼部位的痕迹数量都只有1处。

2. 非人工痕迹

食肉动物啃咬痕迹1处，在小型鹿科的角柄上。风化1处，在猪胫骨近端上。

三、小　　结

在骨骼表面痕迹数量和种类方面，后冈一期文化最丰富，朱家台文化其次，屈家岭文化、煤山文化和商周时期较少，这与各个时期的动物骨骼整体数量有关。骨表痕迹主要出现在哺乳动物骨骼上，非哺乳动物骨骼表面存在痕迹的只有后冈一期文化和屈家岭文化的3件骨骼。

各时期人工痕迹的数量都是最多的，其中砍痕和烧痕占据主体地位，后冈一期文化的烧痕多于砍痕，但在朱家台文化时期，砍痕占据主体地位，烧痕数量大幅下降，或许反映出骨骼消费完之后处理方式的转变。

不同动物人工痕迹的数量、出现频率、类型与其体型的大小有关。大型哺乳动物明显不同于中型、小型动物，首先大型动物的人工痕迹出现率普遍较高，可能是因为大型哺乳动物的骨骼尺寸较大、骨壁较厚，在肉食消费过程中更需要借助工具，产生的痕迹也会更多，同时大型动物骨腔内含有丰富的骨髓，获取骨髓也需要对骨骼进行砍砸处理。其次，大型哺乳动物中未发现烧白的骨骼，骨壁更厚的骨骼烧成白色可能对火烧的时间和温度的要求更高，即同样的温度条件下，小型和中型哺乳动物的骨骼更容易烧白。

不同部位人工痕迹的数量、出现频率、类型与其利用方式有关。在用于制作工具的鹿角上，砍痕的数量远多于烧痕。与制作角器和骨器相关磨痕主要出现在角和肢骨骨干上。而在肉量丰富的肢骨部位，烧痕的数量整体上要多于砍痕，砸痕是辅助砍痕的一种方式，切割痕数量较少，末梢骨上出现的切割痕可能与剥取兽皮有关。

非人工痕迹中食肉动物咬痕和啮齿动物咬痕数量较少，主要出现在油脂较多的肢骨处。大型牛科的骨骼风化占比较高，可能与骨骼尺寸较大，更容易暴露在外有关。骨骼异常数量不多，骨赘主要出现在骨骼关节相连的部位，骨折和骨侵蚀仅有数例，与牙齿相关的异常均为猪牙，数量也不多。

第五章 结 语

马岭遗址，是目前汉水中游地区出土动物遗存最为丰富的遗址之一，是研究这一地区（尤其是仰韶时期）动物资源利用的重要材料。在对动物遗存全面鉴定、统计分析的基础上，笔者对该遗址的动物利用状况有了初步认识，总结如下。

在后冈一期文化第一期，出土动物种属有15种，较为丰富。在数量上，猪和鹿科动物占据主体，大型牛科、熊等动物占比很低，但是在肉量提供上，大型牛科的占比应该更高。根据尺寸分析，猪群中可能存在家养和野生两个群体，而且家猪处于驯化初期阶段，牙齿尺寸变异度高，死亡年龄集中在半岁到1岁，老年个体比例也较高，并且进行了深度消费。中型鹿科和小型鹿科尺寸偏小，可能与狩猎压力较大有关，捕获了一部分未成年个体。而大型鹿科尺寸偏大，狩猎压力稍小。鹿科动物很可能是整只被带回居址，部分个体还被整只埋葬。大型牛科个体巨大，狩猎的均为成年个体，整只运回居址，从人工痕迹上看，除了肉食利用，其后肢骨的骨髓开发比其他野生动物更为明显。这一时期野生动物的比例稍高于家养动物，属于初级开发型的生业策略。

在后冈一期文化第二期，出土动物种属十分丰富，有16种。猪的数量占比上升，超过60%，其头骨尺寸更加统一，但是身体尺寸逐渐拉开差距，年龄结构上也发生一定的变化，1岁半到2岁的个体比例增加，可能反映古人对猪群的持续控制，饲养技术逐渐成熟，肉用回报率越来越高。中型鹿科动物的比例下降较多，年龄结构发生变化，绝大多数为成年个体，尺寸也有所增大，表明对中型鹿科的狩猎压力减小了。而大型鹿科则表现出相反的趋势，比例轻微上升，尺寸缩小，可能对大型鹿科的狩猎压力在增大。大型牛科依旧以成年个体为绝对主体，搬运效应则比第一期更为明显，食物利用率低的部位很少被运回居址，消费方式也发生了转变，可能存在浪费性消费。同时对熊的狩猎有所增加。这一时期家养动物的比例超过野生动物，属于开发型的生业策略。

在后冈一期文化第三期，出土动物种属减少，为10种，这与整体数量下降有关，但也可能反映出古人开发策略的改变。猪的占比超过70%，牙齿尺寸变化不大，但肢骨尺寸却有变大趋势，1岁半到2岁的个体比例持续增加，这可能表明古人对猪进一步的选育和强化利用。中型鹿科和大型牛科、熊也继续维持第二期的狩猎策略，以大尺寸的成年个体为主。牛的比例有所下降。

在朱家台文化时期，动物种属进一步减少，仅有6种。第一、二期猪的比例略微下降，但也超过50%，朱家台文化第三期由于特殊埋葬的单位，导致猪的占比超过90%，猪的尺寸则迅速缩小，古人对猪群的控制更强了。中型鹿科依旧占有一定比例，均为成年个体，尺寸也无太大变化。大型牛科动物的比例在第二期有所上升，但样本量偏少，狩猎的个体全部为成年个体。

在之后的时期，动物的种属依旧很少。屈家岭文化时期猪的比例下降、而煤山文化时期则有所上升，商周时期猪的占比大幅度下降，为各个时期最低，仅有30%左右，鹿科动物的比例则明显提升，这代表了生业方式的改变，还是因为样本量少导致的偏差，目前无法确定。

综上所述，马岭遗址动物资源开发策略在仰韶时期发生了两次重要的转变。

第一次转变发生在仰韶早期的后冈一期文化第二期，主要体现在动物资源数量构成上，猪的比例上升、超过一半，成为最重要的肉食资源，对中型鹿科的狩猎大幅度减少，同时对大型牛科的消费方式也发生了转变。动物资源的利用是一个联动系统，一部分资源的改变，必然引起另一部分资源开发策略的变动，猪和鹿科动物的此消彼长就是体现，中型鹿科遭受的狩猎压，可能是家猪饲养业进一步提升的原因。

第二次转变发生在仰韶晚期的朱家台文化，主要体现在猪尺寸的明显缩小，反映出驯化的进一步强化。中原地区这种尺寸的变化是发生在更早的仰韶中期，由于马岭遗址仰韶中期的西阴文化没有出土动物遗存，因此无法判定这个变化是不是发生在更早的时期。我们或许可以推测在仰韶中晚期，这种尺寸的变化是在中国较大范围内发生的，这是由于小尺寸品种的大面积传播，还是持续驯化所导致的本地种群的形态自然变化，今后还需要相关的DNA测试来确定。

从整体来看，在仰韶时期，马岭遗址对家养动物的开发是逐渐加强的，对猪一直采取小规模放养的粗放管理，数量提升较慢，老年个体较多，与汉水中游的其他遗址类似。不过，马岭遗址与汉水中游的其他遗址也有所区别，如马岭遗址仰韶早期的猪骨比例就已超过50%，而在八里岗、沟湾等其他遗址中，这一比例的提升是发生在仰韶中期，其中的原因仍有待探索。此外，以马岭遗址为代表的汉水中游地区家养动物利用开发显示出了与中原地区不一样的模式，中原地区家猪的占比在仰韶中期便迅速提升至80%～90%，并以年轻个体为主、极少见有老年个体，很可能实行集中圈养，这与上述汉水中游地区的特征是有明显差别的。这一经济基础的差异对不同地区的文明演进有着怎样的影响，将是今后可以深入研究的方向。

最后需要指出的是，后冈一期文化时期猪的尺寸发生了一些难以理解的来回波动，反映出古人在驯化过程中或有意识或无意识的作用，也许古人并未进行刻意的体型选育，只是动物在人类影响下自身发生的演化，也有可能是古人体型选育的不成熟导致。从历史的眼光来看，大部分地区的家畜饲养业确实是呈现出逐渐增强的趋势。如果放置到更短的时间范围，特别是在驯化初期，各种指标也许并不符合我们所期待的规律，呈现出非连续性发展的现象。但是，可能正是这些不规律才更加生动地展现了驯化的早期图景，这提示我们驯化并非坦途。尽管目前还无法解释这种不规律的现象，但只有不断积累这样的材料，才能更深刻地认识古人在驯化早期所面临的困难与抉择，这也将有助于我们更好地理解驯化的起源、扩散及其机制。

附　表

附表1　测　量　数　据

（单位：毫米）

附表1-1　猪上颌牙齿测量数据

年代	单位	骨骼编号	种属	骨骼	左右	性别	牙齿磨蚀	P4（dp4）长	P4（dp4）宽	M1长	M1前宽	M1后宽	M2长	M2前宽	M2后宽	M3长	M3宽
后冈第一期	H1007：16	3201	猪	上颌	右		M2（f-g）						20.40	19.09			
后冈第一期	H1126：8	3867	猪	上颌	左	雌	M1（1）+M2（f）+M3（c）			16.16	16.14	15.33	23.09	17.82	17.15	32.92	
后冈第一期	H1126：8	3868	猪	上颌	右	雄	M1（e）+M2（a-b）			18.87	13.80	15.51	24.69	18.31			
后冈第一期	H1042②：1	4761	猪	上颌	左		M1（f）+M2（e）+M3（a-b）	11.34	13.13	14.34	13.28	13.75	20.93	16.16	15.94	31.53	16.55
后冈第一期	H1042②：1	4762	猪	上颌	右		M1（f）+M2（e）	11.74	13.16	14.81	13.71	13.76	21.57	15.78	16.67		
后冈第一期	H588：1	4798	猪	上颌	左		P4（c）	13.28	9.76								
后冈第一期	H644①：4	5044	猪	上颌	左		M1（f）+M2（c）			18.71	15.85	17.68	23.98	19.82	21.23		
后冈第一期	H1138	5440	猪	上颌	右		M1（d）+M2（a）			17.38	12.96	14.15	21.31	15.26	15.22		
后冈第二期	H1070	169	猪	上颌	右		M1（1）+M2（f-g）+M3（c）									32.94	18.73
后冈第二期	H1070	170	猪	上颌	左		M1（e-f）+M2（b）										
后冈第二期	H1070	171	猪	上颌	右		M1（e-f）+M2（b）										
后冈第二期	H1000：36	2209	猪	上颌	右		M2（e）										
后冈第二期	H1000：36	2210	猪	上颌	右		M3（a-b）									34.67	14.14
后冈第二期	H1000：36	2227	猪	上颌	左		M1（f）+M2（d-e）					14.03	18.56	17.65	17.21		

续表

年代	单位	骨骼编号	种属	骨骼	左右	性别	牙齿磨蚀	P4(dp4)长	P4(dp4)宽	M1长	M1前宽	M1后宽	M2长	M2前宽	M2后宽	M3长	M3宽
后冈第二期	H1000:36	2228	猪	上颌	左		M1(l)+M2(k)+M3(c-d)					14.61	17.26	18.33	17.18	32.63	18.24
后冈第二期	H1000:36	2229	猪	上颌	左		M2(c)+M3(E)						23.39	18.37	19.29	35.29	19.11
后冈第二期	H1000:36	2230	猪	上颌	左		M1(j)+M2(d)			19.28	16.48	16.16					
后冈第二期	H1000:36	2231	猪	上颌	左		M1(m)+M2(e)					16.94	20.54	18.74	18.16		
后冈第二期	H1000:36	2232	猪	上颌	左		M1(h-j)+M2(e-f)										
后冈第二期	H1000:36	2238	猪	上颌	左		M1(b)			15.37	14.69	15.31					
后冈第二期	H1000:36	2239	猪	上颌	左		M2(c)						21.32	19.41	18.83		
后冈第二期	H1000:36	2240	猪	上颌	左		M2(e-f)								18.28		
后冈第二期	H1000:36	2241	猪	上颌	左		M2(a-b)								18.76		
后冈第二期	H1000:36	2242	猪	上颌	左		M3(0.5-U)									32.96	17.02
后冈第二期	H1000:36	2243	猪	上颌	左		M3(U)									29.95	16.32
后冈第二期	H1000:36	2244	猪	上颌	右		M2(e)+M3(b)						20.61		15.47	31.53	17.20
后冈第二期	H1000:36	2246	猪	上颌	右		M1(k-l)+M2(k)+M3(c)			15.09	13.97	13.73	19.12	18.28	17.02	32.04	19.19
后冈第二期	H1000:36	2247	猪	上颌	右		M1(f-g)+M2(e)			15.78	13.66	13.05	18.28	15.17	15.52		
后冈第二期	H1000:36	2249	猪	上颌	右		M3(d)									35.74	20.96
后冈第二期	H1000:36	2250	猪	上颌	右		M3(c)									33.39	18.96
后冈第二期	H1000:36	2253	猪	上颌	右		M3(c)									34.91	20.55
后冈第二期	H1000:36	2254	猪	上颌	右		M3(0.5-U)									34.33	20.04
后冈第二期	H1000:36	2255	猪	上颌	右		M3(a)										18.01
后冈第二期	H804:10	3997	猪	上颌	左		M1(c)+M2(V)			17.74	13.85	12.80					
后冈第二期	H804:10	3998	猪	上颌	左		M1(U)			18.12	13.53	14.05					
后冈第二期	G12(T5830)	4119	猪	上颌	右		M1(f)										

续表

年代	单位	骨骼编号	种属	骨骼	左右	性别	牙齿磨蚀	P4（dp4）长	P4（dp4）宽	M1长	M1前宽	M1后宽	M2长	M2前宽	M2后宽	M3长	M3宽
后冈第二期	G12②：42（T6031）	3104	猪	上颌	左	雄	M1（h）	12.68	13.51	17.63	16.08	16.51					
后冈第二期	H651：2	4251	猪	上颌	左		M1（f-g）+M2（c）+M3（E）			16.07	13.50	14.05	22.60	17.04	17.60		
后冈第二期	H651：2	4252	猪	上颌	左	雌	M1（f-g）+M2（b）+M3（C）	12.58	13.30	17.02	15.49	15.86	22.90	17.19	16.49		
后冈第二期	H620：2	4343	猪	上颌	右		dp4（a）			13.22	9.76	10.20					
后冈第二期	H620：2	4344	猪	上颌	左		dp4（a）			14.45	10.04	10.99					
后冈第二期	H1086：16	4462	猪	上颌	左		M1（e）			18.90	13.38	13.93					
后冈第二期	H853：3	4547	猪	上颌	左		M3（e/f）										
后冈第二期	H853：3	4556	猪	上颌	右		M3（0.5）									36.91	20.49
后冈第二期	H1160：4	4579	猪	上颌	左		M3（b）									37.46	20.25
后冈第二期	H1160：4	4589	猪	上颌	左		M2（e）						18.72	15.16	15.32		
后冈第二期	H1257：10	4942	猪	上颌	左	雌	M1（m）	12.27	13.37								
后冈第二期	H1257：10	4945	猪	上颌	右		M1（d）+M2（b-c）+M3（a）	16.81	14.71				21.70				
后冈第二期	H1065：10	5348	猪	上颌	左		M1（e-f）+M2（b-c）	12.44	13.57	17.03	14.40	15.92	23.57	17.53	18.92		
后冈第二期	H1065：10	5349	猪	上颌	左		M1（d）+M2（a）	14.44	13.21	19.70	15.33	15.92	25.82	18.44	18.52		
后冈第二期	H1065：10	5350	猪	上颌	左		M1（e）+M2（a）	12.30	13.39	17.25	14.04	14.74	20.70	16.59	15.34		
后冈第二期	H1065：10	5352	猪	上颌	右		M1（e）+M2（a）			17.54	13.95	14.61	20.80	16.81	16.77		
后冈第二期	H1065：10	5353	猪	上颌	右		M2（a）						24.94	19.84	19.55		
后冈第二期	H429：2	5893	猪	上颌			M3（U）										
后冈第二期	H830②：3	5941	猪	上颌	右		M1/M2（a）			24.42	18.96	19.15					
后冈第二期	T6230②	2577	猪	上颌	左		M1（l）	12.68	14.80	15.31	15.47	15.13					
后冈第二期	G12①：39（T6031）	3062	猪	上颌	左		M1（j）+M2（e）+M3（a）					14.45	21.32	17.36	17.69	34.68	18.08

续表

年代	单位	骨骼编号	种属	骨骼	左右	性别	牙齿磨蚀	P4（dp4）长	P4（dp4）宽	M1长	M1前宽	M1后宽	M2长	M2前宽	M2后宽	M3长	M3宽
后冈第三期	G12①:39（T6031）	3065	猪	上颌	左		M1（l）+M2（e）+M3（b-c）	11.26	14.06	15.07	15.72	16.49	21.88	19.21	19.48	31.60	19.83
后冈第三期	G12:1（T5930）	3478	猪	上颌	左		M2（c-d）+M3（a）						24.02		18.27	32.84	19.70
后冈第三期	G12②（T5930）	3588	猪	上颌	右		M1（f）+M2（e）+M3（b-c）			15.75	13.21	14.21	20.28	15.50	16.17	29.02	18.62
后冈第三期	G12②（T5930）	3589	猪	上颌	左		P4（c-d）	12.29	9.01								
后冈第三期	G12②（T5930）	3590	猪	上颌	左		M1（e-f）+M3（c）			15.03	13.02	13.97				30.26	17.54
后冈第三期	G12①（T5830）	4153	猪	上颌	右		M1（e-f）+M2（c-d）+M3（U）	11.44	12.89	14.68	13.55	14.06	19.76	16.91	17.52	30.04	19.30
后冈第三期	G12①（T5830）	4154	猪	上颌	左		M1（d-e）+M2（a）	12.34	13.78	17.78	14.42	15.08	21.52	17.30	17.51		
后冈第三期	G12①（T5830）	4161	猪	上颌	左		M3未萌出										
后冈第三期	T5731③:2	4490	猪	上颌	左		M1（e-f）+M2（e）+M3（0.5-U）	12.95	13.46	17.98	15.02	15.48	22.89	17.40	17.96	31.10	19.53
后冈第三期	T5731③:2	4491	猪	上颌	右		M1（e-f）+M2（e）+M3（0.5-U）	12.08	13.53	17.24	15.14	15.26	23.32	17.67		32.90	19.51
后冈第三期	H1062:1	4859	猪	上颌	左		M1（f）+M2（a）	10.46	12.95	18.04	15.03	15.33	20.86	16.45	16.42	32.92	18.89
后冈第三期	H1258:23	5257	猪	上颌	右		M1（l）										
后冈第三期	H1258:23	5258	猪	上颌	右		M2（f）+M3（c）								18.97	32.87	21.07
后冈第三期	H1258:23	5259	猪	上颌	左		M3（c）	10.67	12.86							34.67	
后冈第三期	H1258:23	5260	猪	上颌	左		M3（e）									37.34	17.22
后冈第一、二期	H1232:5	5174	猪	上颌	左		dp4（m）+M1（j）	14.26	10.16	14.95	14.28	14.11					
后冈第一、二期	H1232:5	5175	猪	上颌	右		M1（g）+M2（d）			16.30	14.79	16.07		19.22			

续表

年代	单位	骨骼编号	种属	骨骼	左右	性别	牙齿磨蚀	P4（dp4）长	P4（dp4）宽	M1长	M1前宽	M1后宽	M2长	M2前宽	M2后宽	M3长	M3宽
后冈第二、三期	G12②③④（T6131）	2883	猪	上颌	左		M2（e）						23.56	20.07	20.30		
后冈第二、三期	G12②③④（T6131）	2894	猪	上颌	右		M3（a）									32.03	19.81
后冈第二、三期	G12②③④（T6131）	2895	猪	上颌	左		M2（b）						22.47	19.42	19.56		
后冈	H102	5653	猪	上颌	左	雌	M2（m）+M3（j-k）									29.46	20.33
后冈	H102	5655	猪	上颌	右	雌	M1（n）+M2（n）+M3（j）			13.79	15.53	15.92					
朱家台第三期	H31：1	5456	猪	上颌	右		M1（j）+M2（e-f）+M3（a-b）	9.54	12.69	14.81	13.19	14.45	19.95	15.45	16.22	25.82	16.28
朱家台第三期	H31：1	5457	猪	上颌	左		M1（j）+M2（e-f）+M3（a）	10.27	12.41	14.66	13.32	14.08	19.75	15.71	15.75	25.45	16.28
朱家台第三期	H18	6136	猪	上颌	左		M1（b-c）+M1（0.5）			18.41	14.08	14.39					
朱家台第三期	H18	6143	猪	上颌	右		dp4（f）+M1（b）	13.63	11.33	18.66	14.22	14.25					
朱家台	H220	88	猪	上颌	右	雌	M1（g）+M2（f）+M3（b）	11.04	13.89	16.26	14.68	15.38	20.96	18.62	18.68	32.64	20.05
朱家台	H220	89	猪	上颌	左	雌	M1（j）+M2（f）+M3（b）	11.96	12.83	15.48	14.62	15.41	20.93	18.36	19.60	33.44	19.72
屈家岭	H959：16	2682	猪	上颌	右		M1（m）+M2（g）+M3（c）			13.08	16.03	17.15	21.81	18.39	19.80	35.85	19.30
屈家岭	M15	5904	猪	上颌	左		M3（b）									33.36	19.91
商周	H81	6011	猪	上颌	右		M1（j）+M2（b）	12.62	15.33	16.28	15.27	15.43					

附表1-2 大型鹿科（水鹿）上颌牙齿测量数据（单位：毫米）

年代	单位	骨骼编号	种属	骨骼	左右	牙齿磨蚀	M2长	M2宽
后冈第三期	H511：2	5772	大鹿	上颌	左	M2（5）	24.43	25.02

附表1-3 中型鹿科上颌牙齿测量数据（单位：毫米）

年代	单位	骨骼编号	种属	骨骼	左右	牙齿磨蚀	P4（dp4）长	P4（dp4）宽	M1长	M1宽	M2长	M2宽	M3长	M3宽
后冈第一期	H1108：66	2769	中鹿	上颌	右	M1（3）+M2（4）+M3（6）	16.53	11.99	18.04	14.83	18.83	18.39	21.75	16.59
后冈第一期	H501①：1	4681	中鹿	上颌	右	M2（5）					17.95	17.42		
后冈第一期	H501①：1	4682	中鹿	上颌	左	M3（U）							17.15	17.88
后冈第一期	H501①：1	4686	中鹿	上颌	左	M1（5）			15.52	15.99				
后冈第一期	H501①：1	4687	中鹿	上颌	左	M2（5）					18.21	17.48		
后冈第一期	H501①：1	4688	中鹿	上颌	左	M3（U）							17.39	17.72
后冈第一期	T5431④：6	5813	中鹿	上颌	右	M1（5-4）			18.26	18.55				

附表1-4 大型牛科（水牛）上颌牙齿测量数据（单位：毫米）

年代	单位	骨骼编号	种属	骨骼	左右	牙齿磨蚀	P4（dp4）长	P4（dp4）宽	M1长	M1宽	M2长	M2宽	M3长	M3宽
后冈第一期	H588：1	4778	大型牛科	上颌	左	M1（O）	18.42	21.33	25.22	25.46				
后冈第二期	H1065：10	5372	大型牛科	上颌	右	M2（k）					27.55	24.21		
后冈第二期	H1125：31	5966	大型牛科	上颌	右	M1（l-m）+M2（k）	17.07	21.85	24.45	24.83	28.53	27.88	32.01	
朱家台第二期	H114：69	2661	大型牛科	上颌	右	M2（g）					32.56	21.14		26.87

附表1-5　狗上颌牙齿测量数据

（单位：毫米）

年代	单位	骨骼编号	种属	骨骼	左右	P4（dp4）长	P4（dp4）宽	M1长	M1宽	M2长	M2宽
后冈第二期	M252：52	3775	狗	上颌	左右	16.23	8.75	10.87	12.91	8.41	6.47
明清	M112	2733	狗	上颌	左右	18.31	7.44	10.64			

附表1-6　猪下颌牙齿测量数据

（单位：毫米）

年代	单位	骨骼编号	种属	骨骼	性别	左右	牙齿磨蚀	p4（dp4）长	p4（dp4）宽	m1长	m1前宽	m1后宽	m2长	m2前宽	m2后宽	m3长	m3宽
后冈第一期	H439：1	5422	猪	下颌		右	m1（c）+m2（b）			17.73	10.30	13.14	23.28	14.31	15.70		
后冈第一期	H588：1	4796	猪	下颌		左	m3（b）									35.89	15.98
后冈第一期	H588：1	4797	猪	下颌		左	dp4（1）+m1（c）+m2（u）	19.55	9.93	17.03	11.40	12.38	23.02	13.46	14.28		
后冈第一期	H588：1	4802	猪	下游m2		右	m2（f）			21.83	14.20	15.05					
后冈第一期	H999：12	2162	猪	下颌		右	m2（1）+m3（j）									41.72	17.63
后冈第一期	H999：12	2163	猪	下颌		右	m1（c）			17.15	8.16	9.33					
后冈第一期	H1007：16	3202	猪	下颌	雌	左右	左：p4（e）	15.07	11.29								
后冈第一期	H1007：16	3203	猪	下颌		左	m3（b-c）									40.23	17.98
后冈第一期	H1007：16	3204	猪	下颌		左	dp4（e）+m1（b）			20.35	7.46	9.43	17.97	10.51	11.52		
后冈第一期	H1007：16	3206	猪	下颌		右	m1（j-k）+m2（g）+m3（d-e）			15.04	—	12.55	20.51	15.91	16.36	—	17.10
后冈第一期	H1052	2191	猪	下颌		左	p4（b）+m1（g）+m2（c）			15.88	9.33	10.96	20.53	10.24	11.93		
后冈第一期	H1052	2192	猪	下颌		右	m2（e）+m3（E-0.5）						22.27	11.59	13.34		14.54
后冈第一期	H1145：36	2970	猪	下颌		左	m2（g）+m3（b-c）									37.32	17.10
后冈第一期	H1145：36	2971	猪	下颌		左右	左：dp4（1）+m1（e）+m2（C）右：m1（e）+m2（C）	18.36	10.04	18.46	11.72	12.43					
后冈第一期	H1145：36	2972	猪	下颌		左	p4（a）+m2（c）	16.33	10.14				—	—	15.56		

续表

年代	单位	骨骼编号	种属	骨骼	左右	性别	牙齿磨蚀	p4（dp4）长	p4（dp4）宽	m1长	m1前宽	m1后宽	m2长	m2前宽	m2后宽	m3长	m3宽
后冈第一期	H1162：6	4328	猪	下颌	左右		左：dp4（e）+m1（U）右：dp4（e）+m1（U）	19.06	9.13	16.63	10.08	11.75					
后冈第一期	H1248：3	3640	猪	下颌	右		m2（b）+m3（C/V）						23.42	13.94	14.86		
后冈第一期	H1248：3	3642	猪	下游m3	右		m3（C/V）									36.38	15.29
后冈第一期	H1126：8	3869	猪	下颌	右		m1（a）+m2（C）						18.65	11.33	12.91		
后冈第一期	H1042②：1	4764	猪	下颌	左		m3（c）									34.43	17.56
后冈第二期	H1070	173	猪	下颌	左		p4（d）+m1（1）+m2（e-f）			14.18	10.76		18.69	13.87			
后冈第二期	H1070	177	猪	下颌	右		m3（a）									43.44	18.37
后冈第二期	H1070	178	猪	下颌	左		m3（a）+m2（e）						20.95	15.40		42.10	17.48
后冈第二期	H986：39	2741	猪	下颌	左		dp4（a）	18.92	9.13								
后冈第二期	G12②：42（T6031）	3099	猪	下颌	左		p4（f）+m1（g）+ m2（d）+m3（a-b）	14.58	10.64	17.03	—	13.53	21.99	16.93	17.80	38.96	19.15
后冈第二期	G12②：42（T6031）	3101	猪	下颌	右		m2（e-f）+m3（d）						19.82	14.99	15.17	36.56	15.96
后冈第二期	G12②：42（T6031）	3102	猪	下游m3	右		m3（d）									36.52	17.64
后冈第二期	G12：23（T5931）	3411	猪	下颌	左		m1（g）+m2（c）+m3（E）			15.85	10.49	12.85	22.86	13.92	16.48		
后冈第二期	G12：23（T5931）	3412	猪	下颌	左		m3（d-e）									38.65	17.59
后冈第二期	G12：23（T5931）	3413	猪	下颌	左	雌	p4（f）+m1（k-l）+ m2（g-h）+m3（d）	15.61	10.30	14.94	10.92	12.09	20.06	15.67	16.48	36.60	16.85
后冈第二期	G12：23（T5931）	3414	猪	下颌	左	雌	p4（f）+m1（1）	15.47	10.20	14.31	11.31	11.56					

续表

年代	单位	骨骼编号	种属	骨骼	左右	性别	牙齿磨蚀	p4(dp4)长	p4(dp4)宽	m1长	m1前宽	m1后宽	m2长	m2前宽	m2后宽	m3长	m3宽
后冈第二期	G12：23（T5931）	3423	猪	下颌	右		m1（f）+m2（d）+m3（a）			14.91	—	11.20	20.20	13.89	14.56	37.19	15.42
后冈第二期	G12（T5830）	4064	猪	下颌	左		m2（1）+m3（f）									35.37	17.28
后冈第二期	G12：1（T5830）	4087	猪	下游m3			m3（d）										
后冈第二期	G12：3（T5830）	4104	猪	下颌	右		m1（f）+m2（a）			—	—	11.90	22.39	13.55	13.12		
后冈第二期	G12：3（T5830）	4105	猪	下颌	左		m2（c-d）			25.17	14.67	14.72					
后冈第二期	G12（T5830）	4114	猪	下颌	左		m1（f-g）+m2（d）+m3（0.5）			15.32	10.24	11.60	22.09	13.56	13.94		
后冈第二期	G12（T5830）	4115	猪	下颌	左		m1（f）+m2（a）			17.38	11.15	11.93	23.60	14.29	14.36		
后冈第二期	G12（T5830）	4116	猪	下颌	左		m2（a）+m3（C）						26.55	14.93	15.55		
后冈第二期	G12（T5830）	4117	猪	下颌	左		m3（a）									39.03	16.63
后冈第二期	H804：10	3999	猪	下颌	右		dp4（m）+m1（e-f）	17.16	9.63	16.79	9.90	10.74					
后冈第二期	H804：10	4000	猪	下颌	右		m1（b）+m2（C）			17.15	10.03	10.67					
后冈第二期	H804：10	4001	猪	下颌	左		p4（b）+m1（e）+m2（b）+m3（C）	14.87	8.76	16.25	9.92	10.80	20.17	13.23	13.48		
后冈第二期	H804：10	4002	猪	下颌	右		m2（c-d）+m3（E）						22.61	13.43	14.01		
后冈第二期	H804：10	4007	猪	下颌	左		m3（C）									37.18	15.81
后冈第二期	H1075：46	3346	猪	下颌	右		m3（b-c）									35.85	18.96

续表

年代	单位	骨骼编号	种属	骨骼	左右	性别	牙齿磨蚀	p4（dp4）长	p4（dp4）宽	m1长	m1前宽	m1后宽	m2长	m2前宽	m2后宽	m3长	m3宽
后冈第二期	H1025：4	3695	猪	下颌	右		dp4（e）+m1（b）+m2（E）+m3（C）	18.45	9.49	16.98	10.22	11.72					
后冈第二期	H1025：4	3696	猪	下颌	左		dp4（a）	20.33	9.95								
后冈第二期	H1025：4	3697	猪	下颌	左		dp4（e）+m1（b）+m2（U）+m3（C）	8.69	8.97	18.57	10.49	11.08	21.82	14.15	13.54		
后冈第二期	H1106：55	3295	猪	下颌	左		p4（a-b）	13.79	9.23								
后冈第二期	H1106：55	3297	猪	下游m3	右		m3（0.5-U）									37.37	17.04
后冈第二期	H1148：16	3929	猪	下颌	右		dp4（b）	20.26	9.91								
后冈第二期	M50：1	4242	猪	下颌	左右		左：I1未萌出，m1（c）+m2（E）+m3（C）右：c未萌出，m1（c），m2（E）			17.06	10.30	10.94					
后冈第二期	H445：2	5742	猪	下颌	左右		m2（e）+m3（0.5-U）										
后冈第二期	H620：1	4663	猪	下游m3	右		m3（a）										
后冈第二期	H651：2	4253	猪	下颌	左		m1（n）+m2（j-k）+m3（f）						20.10	—	14.73		
后冈第二期	H651：2	4254	猪	下颌	左		m1（e）+m2（0.5-U）										
后冈第二期	H651：2	4255	猪	下颌	左右		左：i2未萌出										
后冈第二期	H620：2	4345	猪	下颌	右		dp4（c）+m1（V）	18.88	8.50				19.84	13.20	14.45	33.73	15.52
后冈第二期	H853：3	4543	猪	下颌	右		m3（b-c）										
后冈第二期	H853：3	4544	猪	下颌	右		dp4（d）+c未萌出+m1（E）	20.84	9.99							39.59	17.16
后冈第二期	H853：3	4545	猪	下颌	左		m1（c-d）+m2（V）			20.30	10.72	11.93					
后冈第二期	H853：3	4557	猪	下游dp4	左		dp4（d）	20.91	10.49								
后冈第二期	H1000：36	2218	猪	下颌	左右	雌	m2（e）+m3（a）										

续表

年代	单位	骨骼编号	种属	骨骼	左右	性别	牙齿磨蚀	p4(dp4)长	p4(dp4)宽	m1长	m1前宽	m1后宽	m2长	m2前宽	m2后宽	m3长	m3宽
后冈第二期	H1000∶36	2220	猪	下颌	右		m2（e）+m3（0.5）						20.97	11.60	13.43	20.11	12.89
后冈第二期	H1000∶36	2221	猪	下颌	右		m1（g）+m2（e）						21.94	13.31	15.18		
后冈第二期	H1000∶36	2224	猪	下游m3	左		m3（V/E）									38.38	17.28
后冈第二期	H1065∶10	5354	猪	下颌	右		p4（a）+m1（e）+m2（a）	15.57	10.15	18.60	12.01	12.96	23.88	14.19	14.02		
后冈第二期	H1160∶4	4591	猪	下颌	左		m2（a）+m3（V）						22.95	13.11	14.15		
后冈第二期	H1160∶4	4593	猪	下游m1	右		m1（e）			18.20	10.74	12.35					
后冈第二期	H1160∶4	4594	猪	下游m3	左		m3（b-c）									—	13.89
后冈第二期	H1118∶9	4619	猪	下颌	左		p4齿根，m1齿根										
后冈第二期	H1257∶10	4928	猪	下颌	右		m2（d-e）+m3（0.5-U）						25.09	—	16.14		
后冈第二期	H1257∶10	4929	猪	下颌	右		m1（c）+m2（a）+m3（0.5）			17.91	10.84	12.03	23.54	14.94	—	38.96	16.69
后冈第二期	H1257∶10	4930	猪	下颌	右		m1（k）+m2（g）+m3（d）						19.40	15.40	15.63		
后冈第二期	H1257∶10	4931	猪	下颌	右		m1（l）+m2（j）+m3（c-d）			14.91	12.20	12.34	20.39	16.53	16.62	42.04	18.76
后冈第二期	H1257∶10	4932	猪	下颌	右		dp4（e）+m1（a）+m2（V）	19.75	8.93	18.84	10.41	11.81					
后冈第二期	H1257∶10	4933	猪	下颌	左右		左：m1（f-g）+m2（c） 右：m2（c）+m3（C）			17.08	11.34	11.72	21.67	15.14	14.11		
后冈第二期	H1257∶10	4935	猪	下颌	左右	雌	右：dp4（e-f）+m1（b）+m2（E）+m3（C）	19.00	9.80	17.87	11.10	11.98					
后冈第二期	H1257∶10	4936	猪	下颌	左		p4（a）+m1（e）+m2（b）+m3（E）	14.86	9.52	17.82	10.80	11.55	23.24	15.00	15.30		
后冈第二期	H1257∶10	4937	猪	下颌	左		m3（c）									41.48	18.15
后冈第二期	H1257∶10	4938	猪	下颌	左		m2（j）+m3（f）						19.73	13.88	—	36.12	16.26
后冈第二期	H1257∶10	4939	猪	下颌	左		m1（a）+m2（e）+m3（c）			18.71	10.73	11.79					

续表

年代	单位	骨骼编号	种属	骨骼	左右	性别	牙齿磨蚀	p4（dp4）长	p4（dp4）宽	m1长	m1前宽	m1后宽	m2长	m2前宽	m2后宽	m3长	m3宽
后冈第二期	H1257：10	4940	猪	下颌	左		m2（g）+m3（d-e）						—	—	15.05	40.64	17.24
后冈第三期	G12①：39	3063	猪	下颌	左		m1（f）			15.02	—	12.17					
后冈第三期	G12：1（T5930）	3473	猪	下颌	左右	雄	左：p4（e-f）+m1（1）+m2（e）	13.64	9.63	14.19	11.02	11.91	22.53	14.09	15.78		
后冈第三期	G12：1（T5930）	3474	猪	下颌	左		m2（f）+m3（b-c）									41.41	19.99
后冈第三期	G12：1（T5930）	3475	猪	下颌	左		m2（e）+m3（b-c）									35.80	16.38
后冈第三期	G12：1（T5930）	3476	猪	下颌	左		dp4（j）+m1（b）	17.15	9.57	17.35	11.57	12.06					
后冈第三期	G12：1（T5930）	3477	猪	下颌	左		m1（m）+m2（1）+m3（g）			15.44	11.82	13.32	19.83	—	—	40.02	18.09
后冈第三期	G12：1（T5930）	3493	猪	下颌	右		m2（k）+m3（c）									38.26	17.33
后冈第三期	G12：1（T5930）	3494	猪	下颌	右	雄	p4（f）+m1（1）+m2（e）	14.70	9.47	16.31	10.9	11.97	22.07	15.05	15.34		
后冈第三期	G12：1（T5930）	3497	猪	下游m3	右		m3（a）									43.05	16.54
后冈第三期	G12：1（T5930）	3544	猪	下游m1	左		m1（e）			14.41	10.53	11.38					
后冈第三期	G12②：2（T5930）	3591	猪	下颌	右		m1（f-g）+m2（c）+m3（U）			17.01	10.73	12.36	18.71	13.13	13.11	26.50	13.46
后冈第三期	G12①：3（T5830）	4155	猪	下颌	左		p4（a-b）+m1（f）+m2（d-e）	14.23	8.08				22.13	13.90	—		

续表

年代	单位	骨骼编号	种属	骨骼	左右	性别	牙齿磨蚀	p4（dp4）长	p4（dp4）宽	m1长	m1前宽	m1后宽	m2长	m2前宽	m2后宽	m3长	m3宽
后冈第三期	G12①:3（T5830）	4156	猪	下颌	左		p4（e-f）+m1（1）+m2（k）+m3（e）	12.87	8.70	12.26	10.09	10.96		13.66	14.07	37.67	15.64
后冈第三期	G12①:3（T5830）	4157	猪	下颌	右		p4（a）+m1（f）+m2（c）	15.80	9.53	17.20	10.40	12.13					
后冈第三期	G12①:3（T5830）	4158	猪	下颌	右		m2（g）+m3（d-e）						19.45	13.90	14.75	36.33	16.34
后冈第三期	G12①:3（T5830）	4159	猪	下颌	右		p4（f）+m1（1）	13.16	8.94	15.77	10.78	11.45					
后冈第三期	H171:1	4215	猪	下颌	左		p4（c）+m1（g）+m2（e）+m3（a）	14.50	10.24	16.18	10.61	12.32	23.02	14.81	15.89	31.54	15.83
后冈第三期	H757	2578	猪	下颌	右		p4（e）	15.67	8.67								
后冈第三期	H1062:1	4860	猪	下颌	左右	雄	左：i1在齿槽中　右：i1在齿槽中										
后冈第三期	H1062:1	4861	猪	下颌	左		dp4（m）+m1（f-g）+m2（b）+m3（V）			17.06	10.82	11.85	22.09	13.79	14.91		
后冈第三期	H1134:17	3446	猪	下颌	左右	雌	p4（f）+m1（m）+m2（f-g）+m3（b-c）	15.14	9.03	14.86	11.57	12.07	19.57	15.52	15.05	36.03	16.87
后冈第三期	H1258:23	5261	猪	下颌	左		m3（d）									19.63	8.73
后冈第三期	M71	3766	猪	下游dp4	右		dp4未萌出										
后冈第三期	T5631③:13	5211	猪	下颌	右		m3（a-b）									37.48	16.43
后冈第一、二期	H1078:56	2708	猪	下游m1			m1（a）										
后冈第一、二期	H1232:5	5173	猪	下颌	左		m1（f）										
后冈第二、三期	G12:30（T6131）	2632	猪	下颌	左		m3（c/d）									40.19	—

续表

年代	单位	骨骼编号	种属	骨骼	左右	性别	牙齿磨蚀	p4（dp4）长	p4（dp4）宽	m1长	m1前宽	m1后宽	m2长	m2前宽	m2后宽	m3长	m3宽
后冈第二、三期	G12②③④（T6131）	2878	猪	下颌	左		m1（g）+m2（e）+m3（0.5）			14.72	—	11.85	19.36	14.25	14.84	25.57	16.11
后冈第二、三期	G12②③④（T6131）	2879	猪	下颌	左		m2（e-f）+m3（c）						20.30	14.14	14.77	35.05	16.68
后冈第二、三期	G12②③④（T6131）	2880	猪	下颌	左		m1（1）+m2（k）+m3（j）			—	—	12.23	18.18	15.11	15.84	40.22	18.96
后冈第二、三期	G12②③④（T6131）	2881	猪	下颌	左		m3（a）									35.94	18.89
后冈第二、三期	G12②③④（T6131）	2882	猪	下颌	左		m1（d-e）+m2（d-e）			15.72	11.58	11.75	21.02	14.84	15.61		
后冈第二、三期	G12②③④（T6131）	2884	猪	下颌	右		p4（b）+m1（g）+m2（c）+m3（V）	12.83	7.91	15.39	11.55	12.40	20.91	14.98	15.03		
后冈第二、三期	G12②③④（T6131）	2885	猪	下颌	右		m2（e）+m3（0.5-U）						20.10	14.62	14.95	32.24	17.56
后冈第二、三期	G12②③④（T6131）	2886	猪	下颌	右		m1（h）+m2（e）+m3（0.5）			—	—	12.86	23.50	—	16.05		
后冈第二、三期	G12②③④（T6131）	2887	猪	下颌	右		p4（f）+m1（1）+m2（j-k）+m3（e）	12.92	8.97	14.63	10.95	11.57	18.01	13.92	14.20	38.17	16.19
后冈第二、三期	G12②③④（T6131）	2888	猪	下颌	右		m3（c）										
后冈第二、三期	G12②③④（T6131）	2897	猪	下颌m1	左		m1（g-h）			14.64	10.41	10.62					
后冈	H102	5662	猪	下颌	左		m1（d）+m2（a）						19.26	10.81	11.83		
后冈	M230	3619	猪	下颌	左		m3（b-c）									32.00	14.34

续表

年代	单位	骨骼编号	种属	骨骼	左右	性别	牙齿磨蚀	p4(dp4)长	p4(dp4)宽	m1长	m1前宽	m1后宽	m2长	m2前宽	m2后宽	m3长	m3宽
后冈	M230	3620	猪	下颌	右	雌	p4（e-f）+m1（m）+m2（f-g）+m3（b-c）	11.68	7.99	13.95	10.27	11.25	19.08	13.21	13.82	31.81	14.08
后冈	M241：3	5903	猪	下游m2	右		m2（a）			23.07	13.65	14.21					
朱家台第一期	H1098	2091	猪	下颌	左	雌	p4（d）+m1（g）+m2（e）						20.18	12.97	13.33		
朱家台第一期	H705	2435	猪	下游m2	左		m2（U）						22.12	14.49	14.60		
朱家台第一期	H1026：3	2542	猪	下颌	左		p4（d）+m1（f-g）+m2（e）+m3（a-b）			15.34	10.17	11.71	20.41	14.36	14.95	31.09（+）	16.24
朱家台第一期	H1026：3	2543	猪	下颌	左	雌	p4（f）+m1（j）+m2（g）+m3（c-d）			13.81	11.07	12.54	18.15		14.26		
朱家台第一期	H1026：3	2544	猪	下颌	右		M1（m）+M3（c）			15.80	11.13						16.48
朱家台第一期	T5532⑤：6	5058	猪	下颌	左		dp4（d）+M1（E）	19.86	9.44								
朱家台第一期	T5532⑤：6	5059	猪	下颌	右		dp4（d）+m1（E）	20.40	9.12								
朱家台第一期	T5532⑤：1	5127	猪	下颌	左		m1（h）+m2（e-f）+m3（b）			17.10	11.34	12.09	21.42	14.83	15.24	36.11	15.47
朱家台第一期	T5431④：2	5580	猪	下颌	左		m1（f）+m2（d-e）+m3（a）						21.47	13.90	15.92	37.40	17.03
朱家台第一期	T5431④：2	5581	猪	下颌	左		m2（e）+m3（0.5-U）										
朱家台第一期	T5431④：2	5582	猪	下颌	右		m3（b-c）										
朱家台第一期	T5431④：2	5585	猪	下颌	左		m1（a）			16.50	10.13	11.23					
朱家台第一期	T5431④：6	5798	猪	下颌	左		m2（f-g）+m3（a）						21.84	—	15.67	34.09	17.33
朱家台第一期	T5431④：6	5801	猪	下游m3	左		m3（c）									41.26	17.93
朱家台第一期	T5431④：6	5805	猪	下颌	左	雄	p4（d）+m1（j）	14.75	10.52	16.38	11.02	11.61					
朱家台第一期	T6235⑧	2007	猪	下颌	左右	雌	p4（g）+m1（m）+m2（k）+m3（e）			13.63	10.42	12.15	21.47	14.76		35.75	15.41
朱家台第二期	G25：9	3136	猪	下颌	左		m1（f）+m2（c）						—	—	12.79	—	16.57

续表

年代	单位	骨骼编号	种属	骨骼	左右	性别	牙齿磨蚀	p4(dp4)长	p4(dp4)宽	m1长	m1前宽	m1后宽	m2长	m2前宽	m2后宽	m3长	m3宽
朱家台第二期	H863	2294	猪	下颌	左		m1(n)+m2(m-n)+m3(j)			—	—	17.14	16.86				
朱家台第二期	H863	2295	猪	下颌	左		m2(g)+m3(c)						23.03	16.19	16.96	41.57	19.17
朱家台第二期	H937	237	猪	下颌	右		m1(f)+m2(c)										
朱家台第二期	H1001:3	2124	猪	下颌	左右		m1(f)+m3(a-b)										
朱家台第三期	H18	6146	猪	下颌	左		dp4(j)+m1(d-e)+m2(0.5-U)+m3(C)	18.31	9.42	18.02	10.91	11.81					
朱家台第三期	H18	6148	猪	下颌	右	雌	dp4(j)+m1(d-e)+M2(0.5-U)+m3(C)	17.97	9.23	17.67	10.88	11.68					
朱家台第三期	H31:1	5459	猪	下颌	右		p4(e)+m1(j)+m2(f)+m3(b)	12.75	8.50	15.20	10.01	11.14	19.65	13.09	13.63	30.33	14.08
朱家台第三期	H31:1	5460	猪	下颌	左		p4(e)+m1(j)+m2(f)+m3(a-b)	11.98	8.55	15.76	10.12	11.10	19.55	13.01	13.71	31.26	14.34
朱家台第三期	H635:1	5906	猪	下颌	左		dp4(l)+m1(e)+m2(a)+m3(C)	17.69	8.53	17.29	9.60	11.01	22.19	12.35	13.31		
朱家台第一、二期	H939	2081	猪	下颌	左		c(V)										
朱家台	H220	86	猪	下颌	左右	雌	p4(e-f)+m1(h)+m2(f)+m3(b-c)	14.21	10.27	15.66	11.42	11.87	21.39	14.76	14.75	36.80	16.48
朱家台	H220	87	猪	下颌	左	雌	p4(d)+m1(h)+m2(f)+m3(b-c)	13.76	10.00	15.47	11.02	11.81	22.34		15.81	36.43	16.84
朱家台	H799	3150	猪	下颌	左	雌	p4(e)+m1(j)+m2(g)	12.52	8.63	16.30	—	—	17.19	14.10	14.30		
朱家台	H799	3151	猪	下颌	右	雌	p4(f)+m1(k-l)+m2(g)+m3(c)	13.10	8.45	15.70	10.2	11.74	16.90	—	14.50	30.16	15.80
煤山文化	H105:47	2136	猪	下颌m3	左		m3(a)										

续表

年代	骨骼编号	种属	骨骼	左右	性别	牙齿磨蚀	p4（dp4）长	p4（dp4）宽	m1长	m1前宽	m1后宽	m2长	m2前宽	m2后宽	m3长	m3宽
煤山文化	2137	猪	下游m2	右		m2（V）						23.53	12.32	13.02		
煤山文化	2138	猪	下颌	右		m1（a）										
商周	6015	猪	下颌	右		m1（c-d）+m2（U）+ m3（C/V）			—		12.63	25.41	15.47	16.09		
商周	6019	猪	下游dp4	左		dp4（b）	—	7.72								

附表1-7　大型鹿科下颌牙齿测量数据

（单位：毫米）

年代	单位	骨骼编号	骨骼	左右	种属	牙齿磨蚀	m1长	m1宽	m2长	m2宽	m3长	m3宽
后冈第一期	H644	5399	下颌	左	大鹿	m2（4-5）			23.78	13.32		
后冈第一期	H644	5400	下颌	右	大鹿	m3（6）					30.34	12.86
后冈第二期	G12：1（T5830）	4059	下颌	左	大鹿	m3（6）					31.83	15.71
后冈第二期	G12：1（T5830）	4097	下颌	右	大鹿	m1/m2（5）	23.45	12.28				
后冈第三期	G12：1（T5930）	3466	下颌	右	大鹿	m2（2）			21.41	12.72		
后冈第二、三期	G12②③④（T6131）	2838	下颌	左	大鹿	m3（3）					28.86	15.62

附表1-8　中型鹿科下颌牙齿测量数据

（单位：毫米）

年代	单位	骨骼编号	种属	骨骼	左右	种属	牙齿磨蚀	p4（dp4）长	p4（dp4）宽	m1长	m1宽	m2长	m2宽	m3长	m3宽
后冈第一期	H999：12	2156	中鹿	下颌	右	中鹿	m1（5）			17.16	8.53				
后冈第一期	H999：12	2158	中鹿	下颌	右	中鹿	m2（E）					20.28	8.21		
后冈第一期	H1010：46	2744	中鹿	下颌	右	中鹿	m2（2）+m3（3）					18.21			11.53
后冈第一期	H1145：36	2985	中鹿	下颌	右	中鹿	m1（2）+m2（3）+m3（4）	13.20	9.13	14.03	10.74	16.23	11.66	23.29	12.48
后冈第一期	H1145：36	2986	中鹿	下颌	左	中鹿	m1（2）+m2（3）+m3（4）			14.13	10.82	16.54	11.36	23.61	11.20

续表

年代	单位	骨骼编号	种属	骨骼	左右	牙齿磨蚀	p4（dp4）长	p4（dp4）宽	m1长	m1宽	m2长	m2宽	m3长	m3宽
后冈第一期	H501①:1	4691	中鹿	下颌	右	m1（3）			15.38	9.87				
后冈第一期	H501①:1	4692	中鹿	下颌	左	m2（5）					18.94	9.82		
后冈第一期	H501①:1	4693	中鹿	下颌	左	m3（7）							23.14	8.99
后冈第一期	H501①:1	4695	中鹿	下颌	右	m2（5）+m3（7）					19.26	9.90	22.80	9.74
后冈第二期	G12:1（T5830）	4060	中鹿	下Fm1/m2	左	m1/m2（3）			18.05	10.59				
后冈第二期	G12:1（T5830）	4086	中鹿	下颌	左	m1（3）			21.60	12.64				
后冈第二期	G12:1（T5830）	4091	中鹿	下颌	左	m1（2）	13.70	8.02	14.30	9.11				
后冈第二期	G12:1（T5830）	4132	中鹿	下颌	左	m1（2）		8.39	14.36	10.83				
后冈第一、二期	H1232:5	5156	中鹿	下颌	左	m2（3）+m3（5）	13.44	9.66		10.25	18.46	11.22	24.03	10.76
后冈第一、二期	H1232:5	5157	中鹿	下Fm2	左	m2（2）					18.34	12.10		
后冈第一、二期	H1232:5	5158	中鹿	下Fm3	左	m3（4）							22.66	11.49
后冈第一、二期	H1232:5	5159	中鹿	下Fm2	右	m2（3）					18.74	11.35		
朱家台第一期	T6235⑧	2096	中鹿	下颌	右	m1（3）+m2（4）+m3（6）					18.68	10.02		
朱家台第一期	H705	2436	中鹿	下颌	左	m1（3）+m2（4）+m3（6）	13.71	8.30			18.35	10.20	23.47	8.84
朱家台第一期	H705	2437	中鹿	下颌	右	m3（4）	13.73	8.40					23.30	9.07
朱家台第三期	H455:1	4048	中鹿	下颌	左	m3（4）							21.58	9.91
商周	H81	6051	中鹿	下颌	右	m1（U）			18.33	9.78				
商周	H81	6053	中鹿	下颌	左	m1（6）			17.96	9.58				
商周	H81	6054	中鹿	下颌	左	m1/m2（5）			17.25	10.26				
商周	H81	6055	中鹿	下颌	左	m1/m2（U）			18.30	9.76				
商周	H81	6058	中鹿	下颌	左	m2未萌出					19.21	11.96		

附表1-9　大型牛科下颌牙齿测量数据

（单位：毫米）

年代	单位	骨骼编号	种属	左右	骨骼	牙齿磨蚀	p4（dp4）长	p4（dp4）宽	m1长	m1宽	m2长	m2宽	m3长	m3宽
后冈第二期	H1125：31	5963	大型牛科	左	下颌	m1（m-n）+m2（k）+m3（h）			24.10	16.72	28.25	18.78	43.12	17.99
后冈第三期	G12①：39（T6031）	3042	大型牛科	右	下m1/m2	m1/m2（k）			30.23	16.44				
后冈第三期	G12：1（T5930）	3455	大型牛科	右	下m3	m3（k）							42.33	17.32
朱家台第一期	T6135⑦：19	2555	大型牛科	右	下m3	m3（a）							41.33	16.46
商周	H81	6085	大型牛科	左	下颌	p4（j）+m1（p）+m2（l）+m3（k）	20.24	14.01	25.98	16.84	28.08	19.71	41.78	18.14

附表1-10　狗下颌牙齿测量数据

（单位：毫米）

年代	单位	骨骼编号	种属	左右	骨骼	p4长	p4宽	m1长	m1宽	m2长	m2宽
后冈第二期	M252：52	3776	狗	左	下颌	10.86	5.62	19.42	7.83	7.53	5.51
后冈第二期	M252：52	3777	狗	右	下颌	10.86	5.55	19.42	7.92	7.37	5.85
后冈	M161：29	3380	狗	左	下颌	11.77	5.82	19.89	8.61		
后冈	M161：29	3381	狗	右	下颌			20.05	8.20		

附表1-11　貉下颌牙齿测量数据

（单位：毫米）

年代	单位	骨骼编号	种属	左右	骨骼	p4长	p4宽	m1长	m1宽	m2长	m2宽
后冈第一期	H1145：36	2990	貉	右	下颌	6.82	3.37	11.40	4.63	6.58	4.31
后冈第一期	H1145：36	2991	貉	右	下颌	7.90	3.40	13.13	5.12	7.35	5.12
后冈第一期	H1145：36	2993	貉	左	下颌			13.84	5.75		
后冈第二、三期	G12②③④（T6131）	2937	貉	右	下颌	7.16	3.42	13.44	5.31	6.25	4.55

附表1-12 狐下颌牙齿测量数据

（单位：毫米）

年代	单位	骨骼编号	种属	骨骼	左右	p4长	p4宽	m1长	m1宽	m2长	m2宽
屈家岭	H959：16	2671	狐	下颌	右	9.48	3.87	14.78	5.67	7.14	5.35
屈家岭	H959：16	2687	狐	下颌	右					7.14	5.34

附表1-13 水鹿鹿角测量数据

（单位：毫米）

年代	单位	骨骼编号	种属	部位	左右	角环最大径	角环周长	角基最大径	角基周长	眉杈到角环的距离	主轴长	眉枝长	第二枝长
后冈第一期	H1194：12	4878	水鹿	A1+P1+A2+P2	左							49.73	
后冈第一期	H148：2	5303	水鹿	角柄+角环+A1	左	46.53		33.52					
后冈第一期	H1108：43	6291	水鹿？	角柄+角环+A1	左	42.87	128	33.30	99				
后冈第二期	G12：23（T5931）	3403	水鹿	角环+A1	左	46.36		35.70	108				
后冈第二期	H1243：26	4906	水鹿	角柄+角环+A1	右	49.69	153	38.14	121				
后冈第二期	H429：2	5897	水鹿	角柄+A1		57.65	175						
后冈第二期	H830②：3	5936	水鹿	角环+A1+P1+A2+P2+A3+P3	右	52.19		39.05	122	65.51	510	115.69	99.85
后冈第三期	H1062：1	4848	水鹿	角柄+角环+A1+A2+P2	右	49.08	150	42.19	119				

附表1-14　梅花鹿鹿角测量数据

（单位：毫米）

年代	单位	骨骼编号	种属	部位	左右	角环最大径	角环周长	角基最大径	角基周长	角柄最大径	角柄周长	眉杈到角环的距离	眉杈长
后冈第一期	H999：12	2149	梅花鹿	角柄+角环+A1	左	52.34	160	40.19	122				
后冈第一期	H1223：46	3770	梅花鹿	角柄+角环+A1	右	51.17	152	42.46		34.97	111		
后冈第一期	H817：16	3974	梅花鹿	角柄+角环+A1	右	52.74	155	40.71	126				
后冈第一期	H1108：43	6290	梅花鹿	角环+A1	左	51.21	155	40.52	120				
后冈第二期	H1070	214	梅花鹿	额骨+角柄+角环+A1	左	53.52	165	41.94	129	33.78	107		
后冈第二期	H1070	215	梅花鹿	角环+A1	左	55.09	163	45.46	138			54.55	
后冈第二期	H1086：16	4464	梅花鹿	额骨+角柄+角环+A1		50.93				32.77	104		
后冈第二期	H1235：9	5084	梅花鹿	角环+A1	左	51.54	156	41.51	124				
后冈第二期	H1129：6	6278	梅花鹿?	角环+A1	左	37.59						70.12	136.25
后冈第三期	H1142：59	3244	中鹿	额骨+角柄+角环+A1	右								
后冈第三期	G12①：3（T5830）	4189	梅花鹿	额骨+角柄+角环+A1		53.56	167	39.52	122	36.46	127		
后冈第三期	G12：1（T5930）	3471	梅花鹿	角柄+角环+A1	左	39.55		32.87	97			48.12	
后冈	H1149	3687	梅花鹿	角柄+角环+A1+P1+A2+P2	右	42.97		36.66	112			54.95	91.33
朱家合第一期	T6235⑧	2093	梅花鹿?	角环+A1		47.64	148						
朱家合第一期	T6235⑦：5	2113	梅花鹿	额骨+角柄+角环	右	49.53							
朱家合第一期	T6133③：26	2482	梅花鹿	额骨+角柄+角环+角	左	51.87	155	39.43	121	39.83	123		
屈家岭	H686：2	6285	梅花鹿	额骨+角柄+角环+A1+P1	右	51.41	160	48.33	140	41.91	121		
商周	H81	6083	梅花鹿	角环+A1		51.65	158	36.56	103				
汉代	H741：5	6279	梅花鹿	角柄+角环+A1+P1	左			41.53					112.82
汉代	M94：12	6287	梅花鹿	角环+A1	左	52.81	166		123				

附表1-15 鹿角测量数据

（单位：毫米）

年代	单位	骨骼编号	种属	部位	左右	角环最大径	角环周长	角基最大径	角基周长	角柄最大径	角柄周长	角柄长	眉杈到角环的距离	眉枝长
后冈第一期	H588：1	4785	鹿	额骨+角柄+角环+角	右	22.87	66			17.80	56	71.51		
后冈第一期	H1024：47	2370	小鹿	角柄+角环		21.10								
后冈第一期	H1144：36	2560	鹿	角柄+角环	左					13.76		70.47		
后冈第一期	H817：16	3975	小鹿	角柄	左									
后冈第一期	H1010：22	6276	小鹿	角柄+角环+A1+P1	右	26.41	78	18.73	64	24.39	54		9.79	7.60
后冈第二期	H67	4513	赤鹿	角柄+角环+A1	右	31.82	92	23.77	71	18.97	60			6.96
后冈第二期	H650	4414	小鹿	额骨+角柄						14.17		70.22		
后冈第二期	H651：2	4298	赤鹿	额骨+角柄+角环+角	左	26.17	81	23.46		19.12	58	67.23		
后冈第二期	H651：2	4299	赤鹿	额骨+角柄+角环+角	右	27.48		23.75	75	19.89	62	66.19		
朱家台第二期	H748：2	6277	小鹿	角柄+角环+A1+P1	右	20.09	60	16.29	54	16.31	49		10.32	
商周	H81	6082	小鹿	角柄+角环+A1+P1		20.65		18.65				66.42		
不明	T6236、T6336⑦	138	大角鹿	额骨+角柄+角环	左	34.40	94			27.28	80	102.75		
不明	T6236、T6336⑦	139	大角鹿	角柄+角环	右	30.39				27.07				

附表1-16　猪寰椎测量数据　　　　　　　　（单位：毫米）

年代	单位	编号	种属	骨骼	愈合	GL	GB	BFcr	BFcd	GLF	H
后冈第一期	H1008：7	2535	猪	寰椎	F	56.26		68.67	63.69		53.56
后冈第一期	H1008：7	2536	猪	寰椎	F	39.77		57.65			46.92
后冈第一期	H1175：10	3566	猪	寰椎	F	56.74	108.91	62.17	56.19	49.31	54.78
后冈第一期	H148：2	5306	猪	寰椎	F	46.89		63.74	56.17		57.27
后冈第一期	H439：1	5423	猪	寰椎	F			65.86			56.70
后冈第二期	M188	2711	猪	寰椎	F	56.66		67.89		53.62	61.18
后冈第二期	H804：10	4011	猪	寰椎	F			61.94		50.82	60.36
后冈第二期	M50：1	4245	猪	寰椎	UF	30.26	51.98				
后冈第三期	G12：1（T5930）	3512	猪	寰椎	F	49.16		60.97	61.80		52.40
后冈第三期	H1153：21	3830	猪	寰椎	F	42.47	74.98	57.62	60.02	34.33	45.05
后冈第二、三期	H1121：45	3366	猪	寰椎	F			60.70		46.65	
后冈	H102	5665	猪	寰椎	F	41.49		56.42	52.28	40.65	48.44
后冈	H102	5666	猪	寰椎	F	45.17		59.77	53.83	44.04	46.17
朱家台第一期	H705	2448	猪	寰椎	—						53.47
朱家台第三期	H18	6171	猪	寰椎	骺线	43.65	72.56	55.59	51.54	39.92	43.15
朱家台	H220	1	猪	寰椎	F		19.21	45.46	55.10	41.23	42.61
不明	H286：1	5014	猪	寰椎	UF	41.19					

附表1-17　大型鹿科（水鹿）寰椎测量数据　　　　　　　　（单位：毫米）

年代	单位	编号	种属	骨骼	愈合	GL	GB	BFcr	BFcd	GLF	H
后冈第三期	H1153：21	3853	水鹿	寰椎	F	87.33	112.08	76.58	80.13	80.26	58.84

附表1-18　中型鹿科寰椎测量数据　　　　　　　　（单位：毫米）

年代	单位	编号	种属	骨骼	愈合	GL	BFcr	BFcd	GLF
后冈第二期	G12：23（T5931）	3406	中鹿	寰椎	F		60.18	57.82	62.96
朱家台第一期	T6135⑦：19	2552	中鹿	寰椎	—	81.35			

附表1-19　小型鹿科寰椎测量数据　　　　　　　　（单位：毫米）

年代	单位	编号	种属	骨骼	愈合	GL	GB	BFcr	BFcd	GLF	H
后冈第二期	G12（T5830）	4124	小鹿	寰椎	F	34.42	53.13	34.99	30.15	30.46	25.97
商周	H81	6067	小鹿	寰椎	UF			37.25		30.14	

附表1-20　大型牛科（水牛）寰椎测量数据　　　（单位：毫米）

年代	单位	编号	种属	骨骼	GL	GLF
后冈第一期	H1138	5448	水牛	寰椎	107.85	104.68
后冈第二期	H1125：31	5968	大型牛科	寰椎	106.39	98.05

附表1-21　狗寰椎测量数据　　　（单位：毫米）

年代	单位	编号	种属	骨骼	愈合	GL	BFcr	BFcd	GLF	H
后冈第二期	M252：52	3782	狗	寰椎	F	33.26	34.53	26.61	222.66	23.65

附表1-22　猪枢椎测量数据　　　（单位：毫米）

年代	单位	编号	种属	骨骼	愈合	BFcr	LCDe	BPacd	SBV
后冈第二期	H804：10	4012	猪	枢椎	F	52.02			
后冈第二期	H804：10	4013	猪	枢椎	后关节面UF	54.13		30.46	
后冈第二期	M50：1	4246	猪	枢椎	后关节面UF	38.93	27.19		21.54
后冈第二期	H1125：31	5954	猪	枢椎	F	59.00	50.71		31.58
朱家台	H220	7	猪	枢椎	后关节面UF	44.51			30.92

附表1-23　大型鹿科（水鹿）枢椎测量数据　　　（单位：毫米）

年代	单位	编号	种属	骨骼	愈合	BFcr	BFcd	LCDe	BPtr	BPacd	SBV
后冈第三期	H1153：21	3854	水鹿	枢椎	尾侧关节面UF	79.81	40.27	100.56	72.66	72.85	49.02

附表1-24　中型鹿科枢椎测量数据　　　（单位：毫米）

年代	单位	编号	种属	骨骼	愈合	SBV
后冈第一期	H1126：8	3880	中鹿	枢椎	—	30.15
后冈第一期	H588：1	4784	中鹿	枢椎	后关节面UF	35.72

附表1-25　小型鹿科枢椎测量数据　　　（单位：毫米）

年代	单位	编号	种属	骨骼	愈合	BFcr	LCDe	SBV
后冈	H102	5696	小鹿	枢椎	F	29.30	42.14	16.33

附表1-26　大型牛科（水牛）枢椎测量数据　　　（单位：毫米）

年代	单位	编号	种属	骨骼	愈合	BFcr	BFcd	BPacd	SBV
朱家台第二期	H114：69	2657	水牛	枢椎	齿突F，后关节UF	108.88	59.66	70.68	61.54

附表1-27　狗枢椎测量数据　　　　　　　（单位：毫米）

年代	单位	编号	种属	骨骼	愈合	BFcr	BFcd	H	LCDe	LAPa	BPtr	BPacd	SBV
后冈第二期	M252：52	3783	狗	枢椎	F	25.16	14.71	30.33	42.33	40.99	31.32	23.58	18.99

附表1-28　猪肩胛测量数据　　　　　　　（单位：毫米）

年代	单位	编号	种属	骨骼	左右	愈合	SLC	GLP	LG	BG
后冈第一期	H817：16	3985	猪	肩胛	右	远F	24.32	35.05	28.25	25.29
后冈第一期	H817：16	3984	猪	肩胛	右	远F	30.10	41.41	34.04	31.42
后冈第一期	H817：16	3986	猪	肩胛	左	远F	31.37	45.24	34.84	32.64
后冈第一期	H1007：16	3222	猪	肩胛	右	远F	24.57	35.85	29.66	25.72
后冈第一期	H1007：16	3221	猪	肩胛	右	远F	29.27	40.33	33.29	29.87
后冈第一期	H1008：7	2499	猪	肩胛	左	远F	13.08	40.32	33.34	27.56
后冈第一期	H1008：7	2501	猪	肩胛	右	远F	16.72			
后冈第一期	H1008：7	2500	猪	肩胛	右	远F				25.15
后冈第一期	H1052	2194	猪	肩胛	左	远F		41.91	34.46	29.27
后冈第一期	H1108：66	2776	猪	肩胛	左	远F	27.28			
后冈第一期	H1145：36	2988	猪	肩胛	左	远F	17.90			
后冈第一期	H1145：36	2984	猪	肩胛	右	远F	27.02	40.30	33.96	29.43
后冈第一期	H1162：6	4330	猪	肩胛	左	远F	22.06			
后冈第一期	H1248：3	3643	猪	肩胛	右	远F		39.16	32.64	25.23
后冈第二期	G12②：42（T6031）	3095	猪	肩胛	左	远F	25.42	39.71		25.75
后冈第二期	H1025：4	3701	猪	肩胛	左	远UF	17.25			18.83
后冈第二期	H1025：4	3700	猪	肩胛	左	远UF	26.68			27.84
后冈第二期	H1041：64	2313	猪	肩胛	右	远F	28.55			
后冈第二期	H1070	162	猪	肩胛	左	远F			30.48	25.74
后冈第二期	H1106：55	3303	猪	肩胛	左	远F	24.29			
后冈第二期	H1122：28	5074	猪	肩胛	右	远UF	20.24	34.54	25.57	23.52
后冈第二期	H1122：28	5073	猪	肩胛	左	远F	23.72	36.22	29.58	25.61
后冈第二期	H1221：43	3966	猪	肩胛	右	远F	18.29			20.52
后冈第二期	H1221：43	3965	猪	肩胛	左	远F	29.01	42.24	33.41	31.20
后冈第二期	H1257：10	4960	猪	肩胛	左	—	17.39			
后冈第二期	H1257：10	4959	猪	肩胛	左	远F	29.82			
后冈第二期	H1257：10	4969	猪	肩胛	右	远F	31.90	39.33	33.49	27.50
后冈第二期	H1257：10	4968	猪	肩胛	右	远F	32.81	45.94	38.12	33.15
后冈第二期	H620：2	4352	猪	肩胛	左	远F	11.10		8.40	14.00
后冈第二期	H651：2	4265	猪	肩胛	左	远UF	16.50			15.64
后冈第二期	H651：2	4266	猪	肩胛	左	远F	19.19			
后冈第二期	H651：2	4267	猪	肩胛	右	远F	32.26	44.18	36.18	32.32

年代	单位	编号	种属	骨骼	左右	愈合	SLC	GLP	LG	BG
后冈第二期	H67	4511	猪	肩胛	左	远F	24.73	38.24	33.31	28.27
后冈第二期	H804：10	4016	猪	肩胛	左	远F	26.86			
后冈第三期	G12：1（T5930）	3479	猪	肩胛	左	—	24.21			
后冈第三期	G12：1（T5930）	3501	猪	肩胛	右	—	25.94			
后冈第三期	G12①：3（T5830）	4170	猪	肩胛	右	—	19.50			
后冈第三期	H1117：17	4313	猪	肩胛	左	远F	25.79			
后冈第三期	H1153：21	3825	猪	肩胛	右	远F		35.70	32.48	26.11
后冈第三期	H1166：31	3913	猪	肩胛	右	远F	33.24			
后冈第三期	H1258：23	5268	猪	肩胛	右	远F	28.67	40.70		29.14
后冈第三期	H739：5	2610	猪	肩胛	右	远F	21.66			
后冈第一、二期	H1232：5	5178	猪	肩胛	左	—	21.97			
后冈第二、三期	G12：30（T6131）	2628	猪	肩胛	左	远F	27.80			
后冈第二、三期	H962：21	2716	猪	肩胛	左	远UF	18.26			
朱家台第一期	T5532⑤：6	5061	猪	肩胛	右	远UF	13.20	22.13	15.32	
朱家台第一期	T6031③：25	3121	猪	肩胛	左	远UF	16.53			
朱家台第一期	T6133③：26	2488	猪	肩胛	左	远F	26.07			
朱家台第三期	H31：1	5471	猪	肩胛	左	远F	24.74	35.14		23.12
朱家台第三期	H31：1	5470	猪	肩胛	右	远F	24.93	34.28		22.76
朱家台	H220	81	猪	肩胛	左	远F	23.84	34.12		23.06
朱家台	H220	82	猪	肩胛	右	远F	24.60	33.30		23.25
朱家台	H799	3145	猪	肩胛	右	远F	11.06			

附表1-29　大型鹿科（水鹿）肩胛测量数据　　　　　　　（单位：毫米）

年代	单位	编号	种属	骨骼	左右	愈合	SLC	GLP	LG	BG
后冈第二期	H1070	155	大鹿	肩胛	左	远F		61.99	48.55	44.45
后冈第二期	H1075：46	3336	大鹿	肩胛	左	远F	34.20	60.73	47.24	43.86
后冈第二期	H1075：46	3337	大鹿	肩胛	左	远F		57.91	46.21	40.41
后冈第二期	H1246：54	3667	大鹿	肩胛	左	远F	31.63	58.99	45.30	39.03
后冈第二期	H1195：36	3741	水鹿	肩胛	右	远F	42.62	65.58	50.95	48.31
后冈第二期	H650	4406	大鹿	肩胛	右	远F	40.16	54.46	41.57	
后冈第二期	H650	4407	大鹿	肩胛	右	远F	38.49	59.96	48.54	44.21
后冈第二期	H1257：10	4972	大鹿	肩胛	左	远F	38.61	66.99	54.14	45.78
后冈第二期	H1257：10	4974	大鹿	肩胛	右	远F	34.78	59.40	48.82	39.08
后冈第三期	H1142：59	3245	大鹿	肩胛	右	远F	44.48	66.18	49.95	48.28
后冈第三期	H1142：59	3246	大鹿	肩胛	右	远F	33.40	56.93	43.85	38.79
朱家台	H220	112	大鹿	肩胛	左	远F	39.10		48.21	43.65
商周	H81	6024	大鹿	肩胛	左	远F			45.21	

附表1-30　中型鹿科肩胛测量数据　　　　（单位：毫米）

年代	单位	编号	种属	骨骼	左右	愈合	SLC	GLP	LG	BG
后冈第一期	H1175：10	3568	中鹿	肩胛	右	远F	23.70	38.50	29.43	27.12
后冈第一期	H1126：8	3882	中鹿	肩胛	左	远F	22.66	40.23	29.12	27.07
后冈第一期	H501①：1	4713	中鹿	肩胛	右	远F	31.85			28.40
后冈第一期	H501①：1	4714	中鹿	肩胛	左	远F	20.85	38.57	29.70	26.18
后冈第一期	H439：1	5415	中鹿	肩胛	左	远F	21.56	36.86	26.48	23.25
后冈第一期	H1138：3	5438	中鹿	肩胛	右	远F	26.25	44.60	34.27	30.74
后冈第二期	H651：2	4292	中鹿	肩胛	左	远F		43.02	32.25	32.56
后冈第二期	H651：2	4294	中鹿	肩胛	左	远F			35.32	34.34
后冈第二期	H1118：9	4626	中鹿	肩胛	左	远F	26.33			
后冈第一、二期	H1232：5	5164	中鹿	肩胛	右	远F	25.67	40.55	29.69	29.89
后冈第二、三期	G12②③④（T6131）	2834	中鹿	肩胛	右	远F		46.46	36.12	31.87
朱家台第一期	T6235⑧	2011	中鹿	肩胛	左	远F	25.72	46.37	32.64	31.18
商周	H81	6023	中鹿	肩胛	左	远F	28.51	51.81	37.03	36.28

附表1-31　小型鹿科肩胛测量数据　　　　（单位：毫米）

年代	单位	编号	种属	骨骼	左右	愈合	SLC	GLP	LG	BG
后冈第二期	G12（T5830）	4134	小鹿	肩胛	左	远F	12.22			15.92
后冈第二期	H650	4405	小鹿	肩胛	左	远F	13.51	23.57	15.62	16.39
后冈	H102	5695	小鹿	肩胛	右	远F	12.75		15.87	15.52
后冈	H102	5837	小鹿	肩胛	右	远F	13.60	24.76	19.87	16.84
朱家台第一期	H705	2416	小鹿	肩胛	左	远F	11.71	22.93	17.58	15.73

附表1-32　大型牛科（水牛）肩胛测量数据　　　　（单位：毫米）

年代	单位	编号	种属	骨骼	左右	愈合	Ld	SLC	GLP	LG	BG
后冈第一期	H588：1	4925	水牛	肩胛	右	远F		73.61	86.66	82.83	64.57
后冈第二期	H1238	5572	大型牛科	肩胛	左	远F		75.68	105.28	79.65	66.66
后冈第一、二期	H905	2589	大型牛科	肩胛	左	远F		80.69	95.85	75.81	70.68
后冈第二、三期	M132	3278	大型牛科	肩胛	右	远F		74.13	96.94	80.58	65.67
汉代	T6031②	3024	大型牛科	肩胛	左	—	282.00				
汉代	H845	3119	大型牛科	肩胛	左	远F			100.03	88.14	71.94

附表1-33　熊肩胛测量数据　　　　　　（单位：毫米）

年代	单位	编号	种属	骨骼	左右	愈合	SLC	GLP	LG	BG
后冈第二期	G12②：42（T6031）	3111	熊	肩胛	左	远F	68.13	59.09	49.54	35.09
后冈第三期	H1142：59	3237	熊	肩胛	左	远F		69.97	57.71	38.77
后冈第三期	H1142：59	3238	熊	肩胛	右	远F		65.25	57.23	38.60
后冈第三期	G12：1（T5930）	3451	熊	肩胛	右	远F		61.69		33.22
后冈第三期	G12②（T5930）	3585	熊	肩胛	右	远F		58.82	48.05	35.85

附表1-34　狗肩胛测量数据　　　　　　（单位：毫米）

年代	单位	编号	种属	骨骼	左右	愈合	SLC	GLP	LG	BG
后冈	M161：29	3388	狗	肩胛	左	远F	19.31	25.17	17.86	14.57

附表1-35　猪肱骨测量数据（一）　　　　　　（单位：毫米）

年代	单位	编号	种属	骨骼	左右	愈合	GL	GLC	Bp	Dp
后冈第三期	G12①：3（T5830）	4176	猪	肱骨	左	远F			67.55	48.48
后冈第三期	H1142：59	3259	猪	肱骨	左	远F			66.18	89.21
后冈	H102	5669	猪	肱骨	右	远UF				9.71
后冈	H1253：33	5374	猪	肱骨	右	近远UF				7.35
朱家台三期	H31：1	5473	猪	肱骨	右	近UF，远F	175.40	157.26	41.89	56.70

附表1-36　猪肱骨测量数据（二）　　　　　　（单位：毫米）

年代	单位	编号	种属	骨骼	左右	愈合	Bd	BT	Dd	SD
后冈第一期	H1007：16	3210	猪	肱骨	右	远F	45.34		42.15	
后冈第一期	H1007：16	3211	猪	肱骨	左	远骺线	40.57		40.29	
后冈第一期	H1008：7	2492	猪	肱骨	右	远F	41.67		43.22	
后冈第一期	H1008：7	2493	猪	肱骨	左	远F	45.94		43.41	
后冈第一期	H1008：7	2494	猪	肱骨	左	远F	42.02		42.74	
后冈第一期	H1170：8	4430	猪	肱骨	右	远F	42.42		44.73	
后冈第一期	H1222：12	4392	猪	肱骨	右	远F	41.56			
后冈第二期	G12：1（T5830）	4088	猪	肱骨	左	远F	42.64		40.47	
后冈第二期	G12：23（T5931）	3415	猪	肱骨	左	远F	44.45		—	
后冈第二期	G12：23（T5931）	3416	猪	肱骨	左	远骺线	39.17		41.50	15.49
后冈第二期	G12：23（T5931）	3424	猪	肱骨	左	远F	40.35		38.18	
后冈第二期	G12②：42（T6031）	3080	猪	肱骨	右	远骺线	42.41		41.60	
后冈第二期	G12②：42（T6031）	3081	猪	肱骨	右	远骺线	39.08		42.26	
后冈第二期	H620：2	4353	猪	肱骨	右	近远UF				8.35
后冈第二期	H651：2	4268	猪	肱骨	左	远骺线	39.06		42.51	

年代	单位	编号	种属	骨骼	左右	愈合	Bd	BT	Dd	SD
后冈第二期	H651：2	4269	猪	肱骨	左	远骺线	38.22			
后冈第二期	H986：39	2738	猪	肱骨	右	远F	40.91		43.14	
后冈第二期	H1025：4	3699	猪	肱骨	左	远骺线	46.80			
后冈第二期	H1041：64	2310	猪	肱骨	左	远F	46.69		48.33	
后冈第二期	H1046⑦：6	2141	猪	肱骨	左	远F	39.09		38.60	16.08
后冈第二期	H1070	145	猪	肱骨	左	远F	42.36		40.60	
后冈第二期	H1070	146	猪	肱骨	左	远F	45.13		43.60	
后冈第二期	H1125：31	5955	猪	肱骨	左	远F				
后冈第二期	H1195：36	3744	猪	肱骨	左	远F	42.19		43.89	
后冈第二期	H1246：54	3654	猪	肱骨	右	—				12.75
后冈第二期	H1257：10	4964	猪	肱骨	右	远F	42.90		41.00	17.84
后冈第二期	H1257：10	4965	猪	肱骨	右	远F	41.99		43.48	
后冈第三期	G12：1（T5930）	3503	猪	肱骨	右	远F	45.11		40.68	
后冈第三期	G12：1（T5930）	3504	猪	肱骨	右	远F	47.45		43.35	
后冈第三期	G12：1（T5930）	3505	猪	肱骨	右	远F	44.48		41.98	
后冈第三期	G12：1（T5930）	3506	猪	肱骨	右	远F			42.25	
后冈第三期	G12①：3（T5830）	4180	猪	肱骨	左	远F	44.81		47.26	
后冈第三期	G12①：39（T6031）	3060	猪	肱骨	右	远F	42.05		39.60	17.43
后冈第三期	G12①：39（T6031）	3061	猪	肱骨	左	远F	47.71		44.12	
后冈第三期	G12②：2（T5930）	3596	猪	肱骨	右	远F	40.67		40.89	
后冈第三期	H511：2	5778	猪	肱骨	左	远F		41.71		41.63
后冈第三期	H739：5	2601	猪	肱骨	右	近UF				14.15
后冈第三期	H1033：40	3371	猪	肱骨	右	远F	41.65		42.46	
后冈第三期	H1117：17	4314	猪	肱骨	左	近远UF				5.85
后冈第三期	H1142：59	3260	猪	肱骨	左	远F	49.48		45.56	
后冈第三期	H1142：59	3267	猪	肱骨	右	远F	40.47		40.34	
后冈第三期	H1153：21	3831	猪	肱骨	左	远骺线	44.74		42.12	
后冈第三期	H1166：31	3914	猪	肱骨	左	远F	40.50	30.67	38.77	
后冈第三期	H1258：23	5266	猪	肱骨	右	远F				46.01
后冈第三期	M71	3764	猪	肱骨	左	近远UF				6.47
后冈第三期	T5631③：13	5212	猪	肱骨	左	远F				43.27
后冈第三期	T5631③：13	5213	猪	肱骨	左	远F				38.07
后冈第二、三期	G12：30（T6131）	2626	猪	肱骨	左	远F	42.59		44.66	
后冈第二、三期	G12②③④（T6131）	2842	猪	肱骨	左	远F	45.93			
后冈第二、三期	G12②③④（T6131）	2844	猪	肱骨	左	远F				17.10
后冈第二、三期	G12②③④（T6131）	2848	猪	肱骨	右	远F	42.69		41.64	
后冈第二、三期	G12②③④（T6131）	2850	猪	肱骨	右	远骺线	43.33		42.40	

年代	单位	编号	种属	骨骼	左右	愈合	Bd	BT	Dd	SD
后冈第二、三期	G12②③④（T6131）	2852	猪	肱骨	右	远F	46.09		47.74	20.35
后冈第二、三期	G12②③④（T6131）	2841	猪	肱骨	左	远F	41.14			
后冈第二、三期	G12②③④（T6131）	2843	猪	肱骨	左	远F			41.68	
后冈第二、三期	G12②③④（T6131）	2847	猪	肱骨	右	远F	48.14		48.36	21.22
后冈第二、三期	G12②③④（T6131）	2849	猪	肱骨	右	远F	42.46		41.77	
后冈第二、三期	G12②③④（T6131）	2851	猪	肱骨	右	远F				19.99
后冈第二、三期	G12②③④（T6131）	2853	猪	肱骨	右	远F				18.05
后冈第二、三期	M132	3277	猪	肱骨	右	近远UF				12.60
后冈	H102	5667	猪	肱骨	左	远F	41.80			
后冈	H102	5668	猪	肱骨	左	远F	44.10			
朱家台第一期	T5431④：6	5808	猪	肱骨	右	远F	43.03		43.17	
朱家台第一期	T5431④下：2	5593	猪	肱骨	左	远F	45.47		40.57	
朱家台第一期	T5532⑤：6	5062	猪	肱骨	左	近远UF				10.02
朱家台第一期	T6031③：25	3122	猪	肱骨	左	近远UF				11.79
朱家台第一期	T6133③：26	2486	猪	肱骨	右	远F	42.57		43.41	
朱家台第一期	T6236⑤	2017	猪	肱骨	右	远F	41.10		40.48	
朱家台第三期	H18	6120	猪	肱骨	左	近远UF				16.10
朱家台第三期	H18	6121	猪	肱骨	右	远UF				15.80
朱家台第三期	H31：1	5473	猪	肱骨	右	近UF，远F	38.23		37.69	16.70
朱家台第三期	H31：1	5474	猪	肱骨	右	近UF，远F	38.75		36.45	16.79
朱家台	H220	47	猪	肱骨	右	近UF，远F	38.76			16.02
朱家台	H220	48	猪	肱骨	左	远F	38.53			16.47

附表1-37　大型鹿科（水鹿）肱骨测量数据　　　　　　（单位：毫米）

年代	单位	编号	种属	骨骼	左右	愈合	Bp	Bd	BT	Dd
后冈第一期	H817：16	3978	大鹿	肱骨	右	远F		59.34	53.47	51.11
后冈第二期	G12：23（T5931）	3397	大鹿	肱骨	左	远F		65.56	64.14	56.33
后冈第二期	H1260：18	5033	大鹿	肱骨	右	远F		58.15	52.03	55.21
后冈第三期	H1142：59	3247	大鹿	肱骨	右	近骺线	80.99			
后冈第三期	G12①：3（T5830）	4177	大鹿	肱骨	左	远骺线		51.26		55.73
后冈第三期	T5631③：13	5231	大鹿	肱骨	右	远F		60.61	57.85	53.60
后冈第三期	T5631③：13	5232	大鹿	肱骨	左	近F	69.03			
后冈第三期	H511：2	5773	大鹿	肱骨	右	远F		67.57	62.24	58.57
后冈第一、二期	H1078：56	2700	水鹿	肱骨	右	远F		70.31	62.87	58.73
朱家台第一期	T6235⑦：4	2116	大鹿	肱骨	右	远F		57.37		
朱家台第一期	H705	2393	大鹿	肱骨	右	远F		64.75	58.79	56.55
不明	T6236、T6336⑦	120	大鹿	肱骨	右	远F			54.72	

附表1-38　中型鹿科肱骨测量数据　　　　　　　（单位：毫米）

年代	单位	编号	种属	骨骼	左右	愈合	Bd	BT	Dd
后冈第一期	H934	248	中鹿	肱骨	右	远F	48.57	44.44	44.25
后冈第一期	H1126：8	3883	中鹿	肱骨	左	远F	47.75	40.52	
后冈第一期	H501①：1	4715	中鹿	肱骨	左	近UF，远F	39.44		36.24
后冈第一期	H439：1	5416	中鹿	肱骨	左	远F	50.16	45.06	42.19
后冈第一期	H439：1	5418	中鹿	肱骨	右	远F	46.29	42.97	40.74
后冈第二期	G12：23（T5931）	3404	中鹿	肱骨	左	远F	48.67	43.13	43.18
后冈第二期	G12：23（T5931）	3407	中鹿	肱骨	右	远F	45.05	41.92	42.29
后冈第二期	H651：2	4290	中鹿	肱骨	右	远F	43.27	40.79	42.20
后冈第二期	H651：2	4291	中鹿	肱骨	右	远F	39.87	36.56	39.12
后冈第二期	H853：3	4531	中鹿	肱骨	右	远F	42.55	40.00	42.44
后冈第二期	H1158：5	4646	中鹿	肱骨	右	远F	44.60		42.98
后冈第三期	H773	2334	中鹿	肱骨	左	远F	41.23	38.06	39.27
后冈第三期	G12：1（T5930）	3461	中鹿	肱骨	右	远F	46.38	39.94	40.23
后冈第三期	H1153：21	3849	中鹿	肱骨	左	远F	40.66	36.41	34.41
后冈第三期	H1153：21	3850	中鹿	肱骨	左	远F		35.03	
后冈第二、三期	G12②③④（T6131）	2854	中鹿	肱骨	右	远F	46.23	39.57	39.77
朱家台第一期	T6235⑦：5	2112	中鹿	肱骨	右	远F	39.17	38.65	37.26
朱家台第一期	H705	2394	中鹿	肱骨	左	远F	43.41		
朱家台第一期	T5431④下：2	5615	中鹿	肱骨	左	远F	47.20	42.89	40.30
明清	M39	3395	中鹿	肱骨	右	远F	42.28	39.24	39.04
不明	T6236、T6336⑦	121	中鹿	肱骨	右	远F	44.46	41.52	39.05

附表1-39　中小型鹿科（赤麂）肱骨测量数据　　　　　　　（单位：毫米）

年代	单位	编号	种属	骨骼	左右	愈合	Bd	BT	Dd
后冈第一期	H1024：47	2371	中小鹿	肱骨	左	远F	32.93	28.57	
后冈第三期	H1117：17	4317	中小鹿	肱骨	右	远F	30.03	28.02	27.59
后冈第二、三期	G12②③④（T6131）	2837	中小鹿	肱骨	右	远F	30.78	28.30	29.21
后冈	H102	5840	中小鹿	肱骨	左	远F	31.11	28.07	29.72
商周	H81	6029	中小鹿	肱骨	右	远F	32.04	30.03	29.11

附表1-40　小型鹿科肱骨测量数据　　　（单位：毫米）

年代	单位	编号	种属	骨骼	左右	愈合	Bd	BT	Dd	SD
后冈第一期	H1144：36	2562	小鹿	肱骨	右	远F	23.63	21.16	19.96	
后冈第一期	H1007：16	3197	小鹿	肱骨	右	远F	21.81			10.70
后冈第一期	H817：16	3981	小鹿	肱骨	右	远F	21.75	19.43	19.21	
后冈第二期	H1221：43	3966-5	小鹿	肱骨	左	远F	21.11	19.94		
后冈	H102	5838	小鹿	肱骨	右	远F	23.46		19.96	
朱家台第一期	T5431④下：2	5611	小鹿	肱骨	左	远F	22.79	20.60		

附表1-41　大型牛科（水牛）肱骨测量数据　　　（单位：毫米）

年代	单位	编号	种属	骨骼	左右	愈合	Bp	Dp	Bd	BT	Dd
后冈第一期	H1007：16	3186	大型牛科	肱骨	右	远F			107.04	100.27	
后冈第一期	H1212：18	4825	大型牛科	肱骨	右	远F			96.61	93.20	100.64
后冈第二期	H1070	149	大型牛科	肱骨	右	远F			101.65	93.45	89.54
后冈第二期	H1195：36	3742	大型牛科	肱骨	左	远F				98.10	
后冈第二期	H1086：16	4471	大型牛科	肱骨	右	远F			88.82		
后冈第三期	H1142：59	3256	大型牛科	肱骨	左	近骺线	96.71	130.64			
后冈第三期	H1142：59	3257	水牛	肱骨	右	远F			96.13	86.06	94.03

附表1-42　熊肱骨测量数据　　　（单位：毫米）

年代	单位	编号	种属	骨骼	左右	愈合	GL	GLC	Bp	Dp	Bd	Dd	SD
后冈第二期	G12②：42（T6031）	3109	熊	肱骨	左	—							26.17
后冈第二期	H1106：55	3285	熊	肱骨	右	近F			55.69	61.07			
后冈第二期	H1257：10	4970	熊	肱骨	右	远F					92.78	58.23	
后冈第三期	G12：1（T5930）	3452	熊	肱骨	右	远F							26.64
后冈第二、三期	G12②③④（T6131）	2815	熊	肱骨	左	近远F	303.08	296.12	57.54	65.69	85.43	45.64	27.68
后冈第二、三期	G12②③④（T6131）	2817	熊	肱骨	左	近F			64.49	71.88			
后冈第二、三期	G12②③④（T6131）	2818	熊	肱骨	右	远F							31.20
后冈第二、三期	G12②③④（T6131）	2820	熊	肱骨	右	远F					80.04	45.15	
后冈第二、三期	G12②③④（T6131）	2821	熊	肱骨	右	远F					74.63	40.93	
朱家台第二期	H863	2303	熊	肱骨	左	远F					83.54	47.35	

附表1-43　狗肱骨测量数据　　　（单位：毫米）

年代	单位	编号	种属	骨骼	左右	GL	GLC	Bp	Dp	Bd	BT	Dd	SD
明清	M112	2719	狗	肱骨	左	130.99	126.41	23.21	31.60	25.80	18.67	20.45	10.45

附表1-44　獾肱骨测量数据　（单位：毫米）

年代	单位	编号	种属	骨骼	左右	愈合	Bd	Dd
后冈第一、二期	H1232：5	5200	獾	肱骨	右	远F	29.77	15.69
后冈	H102	5870	獾	肱骨	左	远F	33.40	16.61

附表1-45　狐肱骨测量数据　（单位：毫米）

年代	单位	编号	种属	骨骼	左右	愈合	Bp	Dp
屈家岭	H959：16	2695	狐	肱骨	左	近F	14.61	23.10

附表1-46　鬣羚肱骨测量数据　（单位：毫米）

年代	单位	编号	种属	骨骼	左右	愈合	Bd	BT	Dd
后冈第一期	H1175：10	3569	鬣羚	肱骨	右	远F	62.71	56.24	51.10

附表1-47　犀牛肱骨测量数据　（单位：毫米）

年代	单位	编号	种属	骨骼	左右	愈合	GL	Bp	Dp	Bd	BT	Dd	SD
后冈第二期	G12（T5830）	4078	犀牛	肱骨	右	近UF，远F	449.00	201.18	248.94	194.46	156.26	174.74	125.15

附表1-48　猪桡骨测量数据　（单位：毫米）

年代	单位	编号	种属	骨骼	左右	愈合	GL	Bp	Dp	Bd	Dd	SD
后冈第一期	H1007：16	3216	猪	桡骨	右	近F		31.30	22.77			
后冈第一期	H1223：46	3768	猪	桡骨	左	近F		30.12	21.62			
后冈第一期	H999：12	2160	猪	桡骨	左	近F		31.71	22.98			
后冈第一期	H999：12	2161	猪	桡骨	右	近F		33.25	22.48			
后冈第一期	H1052	2190	猪	桡骨	左	近F		31.63	23.61			
后冈第一期	H1108：66	2773	猪	桡骨	右	近F		31.73	21.59			
后冈第一期	H1108：66	2774	猪	桡骨	左	近F		31.28	21.18			
后冈第一期	H1145：36	2977	猪	桡骨	右	近F		32.17	23.26			
后冈第一期	H1145：36	2979	猪	桡骨	左	近F		29.36	21.62			
后冈第一期	H979③	2323	猪	桡骨	左	近F		27.59	20.28			
后冈第二期	H986：39	2737	猪	桡骨	左	近远F				35.27	26.53	16.69
后冈第二期	G12：23（T5931）	3417	猪	桡骨	左	近远F		31.64	22.94	38.26	22.43	20.64
后冈第二期	G12：23（T5931）	3425	猪	桡骨	右	近F		30.30	21.72			
后冈第二期	G12②：42（T6031）	3083	猪	桡骨	右	近F		29.73	22.17			

年代	单位	编号	种属	骨骼	左右	愈合	GL	Bp	Dp	Bd	Dd	SD
后冈第二期	G12②：42（T6031）	3084	猪	桡尺骨	右	近F		32.93				
后冈第二期	H1148：16	3934	猪	桡骨	左	近远UF						5.04
后冈第二期	H804：10	4017	猪	桡骨	右	近F		29.35	20.34			
后冈第二期	H804：10	4018	猪	桡骨	左	近骺线		31.59	22.36			
后冈第二期	H986：39	2737	猪	桡骨	左	近远F	150.21	29.63	21.35			
后冈第二期	H1246：54	3655	猪	桡骨	左	近F		27.79	20.39			
后冈第二期	H1257：10	4957	猪	桡骨	左	近F		33.13	21.05			
后冈第二期	T6233⑤	2345	猪	桡骨	右	近F		27.83	20.96			
后冈第三期	H739：5	2602	猪	桡骨	右	近F，远UF						14.10
后冈第三期	G12①：3（T5830）	4173	猪	桡骨	左	近远F	147.90	32.98	25.40	38.54	30.99	22.51
后冈第三期	G12①：39（T6031）	3054	猪	桡骨	右	近F		33.28	23.56			18.56
后冈第三期	G12①：39（T6031）	3055	猪	桡骨	左	近远F		34.31	24.45	40.59	27.46	20.36
后冈第三期	H1142：59	3261	猪	桡骨	左	近F		29.94	22.04			
后冈第三期	H1142：59	3262	猪	桡骨	左	近F		32.05	22.39			
后冈第三期	M71	3765	猪	桡骨	左	近远UF						7.29
后冈第三期	T5631③：13	5214	猪	桡骨	左	近F		31.99	21.62			
后冈第二、三期	G12：30（T6131）	2627	猪	桡骨	左	近F		31.03	22.82			17.10
后冈第二、三期	G12：30（T6131）	2630	猪	桡骨	右	近F		26.73	20.59			
后冈第二、三期	G12②③④（T6131）	2865	猪	桡骨	左	近F			21.66			
后冈第二、三期	G12②③④（T6131）	2866	猪	桡骨	左	远F				38.31		
后冈第二、三期	G12②③④（T6131）	2867	猪	桡骨	右	近F		31.09	20.97			
后冈第二、三期	H962：21	2713	猪	桡骨	左	近F		29.27	19.82			
朱家台第一期	T6235⑧	2010	猪	桡骨	左	近远UF						6.39
朱家台第一期	H705	2395	猪	桡骨	右	远F			33.07			
朱家台第一期	T6031③：25	3125	猪	桡骨	左	近远UF						11.13
朱家台第一期	T6031③：25	3127	猪	桡骨	右	近远UF						11.17
朱家台第一期	T5532⑤：6	5064	猪	桡骨	左	近远UF						10.77
朱家台第二期	H937	234	猪	桡骨	右	远F				38.25	27.89	
朱家台第三期	H18	6122	猪	桡骨	右	近F，远UF		27.33	18.67			15.10

年代	单位	编号	种属	骨骼	左右	愈合	GL	Bp	Dp	Bd	Dd	SD
朱家台第三期	H18	6123	猪	桡骨	左	近F		27.30	18.96			
朱家台第三期	H31：1	5475	猪	桡骨	右	近F，远UF	127.89	26.89	19.59	31.31	25.15	16.56
朱家台第三期	H31：1	5476	猪	桡骨	左	近F，远UF	128.73	26.71	19.96	31.38	25.78	17.16
朱家台	H220	45	猪	桡骨	右	近F，远UF	126.63	27.48		30.62		16.95
朱家台	H220	46	猪	桡骨	左	近F，远UF	138.33	27.38		31.30		16.01
商周	H81	6003	猪	桡骨	右	近F		33.91	24.02			22.21
汉代	T6031②	3030	猪	桡尺骨	左	近F		43.74				

附表1-49　大型鹿科（水鹿）桡骨测量数量　　　　（单位：毫米）

年代	单位	编号	种属	骨骼	左右	愈合	Bp	BFp	Dp	Bd	Dd
后冈第一期	H1007：16	3191	大鹿	桡骨	左	远F				52.96	30.82
后冈第三期	H1142：59	3248	大鹿	桡骨	左	近F	56.97		32.11		
后冈第三期	G12：1（T5930）	3459	大鹿	桡骨	左	近F	64.23	59.84	32.94		
不明	T6236、T6336⑦	122	大鹿	桡骨	右	近F	59.93	54.63	29.22		

附表1-50　中型鹿科桡骨测量数量　　　　（单位：毫米）

年代	单位	编号	种属	骨骼	左右	愈合	Bp	BFp	Dp	Bd	BFd	Dd	SD
后冈第一期	H1126：8	3886	中鹿	桡骨	右	近F	40.01		20.93				
后冈第一期	H501①：1	4718	中鹿	桡骨	左	远UF				30.74		25.08	21.48
后冈第一期	H501①：1	4719	中鹿	桡骨	右	远UF				31.39		24.49	
后冈第二期	M212	2045	中鹿	桡骨	左	远F				32.36	31.41	23.52	
后冈第二期	H651：2	4296	中鹿	桡骨	左	近F	18.67						
后冈第二期	H1160：4	4608	中鹿	桡骨	右	近F	21.72						
后冈第三期	G12：1（T5930）	3462	中鹿	桡骨	右	远F				38.31		25.07	
后冈第三期	T5631③：13	5225	中鹿	桡骨	右	远F				31.86		22.51	
后冈第二、三期	G12②③④（T6131）	2827	中鹿	桡骨	左	近F	39.27	37.00	20.29				
后冈第二、三期	G12②③④（T6131）	2827-1	中鹿	桡骨	左	远F				34.51	32.93	20.14	
朱家台第一期	H705	2392	中鹿	桡骨	左	远F				37.04	36.79	27.62	

附表1-51　中小型鹿科（赤鹿）桡骨测量数据　　　　　　（单位：毫米）

年代	单位	编号	种属	骨骼	左右	愈合	Bp	BFp	Dp
后冈第三期	G12①：3（T5830）	4187	中小鹿	桡骨	右	近F	27.43		16.04
后冈	H1218：22	4442	中小鹿	桡骨	右	近F	30.02	26.99	16.72
后冈	H102	5841	中小鹿	桡骨	右	近F	29.90		16.40

附表1-52　小型鹿科桡骨测量数量　　　　　　（单位：毫米）

年代	单位	编号	种属	骨骼	左右	愈合	Bp	BFp	Dp	Bd	BFd	Dd
后冈第一期	H1108：66	2781	小鹿	桡骨	左	远F				18.47	16.81	12.48
后冈第一期	H1145：36	2987	小鹿	桡骨	右	近F	20.21	19.51	11.64			
后冈第二期	H1070	202	小鹿	桡骨	左	远F				18.64	18.36	14.60
后冈第二期	H1046⑦：6	2144	小鹿	桡骨	左	近F	29.80					
后冈第二期	H1246：54	3668	小鹿	桡骨	左	近F	20.35	12.03				
后冈	H102	5839	小鹿	桡骨	右	远F				18.11		12.49

附表1-53　大型牛科桡骨测量数据　　　　　　（单位：毫米）

年代	单位	编号	种属	骨骼	左右	愈合	Bp	Dp
后冈第一期	H588：1	4773	大型牛科	桡骨	右	近F	109.93	59.76

附表1-54　熊桡骨测量数据　　　　　　（单位：毫米）

年代	单位	编号	种属	骨骼	左右	愈合	Bp	Dp
后冈第二期	H651：2	4311	熊	桡骨	左	近F	21.85	13.84
后冈第三期	G12②（T5930）	3617	熊	桡骨	右	近F	39.71	19.88

附表1-55　狗桡骨测量数据　　　　　　（单位：毫米）

年代	单位	编号	种属	骨骼	左右	愈合	GL	Bp	Dp	Bd	Dd	SD
后冈第二期	M252：52	3799	狗	桡骨	左	近远F	131.56	14.90	9.65	19.93	10.69	10.42
后冈第二期	M252：52	3800	狗	桡骨	右	近远F	130.28	14.61	9.61	19.89	10.63	10.22
后冈	M161：29	3387	狗	桡骨	右	近F		15.00	10.15			
明清	M112	2721	狗	桡骨	左	远F				20.96	10.92	
明清	M112	2962	狗	桡骨	左	近F		14.99	10.04			

附表1-56　貉桡骨测量数据　　　　　　（单位：毫米）

年代	单位	编号	种属	骨骼	左右	愈合	GL	Bp	Dp	Bd	Dd	SD
后冈第一期	H1145：36	2997	貉	桡骨	左	远F				12.45	7.57	
后冈第一期	H588：1	4794	貉	桡骨	左	远F				7.49	12.22	
后冈第一期	H1194：12	4874	貉	桡骨	左	近远F	76.04	8.87	5.87	11.75	7.27	5.55

附表1-57　猪尺骨测量数据　　　　　　　　　　　（单位：毫米）

年代	单位	编号	种属	骨骼	左右	愈合	GL	DPA	SDO	BPC
后冈第一期	H588：1	4803	猪	尺骨	右	—				16.52
后冈第一期	H934	252	猪	尺骨	左	—		31.75		18.75
后冈第一期	H999：12	2176	猪	尺骨	左	近UF		30.90	40.75	24.55
后冈第一期	H1007：16	3214	猪	尺骨	右	近F		41.47	32.59	26.33
后冈第一期	H1007：16	3215	猪	尺骨	左	—		34.96	28.53	20.90
后冈第一期	H1008：7	2498	猪	尺骨	右	近F		40.56	31.54	22.53
后冈第一期	H1108：66	2775	猪	尺骨	左	—			22.14	
后冈第一期	H1145：36	2976	猪	尺骨	右	近UF		41.54	30.49	21.35
后冈第一期	H1145：36	2978	猪	尺骨	右	近UF		38.61	30.78	22.85
后冈第一期	H1145：36	2980	猪	尺骨	右	近UF		39.41	29.95	
后冈第二期	G12（T5830）	4126	猪	尺骨	左	—		39.56	29.91	21.54
后冈第二期	G12②：42（T6031）	3084	猪	桡尺骨	右	近F		42.12	34.29	25.09
后冈第二期	G12②：42（T6031）	3085	猪	尺骨	右	近UF				28.37
后冈第二期	H67	4512	猪	尺骨	左	近UF		40.25	31.70	21.47
后冈第二期	H620：2	4354	猪	尺骨	左	近远UF		18.70		13.16
后冈第二期	H888：51	3280	猪	尺骨	右	—		34.75	28.78	20.67
后冈第二期	H986：39	2736	猪	尺骨	左	近远F	208.64	37.98	29.94	22.22
后冈第二期	H1025：4	3705	猪	尺骨	左	—				15.32
后冈第二期	H1070	158	猪	尺骨	左	—		34.30		23.24
后冈第二期	H1070	159	猪	尺骨	右	—		41.94		
后冈第二期	H1070	203	猪	尺骨	右	—				20.45
后冈第二期	H1070	204	猪	尺骨	左	—				19.54
后冈第二期	H1106：55	3300	猪	尺骨	右	—		47.71	37.80	25.37
后冈第二期	H1106：55	3301	猪	尺骨	右	—		36.89		22.12
后冈第二期	H1106：55	3302	猪	尺骨	右	近UF				
后冈第二期	H1221：43	3966-2	猪	尺骨	左	近UF		38.26		22.51
后冈第二期	H1246：54	3656	猪	尺骨	左	—		32.65	26.98	21.30
后冈第二期	H1257：10	4966	猪	尺骨	右	—		39.38		22.16
后冈第二期	H1257：10	4967	猪	尺骨	右	—		32.34		20.39
后冈第二期	M243	3957	猪	尺骨	左	近UF			34.10	
后冈第三期	H739：5	2603	猪	尺骨	右	远UF		34.80		
后冈第三期	H1142：59	3263	猪	尺骨	左	近UF		39.59	30.99	23.14
后冈第三期	H1142：59	3264	猪	尺骨	左	—				24.36
后冈第三期	H1153：21	3834	猪	尺骨	右	—		38.25	30.68	22.05
后冈第三期	H1153：21	3835	猪	尺骨	左	近UF		40.26		22.35
后冈第三期	H1153：21	3836	猪	桡尺骨	左	近F		45.10	36.82	26.36
后冈第三期	T5631③：13	5215	猪	尺骨	右	近骺线		44.64	36.88	22.15

年代	单位	编号	种属	骨骼	左右	愈合	GL	DPA	SDO	BPC
后冈第二、三期	G12②③④（T6131）	2860	猪	尺骨	左	—		27.56		17.20
后冈第二、三期	G12②③④（T6131）	2862	猪	尺骨	左	—		37.90		22.99
后冈第二、三期	G12②③④（T6131）	2864	猪	尺骨	右	—		35.01		20.87
后冈第二、三期	G12②③④（T6131）	2861	猪	尺骨	左	—		38.22	28.15	21.83
后冈第二、三期	H962：21	2712	猪	尺骨	左	近F		34.73	29.35	19.85
后冈	H102	5672	猪	尺骨	右	—		31.56		19.67
后冈	H495：3	5736	猪	尺骨	左	—				18.24
朱家台第一期	H937	232	猪	尺骨	右	—		38.78		21.30
朱家台第一期	H937	233	猪	尺骨	左	—		37.34	31.25	21.14
朱家台第一期	H937	235	猪	尺骨	右	近远F	217.87	41.79	34.35	
朱家台第一期	T6031③：25	3124	猪	尺骨	左	近UF		26.95	21.35	16.69
朱家台第一期	T6031③：25	3126	猪	尺骨	右	—		27.48		16.29
朱家台第三期	H18	6124	猪	尺骨	右	近远UF		34.87	27.67	19.86
朱家台第三期	H18	6125	猪	尺骨	左	近UF		33.64	27.07	20.65
朱家台第三期	H31：1	5477	猪	尺骨	右	近远UF		35.48	28.73	17.53
朱家台第三期	H31：1	5478	猪	尺骨	左	近远UF		34.88	28.11	18.65
朱家台	H220	49	猪	尺骨	左	近远UF		38.34	29.03	20.42
朱家台	H220	50	猪	尺骨	右	近远UF		37.17	29.00	20.63
汉代	T6031②	3030	猪	桡尺骨	左	近F		57.19		31.56

附表1-58　中型鹿科尺骨测量数据　　　　　（单位：毫米）

年代	单位	编号	种属	骨骼	左右	愈合	DPA	BPC
后冈第一期	H501①：1	4720	中鹿	尺骨	左	近UF	34.47	18.29
后冈第二期	H67	4516	中鹿	尺骨	右	—	38.00	22.45

附表1-59　中小型鹿科（赤鹿）尺骨测量数据　　　　　（单位：毫米）

年代	单位	编号	种属	骨骼	左右	BPC
后冈	H1218：22	4443	中小鹿	尺骨	右	16.62

附表1-60　大型牛科（水牛）尺骨测量数据　　　　　（单位：毫米）

年代	单位	编号	种属	骨骼	左右	愈合	DPA	SDO	BPC
后冈第一期	H1170：8	4429	大型牛科	尺骨	左	近F	99.24	76.02	57.25

附表1-61　熊尺骨测量数据　（单位：毫米）

年代	单位	编号	种属	骨骼	左右	愈合	GL	DPA	SDO	BPC
后冈第一期	H1138	5445	熊	尺骨	右	近F		53.70	39.16	48.85
后冈第二期	H1106：55	3327	熊	尺骨	右	近F		41.74	34.32	38.31
后冈第二期	G12（T5830）	4113	熊	尺骨	右	近F	240.00	24.80	29.85	35.33
商周	H81	6089	熊	尺骨	右	近F		56.28	40.29	40.55

附表1-62　狗尺骨测量数据　（单位：毫米）

年代	单位	编号	种属	骨骼	左右	愈合	GL	DPA	SDO	BPC
后冈第二期	M252：2	3801	狗	尺骨	右	近远F	150.87	19.23	17.46	14.74
后冈	M161：29	3384	狗	尺骨	右	近F		22.45	18.77	13.88

附表1-63　貉尺骨测量数据　（单位：毫米）

年代	单位	编号	种属	骨骼	左右	愈合	DPA	SDO	BPC
后冈第一期	H1145：36	2996	貉	尺骨	左	近F	12.38	9.98	7.59

附表1-64　猪盆骨愈合　（单位：毫米）

年代	单位	编号	种属	骨骼	左右	愈合	LAR	SH	SB
后冈第一期	H1007：16	3218	猪	盆骨	右	髋臼F	35.53		
后冈第一期	H1007：16	3219	猪	盆骨	左	髋臼F	33.12		
后冈第一期	H1042②：1	4766	猪	盆骨	左	髋臼F	36.30		
后冈第一期	H1108：66	2771	猪	盆骨	左	髋臼F	35.07	24.67	13.72
后冈第一期	H1175：10	3567	猪	盆骨		髋臼F	32.66	22.93	12.12
后冈第一期	H1145：36	2981	猪	盆骨	左	—		15.37	8.92
后冈第二期	G12：23（T5931）	3418	猪	盆骨	左	髋臼F	32.80	24.87	13.99
后冈第二期	G12：23（T5931）	3419	猪	盆骨	左	髋臼F	39.25		
后冈第二期	G12：23（T5931）	3426	猪	盆骨	右	髋臼F	36.33	23.99	11.71
后冈第二期	G12：23（T5931）	3427	猪	盆骨	右	髋臼F	33.48		
后冈第二期	G12：23（T5931）	3428	猪	盆骨	右	髋臼F	35.60	26.46	15.48
后冈第二期	G12（T5830）	4127	猪	盆骨	右	髋臼F	34.83		
后冈第二期	G12②：42（T6031）	3092	猪	盆骨	左	—		29.51	13.49
后冈第二期	H651：2	4271	猪	盆骨	右	髋臼F	31.33	19.57	12.45
后冈第二期	H651：2	4272	猪	盆骨	右	髋臼F	31.20		
后冈第二期	H1000：36	2266	猪	盆骨	左	髋臼F	34.52		
后冈第二期	H1025：4	3706	猪	盆骨	右	髋臼UF		23.04	12.06
后冈第二期	H1086：16	4459	猪	盆骨	右	髋臼F	35.12		
后冈第二期	H1106：55	3305	猪	盆骨	左	髋臼F	36.63		

续表

年代	单位	编号	种属	骨骼	左右	愈合	LAR	SH	SB
后冈第二期	H1221：43	3966-4	猪	盆骨	右	髋臼F	36.45		
后冈第二期	H1235：9	5086	猪	盆骨	左	髋臼UF		14.11	8.97
后冈第二期	H1246：54	3657	猪	盆骨	右	髋臼F	39.64		15.29
后冈第二期	H1257：10	4962	猪	盆骨	右	髋臼F	33.02		
后冈第二期	H1257：10	4963	猪	盆骨	右	—		25.15	12.33
后冈第三期	G12：1（T5930）	3484	猪	盆骨	左	髋臼F	33.88		
后冈第三期	G12：1（T5930）	3485	猪	盆骨	左	髋臼F	33.63	30.72	14.08
后冈第三期	G12：1（T5930）	3508	猪	盆骨	右	髋臼F	34.04		
后冈第三期	G12：1（T5930）	3509	猪	盆骨	右	髋臼F			
后冈第三期	G12①：39（T6031）	3050	猪	盆骨	右	髋臼F	36.48		13.97
后冈第三期	G12①：39（T6031）	3051	猪	盆骨	左	髋臼F	36.44		
后冈第三期	G12①：39（T6031）	3052	猪	盆骨	左	—			8.40
后冈第三期	H453：1	5645	猪	盆骨	右	髋臼F	36.10		
后冈第三期	H739：5	2604	猪	盆骨	右	—		22.26	9.92
后冈第三期	H739：5	2607	猪	盆骨	左	—		22.17	9.91
后冈第三期	H1109：27	3132	猪	盆骨	左	—		20.79	13.81
后冈第三期	H1142：59	3265	猪	盆骨	左	髋臼F	36.39		16.70
后冈第三期	H1153：21	3837	猪	盆骨	右	髋臼F	32.86		
后冈第三期	T5631③：13	5218	猪	盆骨	右	髋臼F	32.98		
后冈第三期	T5631③：13	5219	猪	盆骨	右	—		17.26	9.97
后冈第二、三期	G12②③④（T6131）	2868	猪	盆骨	左	髋臼F	44.39		
后冈第二、三期	G12②③④（T6131）	2870	猪	盆骨	左	髋臼F	37.81	27.69	15.30
后冈	M230	3628	猪	盆骨	右	—		22.39	12.93
朱家台第一期	T5431④下：2	5612	猪	盆骨	右	髋臼UF		11.05	6.24
朱家台第一期	T5532⑤：1	5128	猪	盆骨	左	髋臼F	31.20	25.79	14.60
朱家台第一期	T5532⑤：1	5129	猪	盆骨	右	髋臼F	30.78	25.58	14.30
朱家台第一期	T5532⑤：6	5067	猪	盆骨	右	髋臼UF		12.99	
朱家台第一期	T6135⑦：9	2549	猪	盆骨	左	髋臼F	28.08		
朱家台第二期	H114：69	2663	猪	盆骨	左	髋臼F	39.70		
朱家台第一期	H705	2388	猪	盆骨	左	髋臼F	39.58	31.69	
朱家台第二期	H937	244	猪	盆骨	右	—		21.58	14.94
朱家台第三期	H31：1	5484	猪	盆骨	？	髋臼F	30.50		
朱家台第三期	H31：1	5485	猪	盆骨	？	髋臼F		22.66	14.61
朱家台第三期	T6335⑤	2055	猪	盆骨	左	髋臼F	37.96		
朱家台	H1047	2380	猪	盆骨	左	髋臼F	34.61		

附表1-65　大型鹿科（水鹿）盆骨测量数据　　　　（单位：毫米）

年代	单位	编号	种属	骨骼	左右	愈合	LA	SH	SB
后冈第一期	H1042②：1	4749	大鹿	盆骨	左	髋臼F	54.11		
后冈第二期	H1106：55	3289	大鹿	盆骨	右	髋臼F	60.39		
后冈第二期	H1257：10	4973	大鹿	盆骨	右	髋臼F	53.20	32.89	13.64
后冈第三期	G12①：39（T6031）	3046	大鹿	盆骨	右	髋臼F	54.18		
后冈第三期	G12②（T5930）	3587	大鹿	盆骨	右	髋臼F	57.37		

附表1-66　中型鹿科盆骨测量数据　　　　（单位：毫米）

年代	单位	编号	种属	骨骼	左右	愈合	LA
后冈第一期	H501①：1	4721	中鹿	盆骨	右	髋臼F	35.63
后冈第一期	H501①：1	4722	中鹿	盆骨	左	髋臼F	34.74
朱家台第一期	T5431④：6	5815	中鹿	盆骨	右	髋臼F	40.40

附表1-67　中小型鹿科（赤麂）盆骨测量数据　　　　（单位：毫米）

年代	单位	编号	种属	骨骼	左右	愈合	LA
后冈第一、二期	H1232：5	5165	赤麂	盆骨	左	髋臼F	30.01

附表1-68　小型鹿科盆骨测量数量　　　　（单位：毫米）

年代	单位	编号	种属	骨骼	左右	SB
后冈第一期	H1145：36	3002	小鹿	盆骨	左	5.74

附表1-69　熊盆骨测量数据　　　　（单位：毫米）

年代	单位	编号	种属	骨骼	左右	愈合	LAR
朱家台第二期	H114：69	2662	熊	盆骨	左	髋臼F	45.38

附表1-70　狗盆骨测量数据　　　　（单位：毫米）

年代	单位	编号	种属	骨骼	左右	愈合	LAR	SH	SB
后冈第二期	M252：52	3807	狗	盆骨	左	髋臼F	17.28	15.98	6.37
明清	M112	2728	狗	盆骨	左			16.23	7.53

附表1-71 猪股骨测量数据　　　　　（单位：毫米）

年代	单位	编号	种属	骨骼	左右	愈合	GL	Bp	Dp	DC	Bd	Dd	SD
后冈第一期	H1008：7	2491	猪	股骨	左	远F					51.87	63.93	
后冈第一期	H1222：12	4393	猪	股骨	左	远F						62.27	
后冈第一期	H439：1	5425	猪	股骨	右	远F					60.64	67.37	
后冈第二期	G12②：42（T6031）	3086	猪	股骨	左	近骺线		76.25	39.24	30.41			
后冈第二期	H1106：55	3304	猪	股骨	左	远F					60.45	61.89	
后冈第二期	H1246：54	3660	猪	股骨	右	近骺线		66.45		31.53			
后冈第二期	H1122：28	5075	猪	股骨	右	近骺线		58.70		25.82			
后冈第二期	H1122：28	5076	猪	股骨	左	远UF					52.60	61.68	
后冈第二期	H1129：11	3956	猪	股骨	右	远UF					48.11		
后冈第二期	H1195：36	3746	猪	股骨	右	远UF					49.49	62.23	
后冈第二期	H620：2	4355	猪	股骨	左	近远UF							10.06
后冈第二期	H651：2	4274	猪	股骨	左	远骺线					48.54	57.41	
后冈第二期	H651：2	4275	猪	股骨	右	远F					60.71	73.55	
后冈第二期	H1000：36	2219	猪	股骨	右	远骺线					45.31		
后冈第三期	G12①：39（T6031）	3056	猪	股骨	左	—							19.48
后冈第三期	G12①：39（T6031）	3059	猪	股骨	右	远F					65.15	74.71	
后冈第三期	H739：5	2596	猪	股骨	左	近远UF				24.87			15.36
后冈第三期	H739：5	2597	猪	股骨	右	近远UF							15.34
后冈第三期	G12①：3	4174	猪	股骨	左	近骺线		66.26		30.06			
后冈	M230	3621	猪	股骨	左	近远F	196.81	50.03		24.11	42.02	46.10	18.00
后冈	M230	3622	猪	股骨	右	远F					42.21	46.99	17.90
后冈	M230	3623	猪	股骨	左	—							16.11
朱家台第一期	H705	2397	猪	股骨	左	近F		77.86					
朱家台第一期	T5431④下：2	5600	猪	股骨	左	近远UF							8.63
朱家台第一期	T5431④下：2	5601	猪	股骨	右	近远UF							8.62
朱家台第一期	T5532⑤：1	5131	猪	股骨	左	近F		58.35	34.73	25.38			
朱家台第一期	T5532⑤：1	5132	猪	股骨	左	远骺线					47.17	50.76	
朱家台第一期	T5532⑤：1	5133	猪	股骨	右	—							21.90
朱家台第一期	T5532⑤：6	5068	猪	股骨	左	近远UF							11.60
朱家台第三期	H18	6126	猪	股骨	右	近远UF					42.60	52.85	17.41
朱家台第三期	H31：1	5479	猪	股骨	右	近远UF					44.60	52.30	
朱家台第三期	H31：1	5480	猪	股骨	右	近远UF					44.55	53.66	19.03
朱家台第三期	H455：1	4044	猪	股骨	右	远F					58.77	73.90	
朱家台	H220	51	猪	股骨	左	近远UF	195.71			25.01	43.9		17.44
朱家台	H220	52	猪	股骨	右	近远UF					43.71		17.29

附表1-72　中型鹿科股骨测量数据　　　　　　　　　　（单位：毫米）

年代	单位	编号	种属	骨骼	左右	愈合	GL	Bp	DC	Bd	Dd	SD
后冈第一期	H999：12	2153	中鹿	股骨	左	远F				55.52	62.41	
后冈第一期	H999：12	2154	中鹿	股骨	右	近F		58.61	26.54			
后冈第一期	H1108：66	2767	中鹿	股骨	右	远F				55.06	70.14	
后冈第一期	H501①：1	4725	中鹿	股骨	左	近远UF	233.06			50.44	57.90	20.95
后冈第一期	H501①：1	4726	中鹿	股骨	右	近远UF			23.73	51.45	57.73	20.65
后冈第一期	H439：1	5417	中鹿	股骨	左	远F				46.78	61.75	
后冈第二期	G12：23（T5931）	3408	中鹿	股骨	右	远F				53.41	62.63	
后冈第二期	H853：3	4532	中鹿	股骨	右	近骺线		57.92	24.82			
后冈第三期	G12①：3（T5830）	4179	中鹿	股骨	左	远F				60.01		
朱家台第二期	H1001：3	2122	中鹿	股骨	右	远F				56.41		

附表1-73　大型鹿科（水鹿）股骨测量数据　　　　　　　　　　（单位：毫米）

年代	单位	编号	种属	骨骼	左右	愈合	Bp	DC	Bd	Dd
后冈第一期	H1007：16	3192	大鹿	股骨	左	近F		37.41		
后冈第二期	H1070	153	大鹿	股骨	左	近F		38.52		
后冈第二期	G12：23（T5931）	3409	大鹿	股骨	右	远F			80.84	88.35
后冈第二期	H1257：10	4971	大鹿	股骨	左	远F			80.86	104.06
后冈第三期	G12①：39（T6031）	3043	大鹿	股骨	左	远骺线			77.05	93.95
后冈第三期	G12①：39（T6031）	3044	大鹿	股骨	左	远骺线				87.59
后冈第三期	H1142：59	3249	大鹿	股骨	右	近骺线	92.65	38.09		
后冈第三期	H1142：59	3250	大鹿	股骨	右	远F			79.80	91.78
后冈第三期	G12：1（T5930）	3460	大鹿	股骨	右	近F		40.98		
后冈第二、三期	G12②③④（T6131）	2824	大鹿	股骨	左	近F		41.40		
后冈第二、三期	G12②③④（T6131）	2825	大鹿	股骨					81.37	86.48
朱家台第一期	H980	2101	大鹿	股骨				40.40		

附表1-74　小型鹿科股骨测量数据　　　　　　　　　　（单位：毫米）

年代	单位	编号	种属	骨骼	左右	愈合	DC	Bd	Dd
后冈第一期	H1007：16	3198	小鹿	股骨	左	远F		29.98	37.40
后冈第一期	H1000：36	2217	小鹿	股骨	右	远F		29.92	
后冈	H102	5842	小鹿	股骨	右	远F		31.25	
商周	H81	6044	小鹿	股骨	右	近F	16.39		

附表1-75　中小型鹿科（赤麂）股骨测量数据 　　　（单位：毫米）

年代	单位	编号	种属	骨骼	左右	愈合	Bd	Dd
后冈第二期	H650	4409	中小鹿	股骨	右	远F	43.05	50.20
不明	T6236、T6336⑦	123	中小鹿	股骨	左	远F	42.89	53.23

附表1-76　大型牛科（水牛）股骨测量数据 　　　（单位：毫米）

年代	单位	编号	种属	骨骼	左右	愈合	Bp	Dp	DC	Bd	Dd
后冈第一期	H1008：7	2490	大型牛科	股骨	右	远F				127.37	125.47
后冈第二期	G12：23（T5931）	3396	大型牛科	股骨	左	近骺线			66.07		
后冈第二期	H1238	5573	大型牛科	股骨	左	近F	155.86	64.06	63.94		
后冈第二期	H830①：1	5989	大型牛科	股骨	右	远骺线				131.68	129.86
后冈第三期	G12①：39（T6031）	3040	大型牛科	股骨	右	远F				131.19	150.63
后冈第一、二期	H1078：56	2701	大型牛科	股骨	右	近F			67.81		
朱家台第一期	T6235⑨：12	2140	大型牛科	股骨	左	近F			63.92		
朱家台第一期	H705	2387	大型牛科	股骨	左	远F				132.37	

附表1-77　熊股骨测量数据 　　　（单位：毫米）

年代	单位	编号	种属	骨骼	左右	愈合	GL	DC	Bd	Dd	SD
后冈第二期	G12②：42（T6031）	3110	熊	股骨	左	近F		40.52			
后冈第三期	H1142：59	3240	熊	股骨	右	远F			67.11	54.22	
后冈第三期	G12：1（T5930）	3453	熊	股骨	右	近骺线，远UF	274.85				29.09

附表1-78　狗股骨测量数据 　　　（单位：毫米）

年代	单位	编号	种属	骨骼	左右	愈合	GL	Bp	Dp	DC	Bd	Dd	SD
后冈第二期	M252：52	3802	狗	股骨	右	近F		34.23		14.71			
后冈第二期	M252：52	3803	狗	股骨	右	远F					24.71	23.32	
后冈第二期	M252：52	3804	狗	股骨	左	远F					24.70	23.55	
后冈第三期	T5631③：13	5205	狗	股骨	左	近远F	96.68	20.48		10.01	16.23	17.59	8.12
后冈第三期	T5631③：13	5206	狗	股骨	左	近远F	96.42	20.12		10.02	16.63	17.97	8.42
明清	M112	2718	狗	股骨	左	近F		32.76	15.32	15.04			11.37
明清	M112	2722	狗	股骨	右	远F					26.10	27.11	

附表1-79　狐股骨测量数据 　　　（单位：毫米）

年代	单位	编号	种属	骨骼	左右	愈合	Bp	Dp	DC
屈家岭	H959：16	2695-1	狐	股骨	左	近F	23.08	10.78	10.58
屈家岭	H959：16	2696	狐	股骨	右	近F			10.45

附表1-80　大型鹿科（水鹿）髌骨测量数据　　（单位：毫米）

年代	单位	编号	种属	骨骼	左右	GL	GB
后冈第一期	H1108：66	2783	水鹿	髌骨	左	60.78	49.30

附表1-81　猪胫骨测量数据　　（单位：毫米）

年代	单位	编号	种属	骨骼	左右	愈合	GL	Bp	Dp	Bd	Dd	SD
后冈第一期	H1008：7	2495	猪	胫骨	左	远F				30.33	28.49	
后冈第一期	H1008：7	2496	猪	胫骨	右	远F				30.34	27.46	
后冈第一期	H1248：3	3646	猪	胫骨	右	远F				32.01	28.40	
后冈第二期	G12：23（T5931）	3430	猪	胫骨	右	远F				37.16	33.83	
后冈第二期	G12：23（T5931）	3431	猪	胫骨	右	远F				33.53	30.00	
后冈第二期	G12（T5830）	4130	猪	胫骨	左	远F				29.18	24.68	
后冈第二期	H1070	160	猪	胫骨	左	远F				31.49	29.32	
后冈第二期	H1116：25	5111	猪	胫骨	右	远UF				29.17	28.40	
后冈第二期	H1160：4	4606	猪	胫骨	右	远F				31.10	29.12	
后冈第二期	H1246：54	3662	猪	胫骨	左	近骺线			53.09			
后冈第二期	H1246：54	3663	猪	胫骨	右	远F				32.56	29.34	
后冈第二期	H1195：36	3747	猪	胫骨	右	近UF			54.53			
后冈第二期	H620：2	4356	猪	胫骨	右	近远UF						9.77
后冈第二期	H651：2	4278	猪	胫骨	右	远F				28.49	26.07	
后冈第二期	H651：2	4279	猪	胫骨	左	远F				29.41	25.95	
后冈第二期	H651：2	4280	猪	胫骨	右	远骺线				28.35	26.95	
后冈第二期	H804：10	4020	猪	胫骨	左	远F				29.53	26.76	
后冈第二期	H804：10	4021	猪	胫腓骨	左	近远F				32.07	29.00	
后冈第二期	M252：52	3820	猪	胫骨	左	远UF				25.94	23.15	
后冈第二期	H1257：10	4961	猪	胫骨	右	近骺线		60.61	62.37			
后冈第二期	H1116：25	5109	猪	胫骨	右	近骺线		56.60	50.24			
后冈第三期	H739：5	2598	猪	胫骨	右	近UF		46.70				
后冈第三期	H739：5	2599	猪	胫骨	左	近远UF						13.26
后冈第三期	G12：1（T5930）	3510	猪	胫骨	右	近骺线		55.64	52.94			
后冈第三期	G12①：3（T5830）	4715	猪	胫骨	右	近骺线		54.43	46.75			
后冈第一、二期	H1191：10	4885	猪	胫骨	右	近F		50.65	49.33			
后冈第二、三期	G12②③④（T6131）	2859	猪	胫骨	左	远F				35.78	33.17	

年代	单位	编号	种属	骨骼	左右	愈合	GL	Bp	Dp	Bd	Dd	SD
后冈	H1253：33	5378	猪	胫骨	左	近远UF						8.03
朱家台第一期	H705	2391	猪	胫骨	左	近骺线		66.46	59.40			
朱家台第一期	T5431④ 下：2	5602	猪	胫骨	左	近远UF						9.17
朱家台第一期	T5532⑤：1	5134	猪	胫骨	左	近骺线，远F	194.09	46.32	44.44	30.56	25.54	21.30
朱家台第一期	T5532⑤：6	5070	猪	胫骨	右	近远UF						11.45
朱家台第一期	T6133③：26	2484	猪	胫骨	右	远F					29.30	
朱家台第三期	H18	6128	猪	胫骨	右	近远UF		44.13		26.34		16.92
朱家台第三期	H18	6129	猪	胫骨	右	近远UF						16.98
朱家台第三期	H31：1	5481	猪	胫骨	右	近UF，远骺线	177.24	46.77		28.35	25.95	18.10
朱家台第三期	H31：1	5482	猪	胫骨	左	近UF	177.22	47.00		28.84	26.01	18.22
朱家台第三期	T5534④	5203	猪	胫骨	右	远UF						
朱家台	H220	43	猪	胫骨	右	近UF，远F	178.24	48.42		29.14	26.52	18.72
朱家台	H220	44	猪	胫骨	左	远F				28.45	27.02	19.18
朱家台	H799	3146	猪	胫骨	右	近远UF						8.81
煤山文化	H117：1	3563	猪	胫骨	左	远F					27.89	
商周	H81	6001	猪	胫骨	左	近F			48.22			
商周	H81	6002	猪	胫骨	右	远F				34.74	29.44	22.57

附表1-82　大型鹿科（水鹿）胫骨测量数据　　　　　　（单位：毫米）

年代	单位	编号	种属	骨骼	左右	愈合	Bd	Dd
后冈第二期	H1075：46	3343	大鹿	胫骨	右	远F	54.53	43.06
后冈第二期	H1025：4	3691	大鹿	胫骨	右	远F	60.42	47.20
后冈第三期	H1153：21	3856	大鹿	胫骨	左	远F	56.06	46.78
朱家台第一期	H705	2389	大鹿	胫骨	右	远F	55.54	38.87
不明	T6236、T6336⑦	114	大鹿	胫骨	左	远F	53.57	40.04
不明	T6236、T6336⑦	115	大鹿	胫骨	左	远F	52.22	39.57

附表1-83　中型鹿科胫骨测量数据　　　　　　　　　　（单位：毫米）

年代	单位	编号	种属	骨骼	左右	愈合	GL	Bp	Dp	Bd	Dd	SD
后冈第一期	H1126：8	3884	中鹿	胫骨	左	近F		55.38				
后冈第一期	H817：16	3976	中鹿	胫骨	左	近F		55.24	45.51			
后冈第一期	H817：16	3977	中鹿	胫骨	右	近F		54.11	45.39			
后冈第一期	H501①：1	4727	中鹿	胫骨	左	近UF，远F	280.02			34.68	25.98	22.06
后冈第一期	H501①：1	4728	中鹿	胫骨	右	近UF，远F	282.29	51.91		35.47	24.22	
后冈第一期	H588：1	4786	中鹿	胫骨	右	远F				34.44	26.75	

年代	单位	编号	种属	骨骼	左右	愈合	GL	Bp	Dp	Bd	Dd	SD
后冈第一期	H644	5405	中鹿	胫骨	左	远F				37.07	28.68	
后冈第一期	H439：1	5419	中鹿	胫骨	右	远F				35.64	25.69	
后冈第一期	H1138	5439	中鹿	胫骨	右	远F				35.31	25.30	
后冈第二期	G12②：42（T6031）	3077	中鹿	胫骨	左	近F		61.52	52.42			
后冈第二期	G12②：42（T6031）	3078	中鹿	胫骨	右	近F		66.96				
后冈第二期	H651：2	4295	中鹿	胫骨	左	近F		63.39	52.68			
后冈第二期	H620：1	4660	中鹿	胫骨	左	近F		66.49	58.52			
后冈第二期	H1257：10	4975	中鹿	胫骨	左	远F				36.05	29.55	
后冈第二期	H1171：6	5902	中鹿	胫骨	右	远F				35.81	28.58	
后冈第三期	G12：1（T5930）	3463	中鹿	胫骨	右	远F				37.58	27.45	
后冈第三期	H1062：1	4857	中鹿	胫骨	左	远F				31.64	25.62	
后冈第三期	T5631③：13	5233	中鹿	胫骨	右	近F		68.33	57.38			
后冈第一、二期	H1232：5	5166	中鹿	胫骨	左	远F				34.28	25.85	
后冈第二、三期	G12：30（T6131）	2640	中鹿	胫骨	左	远F				34.98	28.33	
后冈第二、三期	G12②③④（T6131）	2826	中鹿	胫骨	左	远F				34.28	27.49	22.17
后冈	M230	3626	中鹿	胫骨	右	远F				37.44	28.27	
后冈	H102	5684	中鹿	胫骨	右	近F		35.90	32.27			
朱家台第一期	H705	2390	中鹿	胫骨	左	远F				35.80	29.48	
朱家台第一期	T6133③：26	2483	中鹿	胫骨	左	远F				37.63	29.21	
朱家台第一期	T6135⑦：19	2548	中鹿	胫骨	右	近F		58.98	51.45			
商周	H81	6027	中鹿	胫骨	右	近F		58.05	46.38			

附表1-84　中小型鹿科（赤麂）胫骨测量数据　　　　　（单位：毫米）

年代	单位	编号	种属	骨骼	左右	愈合	Bp	Dp	Bd	Dd
后冈第二期	H1125：31	5953	中小鹿	胫骨	右	近F	44.55	38.68		
后冈第一、二期	H1191：10	4891	中小鹿	胫骨	右	远F			27.79	22.30

附表1-85　小型鹿科胫骨测量数据　　　　　　　（单位：毫米）

年代	单位	编号	种属	骨骼	左右	愈合	Bp	Dp	Bd	Dd	SD
后冈第一期	H1108：66	2782	小鹿	胫骨	左	近F	31.06	27.90			
后冈第一期	H1145：36	3001	小鹿	胫骨	右	远F			20.40	14.79	11.79
后冈第一期	H1007：16	3199	小鹿	胫骨	左	远F			19.33	15.58	
后冈第一期	H1162：6	4337	小鹿	胫骨	左	远F			20.14	15.76	
后冈第一期	H1222：12	4396	小鹿	胫骨	右	远F			21.95	16.30	
后冈第二期	H986：39	2739	小鹿	胫骨	左	近F		30.64			
后冈第二期	H1025：4	3692	小鹿	胫骨	左	远F			19.46		11.53
后冈第二期	H67	4518	小鹿	胫骨	右	远F			21.10	15.83	
后冈第二、三期	G12：30（T6131）	2641	小鹿	胫骨	左	远F			21.01	17.54	
商周	H81	6045	小鹿	胫骨	右	近F	32.33	30.31			

附表1-86　大型牛科（水牛）胫骨测量数据　　　　　　（单位：毫米）

年代	单位	编号	种属	骨骼	左右	愈合	Bp	Dp	Bd	Dd
后冈第一期	H1108：66	2786	大型牛科	胫骨	左	远F			86.47	62.39
后冈第一期	H817：16	3971	大型牛科	胫骨	左	远F			89.55	68.63
后冈第二期	H830①：1	5990	大型牛科	胫骨	左	近F	114.71	89.34		
后冈第三期	H1142：59	3251	大型牛科	胫骨	左	近骺线			119.27	99.81
煤山	H105：47	2133	大型牛科	胫骨	右	远F			92.49	64.19

附表1-87　熊胫骨测量数据　　　　　　（单位：毫米）

年代	单位	编号	种属	骨骼	左右	愈合	Bd	Dd
不明	T6236、T6336⑦	116	熊	胫骨	左	远F	59.78	35.55

附表1-88　狗胫骨测量数据　　　　　　（单位：毫米）

年代	单位	编号	种属	骨骼	左右	愈合	GL	Bp	Dp	Bd	Dd	SD
后冈第一期	H817：16	3983	狗	胫骨	左	近远F	126.81			17.86	13.71	9.54
后冈第二期	M252：52	3805	狗	胫骨	左	近远F	144.91	26.15	24.67	18.13	12.69	10.38
后冈第二期	M252：52	3806	狗	胫骨	右	近远F	141.93	26.72	24.08	17.80	13.02	9.85
明清	M112	2720	狗	胫骨	右	近F		27.93	30.21			

附表1-89　貉胫骨测量数据　　　　　　（单位：毫米）

年代	单位	编号	种属	骨骼	左右	愈合	Bd	Dd
后冈第一期	H1145：36	3000	貉	胫骨	右	远F	11.68	8.23

附表1-90　鬣羚胫骨测量数据　（单位：毫米）

年代	单位	编号	种属	骨骼	左右	愈合	Bd	Dd
后冈第三期	M231	3652	鬣羚	胫骨	左	远F	49.14	37.63

附表1-91　猪跟骨测量数据　（单位：毫米）

年代	单位	编号	种属	骨骼	左右	愈合	GL	GB
后冈第一期	H1145：36	2982	猪	跟骨	左	近UF		23.01
后冈第一期	H1145：36	2983	猪	跟骨	右	近UF		15.25
后冈第一期	H1248：3	3647	猪	跟骨	左	近F	102.47	27.31
后冈第一期	H817：16	3987	猪	跟骨	左	近UF		24.01
后冈第二期	H1086：16	4460	猪	跟骨	左	—		24.08
后冈第二期	H1131：47	3328	猪	跟骨	左	近UF		21.83
后冈第二期	H1195：36	3748	猪	跟骨	左	近UF		22.37
后冈第二期	H651：2	4281	猪	跟骨	左	近UF		21.66
后冈第二期	H651：2	4283	猪	跟骨	右	近UF		21.73
后冈第二期	H804：10	4024	猪	跟骨	右	近UF		23.83
后冈第二期	H853：3	4559	猪	跟骨	右	—		25.14
后冈第三期	T5731③：2	4495	猪	跟骨	右	近F	85.24	21.55
后冈第二、三期	G12：30（T6131）	2625	猪	跟骨	左	近F	93.80	32.80
朱家台第三期	H18	6165	猪	跟骨	左	近UF		19.32
朱家台第三期	H455：1	4045	猪	跟骨	右	—		20.79
朱家台	H220	2	猪	跟骨	左	近骺线	15.96	21.78
朱家台	H220	3	猪	跟骨	右	近骺线	75.95	21.86
煤山文化	H808	3172	猪	跟骨	左	近UF		17.04
汉代	F99	2027	猪	跟骨	左	近F	78.82	28.52

附表1-92　大型鹿科（水鹿）跟骨测量数据　（单位：毫米）

年代	单位	编号	种属	骨骼	左右	愈合	GL	GB
后冈第一期	H1007：16	3196	大鹿	跟骨	左	—		33.30
后冈第二期	H1070	144	大鹿	跟骨	右	近F	130.14	38.57
后冈第二期	H1075：46	3344	大鹿	跟骨	右	近F	125.61	
后冈第三期	H1166：31	3912	大鹿	跟骨	右	近F	134.86	44.86
朱家台第一期	T5431④：2	5621	大鹿	跟骨	左	近F	133.47	46.03
朱家台第三期	T6335⑤	2051	大鹿	跟骨	左	近F	116.47	41.56
煤山	H117：1	3564	大鹿	跟骨	右	—		39.36
商周	H81	6043	大鹿	跟骨	右	近F	129.89	37.44

附表1-93　中型鹿科跟骨测量数据　　　　（单位：毫米）

年代	单位	编号	种属	骨骼	左右	愈合	GL	GB
后冈第一期	H1108：66	2768	中鹿	跟骨	左	近F	86.36	23.34
后冈第一期	H1126：8	3887	中鹿	跟骨	右	近F	90.74	29.73
后冈第一期	H1126：8	3888	中鹿	跟骨	右	近F	87.27	29.87
后冈第一期	H501①：1	4742	中鹿	跟骨	左	近UF		24.74
后冈第一期	H501①：1	4743	中鹿	跟骨	右	近UF		25.28
后冈第一期	H439：1	5421-1	中鹿	跟骨	右	近F	92.73	28.72
后冈第二期	H1086：16	4469	中鹿	跟骨	左	近F		27.46
后冈第二期	H67	4517	中鹿	跟骨	左	近F	96.86	29.68
后冈第二期	H853：3	4534	中鹿	跟骨	右	近F	90.35	28.67
后冈第二期	H853：3	4536	中鹿	跟骨	左	近F	97.69	30.89
后冈第一、二期	H1232：5	5169	中鹿	跟骨	右	近F	95.17	31.14
后冈	H102	5850	中鹿	跟骨	左	近F	90.13	29.13
朱家台第一期	T6236⑤	2018	中鹿	跟骨	右	—		28.73
朱家台第一期	H705	2403	中鹿	跟骨	左	近F		26.41
朱家台第一期	T6135⑦：19	2547	中鹿	跟骨	右	近F	86.59	24.11
朱家台第一期	T5431④下：2	5617	中鹿	跟骨	左	近F	101.22	30.41
屈家岭	H144：1	4223	中鹿	跟骨	右	近F	98.18	28.57
商周	H81	6036	中鹿	跟骨	左	—		29.46

附表1-94　小型鹿科跟骨测量数据　　　　（单位：毫米）

年代	单位	编号	种属	骨骼	左右	愈合	GL	GB
后冈第一期	H1145：36	2989	小鹿	跟骨	左	近F	49.07	15.59
后冈第三期	G12：1（T5930）	3470	小鹿	跟骨	左	近F	48.23	13.64
后冈	H102	5697	小鹿	跟骨	右	近F	49.22	14.87

附表1-95　大型牛科（水牛）跟骨测量数据　　　　（单位：毫米）

年代	单位	编号	种属	骨骼	左右	愈合	GL	GB
后冈第一期	H588：1	4775	大型牛科	跟骨		近F	167.07	79.65
后冈第二期	H1235：9	5083	大型牛科	跟骨	右	近F	173.62	69.23

附表1-96　狗跟骨测量数据　　　　（单位：毫米）

年代	单位	编号	种属	骨骼	左右	愈合	GL	GB
后冈第二期	M252：2	3809	狗	跟骨	右	近F	35.59	13.83

附表1-97　猪距骨测量数据　　　　　　　　　　（单位：毫米）

年代	单位	编号	种属	骨骼	左右	GLl	GLm	Dl	Dm	Bd	Dd
后冈第二期	H650	4404	猪	距骨	左	42.37	40.00	21.49	24.48	25.38	
后冈第二期	H651：2	4284	猪	距骨	右	41.43	38.22	21.84	21.64	24.03	
后冈第二期	H651：2	4285	猪	距骨	右	45.59	42.66	22.54	25.51	26.63	
后冈第二期	H1000：36	2263	猪	距骨	右	46.30	41.83	25.56	27.32	26.68	
后冈第二期	H1000：36	2264	猪	距骨	右	45.61					
后冈第二、三期	G12：30（T6131）	2631	猪	距骨	右	43.88	39.77	23.48	22.57	25.72	
后冈第二、三期	G12②③④（T6131）	2874	猪	距骨	左	46.52	41.75	25.64	25.04	26.67	
朱家台第一期	H705	2419	猪	距骨	左		45.05		30.98	28.45	
朱家台第一期	T5532⑤：1	5137	猪	距骨	左	40.76	36.63	20.98	22.80	26.74	16.78
朱家台第三期	H31：1	5518	猪	距骨	右	40.35	37.11	20.87	21.75	23.90	
朱家台第三期	H31：1	5519	猪	距骨	左	40.16	37.31	21.05	20.88	22.82	
朱家台	H220	4	猪	距骨	右	42.5	38.63	21.30	23.48		
朱家台	H220	5	猪	距骨	左	42.35	39.06	21.77	23.56		

附表1-98　大型鹿科（水鹿）距骨测量数据　　　　　　（单位：毫米）

年代	单位	编号	种属	骨骼	左右	GLl	GLm	Dl	Dm	Bd	Dd
后冈第一期	H1007：16	3195	大鹿	距骨	左	61.28	55.42	33.96	31.48	40.87	
后冈第二期	H804：10	4035	大鹿	距骨	左	56.75	52.32	29.90	31.10	37.37	
后冈第二期	G12：1（T5830）	4090	大鹿	距骨	左	62.73	58.81	33.94	32.80	39.18	
后冈第三期	G12①：39（T6031）	3047	大鹿	距骨	左	59.42	54.91	33.18	34.86	35.98	
后冈第三期	H1258：23	5254	大鹿	距骨	右	62.87	55.93	31.95	32.64	37.87	26.96
后冈第二、三期	G12：30（T6131）	2643	大鹿	距骨	右		53.91	31.76	31.24	35.33	
朱家台第一期	H1026	2545	大鹿	距骨	右	58.03	54.07	32.44	32.28	36.55	
朱家台第一、二期	H435：1	5788	大鹿	距骨	右	64.65	59.97	35.08	32.74	39.49	

附表1-99　中型鹿科距骨测量数据　　　　　　　（单位：毫米）

年代	单位	编号	种属	骨骼	左右	GLl	GLm	Dl	Dm	Bd	Dd
后冈第一期	H817：16	3980	中鹿	距骨	左	39.76	36.27	21.99	20.97	24.84	
后冈第一期	H501①：1	4740	中鹿	距骨	左	40.38	37.00	22.27	20.29	25.49	
后冈第一期	H501①：1	4741	中鹿	距骨	右	40.60	36.71	21.11	19.76	24.50	
后冈第一期	H588：1	4787	中鹿	距骨	左	43.73	41.28	23.52	23.58	26.58	
后冈第一期	H439：1	5420	中鹿	距骨	右	41.90	39.10	23.96	23.72	25.71	
后冈第二期	G12②：42（T6031）	3079	中鹿	距骨	右	39.78	36.94	22.57	21.87	24.23	
后冈第二期	G12：23（T5931）	3405	中鹿	距骨	右	43.87	41.11	23.54	23.23	24.82	
后冈第二期	H651：2	4297	中鹿	距骨	左	43.17	39.20	24.58	21.99	26.26	
后冈第二期	H1118：9	4628	中鹿	距骨	左	42.38	39.79	23.19	24.63	25.94	

年代	单位	编号	种属	骨骼	左右	GLl	GLm	Dl	Dm	Bd	Dd
后冈第二期	H1118：9	4629	中鹿	距骨	左	36.26	33.20	20.71	19.58	22.43	
后冈第二期	H1260：18	5034	中鹿	距骨	左	45.55	41.70	24.78	23.87	26.90	20.45
后冈第二期	H445：2	5745	中鹿	距骨		40.30	37.24	21.54	21.01	24.43	
后冈第三期	H511：2	5777	中鹿	距骨	右	42.29	39.07	23.76	22.76	25.79	
后冈第一、二期	H1232：5	5168	中鹿	距骨	右	44.50	38.60	24.80	24.18	26.98	19.70
后冈第二、三期	G12②③④（T6131）	2831	中鹿	距骨	右	42.43	39.13	22.78	22.44	25.76	
后冈	H102	5687	中鹿	距骨	左	42.92	40.75	23.48	20.83	24.54	
朱家台第一期	H705	2404	中鹿	距骨	左	43.91	40.82	23.74	23.73	27.02	
朱家台第一期	T5431④：6	5816	中鹿	距骨	右	44.59	41.40	24.74	24.25	26.06	
朱家台第一期	T5431④：6	5817	中鹿	距骨	左	40.98	38.68	22.33	22.74	25.03	
朱家台第三期	T6335⑤	2052	中鹿	距骨	左	46.32	43.87	25.43	25.55	26.77	
朱家台第三期	H635：1	5908	中鹿	距骨	左	42.49	38.09	24.07	22.89	27.58	

附表1-100　大型牛科（水牛）距骨测量数据　　　　　　　　　　　　（单位：毫米）

年代	单位	编号	种属	骨骼	左右	GLl	GLm	Dl	Dm	Bd
后冈第一期	H1007：16	3187	水牛	距骨	右	83.44		49.53	49.86	60.80
后冈第一期	H817：16	3970	大型牛科	距骨	左	86.74	80.75	48.80	51.64	64.36
后冈第一期	H1042②：1	4751	大型牛科	距骨	左	93.97	84.58	50.59	49.16	67.60
后冈第一期	H588：1	4772	大型牛科	距骨	右	83.02	75.39	49.21	48.05	63.44
后冈第二期	H1235：9	5082	大型牛科	距骨	左	84.34	74.60	44.61	43.38	
朱家台第一期	T6235⑧	2001	大型牛科	距骨	左	88.11	78.64		46.17	61.94
朱家台第一期	T6235⑧	2002	大型牛科	距骨	右	91.14		47.86		
朱家台第一期	T5431④下：2	5623	大型牛科	距骨	左	86.23	78.80	47.53	45.09	62.50

附表1-101　猪第三掌骨测量数据　　　　　　　　　　　　　　　　（单位：毫米）

年代	单位	编号	种属	骨骼	左右	愈合	GL	Bp	Dp	B	DD	Bd	Dd
后冈第一期	H1008：7	2520	猪	三掌	左	近F		19.14	19.06				
后冈第二期	H651：2	4286	猪	三掌	左	近远F	73.17	16.22		13.98		17.51	
后冈第二期	H651：2	4287	猪	三掌	右	近远F	76.21	16.75		13.31		17.19	
后冈第二期	M243	3961	猪	三掌	左	近远F	84.61	17.43	19.35	16.53		19.81	18.12
后冈	H102	5867	猪	三掌	右	近远F	73.92	17.86	18.07		12.77	16.93	16.14
朱家台第一期	H705	2425	猪	三掌	左	近F		22.07	21.68				
朱家台第一期	T5431④：6	5812	猪	三掌	右	近远F	83.33	20.81	19.40	16.53		19.20	17.16
朱家台第一期	T5431④下：2	5604	猪	三掌	右	近远F	85.45	18.63				16.24	19.29
朱家台第三期	H31：1	5527	猪	三掌	右	远UF	67.03	17.19			13.00	15.02	

续表

年代	单位	编号	种属	骨骼	左右	愈合	GL	Bp	Dp	B	DD	Bd	Dd
朱家台第三期	H31：1	5532	猪	三掌	左	近远F	66.78	18.52			13.45	15.72	
朱家台	H220	80	猪	三掌	左	近远F		14.69					
朱家台	H220	67	猪	三掌	左	近远F	66.56	15.98				14.75	
朱家台	H220	74	猪	三掌	右	近远F	67.43	16.81				14.77	

附表1-102　猪第四掌骨测量数据　（单位：毫米）

年代	单位	编号	种属	骨骼	左右	愈合	GL	Bp	Dp	B	DD	Bd	Dd
后冈第一期	H1162：6	4334	猪	四掌	右	近F		16.86	16.29				
后冈第二期	H1131：47	3329	猪	四掌	左	近远F	84.02	18.82	16.30	14.47		17.72	17.82
后冈第二期	H1148：16	3935	猪	四掌	左	远UF				8.75			
朱家台第一期	H705	2426	猪	四掌	左	近F		19.07	18.84				
朱家台第一期	H705	2424	猪	四掌	右	近远F	85.68	16.01	17.30	13.44		17.42	18.45
朱家台第三期	H18	6166	猪	四掌	右	近F，远UF		14.61	17.24				
朱家台第三期	H31：1	5528	猪	四掌	右	远UF		16.09					
朱家台第三期	H31：1	5533	猪	四掌	左	远UF		16.46					
朱家台	H220	68	猪	四掌	左	近远F	68.74	16.32				13.95	
朱家台	H220	75	猪	四掌	右	近远F	66.67	15.47				14.09	

附表1-103　猪第五掌骨测量数据　（单位：毫米）

年代	单位	编号	种属	骨骼	左右	愈合	GL	Bp
后冈	H102	5868	猪	五掌	右	近远F	63.12	8.18
朱家台	H220	69	猪	五掌	左	近远F	49.36	

附表1-104　狗第二掌骨测量数据　（单位：毫米）

年代	单位	编号	种属	骨骼	左右	愈合	GL	Bp	Bd	Dd	SD
后冈第二期	M252：52	3811	狗	二掌	右	近远F	45.39	6.15	6.30	6.74	4.85

附表1-105　狗第三掌骨测量数据　（单位：毫米）

年代	单位	编号	种属	骨骼	左右	愈合	GL	Bp	Dp	Bd	Dd	SD
后冈第二期	M252：52	3812	狗	三掌	右	近远F	51.94	6.38		6.13	7.33	4.69
明清	M112	2731	狗	三掌	右	近F		5.10	9.28			

附表1-106　狗第四掌骨测量数据　　　　　　　　　　　（单位：毫米）

年代	单位	编号	种属	骨骼	左右	愈合	GL	Bp	Bd	Dd	SD
后冈第二期	M252：52	3810	狗	四掌	右	近远F	52.19	6.32	6.14	7.38	5.13
后冈第二期	M252：52	3813	狗	四掌	左	近远F	51.31	5.70	6.00	7.53	4.73

附表1-107　狐第三掌骨测量数据　　　　　　　　　　　（单位：毫米）

年代	单位	编号	种属	骨骼	左右	愈合	GL	Bp	Dp	Bd	Dd	SD
屈家岭	H959：16	2690	狐	三掌	左	近远F	42.32	4.61	5.74	4.89	5.27	3.18

附表1-108　熊第四掌骨测量数据　　　　　　　　　　　（单位：毫米）

年代	单位	编号	种属	骨骼	左右	愈合	GL	Bp	Dp	Bd	Dd	SD
朱家台第一期	T5431④下：2	5637	熊	四掌	左	近远F	59.29	12.94	17.83	15.50	13.52	10.73

附表1-109　大型鹿科（水鹿）掌骨测量数据　　　　　　（单位：毫米）

年代	单位	编号	种属	骨骼	左右	愈合	Bp	Dp	Bd	Dd
后冈第三期	G12①：39（T6031）	3045	大鹿	掌骨	右	近F	42.39	29.51		
朱家台第一期	H705	2401	大鹿	掌骨	左	远F			42.71	27.52

附表1-110　中型鹿科掌骨测量数据　　　　　　　　　　（单位：毫米）

年代	单位	编号	种属	骨骼	左右	愈合	GL	Bp	Dp	Bd	Dd	SD
后冈第一期	H1222：12	4395	中鹿	掌骨	左	远F				28.35	20.62	
后冈第一期	H501①：1	4729	中鹿	掌骨	左	近远F	209.82	26.73	20.78	27.43	17.79	16.10
后冈第一期	H501①：1	4730	中鹿	掌骨	左	远F				27.46	18.20	16.06
后冈第一期	H588：1	4788	中鹿	掌骨	右	近F		32.74	24.11			
后冈第二期	H429：2	5894	中鹿	掌骨	左	远F				30.11	19.25	
后冈第一、二期	H1191：10	4893	中鹿	掌骨	左	远F				30.13	20.39	
后冈第一、二期	H1232：5	5167	中鹿	掌骨	左	远F				32.01	21.97	
后冈第二、三期	G12②③④（T6131）	2833	中鹿	掌骨	右	近F		31.59	22.98			
后冈	M230	3627	中鹿	掌骨	左	远F				29.82	21.08	
后冈	H102	5844	中鹿	掌骨	左							18.88
后冈	H102	5849	中鹿	掌骨	右	远F				31.50	18.76	
朱家台第一期	H705	2402	中鹿	掌骨	右	远F				30.95	20.93	
朱家台第一期	T5431④：6	5819	中鹿	掌骨	右	近F		24.30	16.66			
商周	H81	6030	中鹿	掌骨	左	近远F	214.49			29.08	19.39	
商周	H81	6031	中鹿	掌骨	右	远F				29.29	19.28	

附表1-111 小型鹿科掌骨测量数据 （单位：毫米）

年代	单位	编号	种属	骨骼	左右	愈合	Bp	Dp	Bd	Dd
后冈第三期	G12①：3（T5830）	4186	小鹿	掌骨		远F			16.22	10.70
商周	H81	6046	小鹿	掌骨	右	近F	17.46	11.68		
商周	H81	6047	小鹿	掌骨	右	近F	16.53	10.81		

附表1-112 中小型鹿科（赤鹿）掌骨测量数据 （单位：毫米）

年代	单位	编号	种属	骨骼	左右	愈合	GL	Bp	Dp	SD	B	Bd	Dd
后冈第三期	T5631③：13	5229	赤鹿	掌骨	右	近远F	125.81	23.29	16.19	13.88	11.22	23.16	14.50

附表1-113 大型牛科（水牛）掌骨测量数据 （单位：毫米）

年代	单位	编号	种属	骨骼	左右	愈合	Bp	Dp
后冈第一期	H588：1	4769	大型牛科	掌骨	左	近F	83.43	54.11
后冈第二期	H650	4402	水牛	掌骨	左	近F	79.23	47.09

附表1-114 鬣羚掌骨测量数据 （单位：毫米）

年代	单位	编号	种属	骨骼	左右	愈合	GL	Bp	Dp	SD	DD	Bd	Dd
后冈第三期	H1134：17	3447	鬣羚	掌骨	右	近远F	179.21	38.89	27.87	26.44	19.30	44.01	25.80

附表1-115 马掌骨测量数据 （单位：毫米）

年代	单位	编号	种属	骨骼	左右	愈合	Bd	Dd
后冈	M230	3629	马	掌骨	左	远F	48.35	38.05

附表1-116 猪第三跖骨测量数据 （单位：毫米）

年代	单位	编号	种属	骨骼	左右	愈合	GL	LeP	Bp	B	DD	Bd	Dd
后冈第二期	H651：2	4288	猪	三跖	右	近F			15.57				
后冈第二期	H1195：36	3749	猪	三跖	右	近远F	86.38	84.15	16.73	14.89		17.29	17.91
后冈第三期	G12：1（T5930）	3489	猪	三跖	左	近远F	91.22	90.51	17.76	15.89		19.69	18.98
后冈第三期	H1153：21	3839	猪	三跖	右	近F			17.21				
后冈第二、三期	G12②③④（T6131）	2957-1	猪	三跖	左	近F			12.36				
后冈	H1218：22	4449	猪	三跖	左	近F			15.05				
朱家台第一期	H705	2422	猪	三跖	左	近远F	91.31	88.98	17.95	19.12		21.58	19.82
朱家台第一期	T5532⑤：1	5140	猪	三跖	左	近远F		72.16	15.80		15.80	21.03	16.51
朱家台第三期	H31：1	5538	猪	三跖	右	近远F	73.85	71.48	14.55		12.74	15.30	

续表

年代	单位	编号	种属	骨骼	左右	愈合	GL	LeP	Bp	B	DD	Bd	Dd
朱家台第三期	H31：1	5550	猪	三跖	左	远UF	79.89	74.90	14.90		12.36	15.78	
朱家台	H220	71	猪	三跖	右	近远F			14.54			15.40	
朱家台	H220	76	猪	三跖	左	近远F	78.44		14.20			15.26	
煤山文化	H808	3177	猪	三跖	左	远UF			11.73	9.13			
煤山文化	H808	3178	猪	三跖	右	远UF			12.48	9.18			

附表1-117　猪第四跖骨测量数据　（单位：毫米）

年代	单位	编号	种属	骨骼	左右	愈合	GL	LeP	Bp	B	DD	Bd	Dd
后冈第一期	H1162：6	4335	猪	四跖	左	近F			15.39				
后冈第二期	H1070	187	猪	四跖	左	近F，远UF			13.12	10.81			
后冈第二期	H1195：36	3750	猪	四跖	右	近远F			16.94			17.21	
后冈第二期	H651：2	4289	猪	四跖	右	近远F	84.99	80.82	15.00	12.59		15.99	
朱家台第一期	H705	2423	猪	四跖	左	近远F	98.33	91.83	19.93	16.67		19.44	20.67
朱家台第一期	T5532⑤：1	5141	猪	四跖	左	近远F		78.12	15.16		13.87	16.16	17.15
朱家台第三期	H31：1	5539	猪	四跖	右	近远F	79.03	75.09	15.24		12.64	15.58	
朱家台第三期	H31：1	5551	猪	四跖	左	远UF			14.13				
朱家台	H220	72	猪	四跖	右	近远F			14.09			14.74	
朱家台	H220	77	猪	四跖	左	近远F	72.91		14.94			14.48	

附表1-118　猪第五跖骨测量数据　（单位：毫米）

年代	单位	编号	种属	骨骼	左右	愈合	GL	Bp
后冈第一期	H1138：3	5444	猪	五跖	右	近远F	66.70	
后冈	H1253：33	5381	猪	五跖	左	近端F		5.43
后冈	H1253：33	5382	猪	五跖	右	近F，远UF		5.11
朱家台第一期	T5532⑤：1	5142	猪	五跖	左	近远F		5.74
朱家台	H220	73	猪	五跖	右	近远F	56.02	
朱家台	H220	78	猪	五跖	左	近远F	56.56	
商周	H81	6007	猪	五跖	右	近F		6.37

附表1-119　狗第二跖骨测量数据　（单位：毫米）

年代	单位	编号	种属	骨骼	左右	愈合	GL	Bp	Bd	Dd	SD
后冈第二期	M252：52	3814	狗	二跖	右	近远F	50.00	4.46	6.19	6.52	4.36

附表1-120　狗第五跖骨测量数据　　　　　　　　　（单位：毫米）

年代	单位	编号	种属	骨骼	左右	愈合	GL	Bp	Bd	Dd	SD
后冈第二期	M252：52	3815	狗	五跖	左	近远F	51.57	7.70	5.75	6.39	3.86
后冈第二期	M252：52	3816	狗	五跖	右	近F		7.25			

附表1-121　大型鹿科（水鹿）跖骨测量数据　　　　　　　（单位：毫米）

年代	单位	编号	种属	骨骼	左右	愈合	Dd
商周	H81	6071	大鹿	跖骨	右	远F	27.50

附表1-122　中型鹿科跖骨测量数据　　　　　　　　　（单位：毫米）

年代	单位	编号	种属	骨骼	左右	愈合	GL	Bp	Dp	SD	DD	Bd	Dd
后冈第一期	H501①：1	4735	中鹿	跖骨	左	近远F	229.87	24.67	27.94	15.80			
后冈第一期	H501①：1	4736	中鹿	跖骨	右	近远F	231.73	25.43	27.25	15.95		27.94	19.28
后冈第三期	G12①：3（T5830）	4182	中鹿	跖骨	左	近远F	217.00	26.78	27.62	16.20	16.98	30.78	19.80
后冈	H102	5686	中鹿	跖骨	左	近F，远UF		24.03	26.23	12.04			
后冈	H102	5848	中鹿	跖骨	左	远F						31.24	20.07
朱家台第三期	H455：1	4049	中鹿	跖骨	右	远F						41.54	27.87
商周	H81	6037	中鹿	跖骨		远F						29.10	22.57

附表1-123　中小型鹿科（赤麂）跖骨测量数据　　　　　　（单位：毫米）

年代	单位	编号	种属	骨骼	左右	愈合	Bd	Dd
不明	T6236、T6336⑦	128	中小鹿	跖骨	左	远F	24.75	15.28

附表1-124　小型鹿科跖骨测量数据　　　　　　　　　（单位：毫米）

年代	单位	编号	种属	骨骼	左右	愈合	GL	Bp	Dp	Bd	Dd	SD
后冈第一期	H1194：12	4881	小鹿	跖骨	右	远F				16.61	10.92	
后冈第二期	H1148：16	3926	小鹿	跖骨	左	近F		16.39	15.98			
后冈第三期	G12①：39（T6031）	3048	小鹿	跖骨	左	近远F	132.57	18.87		18.80		12.06
后冈第三期	H1153：21	3847	小鹿	跖骨	左	近F		14.71	14.61			
后冈第二、三期	G12：30（T6131）	2639	小鹿	跖骨	右	近F		12.59	15.53			
商周	H81	6048	小鹿	跖骨	左	近F		15.18	16.04			
商周	H81	6049	小鹿	跖骨		远F				17.40	11.03	

附表1-125　大型牛科（水牛）跖骨测量数据　　　（单位：毫米）

年代	单位	编号	种属	骨骼	左右	愈合	GL	Bp	Dp	Bd	Dd
后冈第一期	H1042②：1	4752	大型牛科	跖骨	左	远F				84.23	46.60
后冈第一期	H588：1	4770	大型牛科	跖骨	左	远F				93.59	46.57
后冈第一期	H1194：12	4875	大型牛科	跖骨	右	远F				82.07	41.26
后冈第二期	H1238	5575	水牛	跖骨	左	近远F	223.69	62.83	58.18	76.40	43.84

附表1-126　熊掌/跖骨测量数据　　　（单位：毫米）

年代	单位	编号	种属	骨骼	左右	愈合	GL	Bp	Dp	Bd	Dd	SD
后冈第二期	H429：2	5896	熊	掌/跖骨		远F				15.99	13.37	

附表1-127　猪第一趾骨测量数据（一）　　　（单位：毫米）

年代	单位	编号	种属	骨骼	愈合	GL	Glpe	Bp	Dp
后冈第一期	H1008：7	2521	猪	一趾	近远F		39.12	16.98	17.24
后冈第二期	M243	3962	猪	一趾	近远F		40.94	19.39	17.28
后冈第二期	M243	3962-1	猪	一趾	近远F		27.26	13.32	14.17
后冈第二期	H804：10	4025	猪	一趾	近远F	37.87			
后冈第二期	H1000：36	2270	猪	一趾	近远F		42.97	19.59	17.35
后冈第二、三期	G12：30（T6131）	2637	猪	一趾	近远F	42.80		22.30	20.53
后冈第二、三期	G12②③④（T6131）	2829	猪	一趾	近远F		43.60	18.31	18.90
后冈	H102	5688	猪	一趾	近远F		38.92	16.20	
朱家台第一期	H705	2427	猪	一趾	近远F		41.78	20.73	
朱家台第三期	H31：1	5529	猪	一趾	近远F		34.87	14.65	
朱家台第三期	H31：1	5534	猪	一趾	近远F		32.86	15.31	
朱家台第三期	H31：1	5535	猪	一趾	近远F		32.93	15.07	
朱家台第三期	H18	6169	猪	一趾	近UF				
朱家台第三期	H31：1	5541	猪	一趾	近远F		34.51	15.15	
朱家台第三期	H31：1	5543	猪	一趾	近远F		34.46	14.51	
朱家台第三期	H31：1	5553	猪	一趾	近远F		31.88	15.00	
朱家台第三期	H31：1	5554	猪	一趾	近远F		22.43	11.13	
朱家台第三期	H31：1	5556	猪	一趾	近远F		19.58	9.19	
朱家台	H220	58	猪	一趾	近远F			14.89	
朱家台	H220	59	猪	一趾	近远F			15.40	
朱家台	H220	60	猪	一趾	近远F			15.25	
朱家台	H220	61	猪	一趾	近远F			14.91	
朱家台	H220	62	猪	一趾	近远F			15.37	
朱家台	H220	63	猪	一趾	近远F			15.24	
商周	H81	6070	猪	一趾	近远F		42.49		
商周	H81	6072	猪	一趾	近远F		46.41	22.69	21.14

附表1-128　猪第一趾骨测量数据（二）　　　　　　　　　　（单位：毫米）

年代	单位	编号	种属	骨骼	愈合	SD	Bd	BFd	Dd
后冈第一期	H1008：7	2521	猪	一趾	近远F		39.12	16.98	17.24
后冈第二期	M243	3962	猪	一趾	近远F		40.94	19.39	17.28
后冈第二期	M243	3962-1	猪	一趾	近远F		27.26	13.32	14.17
后冈第二期	H804：10	4025	猪	一趾	近远F	37.87			
后冈第二期	H1000：36	2270	猪	一趾	近远F		42.97	19.59	17.35
后冈第二、三期	G12：30（T6131）	2637	猪	一趾	近远F	42.80		22.30	20.53
后冈第二、三期	G12②③④（T6131）	2829	猪	一趾	近远F		43.60	18.31	18.90
后冈	H102	5688	猪	一趾	近远F		38.92	16.20	
朱家台第一期	H705	2427	猪	一趾	近远F		41.78	20.73	
朱家台第三期	H31：1	5529	猪	一趾	近远F		34.87	14.65	
朱家台第三期	H31：1	5534	猪	一趾	近远F		32.86	15.31	
朱家台第三期	H31：1	5535	猪	一趾	近远F		32.93	15.07	
朱家台第三期	H18	6169	猪	一趾	近UF				
朱家台第三期	H31：1	5541	猪	一趾	近远F		34.51	15.15	
朱家台第三期	H31：1	5543	猪	一趾	近远F		34.46	14.51	
朱家台第三期	H31：1	5553	猪	一趾	近远F		31.88	15.00	
朱家台第三期	H31：1	5554	猪	一趾	近远F		22.43	11.13	
朱家台第三期	H31：1	5556	猪	一趾	近远F		19.58	9.19	
朱家台	H220	58	猪	一趾	近远F			14.89	
朱家台	H220	59	猪	一趾	近远F			15.4	
朱家台	H220	60	猪	一趾	近远F			15.25	
朱家台	H220	61	猪	一趾	近远F			14.91	
朱家台	H220	62	猪	一趾	近远F			15.37	
朱家台	H220	63	猪	一趾	近远F			15.24	
商周	H81	6070	猪	一趾	近远F		42.49		
商周	H81	6072	猪	一趾	近远F		46.41	22.69	21.14

附表1-129　中型鹿科第一趾骨测量数据　　　　　　　　　（单位：毫米）

年代	单位	编号	种属	骨骼	愈合	Glpe	Bp	Dp	Bd	Dd	SD
后冈第一期	H501①：1	4731	中鹿	一趾	近远F	40.97	14.28		11.52		10.95
后冈第一期	H501①：1	4733	中鹿	一趾	近远F	42.97	14.40		12.06		11.57
后冈第一期	H501①：1	4737	中鹿	一趾	近远F	40.31	14.36		10.83		11.61
后冈第一期	H501①：1	4739	中鹿	一趾	近远F	44.16	14.60		12.08		11.56
后冈第二期	H1013	5948	中鹿	一趾	近远F	41.23	16.23		16.32	10.21	
后冈	H102	5689	中鹿	一趾	近UF，远F				10.82		10.00
后冈	H102	5690	中鹿	一趾	近远F	32.17	11.90		10.89		10.46

续表

年代	单位	编号	种属	骨骼	愈合	Glpe	Bp	Dp	Bd	Dd	SD
后冈	H102	5691	中鹿	一趾	近UF，远F				12.16		9.96
朱家台第一期	H705	2417	中鹿	一趾	近F		16.57	19.62			
朱家台第一期	H705	2428	中鹿	一趾	远F				13.39	13.10	
朱家台第三期	H455：1	4051	中鹿	一趾	近远F	43.86	13.44		12.09		10.53
商周	H81	6038	中鹿	一趾	近远F	45.96	15.11	19.26	12.96	12.31	12.98
商周	H81	6039	中鹿	一趾	近远F	44.89	16.22	20.12			12.47
商周	H81	6040	中鹿	一趾	近远F	43.41	14.14	16.97	12.30	11.20	11.55

附表1-130　大型鹿科（水鹿）第一趾骨测量数据　　　（单位：毫米）

年代	单位	编号	种属	骨骼	愈合	Glpe	Bp	Dp	Bd	Dd	SD
后冈第二期	H650	4411	大鹿	一趾	近远F	61.93	20.93		20.88		19.33
后冈第二期	H1257：10	4978	大鹿	一趾	近远F	67.06	23.83	31.84	22.44	18.72	20.31
后冈第三期	G12：1（T5930）	3467	大鹿	一趾	近远F	64.51	21.00	25.13	19.80	18.34	18.10
后冈第三期	M66	4212	大鹿	一趾	近远F	56.73	22.30	26.37	19.77	18.22	18.35
后冈第三期	M66	4213	大鹿	一趾	近远F	58.85	19.89		21.12	15.99	
后冈第一、二期	H1191：10	4894	大鹿	一趾	近远F	56.17	21.82		19.91		18.80
朱家台第一期	H705	2405	大鹿	一趾	近远F	59.91	21.89	25.48	20.40	17.74	19.72
朱家台第一期	H705	2406	大鹿	一趾	近远F	58.89	21.42	27.24	20.42	18.85	19.06
朱家台第一期	H705	2407	大鹿	一趾	近远F	55.07	20.61	25.04	19.25	16.83	17.59
朱家台第一期	H705	2408	大鹿	一趾	近远F	54.66	20.67	24.04	19.23	16.56	18.64
朱家台第一期	H705	2409	大鹿	一趾	近远F	58.62	21.09	27.53	20.25	17.65	18.67
朱家台第二期	G25：9（T5331）	2958	大鹿	一趾	近远F	59.36	22.53	27.29	20.39	19.20	18.94

附表1-131　中小型鹿科（赤麂）第一趾骨测量数据　　　（单位：毫米）

年代	单位	编号	种属	骨骼	愈合	Glpe	Bp	Bd	SD
后冈第二期	H429：2	5895	中小鹿	一趾	近远F	35.47	12.18	10.23	9.36

附表1-132　小型鹿科第一趾骨测量数据　　　（单位：毫米）

年代	单位	编号	种属	骨骼	愈合	Glpe	Bp	Bd	SD
后冈第二、三期	G12②③④（T6131）	2947	小鹿	一趾	近远F	28.37	9.00	7.90	6.49

附表1-133　大型牛科（水牛）第一趾骨测量数据　　　　　　（单位：毫米）

年代	单位	编号	种属	骨骼	愈合	Glpe	Bp	Dp	SD	Bd	Dd
后冈第一期	H1042②：1	4753	大型牛科	一趾	近远F	78.77	45.79	48.94	42.39	44.60	30.18
后冈第三期	H1142：59	3252	大型牛科	一趾	近远F	70.96	43.72	41.55	38.68	39.79	30.16
后冈第三期	H1142：59	3253	大型牛科	一趾	近远F	70.68	44.14	40.17	37.13	39.41	28.29
后冈第三期	T5631③：13	5235	大型牛科	一趾	近远F	74.73	45.18	40.95	40.50	41.58	30.54
后冈第一、二期	H905	2585	大型牛科	一趾	近远F	72.37	46.98	44.92			
后冈第二、三期	G12②③④（T6131）	2840	大型牛科	一趾	近远F		47.74	45.57	42.15	44.88	31.58
朱家台第一期	T5431④下：2	5625	大型牛科	一趾	近远F	70.81	42.74	41.33	40.16	41.48	
汉代	T6031②	3023	大型牛科	一趾	近远F	76.33	43.22	44.61	40.26	42.14	30.16

附表1-134　熊第一趾骨测量数据　　　　　　（单位：毫米）

年代	单位	编号	种属	骨骼	愈合	Bp	Dp	Bd	Dd	SD
朱家台第一期	H705	2462	熊	一趾	近远F	21.80	13.19	17.18	13.19	16.80

附表1-135　犀牛第一趾骨测量数据　　　　　　（单位：毫米）

年代	单位	编号	种属	骨骼	愈合	GL	Bp	BFp	Dp	Bd	Dd	SD
后冈第二期	G12：23（T5931）	3440	犀牛	一趾	近远F	45.74	50.31	46.89	40.07	44.49	24.81	46.57

附表1-136　猪第二趾骨测量数据　　　　　　（单位：毫米）

年代	单位	编号	种属	骨骼	愈合	GL	Glpe	Bp	Dp	Bd	Dd	SD
后冈第一期	H1008：7	2522	猪	二趾	近F			15.57	15.40			
后冈第二、三期	G12②③④（T6131）	2830	猪	二趾	近远F	25.70		15.08	15.43	12.73	13.15	12.27
朱家台第三期	H31：1	5530	猪	二趾	近远F	20.44		15.43		13.27		
朱家台第三期	H31：1	5536	猪	二趾	近远F		21.99	15.76		12.75		13.14
朱家台第三期	H31：1	5542	猪	二趾	近远F	20.22		15.31		12.10		12.81
朱家台第三期	H31：1	5544	猪	二趾	近远F	20.40		15.11		13.12		13.35
朱家台	H220	64	猪	二趾	近远F	22.22		15.05		12.08		12.32
朱家台	H220	65	猪	二趾	近远F			10.75		7.86		7.74
朱家台	H86	5995	猪	二趾	近远F	29.34		16.86	17.41	14.66	14.22	13.42

附表1-137　大型鹿科（水鹿）第二趾骨测量数据　　　　　　（单位：毫米）

年代	单位	编号	种属	骨骼	愈合	Gl	Bp	Dp	Bd	Dd	SD
后冈第二期	H650	4412	大鹿	二趾	近远F	38.75	23.09		16.88		16.77
后冈第三期	G12①：3（T5830）	4178	大鹿	二趾	近远F	47.56	21.42	29.52	17.56	25.40	17.26
朱家台第一期	H705	2410	大鹿	二趾	近远F	47.32	22.24	30.35	17.39	24.35	16.77

年代	单位	编号	种属	骨骼	愈合	Gl	Bp	Dp	Bd	Dd	SD
朱家台第一期	H705	2411	大鹿	二趾	近远F	54.33	23.09	32.17	20.17	23.27	18.17
朱家台第一期	H705	2412	大鹿	二趾	近远F	46.84	21.06		16.69		15.04
朱家台第一期	H705	2413	大鹿	二趾	近远F	42.31	20.64		16.64		15.37
朱家台第一期	H705	2414	大鹿	二趾	近远F	47.27	22.35	29.53	16.81	22.09	17.15
朱家台第一期	H705	2415	大鹿	二趾	近F		22.32	30.15			
商周	H81	6073	大鹿	二趾	近远F	48.30	22.99	27.86	17.30	26.36	17.38

附表1-138　中型鹿科第二趾骨测量数据　　　　　　　（单位：毫米）

年代	单位	编号	种属	骨骼	愈合	Gl	Bp	Bd	SD
后冈第一期	H501①：1	4732	中鹿	二趾	近远F	33.74	13.19	10.13	10.32
后冈第一期	H501①：1	4734	中鹿	二趾	近远F	31.99	12.90	9.72	8.98
后冈第一期	H501①：1	4738	中鹿	二趾	近远F	33.82	13.35	10.32	10.30
后冈	H102	5692	中鹿	二趾	近UF，远F			9.42	9.29
后冈	H102	5693	中鹿	二趾	近UF，远F			9.47	9.21

附表1-139　中小型鹿科（赤麂）第二趾骨测量数据　　　（单位：毫米）

年代	单位	编号	种属	骨骼	愈合	Glpe	Bp	Dp	Bd	Dd	SD
商周	H81	6041	中小鹿	二趾	近远F	27.24	12.56	12.51	8.26	8.81	8.16
商周	H81	6042	赤鹿	二趾	近远F	28.29	12.60	14.97	8.95	10.40	8.84

附表1-140　小型鹿科第二趾骨测量数据　　　　　　　（单位：毫米）

年代	单位	编号	种属	骨骼	愈合	Glpe	Bp	Bd	SD
后冈第二、三期	G12②③④（T6131）	2948	小鹿	二趾	近UF，远F			6.55	6.46

附表1-141　大型牛科（水牛）第二趾骨测量数据　　　（单位：毫米）

年代	单位	编号	种属	骨骼	愈合	Gl	Bp	Dp	Bd	Dd	SD
后冈第一期	H1175：10	3570	大型牛科	二趾	近远F	54.38	41.34	44.72	31.29	41.27	31.90
后冈第二期	H1070	154	大型牛科	二趾	近远F	59.91	42.74	43.76	34.04	39.72	34.07
后冈第三期	H1142：59	3254	大型牛科	二趾	近远F	53.78	42.00	39.84	32.37	37.75	32.74
朱家台第一期	T5431④下：2	5626	大型牛科	二趾	近远F	62.42	44.24	43.82	36.18	39.43	37.60
朱家台第一期	T5431④下：2	5627	大型牛科	二趾	近远F	58.74	44.17	43.99	34.72	39.73	34.40
朱家台第一、二期	H435：1	5789	大型牛科	二趾	近远F	56.75	44.40	43.32	34.66	42.59	34.97

附表1-142　猪第三趾骨测量数据　（单位：毫米）

年代	单位	编号	种属	骨骼	愈合	Ld	DLS	MBS
后冈第三期	H739：5	2614	猪	三趾	F	26.21	25.92	8.38
后冈第三期	H739：5	2615	猪	三趾	F	25.27		
朱家台第三期	H31：1	5545	猪	三趾	F	27.10	30.66	13.86
朱家台第三期	H31：1	5546	猪	三趾	F	25.58	30.08	12.59
朱家台第三期	H31：1	5557	猪	三趾	F	27.22	29.82	14.17
朱家台	H220	56	猪	三趾	F	27.97	28.69	11.15
朱家台	H220	57	猪	三趾	F	27.22	27.55	11.03

附表1-143　大型鹿科（水鹿）第三趾骨测量数据　（单位：毫米）

年代	单位	编号	种属	骨骼	愈合	Ld	DLS	MBS
后冈	H102	5852	大鹿	三趾	F	53.90	61.37	22.40
朱家台第一期	T5431④：2	5628	大鹿	三趾	F	51.11	60.24	

附表1-144　中型鹿科第三趾骨测量数据　（单位：毫米）

年代	单位	编号	种属	骨骼	愈合	MBS
后冈	H102	5694	中鹿	三趾	F	12.22

附表1-145　大型牛科（水牛）第三趾骨测量数据　（单位：毫米）

年代	单位	编号	种属	骨骼	愈合	Ld	DLS	MBS
后冈第一期	H588：1	4776	大型牛科	三趾	F	84.06	104.37	37.92
后冈第三期	H1142：59	3255	大型牛科	三趾	F	75.17	101.22	53.88
后冈第一、二期	H1232：5	5181	大型牛科	三趾	F	71.72	98.93	48.76

附表1-146　犀牛第三趾骨测量数据　（单位：毫米）

年代	单位	编号	种属	骨骼	愈合	GL	GB	LF	BF	Ld	HP
后冈第一期	H1008：7	2538	犀牛	三趾	F	30.28	65.53	21.96	45.40	33.19	24.10

附表1-147　大型牛科（水牛）腕骨测量数据　（单位：毫米）

年代	单位	编号	种属	骨骼	左右	GB
后冈第二期	H1125：31	5971	大型牛科	尺腕骨	右	43.20
后冈	H102	5709	大型牛科	尺腕骨	右	45.94

附表1-148　大型鹿科（水鹿）跗骨测量数据　　（单位：毫米）

年代	单位	编号	种属	骨骼	左右	GB
后冈第二期	H1075：46	3349	水鹿	中央跗骨+第四跗骨	右	44.55

附表1-149　中型鹿科跗骨测量数据　　（单位：毫米）

年代	单位	编号	种属	骨骼	GB
后冈第一期	H501①：1	4744	中鹿	中央跗骨+第四跗骨	27.18
后冈第一期	H501①：1	4745	中鹿	中央跗骨+第四跗骨	27.40

附表1-150　大型牛科（水牛）跗骨测量数据　　（单位：毫米）

年代	单位	编号	种属	骨骼	左右	GB
后冈第一期	H588：1	4774	大型牛科	中央跗骨+第四跗骨	右	81.23

附表1-151　雉亚科测量数据　　（单位：毫米）

年代	单位	编号	种属	骨骼	左右	愈合	Did	Dic	Lm	BF	Dip
后冈	H102	5700	雉亚科	股骨	左	近远F			82.72		
后冈	H102	5705	雉亚科	胫跗骨	左	近F					20.46
后冈	H102	5707	雉亚科	乌喙骨	右	近F			54.89	11.74	
后冈	H102	5708	雉亚科	肩胛	右			14.11			
屈家岭	H959：16	2668	雉亚科	尺骨	左	远F	9.40				

附表2　骨骼部位发现率统计表

附表2-1　后冈一期文化猪骨骼部位发现率统计表

部位	第一期					第二期					第三期				
	左	右	总计	期望值	RR/%	左	右	总计	期望值	RR/%	左	右	总计	期望值	RR/%
头骨	0	0	0	36	0.00	10	11	21	66	31.82	10	8	18	26	69.23
下颌	10	11	21	36	58.33	29	25	54	66	81.82	11	9	20	26	76.92
上颌	1	5	6	36	16.67	17	11	28	66	42.42	9	6	15	26	57.69
寰椎	—	—	8	18	44.44	—	—	4	33	12.12	—	—	2	13	15.38
枢椎	—	—	0	18	0.00	—	—	5	33	15.15	—	—	1	13	7.69
肩胛	8	9	17	36	47.22	15	10	25	66	37.88	2	7	9	26	34.62
肱骨近端	0	3	3	36	8.33	1	4	5	66	7.58	6	3	9	26	34.62
肱骨远端	9	18	27	36	75.00	21	15	36	66	54.55	13	13	26	26	100.00
桡骨近端	6	5	11	36	30.56	7	5	12	66	18.18	6	1	7	26	26.92
桡骨远端	0	0	1	36	2.78	2	0	2	66	3.03	3	1	4	26	15.38

部位	第一期					第二期					第三期				
	左	右	总计	期望值	RR/%	左	右	总计	期望值	RR/%	左	右	总计	期望值	RR/%
尺骨近端	4	5	9	36	25.00	9	10	19	66	28.79	4	3	7	26	26.92
尺骨远端	0	1	1	36	2.78	3	0	3	66	4.55	0	0	0	26	0.00
掌骨近端	3	1	4	144	2.78	4	1	5	264	1.89	0	0	0	104	0.00
掌骨远端	4	0	4	144	2.78	4	1	5	264	1.89	0	0	0	104	0.00
髋臼	4	1	5	36	13.89	9	13	22	66	33.33	5	6	11	26	42.31
股骨近端	1	1	2	36	5.56	6	3	9	66	13.64	4	3	7	26	26.92
股骨远端	3	5	8	36	22.22	5	12	17	66	25.76	4	1	5	26	19.23
胫骨近端	6	6	12	36	33.33	9	11	20	66	30.30	6	4	10	26	38.46
胫骨远端	2	3	5	36	13.89	6	12	18	66	27.27	0	0	0	26	0.00
跟骨	3	2	5	36	13.89	5	4	9	66	13.64	0	2	2	26	7.69
距骨	0	0	0	36	0.00	1	4	5	66	7.58	0	0	0	26	0.00
跖骨近端	1	1	2	144	1.39	1	4	5	264	1.89	2	3	5	104	4.81
跖骨远端	1	1	2	144	1.39	1	4	5	264	1.89	1	0	1	104	0.96
趾骨	—	—	2	864	0.23	—	—	4	1584	0.25	—	—	1	624	0.16

附表2-2　朱家台文化猪骨骼部位发现率统计表

部位	第一期					第三期				
	左	右	总计	期望值	RR/%	左	右	总计	期望值	RR/%
头骨	1	0	1	26	3.85	0	0	0	6	0.00
下颌	13	5	18	26	69.23	3	3	6	6	100.00
上颌	1	1	2	26	7.69	—	—	0	6	0.00
寰椎	—	—	1	13	7.69	—	—	1	3	33.33
枢椎	—	—	0	13	0.00	—	—	1	3	33.33
肩胛	3	1	4	26	15.38	2	2	4	6	66.67
肱骨近端	3	1	4	26	15.38	1	1	2	6	33.33
肱骨远端	7	5	12	26	46.15	2	2	4	6	66.67
桡骨近端	3	1	4	26	15.38	2	2	4	6	66.67
桡骨远端	3	2	5	26	19.23	2	2	4	6	66.67
尺骨近端	3	3	6	26	23.08	2	2	4	6	66.67
尺骨远端	0	0	0	26	0.00	2	2	4	6	66.67
掌骨近端	2	3	5	104	4.81	3	4	7	24	29.17
掌骨远端	0	3	3	104	2.88	3	4	7	24	29.17
髋臼	3	1	4	26	15.38	1	—	3	6	50.00
股骨近端	4	1	5	26	19.23	2	2	4	6	66.67
股骨远端	6	3	9	26	34.62	2	3	5	6	83.33

续表

部位	第一期					第三期				
	左	右	总计	期望值	RR/%	左	右	总计	期望值	RR/%
胫骨近端	4	2	6	26	23.08	2	2	4	6	66.67
胫骨远端	2	3	5	26	19.23	2	3	5	6	83.33
跟骨	1	0	1	26	3.85	2	2	4	6	66.67
距骨	2	0	2	26	7.69	2	1	3	144	2.08
跖骨近端	5	0	5	104	4.81	4	4	8	24	33.33
跖骨远端	5	0	5	104	4.81	4	4	8	24	33.33
趾骨	—	—	1	624	0.16	—	—	16	144	11.11

附表2-3　后冈一期文化中型鹿科骨骼部位发现率

部位	第一期					第二期					第三期				
	左	右	总计	期望值	发现率/%	左	右	总计	期望值	RR/%	左	右	总计	期望值	发现率/%
头骨	4	3	7	8	87.50	3	3	6	12	50.00	1	4	5	8	62.50
下颌	2	4	6	8	75.00	4	1	5	12	41.67	0	1	1	8	12.50
上颌	1	1	2	8	25.00	1	1	2	12	16.67	0	1	1	8	12.50
寰椎	—	—	0	4	0.00	—	—	1	6	16.67	—	—	0	4	0.00
枢椎	—	—	2	4	50.00	—	—	0	6	0.00	—	—	1	4	25.00
肩胛	4	3	7	8	87.50	3	0	3	12	25.00	0	0	0	8	0.00
肱骨近端	2	1	3	8	37.50	0	0	0	12	0.00	1	0	1	8	12.50
肱骨远端	4	2	6	8	75.00	2	5	7	12	58.33	4	1	5	8	62.50
桡骨近端	0	1	1	8	12.50	1	1	2	12	16.67	0	0	0	8	0.00
桡骨远端	1	1	2	8	25.00	0	0	0	12	0.00	0	2	2	8	25.00
尺骨近端	1	0	1	8	12.50	0	1	1	12	8.33	0	0	0	8	0.00
尺骨远端	0	0	0	8	0.00	0	0	0	12	0.00	0	0	0	8	0.00
掌骨近端	2	2	4	8	50.00	0	0	1	12	8.33	0	1	1	8	12.50
掌骨远端	2	1	3	8	37.50	0	1	1	12	8.33	0	0	0	8	0.00
髋臼	1	2	3	8	37.50	1	2	3	12	25.00	0	0	0	8	0.00
股骨近端	2	2	4	8	50.00	0	1	1	12	8.33	0	0	0	8	0.00
股骨远端	3	2	5	8	62.50	0	2	2	12	16.67	1	0	1	8	12.50
胫骨近端	3	2	5	8	62.50	3	2	5	12	41.67	0	2	2	8	25.00
胫骨远端	3	4	7	8	87.50	2	2	4	12	33.33	2	2	4	8	50.00
跟骨	2	4	6	8	75.00	6	2	8	12	66.67	1	0	1	8	12.50
距骨	3	2	5	8	62.50	4	2	6	12	50.00	0	1	1	8	12.50
跖骨近端	1	2	3	8	37.50	1	2	3	12	25.00	2	2	4	8	50.00
跖骨远端	1	1	2	8	25.00	2	0	2	12	16.67	0	0	1	8	12.50
趾骨	—	—	7	48	14.58	—	—	3	72	4.17	—	—	0	48	0.00

附表2-4　后冈一期文化第一、二期大型牛科骨骼部位发现率统计表

部位	第一期					第二期				
	左	右	总计	期望值	发现率/%	左	右	总计	期望值	发现率/%
头骨	1	1	2	6	33.33	2	1	3	6	50.00
下颌	1	0	1	6	16.67	1	1	2	6	33.33
上颌	0	0	0	6	0.00	2	1	3	6	50.00
寰椎	1	0	1	3	33.33	1	0	1	3	33.33
枢椎	0	0	0	3	0.00	0	0	0	3	0.00
肩胛	1	1	2	6	33.33	1	1	2	6	33.33
肱骨近端	0	0	0	6	0.00	0	1	1	6	16.67
肱骨远端	0	3	3	6	50.00	2	2	4	6	66.67
桡骨近端	0	1	1	6	16.67	0	0	0	6	0.00
桡骨远端	0	0	0	6	0.00	0	1	1	6	16.67
尺骨近端	1	0	1	6	16.67	0	0	0	6	0.00
尺骨远端	0	0	0	6	0.00	0	0	0	6	0.00
掌骨近端	1	0	1	6	16.67	1	0	1	6	16.67
掌骨远端	0	0	0	6	0.00	0	0	0	6	0.00
髋臼	1	1	2	6	33.33	0	1	1	6	16.67
股骨近端	0	0	0	6	0.00	2	2	4	6	66.67
股骨远端	0	1	1	6	16.67	3	2	5	6	83.33
胫骨近端	0	0	0	6	0.00	2	0	2	6	33.33
胫骨远端	2	0	2	6	33.33	0	0	0	6	0.00
跟骨	1	0	1	6	16.67	1	1	2	6	33.33
距骨	2	2	4	6	66.67	1	0	1	6	16.67
跖骨近端	0	1	1	6	16.67	1	0	1	6	16.67
跖骨远端	2	1	3	6	50.00	2	0	2	6	33.33
趾骨	3	0	3	72	4.17	1	0	1	72	1.39

附表2-5　后冈一期文化第三期和朱家台文化第一期大型牛科骨骼部位发现率统计表

部位	后冈一期文化第三期					朱家台文化第一期				
	左	右	总计	期望值	发现率/%	左	右	总计	期望值	发现率/%
头骨	0	0	0	2	0.00	0	0	0	2	0.00
下颌	0	1	1	2	50.00	0	1	1	2	50.00
上颌	0	1	1	2	50.00	0	0	0	2	0.00
寰椎	0	0	0	1	0.00	0	0	0	1	0.00
枢椎	0	0	0	1	0.00	0	0	0	1	0.00
肩胛	0	0	0	2	0.00	1	0	1	2	50.00
肱骨近端	1	0	1	2	50.00	0	0	0	2	0.00
肱骨远端	0	1	1	2	50.00	0	0	0	2	0.00

部位	后冈一期文化第三期					朱家台文化第一期				
	左	右	总计	期望值	发现率/%	左	右	总计	期望值	发现率/%
桡骨近端	1	0	1	2	50.00	0	0	0	2	0.00
桡骨远端	0	0	0	2	0.00	0	0	0	2	0.00
尺骨近端	0	0	0	2	0.00	0	0	0	2	0.00
尺骨远端	0	0	0	2	0.00	0	0	0	2	0.00
掌骨近端	0	1	1	2	50.00	0	1	1	2	50.00
掌骨远端	0	0	0	2	0.00	0	1	1	2	50.00
髋臼	0	0	0	2	0.00	0	1	1	2	50.00
股骨近端	0	1	1	2	50.00	1	0	1	2	50.00
股骨远端	0	1	1	2	50.00	1	0	1	2	50.00
胫骨近端	1	0	1	2	50.00	0	0	0	2	0.00
胫骨远端	0	1	1	2	50.00	0	0	0	2	0.00
跟骨	0	0	0	2	0.00	0	0	0	2	0.00
距骨	0	0	0	2	0.00	1	1	2	2	100.00
跖骨近端	0	0	0	2	0.00	0	0	0	2	0.00
跖骨远端	0	0	0	2	0.00	0	0	0	2	0.00
趾骨	—	—	5	24	20.83	—	—	3	24	12.50

附表3　痕迹统计表

附表3-1　后冈一期文化哺乳动物各部位人工痕迹统计

部位	砍	砸	切割	磨	烧	合计
角	63	9	1	10	7	90
头骨	1	1	—	—	11	13
下颌	1	1	—	—	15	17
游离牙齿	—	—	—	—	5	5
寰椎	—	—	—	—	2	2
腰椎	—	—	—	—	—	0
肋骨	—	—	—	3	10	13
肩胛	6	6	—	—	21	33
肱骨近端	4	2	—	—	10	16
肱骨骨干	1	2	1	—	4	8
肱骨远端	8	5	1	—	29	43
桡骨近端	1	1	—	—	8	10
桡骨骨干	2	1	1	—	2	6
桡骨远端	2	2	—	—	3	7

部位	砍	砸	切割	磨	烧	合计
尺骨近端	2	—	—	—	7	9
尺骨骨干	—	—	—	3	2	5
尺骨远端	1	1	—	—	2	4
盆骨	7	6	1	—	13	27
股骨近端	3	1	1	—	5	10
股骨骨干	3	2	—	1	4	10
股骨远端	7	6	1	—	11	25
髌骨	—	—	—	—	—	0
胫骨近端	1	—	—	—	10	11
胫骨骨干	5	2	—	2	3	12
胫骨远端	5	—	—	—	6	11
腓骨	—	—	—	—	—	0
距骨	2	3	—	—	1	6
跟骨	4	3	—	—	6	13
跗骨	—	—	—	—	—	0
掌/跖骨	11	5	1	5	12	34
指/趾骨	2	1	—	—	5	8
肢骨	12	4	1	12	9	38
合计	154	64	9	36	223	486

附表3-2　后冈一期文化猪各部位人工痕迹统计

部位	砍	砸	切割	磨	烧	合计
头骨	1	1	—	—	7	9
下颌	1	1	—	—	10	12
游离牙齿	—	—	—	—	4	4
寰椎	—	—	—	—	2	2
肩胛	6	6	—	—	12	24
肱骨近端	1	1	—	—	5	7
肱骨骨干	1	1	1	—	2	5
肱骨远端	2	1	—	—	17	20
桡骨近端	—	—	—	—	5	5
桡骨骨干	1	—	—	—	2	3
桡骨远端	1	1	—	—	2	4
尺骨近端	2	—	—	—	6	8
尺骨骨干	—	—	—	2	2	4
尺骨远端	—	—	—	—	2	2

部位	砍	砸	切割	磨	烧	合计
盆骨	3	3	—	—	10	16
股骨近端	1	—	1	—	3	5
股骨骨干	1	1	—	—	1	3
股骨远端	1	1	1	—	4	7
胫骨近端	1	—	—	—	7	8
胫骨骨干	3	1	—	1	3	8
胫骨远端	—	—	—	—	4	4
跟骨	1	—	—	—	3	4
距骨	—	1	—	—	—	1
掌/跖骨	2	1	—	—	5	8
合计	29	20	3	3	118	173

附表3-3　后冈一期文化大型鹿科各部位人工痕迹统计

部位	砍	砸	磨	烧	合计
角	14	1	2	—	17
肩胛	—	—	—	4	4
肱骨近端	—	—	—	1	1
肱骨远端	—	—	—	2	2
桡骨近端	—	—	—	1	1
盆骨	1	1	—	1	3
股骨近端	—	—	—	1	1
股骨远端	2	2	—	1	5
胫骨远端	3	—	—	1	4
跟骨	1	1	—	1	3
掌/跖骨	1	—	—	—	1
指/趾骨	1	—	—	—	1
合计	23	5	2	13	43

附表3-4　后冈一期文化中型鹿科各部位人工痕迹统计

部位	砍	砸	切割	磨	烧	合计
角	41	7	3	7	2	60
头骨	—	—	—	—	3	3
下颌	—	—	—	—	3	3
肱骨近端	—	—	—	—	2	2
肱骨远端	—	—	1	—	4	5
股骨近端	—	—	—	—	1	1

部位	砍	砸	切割	磨	烧	合计
股骨远端	—	—	—	—	1	1
胫骨近端	—	—	—	—	2	2
胫骨远端	1	—	—	—	—	1
跟骨	2	2	—	—	2	6
距骨	—	—	—	—	1	1
掌/跖骨	3	3	—	4	4	14
指/趾骨	1	1	—	—	—	2
合计	48	13	4	11	25	101

附表3-5　后冈一期文化小型鹿科各部位人工痕迹统计

部位	砍	砸	磨	烧	合计
角	4	—	—	1	5
下颌	—	—	—	2	2
游离牙齿	—	—	—	1	1
肱骨远端	—	—	—	1	1
桡骨近端	—	—	—	1	1
桡骨远端	1	1	—	—	2
股骨远端	—	—	—	2	2
胫骨近端	—	—	—	1	1
胫骨远端	—	—	—	1	1
掌/跖骨	—	—	1	1	2
合计	5	1	1	11	18

附表3-6　后冈一期文化大型牛科各部位人工痕迹统计

部位	砍	砸	切割	烧	合计
角	1	—	—	—	1
头骨	—	—	—	1	1
肩胛	—	—	—	2	2
肱骨近端	—	—	—	1	1
肱骨远端	4	4	—	3	11
桡骨远端	—	—	—	1	1
盆骨	2	2	1	1	6
股骨近端	1	—	—	—	1
股骨远端	3	2	—	1	6
胫骨远端	1	—	—	—	1
距骨	2	2	—	—	4

部位	砍	砸	切割	烧	合计
掌/跖骨	5	1	1	2	9
指/趾骨	—	—	—	4	4
合计	19	11	2	16	48

附表3-7　后冈一期文化熊各部位人工痕迹统计

部位	砍	砸	烧	合计
肩胛	—	—	2	2
肱骨近端	1	1	1	3
肱骨远端	2	2	—	4
桡骨骨干	1	1	1	3
尺骨近端	—	—	1	1
尺骨远端	1	1	—	2
盆骨	1	—	1	2
股骨近端	1	1	—	2
股骨骨干	—	—	1	1
股骨远端	1	1	2	4
合计	8	7	9	24

附表3-8　朱家台文化哺乳动物各部位人工痕迹统计

部位	砍	砸	切割	磨	烧	合计
角	11	—	—	8	3	22
下颌	1	—	—	—	—	1
肱骨近端	1	—	—	—	—	1
肱骨骨干	—	—	—	1	—	1
肱骨远端	1	1	—	—	—	2
桡骨骨干	—	—	—	1	—	1
尺骨骨干	—	—	—	1	—	1
盆骨	2	1	—	—	—	3
股骨近端	2	—	1	—	1	4
股骨骨干	—	1	—	—	—	1
股骨远端	—	—	—	—	1	1
跟骨	—	—	—	—	2	2
掌/跖骨	3	3	—	2	—	8
指/趾骨	2	—	2	—	1	5
脊椎	1	1	—	—	—	2
肢骨	2	2	1	—	—	5
合计	26	9	4	13	8	60

后　记

　　受余西云和罗运兵先生委托，马岭遗址出土动物遗存的相关研究工作自2018年底开始，前后持续了3年多的时间，这是我进入武汉大学工作后接手的第一批动物考古材料，也是我对汉水流域动物考古研究的开端，并以此为基础申请了国家社科基金青年项目。

　　动物遗存鉴定报告如何发表，是我一直在思考的问题。一个遗址动物遗存的鉴定工作通常持续数月，如果材料丰富，则可能持续数年，需要记录的信息类目非常多，获取到的数据也十分庞大，但是这些资料大多都浓缩在十几页的期刊论文或者几十页的发掘报告附录中。这样的发表方式一方面是使已经记录的大量信息无法公之于众，另一方面是很难满足考古学新的研究需求、限制了开展微观尺度的研究。马岭遗址的动物遗存数量庞大，若想全面公布材料，则需以更大的篇幅来发表，这是本书撰写的初衷。值得一提的是，动物考古数据库的建设工作已由中国社会科学院考古研究所科技考古中心启动，并已初具雏形，指明了今后的发展方向之一。不过对于非动物考古专业的研究者，数据库的信息十分庞杂，可能还是需要动物考古研究者来进行总结，才能得到更好的利用。

　　本书的撰写工作得到了余西云先生的全力支持，马岭遗址的考古资料对我全部开放，并时常关心项目的进展。当听说我想以专著形式发表时，他欣然同意并提供出版经费的支持，在此深表感谢。

　　感谢我的导师——袁靖先生，领我进入动物考古学的大门，他对汉水流域的动物考古学研究给予了高屋建瓴的指导，让我明晰了整个研究框架。

　　感谢武汉大学历史学院和长江文明考古研究院对于生物考古实验室的场地和经费的支持，让研究得以顺利开展和出版。本书的完成是团队的成果，其间有不少武汉大学的本科生和研究生参与，在此一并致谢。感谢李志鹏、吕鹏、邓惠、王运甫、Jada Ko等各位兄弟姐妹在鉴定方面的帮助。感谢杜伦大学Peter Rowley-Conwy教授发来猪骨尺寸与季节性屠宰的论文，使得相关研究更加充实。还要感谢王光明先生和曹伟编辑为本书出版付出的大量心血。

　　考古材料的生命并不会因为它的公布而结束，在往后每一次的被研究中它都将散发出新的生命力，而这持久的生命力一定是来源于材料的全面公布。本书尽量全面地公布各种信息，并在此基础上展开综合性分析，但限于个人的能力，定有所疏漏。若今后能有研究者基于本书开展对马岭遗址乃至汉水中游地区动物考古更为深入而精彩的分析，赋予它新的价值，我想这几年的工作便没有白费。

刘一婷

2024年1月29日于珞珈山

袁靖、余西云、罗运兵、陶洋先生指导马岭遗址骨骼鉴定工作

刘一婷、李婷鉴定马岭遗址动物骨骼

工作经历（一）

图版二

第三次鉴定工作场景

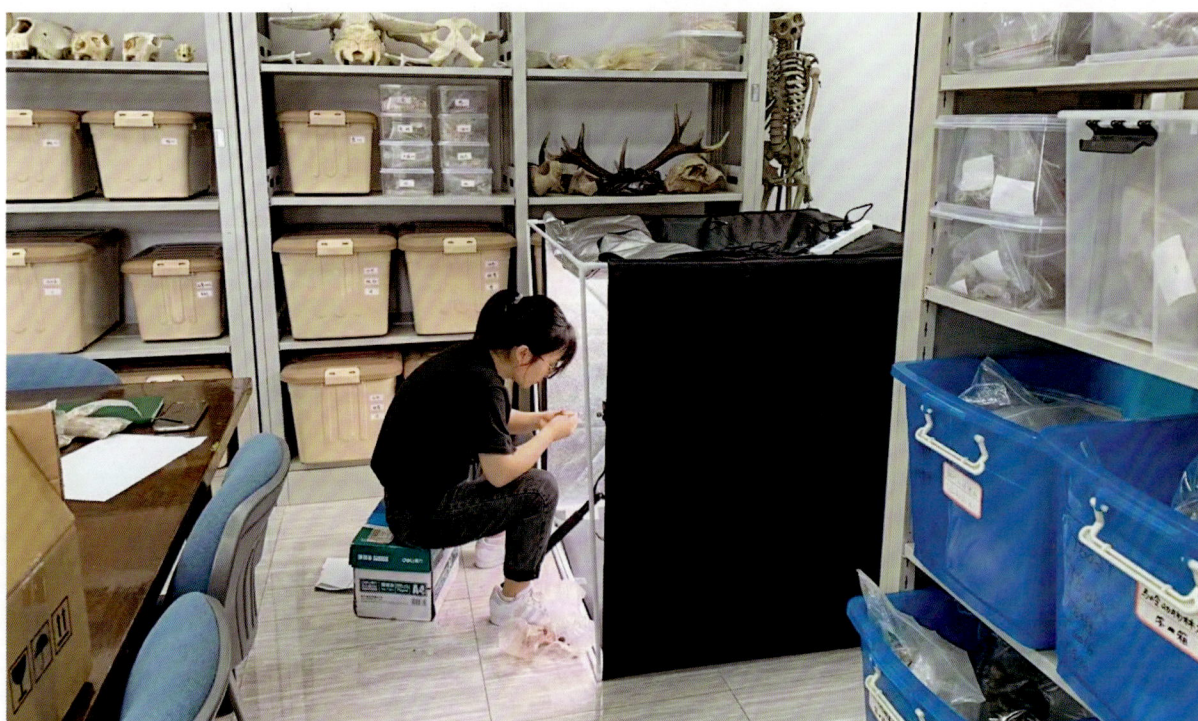

拍摄标本照片

工作经历（二）

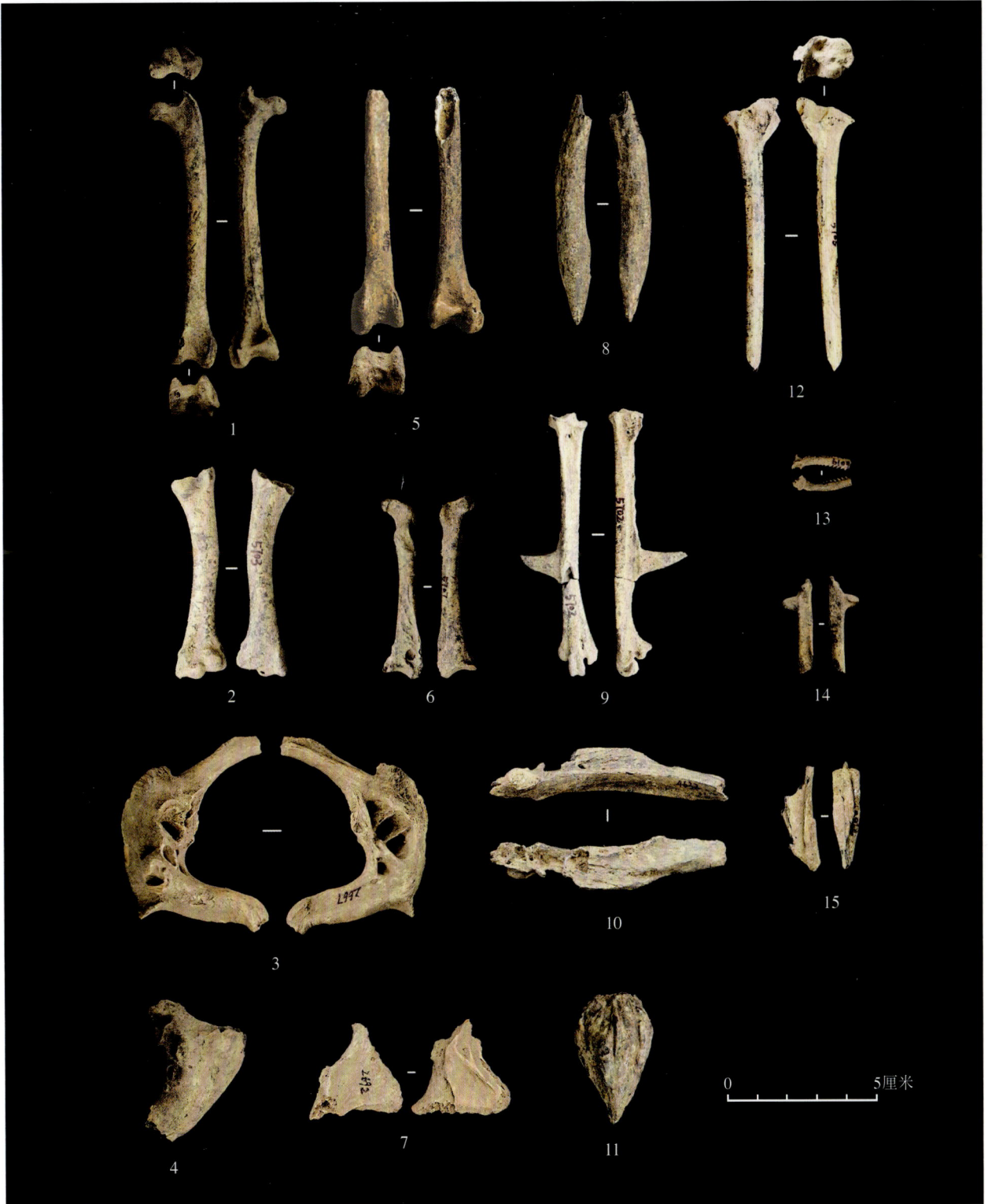

1. 雉股骨（H102-#5700）　2. 雉肱骨（H102-#5703）　3. 草鱼咽齿骨（H959：16-#2667）　4. 鲤鱼咽齿骨（H650-#4427）　5. 鹤股骨（M90-#2070）　6. 雉乌喙骨（H102-#5707）　7. 草鱼舌颌骨（H959：16-#2692）　8. 白鲢肋骨（H1118-#4631）　9. 雉跗跖骨（H102-#5702）　10. 白鲢舌颌骨（H1118-#4632）　11. 白鲢背鳍第一支鳍骨（H1134-#4383）　12. 雉胫跗骨（H102-#5705）　13. 黄颡鱼胸鳍棘（H81-#6109）　14. 雉肩胛骨（H102-#5708）　15. 鲤鱼基鳍骨（H1153：21-#3864）

鱼、鸟骨骼

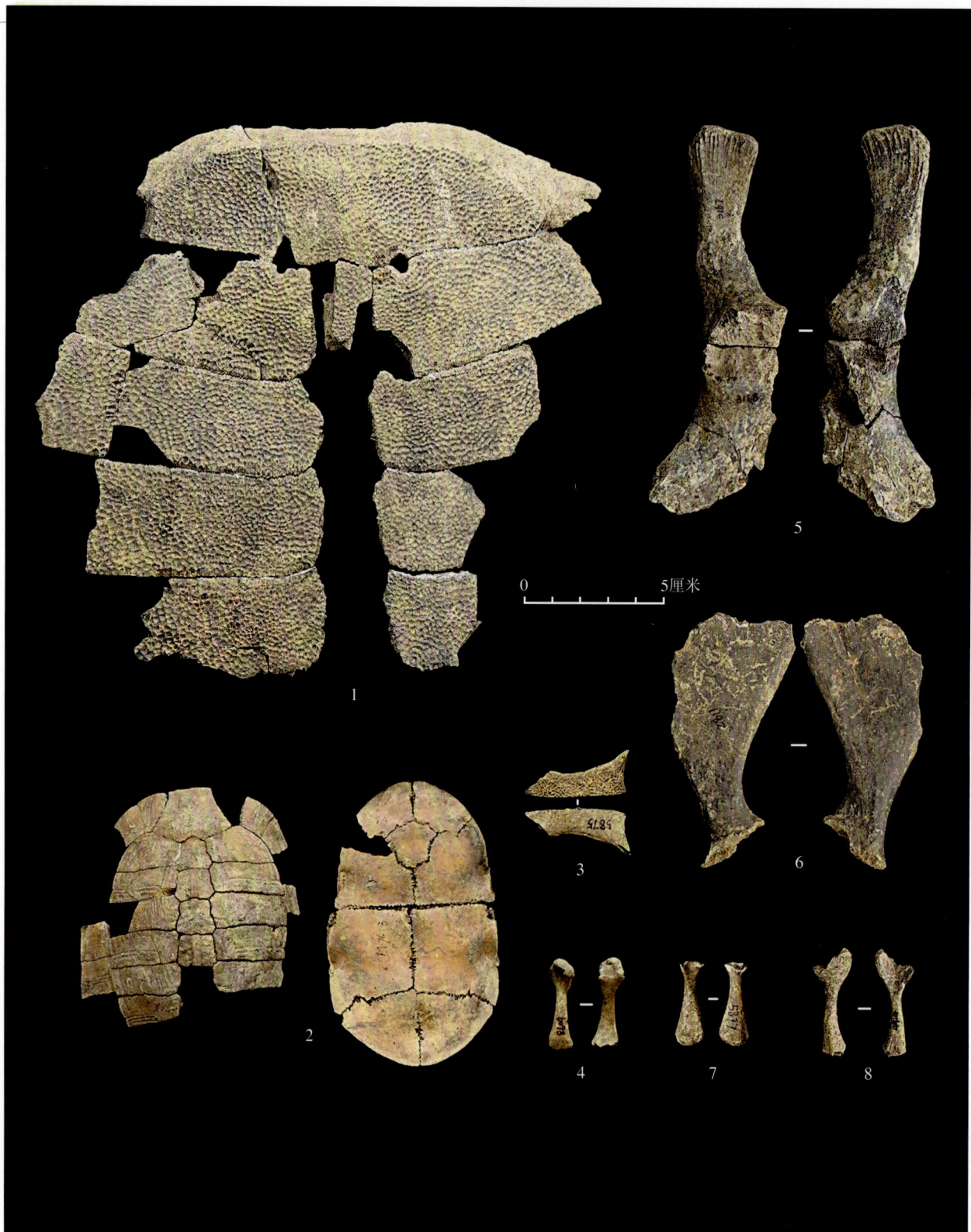

1. 鳖背甲（H1010：23-#6263～H1010：23-#6731）　2. 黄缘闭壳龟背甲和腹甲（M76：2-#6235、M76：2-#6238）　3. 鳖腹甲（H102-#5875）　4. 黄缘闭壳龟股骨（H81-#6098）　5. 鳖盆骨（H1123：31-#3167、H1123：31-#3168）　6. 鳖乌喙骨（H102：66-#2811）　7. 鳖肱骨（H102-#5877）　8. 鳖股骨（H1243：26-#4914）

鳖、黄缘闭壳龟骨骼

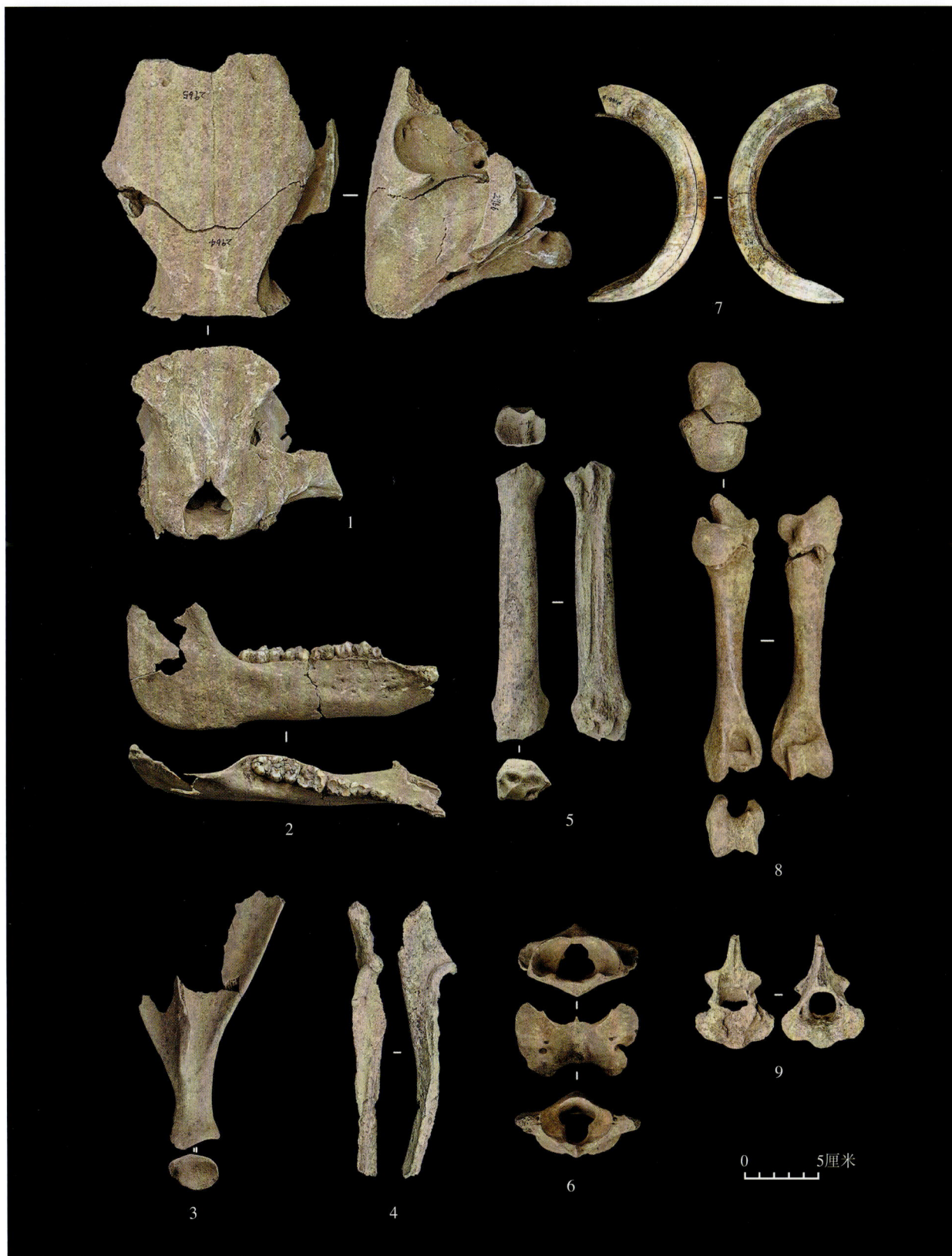

1. 头骨（H1145：36-#2964～H1145：36-#2968）　　2. 下颌（H799-#3151）　　3. 肩胛（H220-#82）
4. 尺骨（G12-#4126）　　5. 桡骨（G12①：3-#4173）　　6. 寰椎（H220-#1）　　7. 犬齿（M188：31-#6221）
8. 肱骨（H31：1-#5473）　　9. 枢椎（H804：10-#4013）

猪骨骼（一）

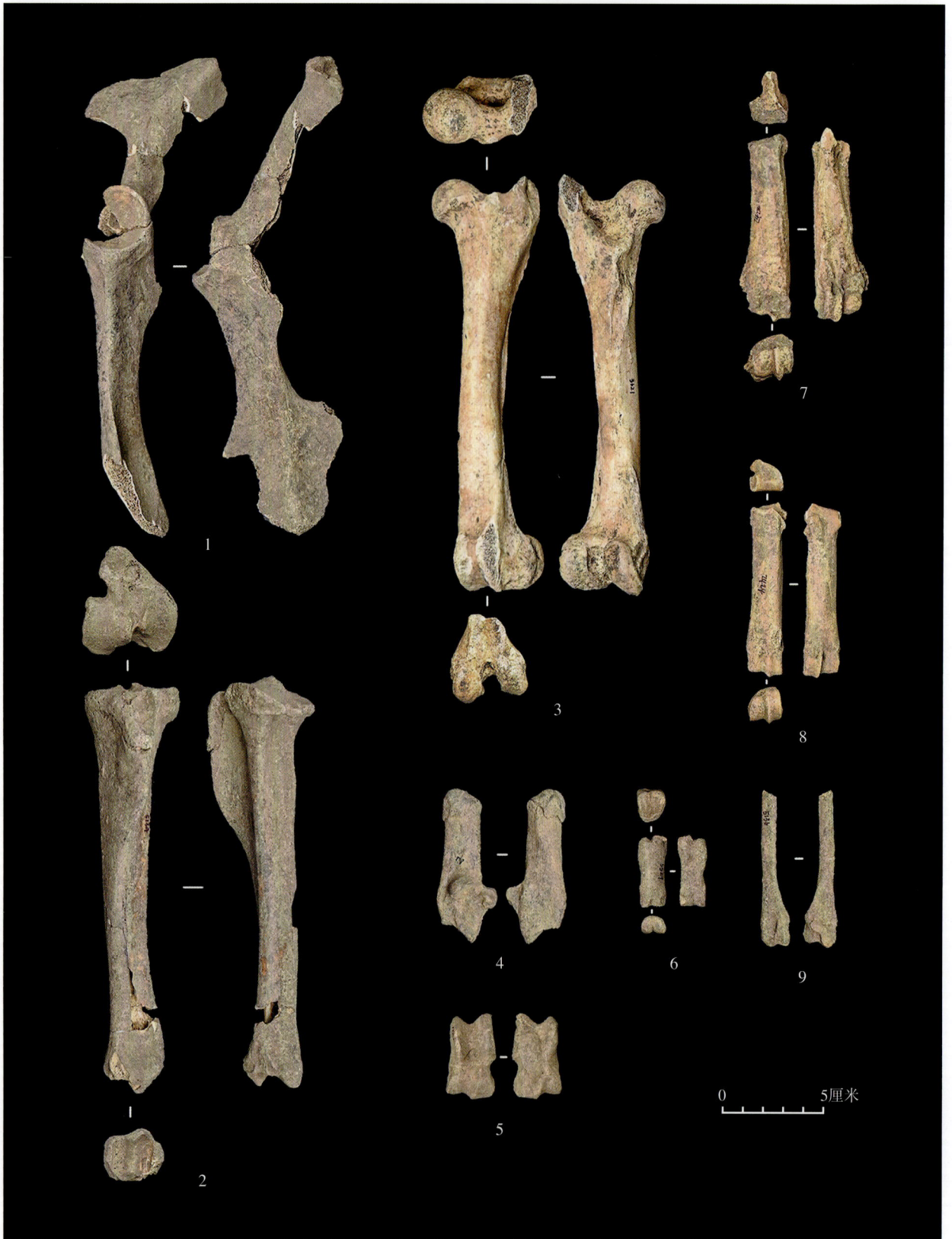

1.盆骨（T5532⑤：1-#5129）　　2.胫骨（T5532⑤：1-#5134）　　3.股骨（M230-#3621）　　4.跟骨（H220-#2）

5.距骨（H31：1-#5519）　　6.趾骨（H31：1-#5529）　　7.跖骨（H705-#2422）　　8.掌骨（H705-#2424）

9.腓骨（T5532⑤：1-#5136）

猪骨骼（二）

0   5厘米

1.水鹿角（H820②:3-#5936）　　2.梅花鹿角（H1149:3-#3687）　　3.大角鹿角（T6236、T6336⑦-#138）
4.赤麂角（H67-#4513）　　5.小鹿角（H1232:5-#5171）

鹿角

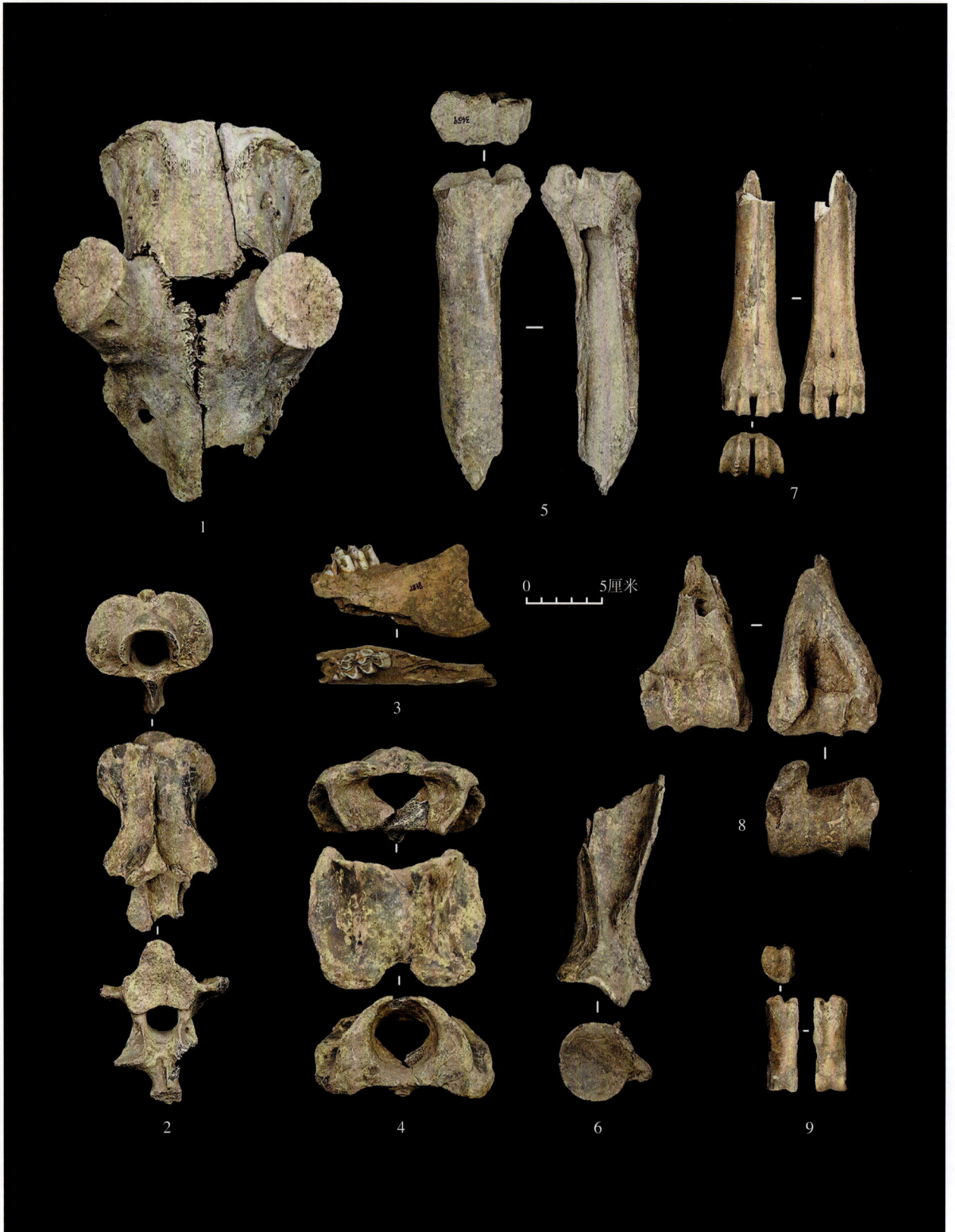

0 ____ 5厘米

1. 头骨（H1138：3-#5436、H1138：3-#5437）　　2. 枢椎（H1153：21-#3854）　　3. 下颌（G12-#2838）

4. 寰椎（H1153-#3853）　5. 桡骨（G12：1-#3459）　6. 肩胛骨（H1195-#3741）　7. 掌骨（H705-#2401）

8. 肱骨（H1078：56-#2700）　9. 趾骨（H705-#2406）

水鹿骨骼（一）

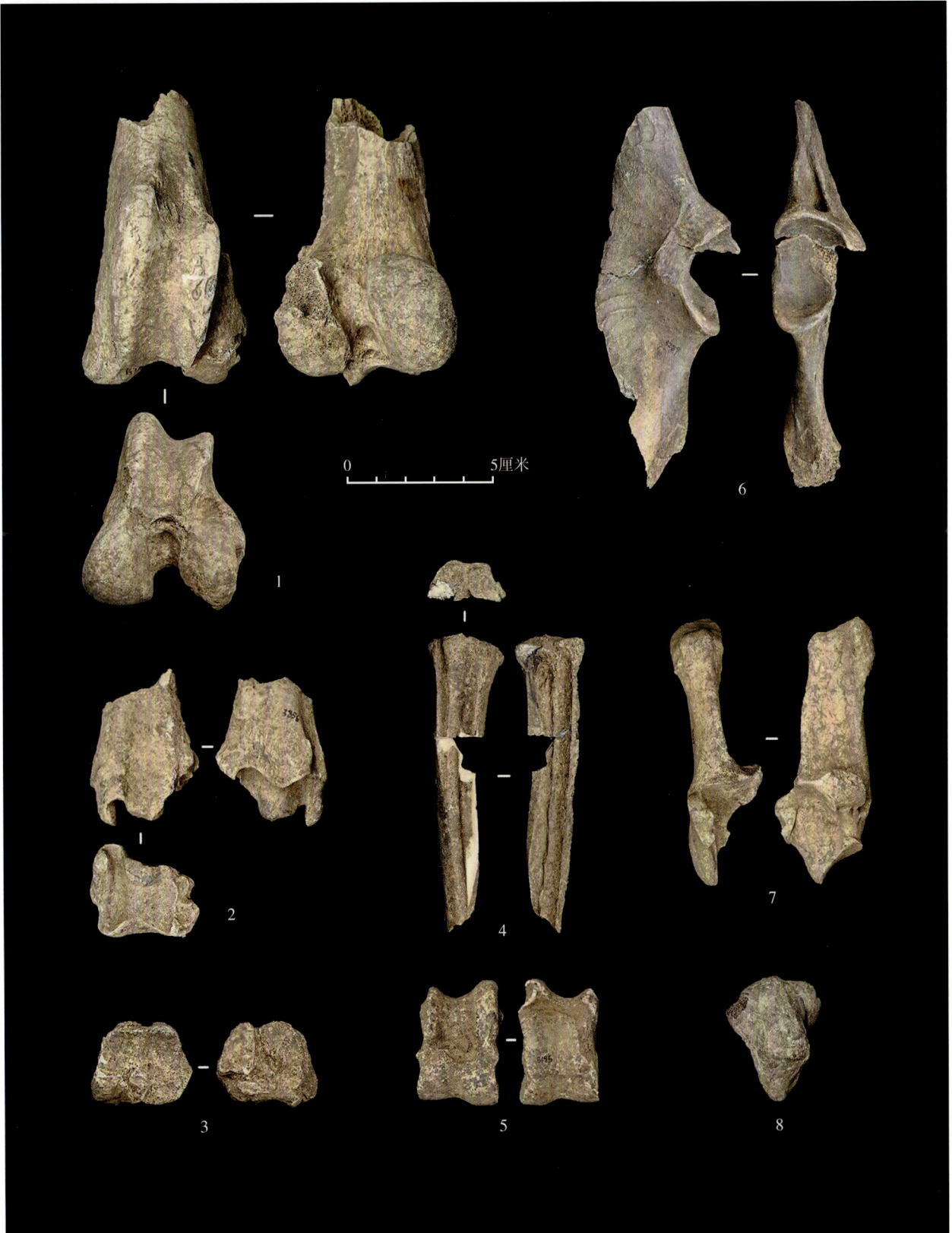

0   5厘米

1. 股骨（H1257：10-#4971）　　2. 胫骨（H1153：21-#3856）　　3. 中央跗骨和第四跗骨（H1075-#3349）
4. 距骨（H1148：16-#3928）　　5. 距骨（H1007-#3195）　　6. 盆骨（H1106：55-#3289）
7. 跟骨（H81-#6043）　　8. 髌骨（H1108：66-#2783）

水鹿骨骼（二）

图版一○

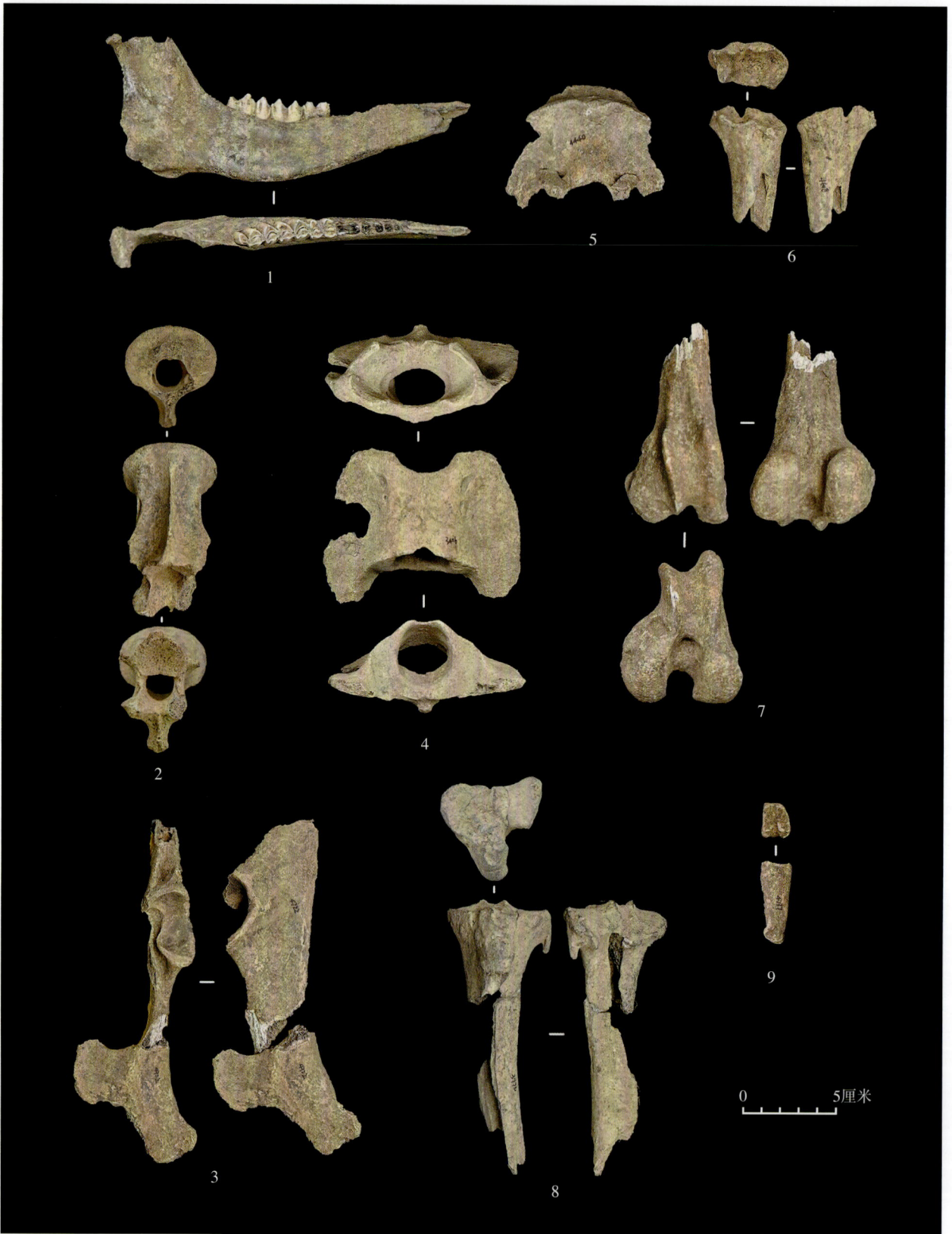

1. 梅花鹿下颌（H1145：36-#2986）　　2. 中鹿枢椎（H588：1-#4784）　　3. 中鹿盆骨（H501①：1-#4722）
4. 中鹿寰椎（G12：23-#3406）　　5. 梅花鹿头骨（H1218：22-#4440）　　6. 中鹿桡骨（H1160：4-#4608）
7. 中鹿股骨（H1108：66-#2767）　　8. 中鹿胫骨（H817：16-#3976）　　9. 中鹿趾骨（H501①：1-#4737）

中型鹿科骨骼

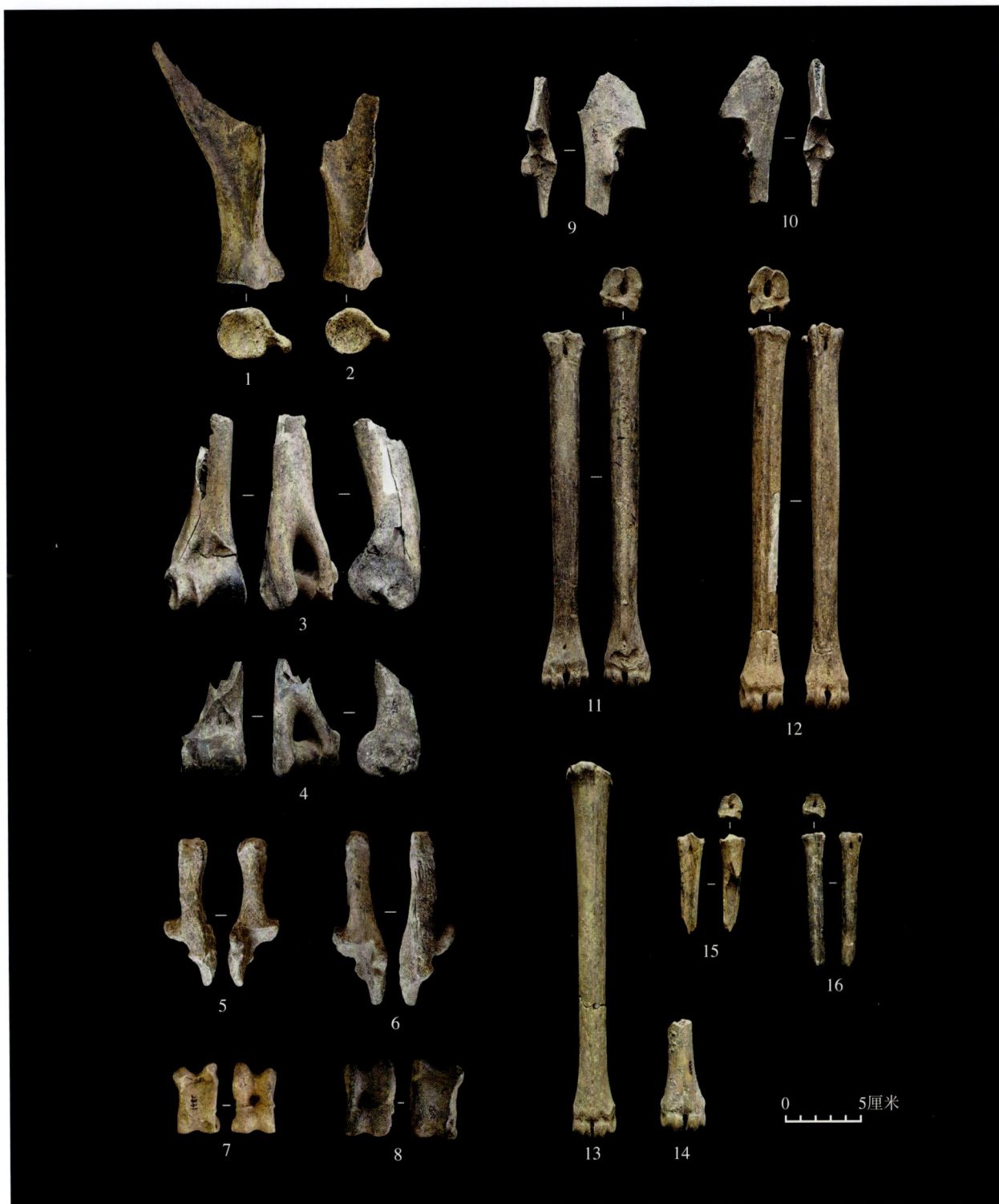

1. 中鹿B型肩胛（H1138：3-#5438）　　2. 中鹿A型肩胛（H1175-#3568）　　3. 中鹿A型肱骨（G12②③④-#2854）　　4. 中鹿B型肱骨（H651：2-#4291）　　5. 中鹿A型跟骨（H1126-#3888）　　6. 中鹿B型跟骨（T5431④：2-#5617）　　7. 中鹿B型距骨（G12-#2831）　　8. 中鹿A型距骨（T6335⑤-#2052）　　9. 中鹿A型尺骨（H67-#4516）　　10. 中鹿B型尺骨（H501①-#4720）　　11. 中鹿B型跖骨（G12①：3-#4182）　　12. 中鹿A型跖骨（H501①：1-#4736）　　13. 中鹿A型掌骨（H501①-#4729）　　14. 中鹿B型掌骨（H1222：12-#4395）　　15. 小鹿B型跖骨（H1148：16-#3926）　　16. 小鹿A型跖骨（H1153：21-#3847）

中型和小型鹿科各型骨骼比对

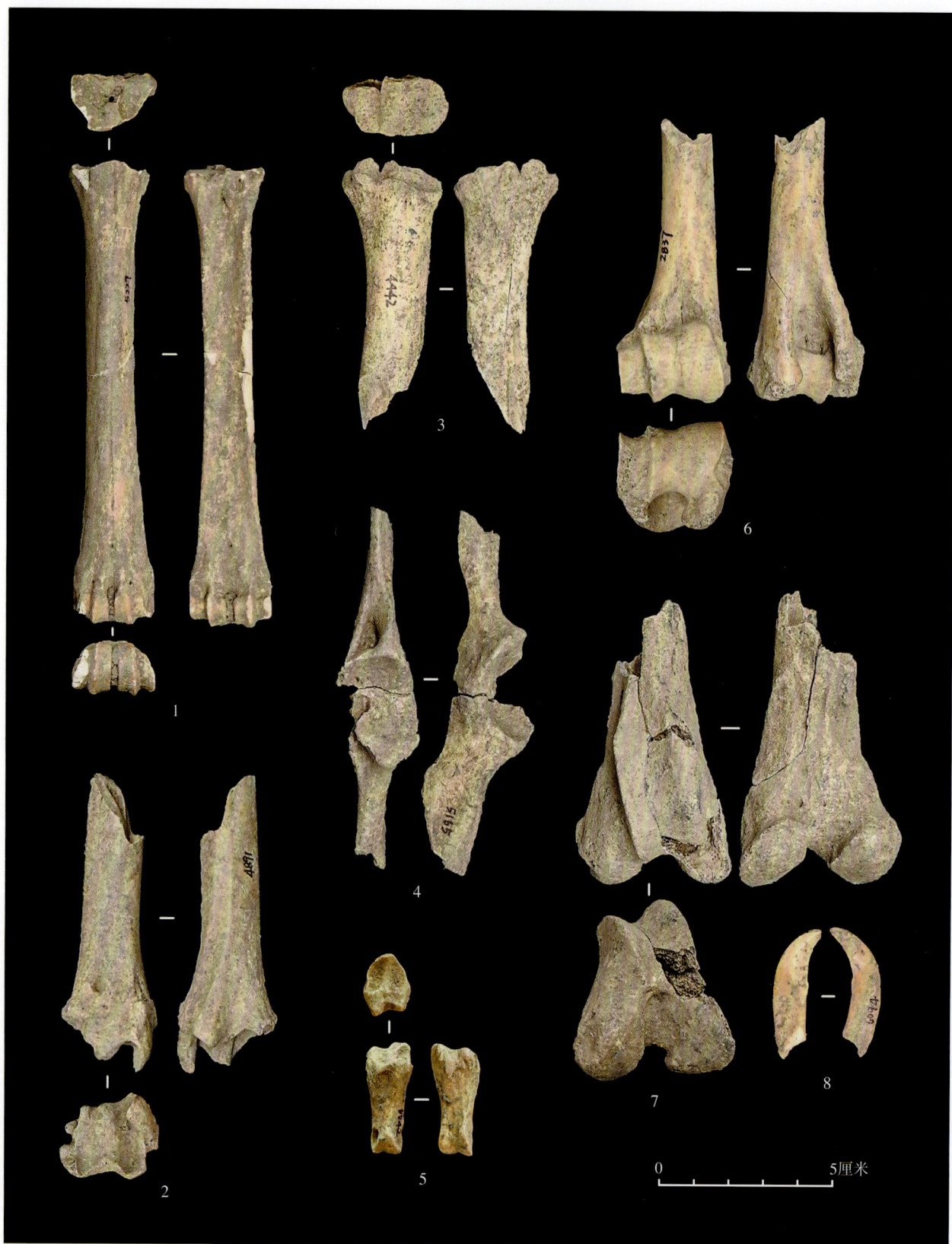

1.掌骨（T5631③：13-#5229）　　2.胫骨（H1191：10-#4891）　　3.桡骨（H1218：12-#4442）
4.盆骨（H1232：5-#5165）　　5.趾骨（H81-#6042）　　6.肱骨（G12-#2837）　　7.股骨（H650-#4409）
8.上颌犬齿（H81-#6094）

赤鹿骨骼

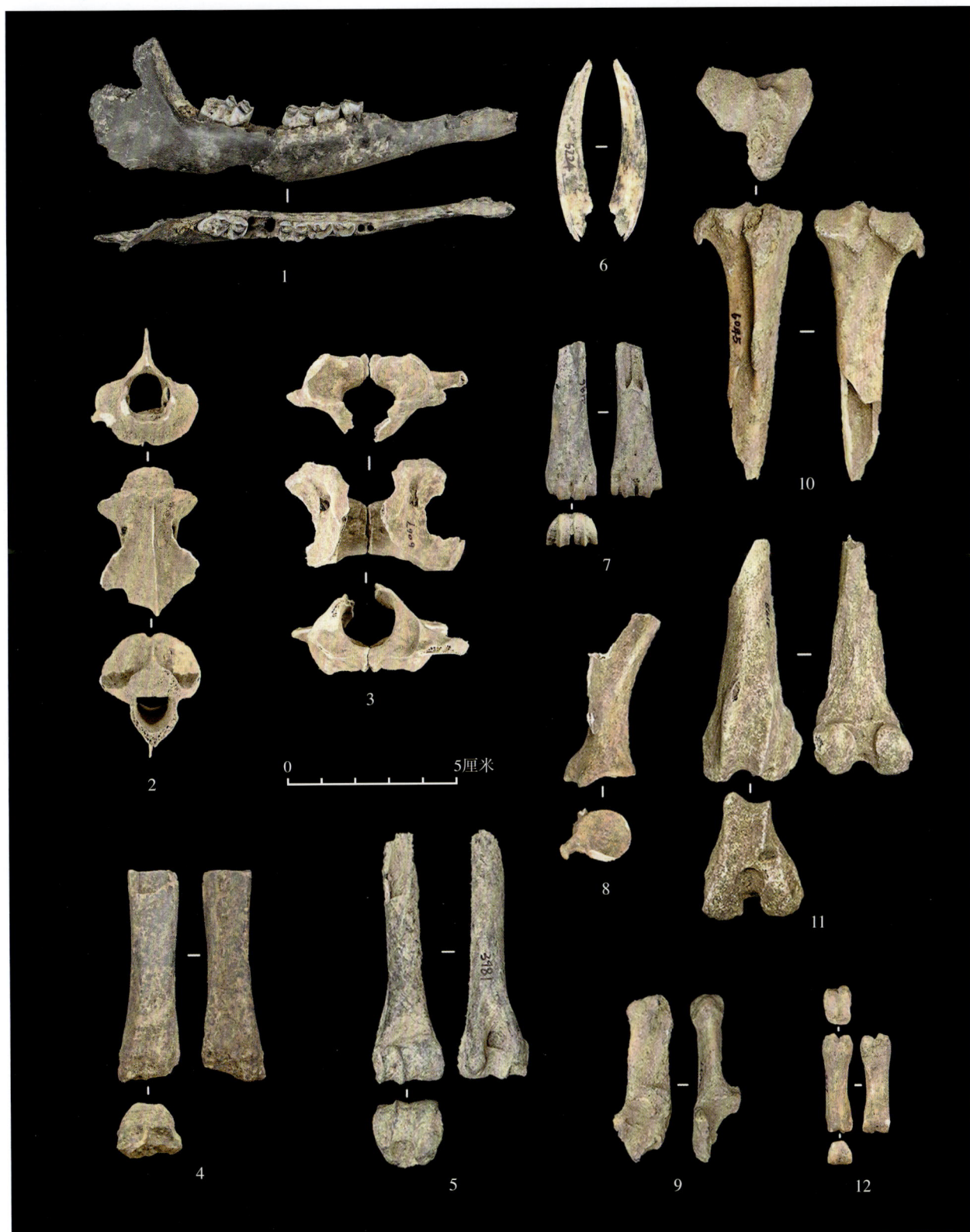

1. 小鹿下颌（H1153：21-#3846）　　2. 小鹿枢椎（H102-#5696）　　3. 小鹿寰椎（H81-#6067）　　4. 小鹿桡骨（H1070-#202）　　5. 小鹿肱骨（H817：16-#3981）　　6. 麝上颌犬齿（T5631③：13-#5224）　　7. 小鹿掌骨（G12①：3-#4186）　　8. 小鹿肩胛骨（H705-#2416）　　9. 小鹿跟骨（H1145-#2989）　　10. 小鹿胫骨（H81-#6045）　　11. 小鹿股骨（H1007：16-#3198）　　12. 小鹿趾骨（G12-#2947）

小型鹿科骨骼

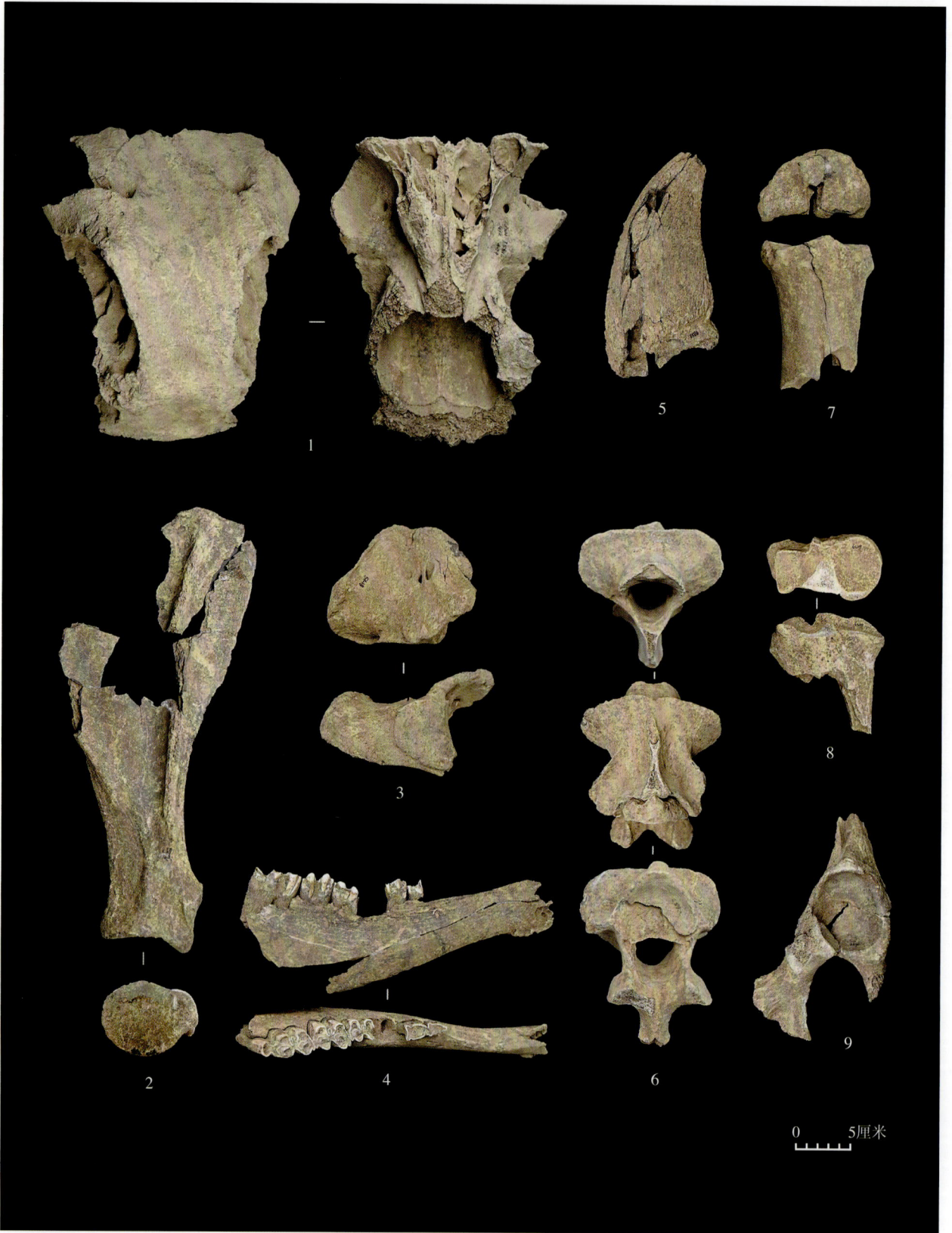

1. 水牛头骨（G12-#4079）　　2. 水牛肩胛（H588:1-#4925）　　3. 水牛寰椎（H1138-#5448）　　4. 水牛下颌（H1125:31-#5963）　　5. 圣水牛角（H905-#2586）　　6. 水牛枢椎（H114:69-#2657）　　7. 水牛掌骨（H650-#4402）　　8. 水牛桡骨（H588:1-#4773）　　9. 水牛盆骨（H905-#2590）

水牛骨骼（一）

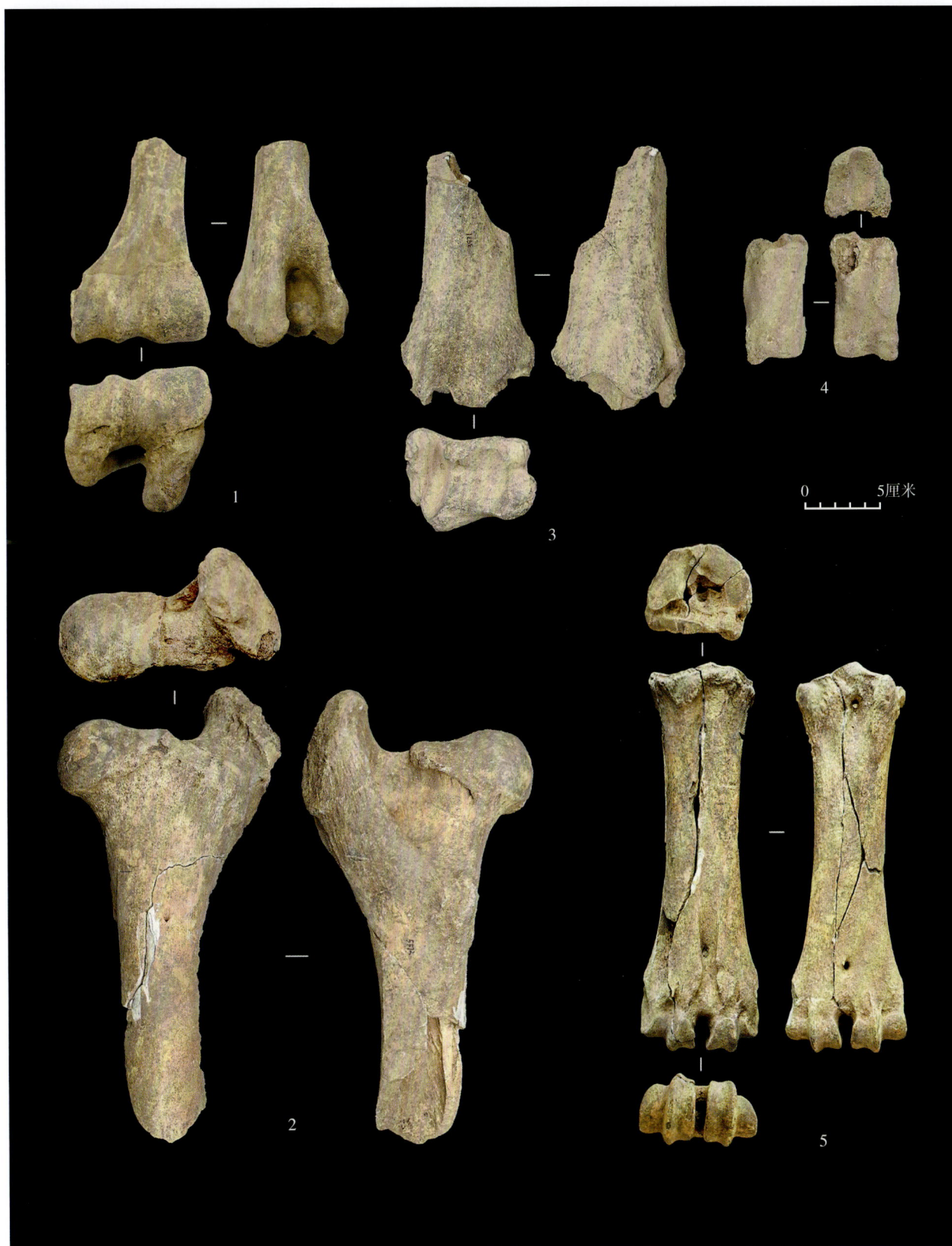

0   5厘米

1.肱骨（H1212：18-#4825）   2.股骨（H1238-#5573）   3.胫骨（H817：16-#3971）

4.趾骨（T6236⑦-#143）   5.距骨（H1238-#5575）

水牛骨骼（二）

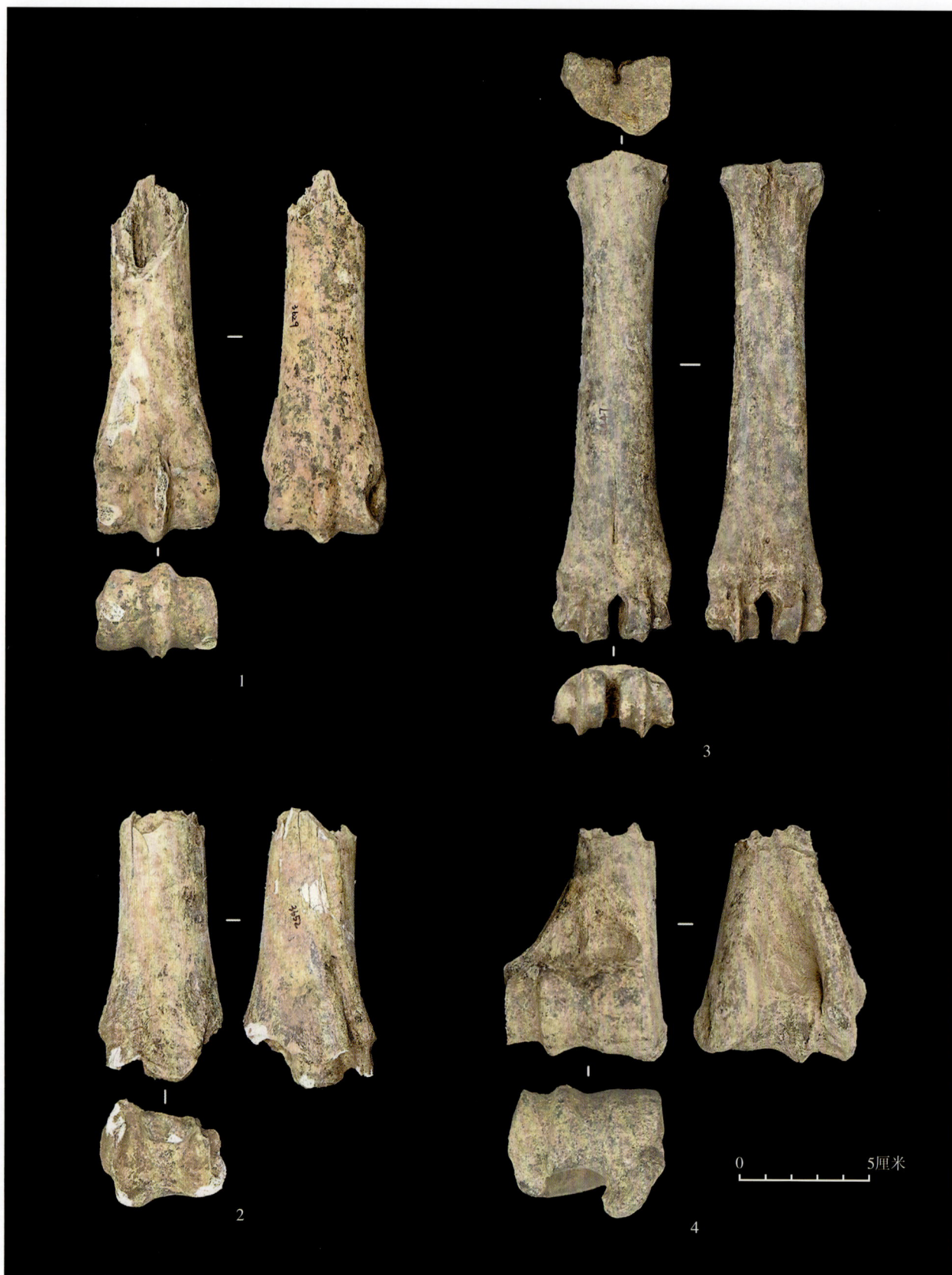

1. 马掌骨（M230-#3629）　2. 鬣羚胫骨（M231-#3652）　3. 鬣羚掌骨（H1134：17-#3447）
4. 鬣羚肱骨（H1175：10-#3569）

马、鬣羚骨骼

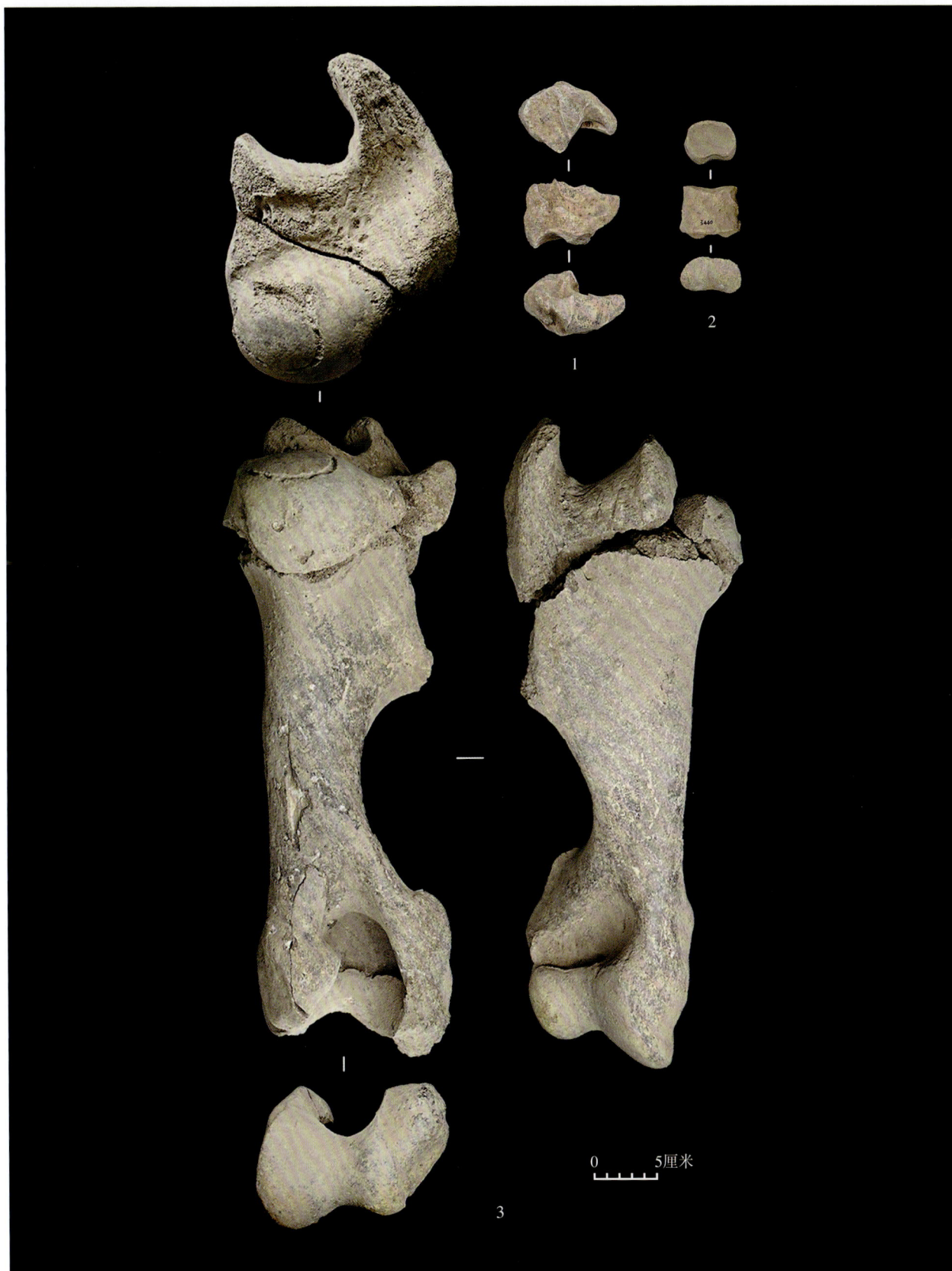

1. 腕骨（H1008：7-#2525）　　2. 趾骨（G12：23-#3440）　　3. 肱骨（G12-#4078）

犀牛骨骼

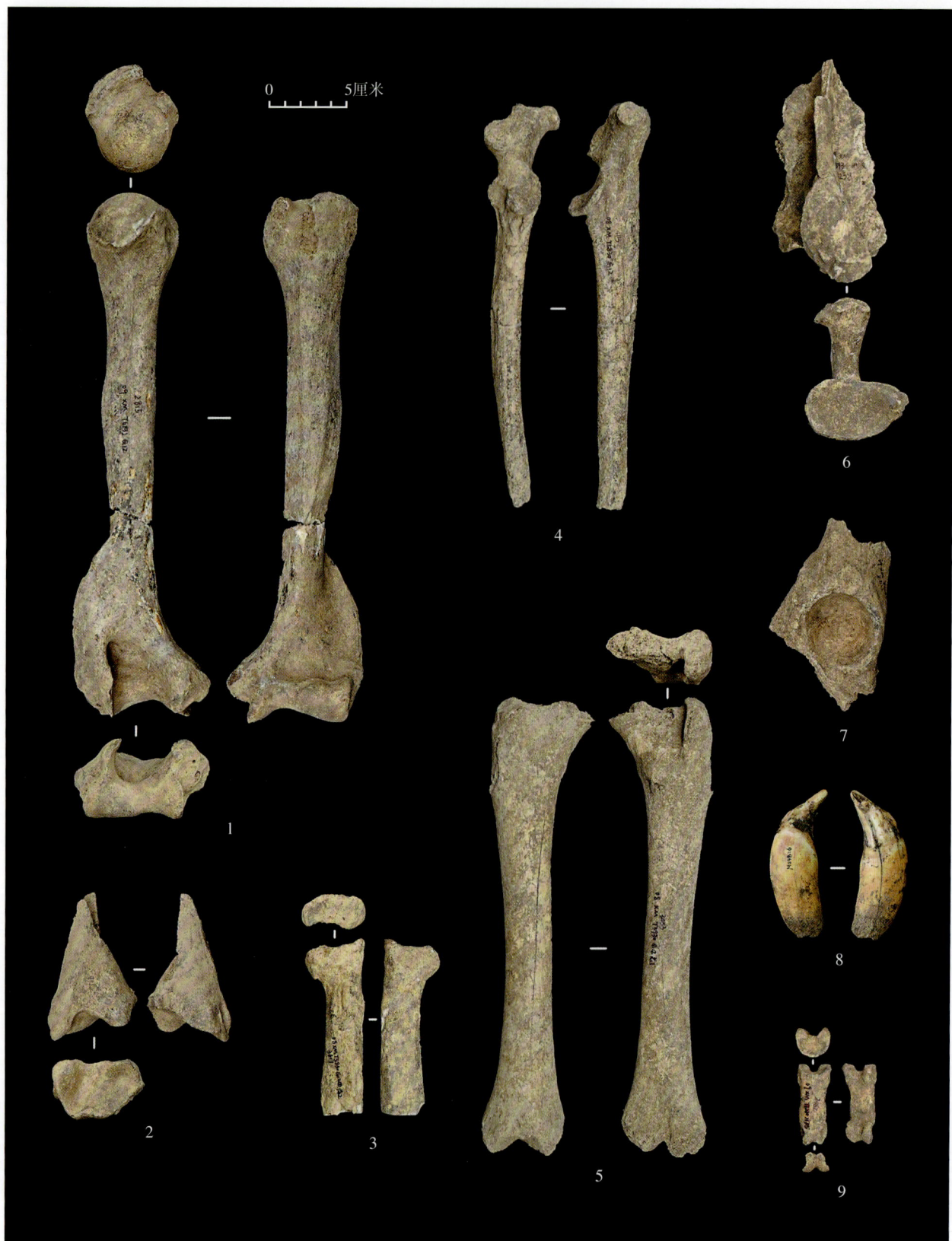

1. 肱骨（G12-#2815）　　2. 胫骨（T6236⑦-#116）　　3. 桡骨（G12②-#3617）　　4. 尺骨（G12-#4113）

5. 股骨（G12：1-#3453）　　6. 肩胛（H1142-#3238）　　7. 盆骨（H114：69-#2662）

8. 犬齿（M248-#6215）　　9. 趾骨（H705-#2462）

黑熊骨骼

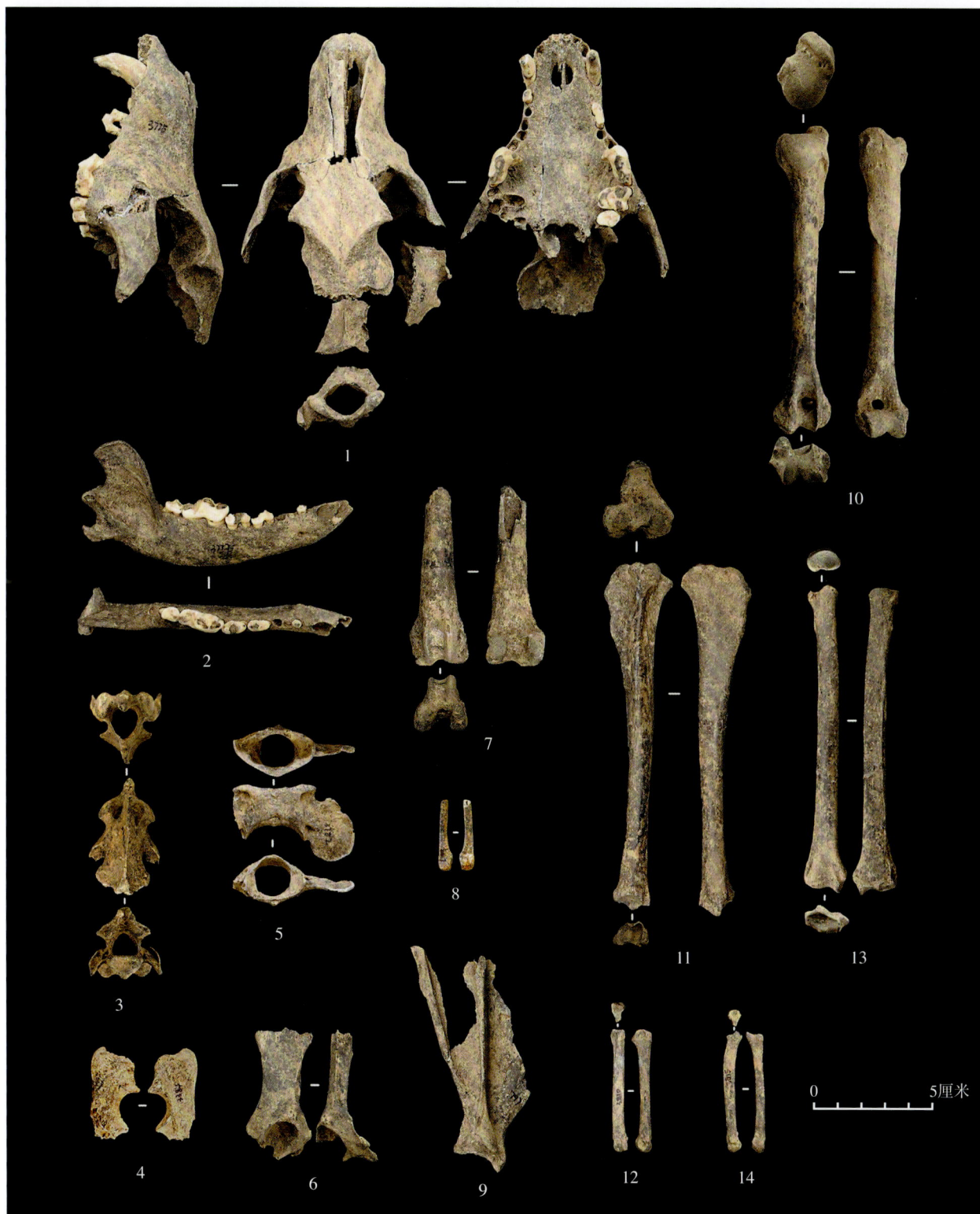

1. 头骨（M252∶52-#3775）　　2. 下颌（M252∶52-#3777）　　3. 枢椎（M252∶52-#3783）

4. 尺骨（M161∶29-#3384）　　5. 寰椎（M252∶52-#3782）　　6. 盆骨（M252∶52-#3807）

7. 股骨（M252∶52-#3803）　　8. 腓骨（M252∶52-#3817）　　9. 肩胛（M252∶52-#3797）

10. 肱骨（M252∶52-#3798）　　11. 胫骨（M252∶52-#3805）　　12. 掌骨（M252∶52-#3810）

13. 桡骨（M252∶52-#3800）　　14. 跖骨（M252∶52-#3815）

狗骨骼

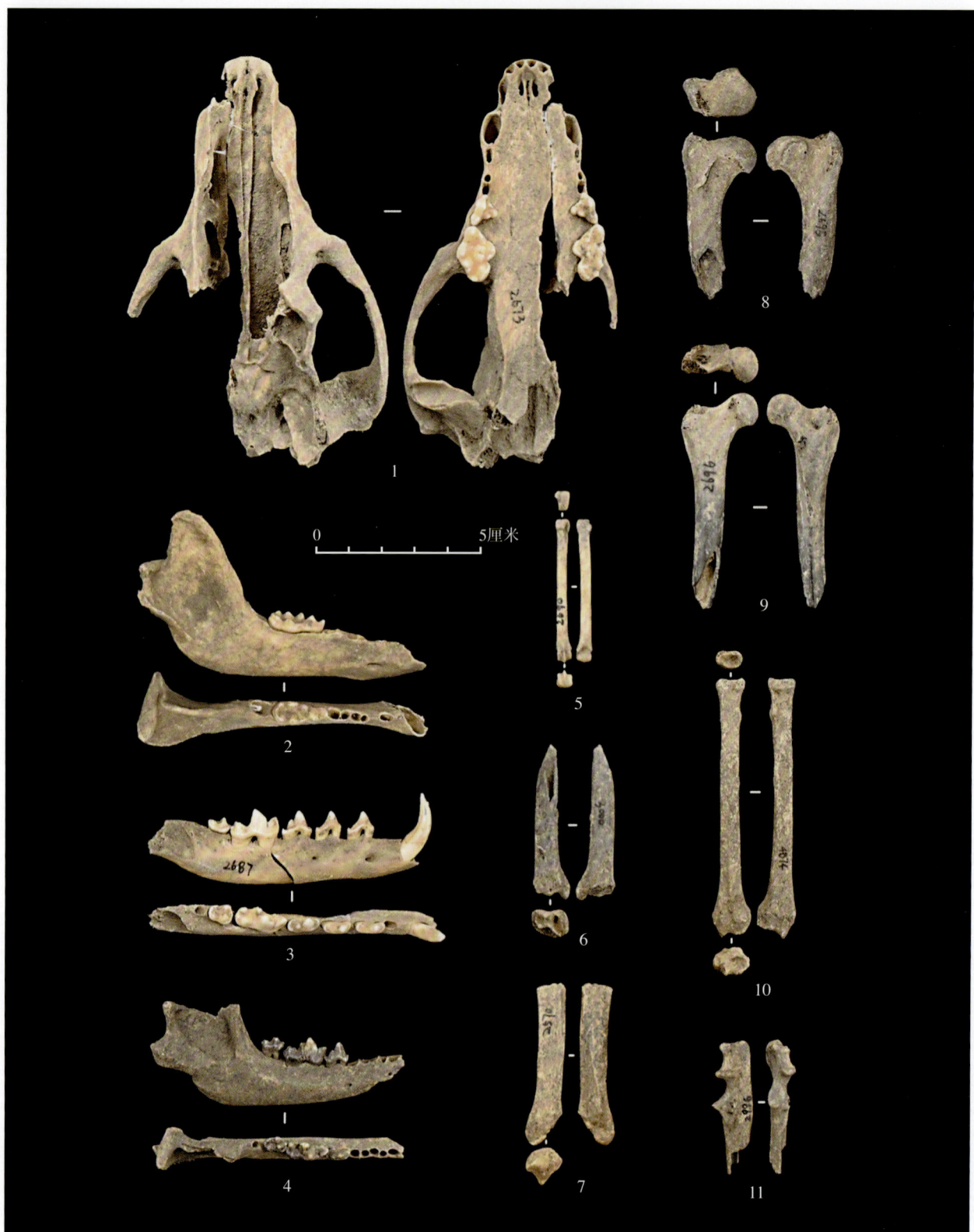

1. 猪獾头骨（H959：16-#2673）　　2. 猪獾下颌（H959：16-#2674）　　3. 狐下颌（H959：16-#2671、H959：16-#2687）
4. 貉下颌（H1145：36-#2991）　　5. 狐掌骨（H959：16-#2690）　　6. 貉胫骨（H1145：36-#3000）
7. 猫科尺骨（H1144：36-#2570）　　8. 狐肱骨（H959：16-#2695）　　9. 狐股骨（H959：16-#2696）
10. 貉桡骨（H1194：12-#4874）　　11. 貉尺骨（H1145：36-#2996）

猪獾、狐、貉、猫科骨骼

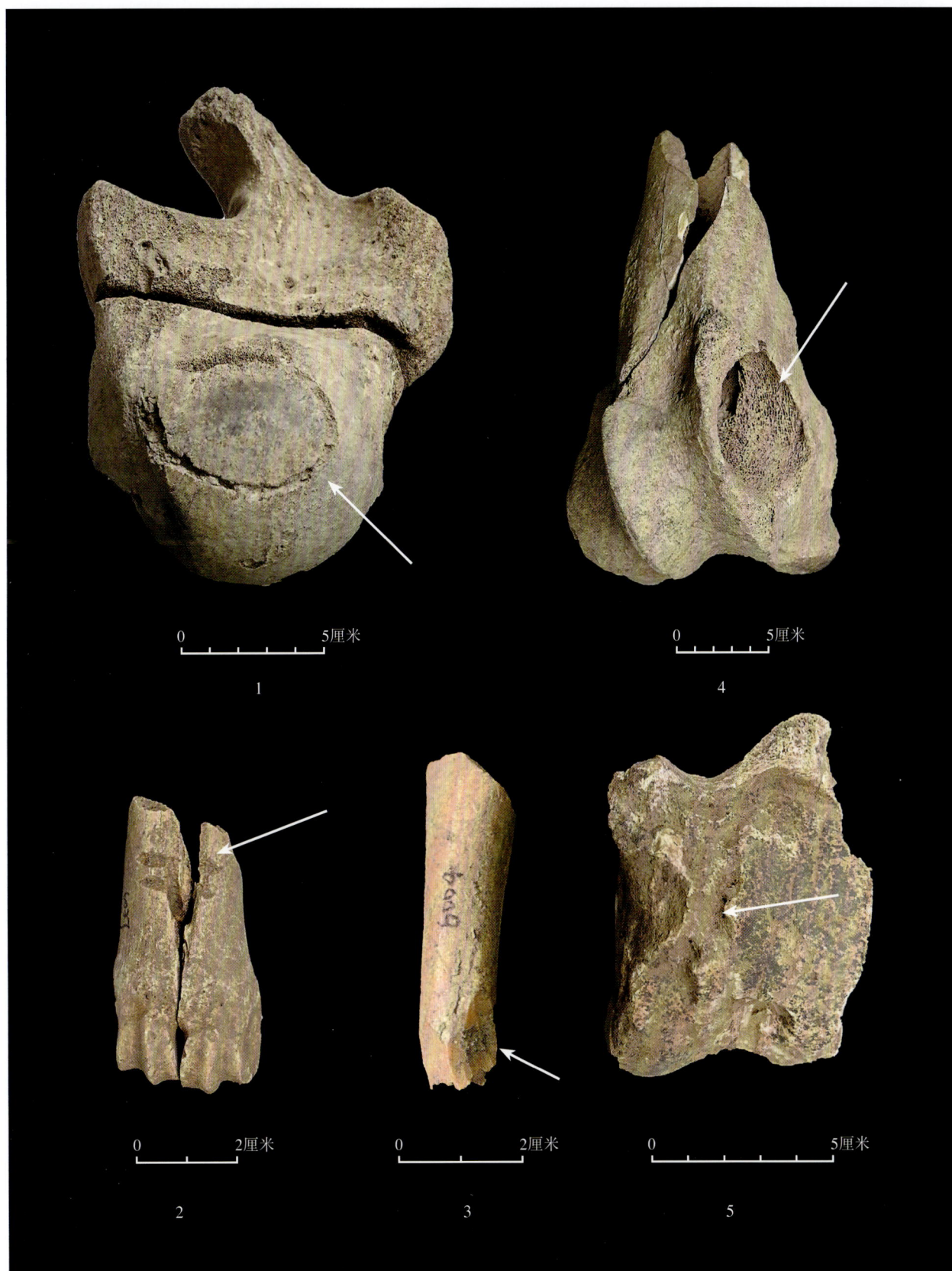

1.犀牛肱骨：凹痕（G12-#4780） 2.鹿距骨：砍痕（H81-#6037） 3.猪桡骨：削痕（H81-#6004）
4.水牛：敲骨吸髓（G12②：2-#3597） 5.水牛距骨：砸痕（H1007：16-#3187）

人工痕迹

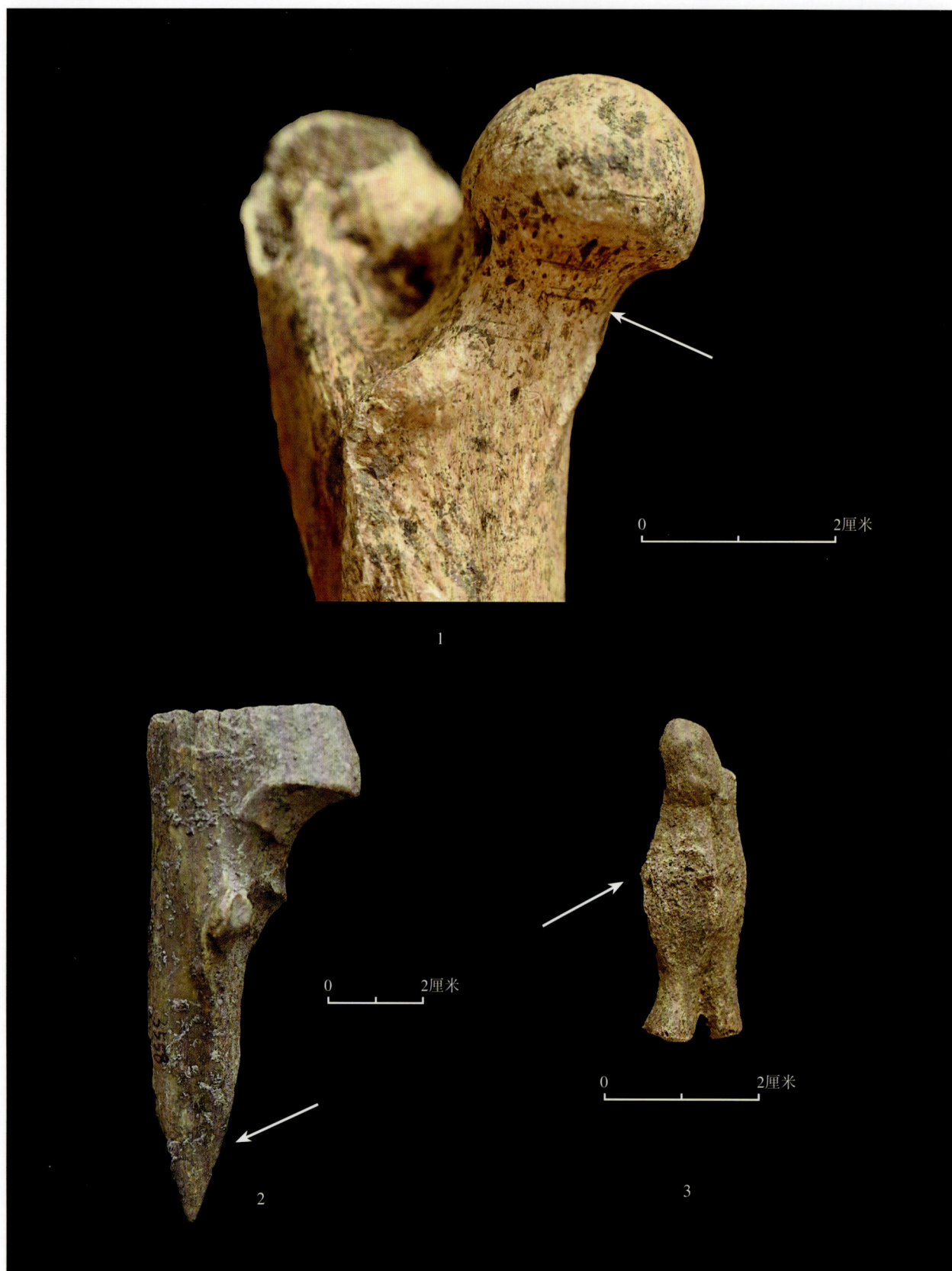

1. 猪骨骼：切割痕（M230-#3621）　　2. 中鹿尺骨：磨痕（G12：1-#3558）　　3. 猪掌骨：骨折（H31：1-#5571）

人工痕迹与骨骼异常

1. 小型哺乳动物股骨: 啮齿动物啃咬痕 (H1025：4-#3714)　　2. 大型牛科肱骨: 风化 (H1108：66-#2785)
3. 猪股骨: 食肉动物咬痕 (H705-#2397)

非人工痕迹

1. 猪头骨: 骨侵蚀（H1258: 23-#5256） 2. 水牛跟骨: 骨质增生（H588: 1-#4775） 3. 猪上颌: 齿根暴露（H1065: 10-#5348） 4. 猪下颌: 线性牙釉质发育不全（H1257: 10-#4937） 5. 猪桡骨和尺骨: 融合（G12②: 42-#3084）

骨骼异常